"十二五"国家重点图书出版规划项目

化学化工精品系列图书

新型高分子合成与制备工艺

胡 桢 张春华 梁 岩 主编

哈爾濱工業大學出版社

内容简介

本书是高分子化学与物理学科和化学工程与工艺学科的硕士研究生课程体系中最重要的专业课程所选用的教材。全书共13章，分别介绍了高性能聚合物纤维、耐烧蚀树脂、功能缓蚀剂、导电高分子、聚合物膜材料、纳米碳材料/高分子复合材料、功能化富勒烯生物材料的合成与制备工艺以及聚合反应设备、聚合分离设备、聚合脱水及干燥设备的结构和性能。本书在吸取国内多家院校相关课程建设成果的基础上，结合编者多年的教学实践体会和科研经验编写而成，力求取材新颖，从多方面反映高分子材料科学的科研及生产的最新成果。

本书内容丰富，理论性强，可作为高分子化学、高分子材料与工程、应用化学等专业本科生及研究生的教材，也可作为从事高聚物合成与改性研究工作的科技人员的参考资料。

图书在版编目(CIP)数据

新型高分子合成与制备工艺/胡桢，张春华，梁岩主编. —哈尔滨：哈尔滨工业大学出版社，2014.5

ISBN 978-7-5603-4607-6

Ⅰ.①新…　Ⅱ.①胡…　②张…　③梁…　Ⅲ.①高分子材料-合成材料-生产工艺-高等学校-教材　Ⅳ.①TQ316

中国版本图书馆 CIP 数据核字(2014)第030791号

策划编辑　王桂芝　任莹莹
责任编辑　何波玲
出版发行　哈尔滨工业大学出版社
社　　址　哈尔滨市南岗区复华四道街10号　邮编150006
传　　真　0451-86414749
网　　址　http://hitpress.hit.edu.cn
印　　刷　哈尔滨市工大节能印刷厂
开　　本　787mm×1092mm　1/16　印张16.25　字数370千字
版　　次　2014年5月第1版　2014年5月第1次印刷
书　　号　ISBN 978-7-5603-4607-6
定　　价　35.00元

前　言

高分子材料工业是国民经济中的重要支柱之一，给人们的生活带来诸多深刻的变革。近几十年来，高分子材料科学迅速发展，在高分子科学理论及工业应用上取得了巨大的成就。高分子材料新的品种、新的生产技术不断涌现，特别是新型高分子材料、功能高分子材料、特种高分子材料等一系列新材料在国民经济中起到越来越重要的作用。为了面对高分子材料科学飞速发展带来的机遇与挑战，高分子专业人才不仅需要具备扎实的理论功底，同时应紧跟学科前沿具备宽阔的知识面。为了培养和造就一批符合时代要求的高素质专业人才，本书在编写过程中吸收了国内外最新的科研进展及工业生产技术，并结合编者多年的科研实践经验，旨在拓宽专业知识面，使读者在高分子合成原理、合成方法、生产工艺与装备等方面有所提高。

本书由胡桢、张春华和梁岩共同编写，具体编写分工如下：张春华负责第1、4~8章，胡桢负责第2、3、9、10章，梁岩负责第11~13章。

本书在编写过程中参考了国内外有关高分子材料合成、制备、加工、装置等专业教材、专著及论文，并引用了其中部分资料，对相关著者表示感谢。本书在编写过程中得到了哈尔滨工业大学化工学院院领导及教师的支持与帮助，在此一并致谢！感谢国家自然科学基金（No.51103031及No.51273050）、国家863计划（No.2012AA03A212）对书中部分科研工作的资助。

由于编者水平有限，疏漏及不当之处在所难免，敬请广大读者批评指正。

编　者

2014年1月

目　录

第1章 绪 论

1.1 高分子合成材料的结构特征与性能

1.1.1 高分子合成材料的结构特征

高分子是由重复链单元组成且相对分子质量大于 10^4 的有机聚合物，聚合物结构单元运动的多重性使其具有柔性，结构单元间的作用力及分子链间的交联结构，直接影响它的聚集态结构。这些与低分子化合物不同的基本结构特征，使高分子化合物具有许多独特的优异性能，如机械强度大、弹性高、可塑性强、硬度大、耐磨、耐热、耐腐蚀、耐溶剂、电绝缘性强、气密性好等，使高分子材料具有非常广泛的用途。

高分子合成工艺是影响高分子结构及性能的关键因素，也是高分子材料设计应首先考虑的问题。最初人们为了改进天然高分子（如纤维素、蛋白质、天然橡胶）的性能，根据它们分子结构上的活性官能团结构和性能，选用相应的有机化合物进行合成反应，制得硝化纤维、醋酸纤维、毛皮制成革、天然胶硫化等改性天然高分子产品。随着高分子科学技术的发展，特别是高分子化学、高分子物理及高分子近代测试手段的出现，人们对高分子合成与结构、性能的关系的理解越来越深入，研究从理论到实践日趋完善和成熟，并积累了大量资料和数据，为进行分子设计创造了条件，打下了基础。依据材料实际应用的技术要求，提出聚合物的性能参数，通过分子结构设计、拟定聚合配方及合成工艺，进行新型高分子材料的开发，科学地解决合成性能及结构的关系，利用成熟的理论及规律知识进行高分子的分子设计，具有科学性、准确性和可靠性的特点。

1.1.2 高分子的微观结构

高分子的微观结构包括相对分子质量及其分布，高分子一次、二次、三次及高次结构，大分子上的官能团、链节组成等，这些微观结构直接影响高分子材料的宏观性能。高分子的相对分子质量大小及分布是影响其力学性能、溶解性能以及流动性等的关键因素。对不同性能的产品相对分子质量要求不同，如对力学性能要求高的橡胶及纤维材料要求具有高的相对分子质量，对于塑料、涂料及黏合剂类高分子材料，突出体现的是材料的功能性，相对分子质量要低一些，而对液体高分子及浇铸和灌封材料来说，相对分子质量相对更低。相对分子质量分布宽窄决定于产品的性能及成型加工的要求，相对分子质量及其分布具有多分散性。

高分子的组成结构是影响其性能的重要因素之一。均聚物分子中有头-头结合、头-尾结合、尾-尾结合，共聚物中不同单体的用量比，不同单体在分子链上分布的差异，将会形成性能及结构的不同，形成不同的品种。如丁苯橡胶随苯乙烯含量的变化，可合成通用丁苯橡胶和高苯乙烯树脂、高苯乙烯耐磨橡胶。在聚合物分子链组成结构中,单体的含量和分布不同,构成的高分子微观结构不同,产物的物性就不同。同一种单体与不同的第二种单体进行共聚,生成的是不同特性的共聚物。缩聚反应中两种单体的官能团不同会形成不同的共缩聚物。高分子生产中不少品种都有系列牌号,原因之一就是共聚单体组成的变化而形成的。

高分子链结构分为线型结构、支链结构和交联结构。影响高分子链结构的主要因素是合成反应的工艺方法和工艺参数,在合成过程中三种结构都可能生成。工艺参数设计和合成反应过程控制对给定合成体系来说至关重要。由于分子组成及结构的不同,分子间的作用力差别很大,大分子基团在空间位置不同,可形成间同结构、全同结构、等规和无规结构,二烯类聚合物分子有顺式和反式结构、1,2 位结构、3,4 位结构,在合成反应中不同的引发剂或催化剂形成各种序列结构的大分子。等规的和无规的大分子性能的差异很大,顺式聚丁二烯是很好的弹性体,而反式聚丁二烯、1,2-聚丁二烯是热塑性的树脂,在分子设计中必须明确。

高分子的一次结构与物性之间存在着内在联系。大分子的一次结构是由合成反应的条件决定的。相对分子质量大小及分布、分子链节组成,分子链的基团及活性官能团、大分子空间立体结构等是由合成的配方、组成、催化剂及反应条件所控制的。大分子的一次结构又对二次、三次及高次结构及物性起决定性的作用。

高聚物的聚集态分为结晶型和无定型,对于成纤材料就要求分子链有高的结晶度,对于弹性体则是不希望有高的结晶度。大分子的结晶性能是由一次、二次结构及其组成,分子主链及侧链的基团极性等决定的,如主链中含有—OCO—、—NHCO—等基团,分子间作用力增加,容易结晶,而大分子支链多,极性弱则不易结晶。高分子的聚集态结构不同于晶态,大分子链存在晶态结构也存在非晶态结构,这不仅与一次结构有关,也与存在环境有关。不少高分子聚集态为两相并存。在进行高分子设计时,可以根据不同单体及大分子的结构,控制聚集体的两个相态的分布,设计出非晶态无规线团和各向异性晶体的模型,包括两相结构聚合物预计的模型。高分子液晶是各向异性晶体转入各向同性的液态过渡阶段的产物。在不同的环境下,晶态大分子的排列又有各种结构。有的高分子聚集体在一定的温度和外力作用下才转变为晶态结构,一般是在 $T_m \sim T_g$ 之间的温度范围内产生结晶。不同聚合物的结晶速度不同,如聚乙烯较快,天然橡胶较慢,尼龙类比聚酯结晶快一些。分子设计中可以通过一次结构及组成的改变,合成出具有高结晶度、高强度、耐高温的特种高分子材料。在开发一种新材料时,进行分子设计必须注意研究一次、二次与三次结构及高次结构的内在联系。微观结构对高分子聚集体的综合物性的变化起关键作用。

1.1.3 高分子的宏观性能与微观结构的关系

高分子设计的主要目的是希望开发预定性能的新材料。从使用的要求来说,新的材料的宏观性能需要达到各种技术指标,如力学性能、耐热性能、低温性能、黏弹性、流变性、耐化学溶剂性能、耐光、耐老化、耐油等各种物化性能。不同的产品对主要特性的要求不同。高聚物的宏观性能与分子微观结构有密切关系,高分子微观结构对宏观性能有重要的影响，宏观性能不仅与高分子材料的合成有关，而且与其加工也有密切关系。高分子品种多，用途广泛，同样的一个品种可以制成塑料，也可制成黏合剂、涂层材料，不同用途对宏观性能的要求、生产技术指标都不同。不管制作成什么产品，其宏观性能都与分子结构、分子组成、分子链的官能团相关。

1. 高分子的力学性能

高分子的力学性能包括拉伸性能、压缩性能、冲击性能、抗撕裂性能、耐磨性能。聚合物相对分子质量大、交联度高、结晶度大、分子链带有极性基团、分子链之间作用力大都能够提高高分子材料的力学性能。柔性链大分子比刚性链的强度低一些。提高力学性能除控制和调整合成反应配方及工艺条件外，在成型加工过程通过固化、硫化、交链或加入补强助剂可提高材料的力学性能。如生产高分子结构材料，在合成反应时，增加大分子主链刚性链的单元结构和极性基团单元结构，制得的聚合物分子间相互作用力增大。高分子材料的力学性能不同于一般金属材料，它的变形有可逆和不可逆两种变化。无定型高分子的流变性不同于晶态的高分子，在应力作用下的变形产生可逆和不可逆部分，前者为弹性变形，后者为塑性变形。高分子材料永久变形比金属材料大。高分子材料力学性能的另一特点是具有高弹性，这是由于大分子链很长，有柔性，在外力作用时，表现高弹性。与普通材料不同，普通材料变形主要是由内能变化所引起的，高弹性变形内能不是主要的，是由于它的构象熵的改变所产生的。由于大分子链的高分子黏弹性在外力作用下表现出力学松弛现象，高分子的松弛现象与温度有关，这是高分子材料独特的力学状态。高聚物的高弹态的特点表现为：①弹性变形大，可高达1000%，而一般金属不到10%；②弹性模量小，高弹模量只有 $10 \sim 10^2\ N/cm^2$，而一般金属为 $10^6 \sim 10^7\ N/cm^2$，且随绝对温度的增加而减小，而金属材料则相反；③在快速（绝热）拉伸时，高聚物温度升高，而金属相反。高分子材料这种特性，使材料在外力作用下从一定的平衡状态改变到另一平衡态，引起内能和熵值的变化。高分子材料的力学特性使其在加工成型和应用中具有许多宝贵的使用价值。在进行高分子的分子设计时，从分子链的结构及单体的组合方面解决这些特性。从一次结构到高次结构都有不同的因素影响力学性能。

2. 高分子的流变性能

高分子的玻璃化转变温度 T_g 和熔融温度 T_m 是影响高聚物的流变行为的重要性能参数，当线型分子超过 T_g 时就具有流变性能，超过 T_m 时呈熔融状态。而高分子的 T_g 和 T_m 取决于聚合物的相对分子质量大小及分布、分子间的作用力、支链长短及数量以及分子链交联情况。塑料成型、纤维纺织、橡胶的硫化混炼等过程都与流变性能有关。高分子材料本身属于非牛顿流体，应力应变关系不服从牛顿流体，它的剪切黏度 η 不是常数，而是随剪切应力 σ 和剪切应变 $d\gamma$ 的不同变化的，剪切黏度随剪切变速率的变化而变化很大，剪切速率随相对分子质量增大而增加，而剪切黏度随剪切速率增加而下降。相对分子质量的大小对表观剪切黏度影响极大，如聚丙烯 PP 的熔体相对分子质量大，流动性差，黏度 η_0 增高，熔融指数小。当相对分子质量增至 M_c（临界相对分子质量）以上时，η_0 与重均相对分子质量 M_w 的关系式为 $\eta_0 \propto M_w^{3.4}$，η_0 与高分子化学结构和相对分子质量分布无关。当 $M_w < M_c$ 时，η_0 与数均相对分子质量 M_n 的关系为 $\eta_0 \propto M_n^{1.0\sim1.6}$，与化学结构和温

度有关。η_0 正比于 M_w 的主要原因，是因为高分子链的相互缠结。M_c 可看成是发生相对分子质量链缠结的最小相对分子质量。这也是高分子固体的温度形变曲线上高弹态平台所需的最小相对分子质量值，即 $M < M_c$ 时没有高弹态。低于 M_c 的高分子不能作为弹性体。橡胶的相对分子质量一般较高，可达几十万。纤维的相对分子质量低一些，在橡胶和塑料之间，否则 η_0 太大，流动性不好，无法纺丝。

3. 高分子的热行为

高分子的热行为也是高分子设计中所要研究的主要问题，已知绝大多数高分子材料是由有机化合物合成的。它们不仅对湿度敏感，而且在较高和较低温度下其综合性能变化较大。高分子和低分子一样不停地进行热运动，高分子由于分子链很长，链的长径比极大，因此分子链有一定柔性。这种柔软长链的振动、转动和移动比低分子困难得多。因而使它的聚集态结构和织态结构具有一定的力学性能。当其受热后，大分子链的振动、转动及移动逐渐加速，分子链的结构及状态发生改变，分子间作用力下降，互相排列位置发生变化，流动性增加，力学性能下降。当温度超过 T_m 时，熔融成液态。当加热升至高温吸收能量超过化学键能，就会使化学键断裂，大分子降解或侧链基团脱离，主键破坏。熔点 T_m 取决于熔解过程的热焓和熵的变化，按热力学第二定律，$T_m = \Delta H/\Delta S$ 。因此若要求高聚物能耐高温，它的 T_m 就要高，则 ΔH 值大，ΔS 要小。ΔH 值为由固相变成液相（熔体）所需热量。其大小与分子间作用力（即范德华力）和氢键有关。ΔS 为固相和液相分子活动自由度的差。固态高聚物分子间作用力大，自由度小，熔解后分子间作用力减小，自由度增大。这说明要设计一种耐高温的高分子材料，大分子链的作用力要大，氢键数要多，要求的键能要高。

为了提高聚合物热稳定性，在分子设计中，要设法降低分子自由度，在分子结构上引入大的或较多的侧基，降低分子链的柔性，增加刚性，在链中减少单键，增加环状结构包括脂环、芳环和杂环。不少高分子工程材料，是按这种原理开发的。引入极性基团，提高立构规整性，提高结晶度，以及合成梯形、螺旋形、石墨型的高分子，就可以提高分子间作用力。在主链上避免弱键相连接，选择键能高的原子或较稳定的原子组合进入主链，设计耐高温的主链，通过交联或加入其他配合剂也可提高热稳定性。

耐低温性能对某些高分子材料是重要的，从分子结构看，增加分子的柔性，T_g 值可下降。二烯类弹性体、硅橡胶等的分子链柔性好，具有较好的弹性，玻璃化温度低。在分子设计中主链柔性增加，降低分子间氢键数，适当增加支链及其长度，也可采用加入软化剂或增塑剂，提高低温时分子链段及分子间的活动能力，从而增加分子活动的自由度。

高分子材料的其他宏观性能如导电性、绝缘性、热老化性能、抗冲击性能，以及功能高分子、特种高分子所要求的某些特性，在分子设计中主要从分子的结构、组成、官能团等各种微观结构的变化合成出一种新的高分子。

1.2 新型高分子合成材料的种类

1.2.1 高性能合成纤维

高性能合成纤维具有普通纤维所无法比拟的力学性能、热性能和化学性能。其主要品种有对位芳纶(聚对苯二甲酰对苯二胺)、全芳香族聚酯、超高相对分子质量聚乙烯纤维及聚苯并双噁唑等。

(1)PBO 纤维

聚对苯撑苯并双噁唑(Poly-p-phenylene-benzobisoxazole,PBO)纤维是目前发展最快的高强高模合成纤维。在众多的高性能纤维中,PBO 纤维被认为是目前综合性能最好的一种有机纤维。PBO 纤维是材料学家从结构与性能关系出发进行分子设计的产物,其化学结构如图 1.1 所示。

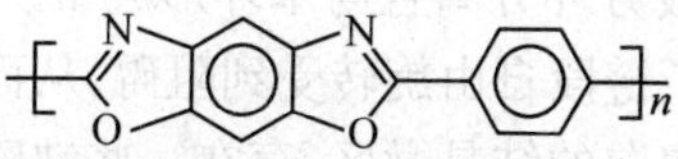

图1.1 PBO 分子结构

PBO 聚合物分子链由苯环和苯并双噁唑结构组成,其链接角(即刚性主链单元上的环外键之间的夹角)均为 180°,且重复单元结构中只存在苯环两侧的两个单键,不能内旋转,所以为刚性棒状分子,能够形成溶致性液晶。PBO 分子结构中无弱键,加之液晶纺丝工艺使得纤维中不仅保持了液晶分子良好的取向,而且赋予了纤维一定程度的二维和三维有序性,所以其纤维展现出优异的力学性能和耐热等性能。其拉伸强度达 5.8 GPa,拉伸模量为 280 GPa,断裂伸长率为 2.5%,密度为 $1.56\times10^3 kg/m^3$,因此 PBO 纤维具有更高的比强度、比模量。PBO 纤维的另一个优异性能为热性能,其在空气中热分解温度高达 650 ℃, 500 ℃下 PBO 纤维强度仍保持室温下的 40%,PBO 纤维的阻燃性、耐溶剂、耐磨性优异。从 PBO 分子链伸展构象的键长、键角、变形力常数计算的纤维理论模量为 730 GPa,而 PBO 纤维的实际模量仅为 280 GPa,这表明人们对 PBO 纤维结构与性能的关系还并没有完全掌握,PBO 纤维的性能还有极大的提高空间。因此,深入研究 PBO 纤维结构与性能的关系,极大发挥 PBO 纤维的优异力学性能研究对高聚物纤维和高分子材料的发展具有重大的理论指导意义。

PBO 纤维如此优异的性能使得其在宇航、武器军备以及其他许多领域中有广阔的应用前景。用 PBO 纤维制造的防弹衣在达到同样防护水平的同时比以往的纤维更轻、更薄;其编织物已用作自行车的赛车服、头盔、公路赛车轮辐、网球拍、帆船比赛用船帆、光缆补强材料、各种绳索、桥墩等加固材料;PBO 纤维毡作为铝锭出炉时的垫材,寿命比以往产品高数倍;PBO 纤维是制作消防服,防火花和高温焊接的作业服、手套、鞋和电线护套的理想材料。

(2)芳香聚酰胺纤维

Kevlar 纤维是全对位芳香聚酰胺,即聚对苯二甲酰对苯二胺(PPTA),其结构式如图

1.2 所示。

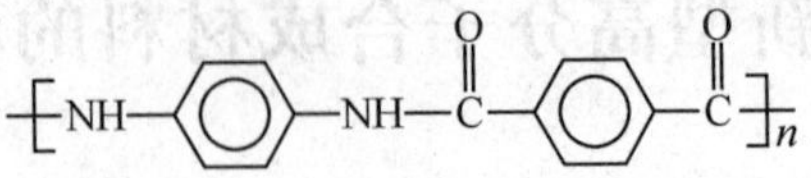

图 1.2　聚对苯二甲酰对苯二胺

CBM 纤维是在原 PPTA 的基础上引入对亚苯基苯并咪唑类杂环二胺，经低温缩聚而成的三元共聚芳酰胺体系，其结构如图 1.3 所示。

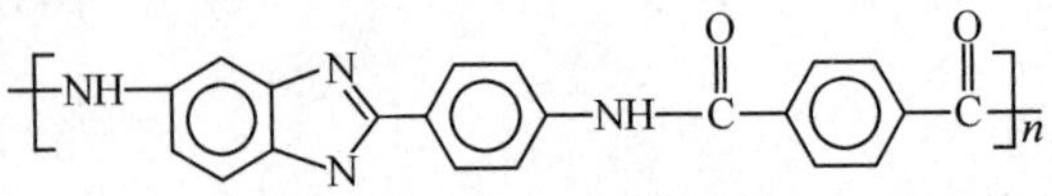

图 1.3　三元共聚芳酰胺

Armos 纤维是目前报道的世界上规模化生产的对位芳酰胺纤维中机械性能最好的品种，是 Terlon 纤维和 CBM 纤维按一定的比例混合纺丝而得到的一种纤维。从芳纶纤维的结构中可知：芳纶中酰胺基团被芳环分离且与苯环形成 π 共轭效应，内旋位能相当高，分子链节呈平面刚性伸直状，分子链段自由旋转受到阻碍，从而形成一种沿轴向排列的有规则的褶叠层结构，它具有高度取向的结晶微区，存在一些缺陷和空隙，但没有无定形区，且对称性高、结晶度高，但是分子链之间的横向作用力弱。

芳纶纤维最突出的特点就是高强度、高模量，又具有密度小、比硬度大、比强度极高（相当于钢丝的 6～7 倍）、耐腐蚀、耐磨损、热稳定性好、低电导、韧性强和抗蠕变等诸多优良特性。另外，芳纶纤维也存在一些不足之处：如溶解性、耐光性较差，横向压缩模量较低，压缩和剪切性能差及易劈裂等，因此，为了充分发挥芳纶纤维优异的力学性能，必须对其进行改性。

1.2.2　耐热树脂

耐热树脂是指能在 250～300 ℃下长期使用的高分子树脂材料。含有芳杂环结构的聚合物如聚酰亚胺、聚苯并咪唑、聚苯并噁唑、聚噁二唑等。这些聚合物不仅具有很高的耐热性，同时还具有耐射线、高强度、耐腐蚀和介电性能优异等特点，可在 250～300 ℃下长期使用，短时可用到 400 ℃以上。

（1）聚酰亚胺树脂

聚酰亚胺（PI）是一类分子主链上含有酰亚胺环的高分子材料。聚酰亚胺材料具有极其优异的耐热性、介电性能、黏附性能、耐辐射性能、力学性能以及化学物理稳定性等，而芳香型聚酰亚胺由于其主链上芳环密度大、刚性强，因此具有很高的耐热性，分解温度在 450～600 ℃，玻璃化转变温度（ T_g ）一般在 250 ℃以上，有的品种可高达 400 ℃以上，可在 200～380 ℃长期使用。对聚酰亚胺进行改性的目的之一是使其既具有良好的溶解性又能保持其优异的耐热性能。PI 树脂熔融温度高，溶解性差，导致其成型加工性能差。目前使用的结构改性方法有在 PI 分子主链上引入柔性结构单元或引入扭曲的非共平面结构，在侧链上引入大的侧基以及通过共聚引入破坏分子对称性和重复规整度的第二单元结构。

（2）有机硅树脂

有机硅树脂是一类由交替的硅和氧原子组成骨架，不同的有机基团再与硅原子连接的聚合物，因此在有机硅产品的结构中既含有有机基团，又含有无机结构。这种特殊的组成和分子结构使它集有机物的特性与无机物的功能于一身，具有耐高低温和生理惰性等许多优异性能。纯有机硅树脂主要用途之一是用作高温防护涂料。道康宁公司用DC-805有机硅树脂与铝粉浆配制耐温650 ℃的涂料，该涂料已在DC-9飞机的热交换器上使用。以梯形聚硅氧烷、硅醇盐为原料，再加入纤维增强的陶瓷复合材料烧结制成的涂料，耐温超过1 000 ℃。用苯基或烃基二烷氧基硅烷、苯基三烷氧基硅烷和聚硅氧烷反应，得到苯基烃基硅树脂，制成涂料，将其涂于钢片上，在380 ℃下烘烤1 min后，涂层在350～400 ℃加热时无剥落现象，经弯曲实验也无裂纹产生。

（3）耐高温环氧树脂

实现环氧树脂的高性能化一般有两种方法，一是通过各种改性方法对现有的环氧树脂进行改性，二是合成含有新型结构的环氧树脂或固化剂。刚性棒状结构改性环氧树脂由于刚性棒状环氧树脂具有良好的热性能、力学性能和电性能，通常被用于电子和空间技术领域。耐高温环氧树脂通常包括以下几种形式：

① 含酰亚氨基环氧树脂（图1.4）。

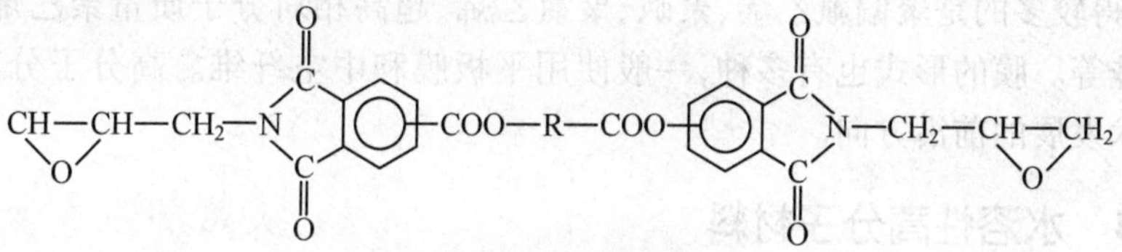

图1.4　含酰亚氨基环氧树脂

② 利用萘结构的耐热性、耐水性而合成耐热耐水性好、膨胀率低的含萘基环氧树脂（图1.5）。

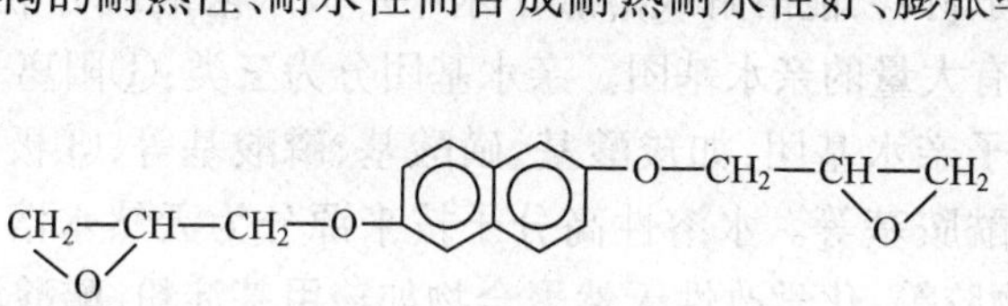

图1.5　含萘基环氧树脂

③ 利用联苯结构的刚性，合成高强度、高耐热性、低内应力的含联苯基环氧树脂（图1.6）。

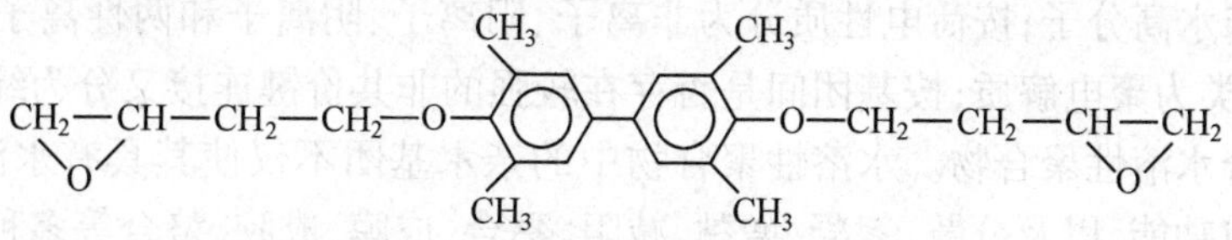

图1.6　含联苯基环氧树脂

④ 以吸湿性低、耐热性高为特点的四官能团环氧树脂（图1.7）。

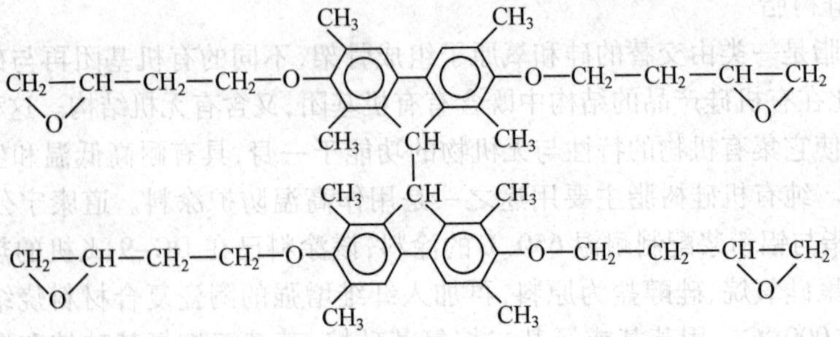

图 1.7 四官能团环氧树脂

1.2.3 高分子分离膜

高分子分离膜是用高分子材料制成的具有选择性透过功能的半透性薄膜。采用这样的半透性薄膜,以压力差、温度梯度、浓度梯度或电位差为动力,使气体混合物、液体混合物或有机物、无机物的溶液等进行分离的技术膜分离相比,具有省能、高效和洁净等特点,因而被认为是支撑新技术革命的重大技术。膜分离过程主要有反渗透、超滤、微滤、电渗析、压渗析、气体分离、渗透汽化和液膜分离等。用来制备分离膜的高分子材料有许多种类,现在用得较多的是聚偏氟乙烯、聚砜、聚氯乙烯、超高相对分子质量聚乙烯、纤维素脂类和有机硅等。膜的形式也有多种,一般使用平板膜和中空纤维。高分子分离膜是膜科学和膜技术发展的前沿方向。

1.2.4 水溶性高分子材料

水溶性高分子化合物又称为水溶性树脂或水溶性聚合物。通常所说的水溶性高分子是一种强亲水性的高分子材料,能溶解或溶胀于水中形成水溶液或分散体系。在水溶性聚合物的分子结构中含有大量的亲水基团。亲水基团分为三类:①阳离子亲水基团,如叔胺基、季胺基等;②阴离子亲水基团,如羧酸基、磺酸基、磷酸基等;③极性非离子亲水基团,如羟基、醚基、胺基、酰胺基等。水溶性高分子按来源分为天然水溶性高分子如淀粉类、纤维素、植物胶、动物胶等,化学改性天然聚合物如羧甲基淀粉、醋酸淀粉、羟甲基纤维素、羧甲基纤维素等,合成聚合物包括聚合类树脂和缩合类树脂两类,如聚丙烯酰胺、水解聚丙烯酰胺、聚乙烯吡咯烷酮三大类;按大分子链连接的水化基团分为非离子型亲水高分子和离子型亲水高分子;按荷电性质分为非离子、阳离子、阴离子和两性离子水溶性高分子,其中后三类为聚电解质;按基团间是否存在较强的非共价键连接又分为缔合水溶性聚合物和非缔合水溶性聚合物。水溶性聚合物中的亲水基团不仅使其具有水溶性,而且还具有化学反应功能,以及分散、絮凝、增黏、减阻、黏合、成膜、成胶、螯合等多种物理功能。

水溶性高分子材料的几种主要功能是:

①水溶性。水是最廉价的溶剂,来源广,无污染。水溶性高分子之所以溶于水,是因为在水分子与聚合物的极性侧基之间形成了氢键。水溶性高分子的溶解具有一个重要的条件,即溶质和溶剂的溶度参数必须相近,但这仅为溶解的必要条件而非充分条件,还需考虑高分子的结晶结构的影响。

②分散作用。由于绝大多数水溶性高分子都含有亲水基团和一定数量的疏水基团,因而都具有一定的表面活性,可以在一定程度上降低水的表面张力,有助于水对固体的润湿,这对于颜料、填料、黏土之类的物质在水中的分散特别有利。此外,许多水溶性高分子可以起到保护胶体的作用,即通过水溶性高分子的亲水性,使水-胶体复合体吸附在胶体颗粒上形成外壳,让其屏蔽起来免受电解质所引起的絮凝作用,使分散体系保持稳定。

③絮凝作用。指水溶性高分子中的极性基团吸附于水中的固体粒子,使粒子间架桥而形成大的聚集体。絮凝作用在水处理中有很重要的应用,由于用量少、见效快、效率高等优点,已成为目前水溶性高分子材料的最大用途。

④增黏性。作为增黏剂使用是水溶性高分子的主要用途。增黏性是指水溶性高分子有使别的水溶液或水分散体的表观黏度增大的作用。

⑤减阻作用。指向流体中添加少量化学药剂以使流体通过固体表面的湍流摩擦阻力得以大幅度减小的现象。在一些情况下,添加少量水溶性高分子材料,就可以使流动阻力减少50%甚至80%以上,这对于工业、交通、国防等领域都有实际的应用价值。

⑥流变性。指物质在外力作用下流动变形的特性。流变性对水溶性高分子的应用极其重要,不同水溶性高分子溶液在不同条件下可以具有各种流变性质,不同流变性可以满足不同的需要。

⑦悬浮作用。水溶性高分子本身或与其他物质所形成的水基流体的悬浮性在石油和天然气的开采及其他行业都具有极其重要的意义,如涂料悬浮颜料离子、水煤浆的输送等。

1.2.5　导电高分子材料

导电高分子材料兼具有机高分子材料的性能及半导体和金属的电性能,具有质量轻、易加工成各种复杂的形状、化学稳定性好及电阻率可在较大范围内调节等特点,在电子工业中的应用日趋广泛,促进了现代科学技术的发展。导电高分子材料一般可分为结构型导电高分子材料和复合型导电高分子材料两类。

(1)结构型导电高分子材料

结构型导电高分子材料,是高分子本身的结构或经过一定的掺杂作用而具有导电功能的材料,一般是电子高度离域的共轭聚合物经过适当电子受体或供体进行掺杂后得到的物质。从导电时载流子的种类来看,结构型导电高分子材料又分为电子型和离子型两种。电子型导电高分子材料是指以共轭高分子为主体的导电高分子材料,导电时的载流子是电子或空穴,这种材料是目前世界导电高分子材料中研究开发的重点。离子型导电高分子材料通常又称为高分子固体电解质,导电时的载流子主要是离子,主要有聚苯胺、聚苯硫醚、聚吡咯、聚噻吩等。

(2)复合型导电高分子材料

复合型导电高分子材料,是以高分子聚合物为基体,加入一定数量的导电物质通过不同的复合工艺而构成的材料,兼有高分子材料的加工性和金属的导电性。与金属相比,导电性复合材料具有加工性好、工艺简单、耐腐蚀、电阻率可调范围大、价格低等优点。复合型导电高分子材料在技术上比结构型导电高分子材料具有更加成熟的优势,用量最大、最为普及的是炭黑填充型及金属填充型。复合型导电高分子材料的主要品种有导电塑料、导电橡胶、导电纤维织物、导电涂料、导电胶黏剂及透明导电薄膜等,可作为电气零件、电子照相、电路材料、防静电材料、电磁场屏蔽、光记录和磁记录材料等。

1.3 高分子设计与合成方法

依据结构与性能的关系,合成制备满足使用要求的新型高分子材料,首先需要进行分子设计。要实现设计的要求,主要是通过合成反应使生成高分子的结构、组成及物性达到设计的目的,因此合成反应的理论和方法就成为分子设计的焦点。由单体转变成相对分子质量达数千、数十万,乃至上百万的大分子。这种转化是有条件的,不同的条件可制得不同类型、不同大小、不同结构、不同性能的大分子。同一个单体采用不同合成方法(不同反应条件)可以制成多种的产品,如加成聚合有自由基反应、离子型反应。自由基反应体系中随条件变化又分本体聚合、悬浮聚合、乳液聚合、溶液聚合。离子聚合又分阴离子聚合、阳离子聚合、配位阴离子聚合等聚合方法。每种方法又随单体引发剂、催化剂、调节剂、乳化剂等助剂的不同而合成出不同的高分子,它们的结构、分子组成及物性有很大的不同。加之聚合时单体的变化,有的是均聚物,有的是两种或多种单体进行共聚。制得的共聚物又有无规共聚、交替共聚、接枝共聚、嵌段共聚等。进行分子设计,需针对不同合成反应的机理及合成方法进行研究,由于合成反应的条件及反应机理的复杂性,给分子设计带来不少的困难和问题。有不少问题目前尚难以用分子设计解决,在反应中控制分子结构和性能,对有的产品可以解决,有的产品即使采用新催化剂和新合成方法也不易解决。在合成新的共聚物,合成有特殊性能和功能,有特定分子结构,以及对现有高分子通过合成改性等方面利用分子设计的原理和方法是有指导意义的。

1.4 高分子合成工艺过程

1.4.1 高分子生产过程的特点

与低分子反应相比,聚合反应和高分子生产有以下特点:

①反应机理多样,动力学关系复杂,重现性差,且微量杂质的影响大。

②在聚合过程中,一方面要考虑单体转化率,另一方面要考虑产物结构控制,如相对分子质量及其分布、共聚物组成及其分布、高分子链结构等。

③聚合过程体系黏度大且多为多相体系,使传质、传热和动量传递具有复杂性。

④对于新型高分子合成,聚合反应热力学和动力学数据缺乏,影响因素不易确定,规模化生产难度很大。

高分子材料合成的生产过程不同于一般化工产品,如酸、碱、盐以及有机化合物的生产过程,具有以下特性:

①要求单体具有双键和有活性官能团,分子中含C═C及两个或两个以上的官能团,通过分子中双键和活性官能团,生成高聚物。单体中的三官能团以上的化合物,对大分子

结构影响很大,双官能团或单个双键生成的为线型结构的高分子,两个双键的单体主要生成线型结构的弹性体,三官能团的化合物可制成热固性的合成树脂,加工成塑料。线型的合成树脂可加工成纤维和塑料。单体的纯度影响生成高分子的结构及性能。

②由低分子单体生成高分子的相对分子质量具有多分散性,相对分子质量大的几千、几万,甚至几十万到几百万,小的为低聚物,相对分子质量不到1 000,相对分子质量的分布不同,产品的性能差别很大。相对分子质量大小又是合成反应中极为重要的问题,影响相对分子质量的工艺因素较多,所以生产中必须控制好工艺过程的配方及聚合条件,才能有效地控制相对分子质量,不同产品反应过程不同,控制相对分子质量和分子结构的方法也不同。

③生产过程中聚合或缩聚反应的热力学和动力学不同于一般有机反应,加成聚合反应为连锁反应,经过链引发、链增长、链终止及链转移等反应步骤,每步反应的动力学是不同的,它直接影响相对分子质量、分子结构和转化率,有的反应速度很快,有的反应速度很慢。如异丁烯和丁基橡胶用阳离子聚合反应的时间很短。不同的聚合或缩聚反应过程中传质、传热的情况不同。

④生产的品种多,有的是固体,有的是液体,有的品种生产规模大,年产达数十万吨,所以不同品种的生产工艺流程差别很大,反应器及辅助设备的要求是不同的,有的品种连续聚合生产,有的是间歇法生产,所以高分子合成材料生产过程是相当复杂的。

⑤聚合反应体系中物料有的是均相体系,有的是非均相体系,而且反应过程中还有相态变化。物料体系黏度随转化率的提高而增大,如本体聚合、熔融缩聚及溶液聚合,到反应后期的黏度很高,无疑对体系的传质和传热有影响。对设备的要求较高,由于反应体系物料黏度变化对反应的速度和转化率均有影响,不同产品的设备设计要求差别较大。如有的品种是高压聚合,有的是中压聚合,有的是常压聚合,缩聚反应要在高真空的条件下进行才能制得高相对分子质量的产品。研究人员应对设备及工艺要求的多样性和复杂性有深刻的认识。

⑥高分子合成的产品有的是液体,有的是固体,根据对产品的分子结构及产品性能的不同要求,整个生产过程包括:溶剂的配制,催化剂、引发剂的制备,聚合反应,分离纯化及后处理等工艺步骤,每一步工艺过程,都对产品的质量有影响,而且每一步工艺技术及设备的先进性、创造性都将会降低生产成本和投资费用。

1.4.2 聚合反应过程

高分子合成工业生产中,聚合反应过程是将备好的原料及单体,进行加成聚合或缩聚反应,使低分子转化成高分子,这是合成高分子材料极为重要的步骤,也是关键的化学反应过程。它对整个高分子的生产过程(包括从原料处理到产品的分离纯化)起决定性的作用。如采用本体聚合法生产聚苯乙烯的全流程比溶液法或乳液法生产聚苯乙烯简单得多,不同方法生产工艺流程不同,设备不同,管理及生产控制手段都不同,这是由聚合反应决定的。反应过程一方面对原料和单体、助剂的准备和配制提出了要求,聚合反应后又为后处理提出了工艺及设备要求。熟悉和明确聚合反应的配方及工艺要求,就会确定产品生产的整个过程。

聚合反应过程又对大分子的结构、性能起关键作用,高分子的相对分子质量及其分布、支链及交联结构、链节分布等与聚合反应的配方及工艺操作、工艺条件有密切关系。为了有效控制高分子的微观结构,必须控制好反应的物系组成。利用分子设计的原理和方法及实验筛选确定工艺配方及条件,科学地确定聚合反应的实施方案。在合成高分子材料的生产实施方案中以下几个问题需要明确:

①聚合反应的物系组成。包括单体、共聚单体、反应介质或溶剂,反应要用的引发体系或催化剂体系及其他乳化剂、调节剂等各种成分的用量及比例。

②各组分加入的顺序和方式。有的聚合反应用一次性加料法,有的采用连续加料,有的采用分批加料,有的采用饥饿加料法等。同样的配方和组分,由于加料方式不同生成的大分子的结构和组成大不相同。特别是共聚反应时,加料方式对分子结构变化的影响较大,一次性加料主要生成无规结构,分批加料生成接枝或嵌段共聚物可能性大。在乳液聚合中两种或多种单体共聚时,各种单体加入时间不同可能生成接枝或嵌段共聚物或形成种子聚合的核壳结构的聚合物。在阴离子共聚中采用分批加入不同单体,生成不同链节的嵌段共聚物。共聚时由于不同单体的竞聚率不同,可以通过加料速度的不同调节大分子组成及链节分布。在工业生产中,控制聚合反应的加料方式和速度,对产品的分子结构及物性是很重要的。其他助剂的加入量及加入方式,也对分子结构有一定的影响,如调节剂可以控制相对分子质量和凝胶含量,乳化剂对反应速度、相对分子质量大小及分布粒子大小也有影响,所以也要确定它们的加入量及方式。

③聚合反应过程中对反应热力学及动力学的控制也很重要,具体表现为反应条件的控制,不同单体的反应热不同,引发剂的分解速度与温度有关,聚合温度不仅影响反应速度,而且影响相对分子质量及其分布。在聚合反应中,链引发、链增长及链终止的速度,温度起决定性作用,温度控制是由热力学和动力学决定的。例如氯乙烯悬浮聚合时,要求温度波动在0.2 ℃左右,丙烯酸酯的聚合易产生自加速效应,一旦引发后,反应很快,反应物系中放出大量热,温度骤升容易产生爆聚和冲料。又如用 BF_3 的乙醚络合物作为催化剂时,异丁烯聚合在很短时间内相对分子质量可达数十万。不同引发体系和催化剂体系聚合时,热力学性质和动力学不同,只有通过反应温度控制,才能使生成的高分子的结构合乎要求。反应压力对反应速度及分子结构也有影响,特别是沸点低、易挥发的单体和溶剂,在聚合反应时,反应器压力的控制是重要的。气相聚合的压力比液相聚合的要求高一些,低沸点溶剂和单体的液相聚合比高沸点的压力要高,不同聚合方法及不同品种,聚合时压力控制应有所区别。除反应温度和压力外,物料在反应器中停留时间、加热冷却方法都对反应有一定的影响。

④反应设备及辅助装置对聚合反应也很重要,低分子单体转化成高分子是在一定的时间和空间内完成的。反应器就是进行反应的特定空间,在其中进行高分子合成反应,反应器内不仅要完成化学反应,而且要控制好反应条件,要求反应器有利于加料、出料、传质、传热过程。高分子合成的品种很多,聚合方法不同,反应器的类型较多,主要有釜式反应器、管式反应器、塔式反应器、硫化床反应器、双螺杆反应器、固定床反应器。反应器内有搅拌器,主要加速传质、传热过程。为了控制反应温度,一般有夹套,有的夹套内加有内冷却管。有的在反应釜内装有冷却管,也有的在反应釜外将反应物料循环冷却,有的利用

溶剂或单体回流冷却，所以反应釜一般都配备有升温和冷却装置。搅拌器的形式及结构，以及釜的类型结构在后面章节中有详细介绍。反应釜的材质大多数为搪瓷、不锈钢及合金钢材料制成的，反应釜的材质应不影响合成反应，不污染聚合物，防止聚合物粘在釜壁上，影响清洗。反应釜根据不同温度和压力要承受规定的压力和温度。反应釜的设计和制造一定要满足工艺条件的要求，如反应釜的搅拌器、进料口、出料口、排气口和充气缸或抽真空管等。

不同聚合方法反应釜内物料的状态不同，有的为均聚体系，有的为多相体系，有的呈熔融状态，有的是悬浮的粉末，有的黏度逐步升高。搅拌器控制传质、传热显得特别重要，不同物料体系选择相适应的搅拌装置，搅拌装置不仅有利传质、传热，而且使物料保持分散状态，避免爆聚黏结成块，对界面缩合可更新界面，在缩聚反应中通过搅拌有利于生成的小分子排出。对高黏度溶液和熔体的反应，搅拌的传质、传热显得特别重要。低黏度的物料可用涡轮式和旋桨式搅拌器；高黏度的溶液流动性差的，则可用螺带式具有刮壁装置的搅拌器；黏度不高、流动性好的物料一般用平桨式和锚式搅拌器。

1.4.3 高聚物生产中的分离过程

聚合反应后所得物料中除高分子化合物外还含有未反应的单体，反应用的介质水和溶剂，残留的引发剂、催化剂及其他未参加反应的助剂，需要进行分离。分离的目的，一方面可使合成的高聚物的产品有很高纯度，合乎规定的质量指标；另一方面为了回收未反应的单体及溶剂，降低生产成本，减少环境污染，所以对聚合后的物料必须进行分离。合成的方法多，品种不同，聚合后产品的物质组成不同，分离的方法也不一样。

本体聚合与熔融缩聚反应中转化率很高，单体几乎全部转化为高分子化合物，一般不需要经过分离，可以将高黏度的熔体直接进行后处理。本体聚合所得物料含有少量未反应单体或低聚物，通常在高温状态下出料前脱出，也可以在高真空状态下脱出，或将熔体和高黏度的聚合物呈线型流动或薄层流动，加大脱出单体表面，使单体易于扩散脱出。

悬浮聚合得到的聚合物呈圆珠状，分散在水介质中，未反应的单体及分散剂、悬浮剂等必须进行分离。首先采用蒸汽蒸馏或液化闪蒸等方法除去单体，利用离心过滤和离心洗涤等方法除去分散剂、悬浮剂，再用净水反复洗涤保证聚合物无其他杂质。

乳液聚合的分离过程更复杂一些，特别是二烯类的产品，聚合完成后，未反应单体含量较多，如丁二烯与苯乙烯共聚，单体转化率为70% ~80%，未转化单体为两种单体的混合物且每种单体的含量与聚合之前的投料比不同，需要分别回收纯化处理之后再利用。利用两种单体沸点相差大，采用闪蒸法脱出低沸点的二烯烃，再在减压蒸馏塔中用水蒸气蒸馏法脱去高沸点未反应的苯乙烯，与水蒸气共沸的苯乙烯通过回收循环使用。

对自由基溶液聚合得到聚合物溶液，主要除去未反应的单体和溶剂。除去的方法随品种而异，决定于单体和溶剂的沸点，沸点高的可用蒸汽蒸馏，沸点低的可用闪蒸法，也可加入沉淀剂将聚合物从溶剂中分离出后，再用蒸馏法分离单体和溶剂，并回收循环使用。

对离子型溶液聚合，除将单体和溶剂分离后，还要洗去残留的催化剂。在分离溶剂之前，可在聚合物溶液中，加入醇类（如甲醇、乙醇）将金属有机化合物破坏，生成的金属盐及卤化物用水洗涤，使其溶解于水中，作为废料处理。加入一定的沉淀剂使聚合物分离，用离心机将固体物与溶剂分离。对纺织纤维的聚合物、合成树脂及合成橡胶等不同类型的聚合溶液处理方法不同。

有的聚合物溶液或乳液(胶乳)作为黏合剂、涂料、防水涂层、涂饰材料及精细化工产品,直接使用溶液或胶乳液,聚合时提高单体转化率,残留单体很少,工业上一般不需经过处理,高分子溶液和乳液直接作为产品。为了降低产品中的单体含量,在聚合结束时利用真空抽出法或补加引发剂,除去残留单体。

1.4.4 聚合物后处理

经过分离过程制得的固体聚合物,含有一定的水分和未脱出的少量溶剂,需要经过干燥。对粉末状或圆珠状的合成树脂的处理,多用气流干燥或沸腾床干燥,或者采用气流加沸腾床干燥器串联的方式进行,或者用两个气流干燥器串联。合成树脂粉料或粒料在干燥过程中对空气的热氧化作用敏感,所以加热时用 N_2作为热载体,用空气干燥可能产生爆炸混合物。含有粉尘的空气易产生爆炸混合物。作为热载体的 N_2 可循环使用。在干燥装置中有氮气供给和回收循环的设备。

干燥后粉状合成树脂,不能直接用作塑料的原料,必须加入稳定剂(光热稳定剂)、润滑剂、增塑剂、着色剂等多种助剂,经混合均匀后加工造粒,制成的粒料作为产品出售。树脂同助剂混合是在一定温度下,使树脂软化或熔化,在混炼机剪切力的作用下,使助剂与树脂充分混合,混炼好的热物料经过螺杆挤塑机,将热熔物料通过金属过滤网,再进入多孔模型板,将物料挤成条状,经过水冷却的物料条,进入切粒机,切成树脂颗粒。得到粒料表面的水分通过振动筛和离心干燥机,除去水分。经过分筛装置,除去不合格产品,合格的颗粒料在大容器中混匀,自动包装后即为产品。

合成橡胶的后处理包括凝聚过程和脱水干燥过程两部分。以溶液聚合的合成橡胶在分离单体和溶剂的同时橡胶凝聚成小的颗粒,乳液聚合的胶乳在脱出单体后,用酸和盐的水溶液破乳凝聚,凝聚后絮状的胶粒进入洗涤槽,洗去胶粒中残留的乳化剂和电解质。洗涤好的胶粒通过振动筛,将胶粒与水分离,胶粒从振动筛送入螺旋挤水机,将胶粒中的水脱出,但胶粒中仍有少量的水,从挤水机挤出胶料切成的颗粒(含水 10% 左右)用输送器送入膨胀干燥机,在高温下进一步脱水干燥,从膨胀干燥机挤出的胶粒,含水量降至0.5%以下为合格。

1.5 三废处理与回收过程

高分子合成采用的单体、有机溶剂和助剂一般都是有机易挥发的小分子物质,合成反应又是在较高的温度和压力下进行的,且单体转化不能达到百分之百,产物分离提纯过程会产生大量废液和废渣,这些有害的挥发气体、废液和粉尘如果不经处理直接排放,将污染空气和水质环境。因此高分子合成工业与其他化学工业相似,存在废气、废水和废渣等三废问题。

废气主要来自气态和易挥发单体和有机溶剂或单体合成过程中使用的气体,这些气体由于生产装置的密闭性不够,导致泄漏,或是清釜操作中或生产间歇中聚合釜内残存的单体浓度过高或是干燥过程中聚合物残存的单体逸入大气中。这些废气可能是有毒，甚至是剧毒的化学品。粉尘则主要来自聚合后树脂干燥过程产生的微小颗粒。污染水质的废液，主要来源于聚合物分离和洗涤操作排放的废水和清洗设备产生的废水。例如，合成树脂生产中悬浮聚合法有大量废水排放出来，其中可能含有悬浮的聚合物微粒和分散剂。合成纤维湿法纺丝过程中，用水溶液为沉降液时，虽然可以回收一部分沉降液循环使用，但仍有相当数量的废水排放出来，其中可能存在有较多的杂质。在合成橡胶生产过程中，橡胶胶粒经破乳凝聚析出或热水凝聚都有大量废水排出，其中都可能含有一定量的防老剂、残存的单体，乳液凝聚废水中尚含有废酸和食盐等杂质。

对于废水、废渣和废气等的处理，首先在聚合物合成工艺生产线进行设计时应当考虑将其消除在生产过程中或考虑它的再利用。例如，工业上采用水代替有机溶剂进行绿色聚合方法，从材料源头减少有毒废气和废液的产生。对于传统成熟的工业生产产生的三废物质必须进行排放时，应当了解三废中所含各种物质的种类和数量，有针对性地进行回收利用和处理，三废的排放量应当符合国家环境保护法和地方环境保护条例要求。不能用清水冲淡废水的方法来降低废水中有害物质的浓度。

第2章 聚苯撑苯并二噁唑高性能纤维

2.1 概 述

1998年国际产业纤维展览会上，日本Toyobo（东洋纺）公司展出了商品名为ZYLON的聚苯撑苯并二噁唑（PBO）纤维，其拉伸强度达5.8 GPa，弹性模量高达280 GPa，烧失量（Loss On Ignition，LOI）为68，最高使用温度和分解温度分别为350 ℃和650 ℃，密度仅为1.56 g/cm^3。这些特性远优于现有的有机与无机纤维，并足以使其与高性能碳纤维媲美（见表2.1），故被誉为21世纪的超级纤维。

表2.1 PBO纤维与其他纤维性能对比

品种	拉伸强度/GPa	拉伸模量/GPa	断裂伸长率/%	密度/(kg·m^{-3})	LOI/%	耐热温度/℃
ZYLON AS	5.8	180	3.5	1.54	68	650
ZYLON HM	5.8	280	2.5	1.56	68	650
Kevlar-49	3.05	109	2.4	1.45	29	550
同位芳族聚酰胺	2.57	17	22	1.38	29	400
T300	3.6	230	1.5	1.79	—	—
T800	5.6	300	1.4	1.80	—	—
聚苯并咪唑(PBI)	2.38	5.6	30	1.40	41	550
高弹性模量聚酯	2.67	110	3.5	0.97	16.5	150

由于主链型液晶高分子拥有刚性棒状分子结构，在纤维中还具有伸直链构象和很高的有序取向结构，Wolfe等人据此设计了直线型芳杂环高相对分子质量液晶聚合物分子。经过10余年的筛选，在1980年初合成出具有芳杂环结构的液晶聚合物聚苯撑苯并二噁唑，其结构式如图2.1所示。

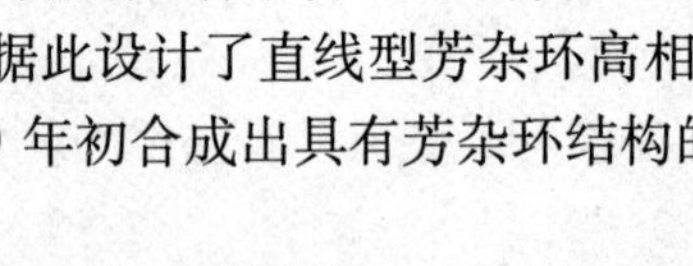

图2.1 聚苯撑苯并二噁唑

PBO为全芳杂环高分子，其链接角（即刚性主链单元上的环外键之间的夹角）均为180°，且重复单元结构中只存在苯环两侧的两个单键，不能内旋转，所以为刚性棒状分子，能够形成溶致液晶。PBO晶胞属单斜晶系，分子结构中无弱键，加之液晶纺丝工艺使得纤维中不仅保持了液晶分子良好的取向，而且赋予了纤维一定程度的二维和三维有序性，所以其纤维展现出优异的力学和耐热等性能。另外，PBO 纤维在受冲击时纤维可原纤化而吸收大量的冲击能，是十分优异的耐冲击材料。PBO 纤维复合材料的最大冲击载荷和能量吸收均高于芳纶和碳纤维。PBO 纤维在吸脱湿时尺寸变化小，耐磨性优良。对于线密度均为 1 667 dtex 的 AS-PBO(标准型)、HM-PBO(高模型)、对位芳纶和高模对位芳纶在 135 ℃弯曲 2 000 次之后的强度保持率都约为 35%，而在 0.88 cN/dtex 初始张力下，AS-PBO和 HM-PBO 磨断循环周期为 5 000 次和 3 900 次，而对位芳纶和高模对位芳纶分别为 1 000 次和 200 次。AS-PBO 和 HM-PBO 纤维在 300 ℃空气中处理 100 h 之后的强度保持率分别为 48% 和 42%，HM-PBO 纤维在 400 ℃还能保持在室温时强度的 40%，模量的 75%，在高达 500 ℃和 600 ℃仍能保持 40% 和 17% 的室温强度。PBO 在 180 ℃饱和热蒸汽中处理 50 h 后强度保持率为 40% ~50%，处于对位芳纶和共聚芳纶之间。PBO 在 300 ℃热空气中无张力处理 30 min，收缩率只有 0.1%。PBO 纤维具有优异的耐化学介质性，在几乎所有的有机溶剂及碱中都是稳定的，但能溶解于 100% 的浓硫酸、甲基磺酸(MSA)、氯磺酸、多聚磷酸。此外，PBO 对次氯酸也有很好的稳定性，在漂白剂中 300 h 后仍保持 90% 以上的强度。

利用 PBO 纤维高模量的特性，可用于光导纤维的增强。在橡胶增强领域，PBO 纤维可代替钢丝作为轮胎的增强材料，使轮胎轻量化，有助于节能。PBO 纤维也可在密封垫片、轮胎、胶管等橡胶制品，各种树脂、塑料、混凝土抗震水泥构件和高性能同步传动带中作为增强纤维。PBO 纤维可用于防切伤的保护服、安全手套和安全鞋、赛车服、骑手服、各种运动服和活动性运动装备、飞行员服、防割破装备以及体育用品。

PBO 纤维的合成研究始于 20 世纪 60 年代，最初是为美国空军航空航天材料的需要而设计和合成的高性能聚合物。但是起初合成的 PBO 相对分子质量低，在 20 世纪 70 年代研究有所停滞。20 世纪 80 年代初，美国斯坦福研究所 SRI 实验室以 Wolf 为代表的聚合物组以及 Dow 化学公司的加盟研究，关于 PBO 纤维的聚合、纺制、性能及微结构等方面研究得到突破性发展并开始了有这方面的报道。1991 年，日本东洋纺购买了 Dow 化学公司的专利，单独进行 PBO 纤维的开发。开发的 PBO 纤维，其强度和模量是 Kevlar 纤维的两倍以上。随后，日本东洋纺又开始了 PBO 中试及生产研究，开始向商业化生产发展，并把 PBO 纤维命名为商品名 ZYLON，现在日本东洋纺仍是世界上大规模商业化生产 PBO 纤维的唯一公司，生产的 PBO 纤维产品很长一段时间只销往美国、日本和少数国家，对中国禁销，形成少数国家对技术垄断的格局。世界上 PBO 纤维的单体、设备及其纤维加工技术，仍大都属于 Toyobo 公司和 Dow 化学公司的专利范围。Toyobo 公司发展 PBO 纤维的最终目标是在经济性允许的前提下最终取代 Kevlar 纤维材料，使 PBO 纤维在民用领域能得到广泛应用，以满足市场的需求。

国内对 PBO 纤维的认识始于 20 世纪 80 年代中后期，由于进口单体试剂价格昂贵，仅仅是在实验室得到了少量 PBO 聚合物，在一定程度上也限制了 PBO 研究。直到 20 世纪 90 年代末，东洋纺向全世界展出了高性能 PBO 纤维时，国内的一些高等学校和科研院所等才开始重点攻克 PBO 纤维合成技术难题。浙江工业大学、华东理工大学对合成 PBO 的单体 4,6-二氨基间苯二酚(DAR)进行了研究，2006 年大连化工研究设计院成功开发出4,6-二氨基间苯二酚盐酸盐(DADHB)单体合成工艺,打破了长期以来国外公司对合成单体技术的封锁。东华大学、哈尔滨工业大学、上海交通大学、西安交通大学、中国航天科技集团四院四十三所和四川晨光院等则对PBO的聚合工艺、PBO纤维的纺制工艺及其复合材料进行了关键技术的研发与产业化发展,为使我国在PBO纤维使用上摆脱受制于国外垄断和控制的困境,加快实现PBO纤维国产化和规模化打下了良好的基础。

2.2 PBO聚合用单体的制备

PBO制备中单体4,6-二氨基间苯二酚(DAR)盐酸盐是不可缺少的中间体,其结构式如图2.2所示。

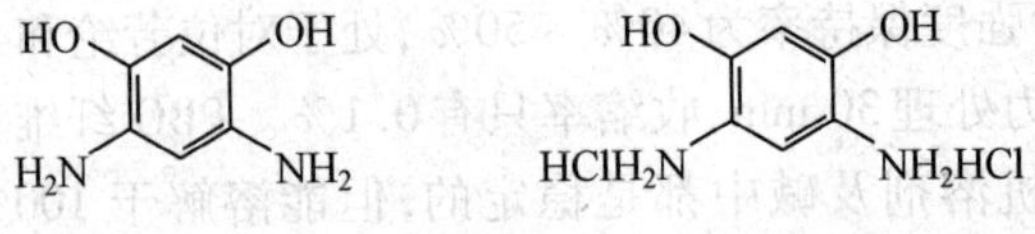

DAR　　　　DAR 盐酸盐

图2.2　DAR及DAR盐酸盐的结构式

由于单体含有两个氨基与酚羟基,在空气中极易被氧化,导致DAR制备较难,稳定性较差,成本高。因此,制备高纯度的DAR,保证其稳定性一直是国内外研究的重点。目前DAR单体主要有以下几种合成路径和方法。

2.2.1 间苯二酚法

间苯二酚法是合成PBO单体DAR盐酸盐最早的一种方法,开始采用间苯二酚和发烟硝酸反应制备4,6-二硝基间苯二酚,将产物重结晶提纯,产率低于30%。针对产率低的缺点,Schmitt对该路线的硝化反应进行改进,在硝化时用浓硫酸作为体系的溶剂,并在其中加入了少量尿素,最终硝化产率能达到60%。其反应式如下:

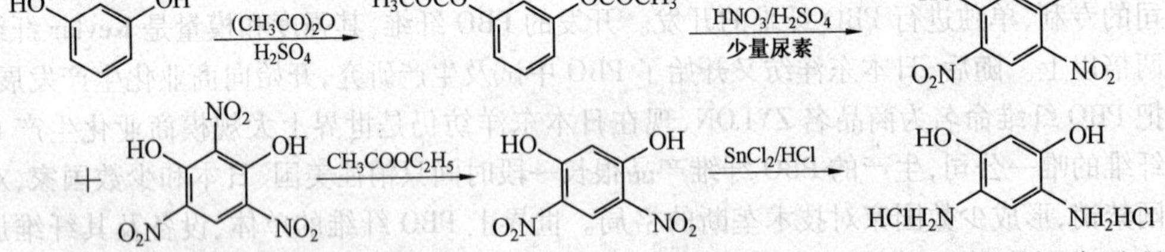

该方法主要的缺点是硝化反应能够同时发生在苯环上的2、4、6位上,因此反应过程中有很多的副产物产生,需采用多次重结晶方法进行产物的分离提纯。同时该方法制备的PBO特性黏数比较低,一般低于4 dL/g,重均相对分子质量在15 000以下,相对分子质量较低导致聚合物纺丝困难,不能发挥液晶纺丝的优势。因此该路线产率低、成本高,不适合工业化操作。

2.2.2 三氯苯法

1980年,美国Dow化学公司的Lysenko采用三氯苯作为原材料制备出了PBO聚合需要的单体 DAR 盐酸盐。利用三氯苯为原料的优点是在硝化前2位已被取代,导致硝化时副产物较少、产物较纯、反应产率较高。反应过程中是先将1,2,3-三氯苯进行硝化,然后得到的硝化产物在 CH_3OH 和 NaOH 混合溶液中水解得到氯代的4,6-二硝基间苯二酚,最后经加氢还原反应得到 PBO 单体4,6-二氨基间苯二酚盐酸盐。其反应式如下:

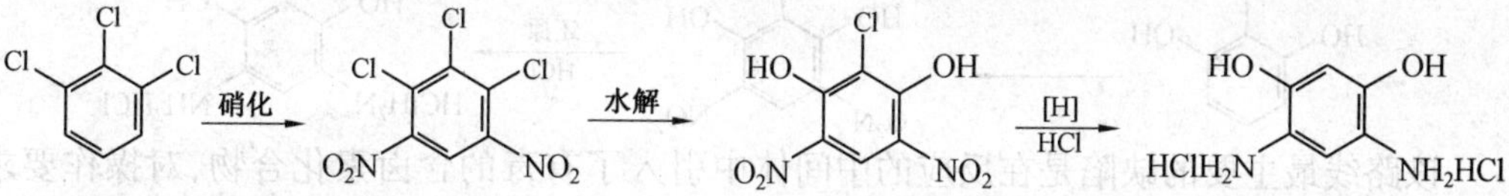

该路线的主要不足是原材料三氯苯有毒,对生产环境要求较高。如何对原材料进行改进,减弱生产过程中带来的危害是该路线的研究热点。但目前该方法具备了成本低、制备工艺简单、产品的纯度较高等优点,在国外已经实现了工业化生产,让人们看到了在国内 PBO 纤维实现产业化的前景。

2.2.3 苯胺法

由于三氯苯的毒性较大, Morgan 等人又研究了一条新的制备路径,随后 Kazuhiko Akimoto 和德永键等人又分别对这条路径进行了改进,目的在于降低原料的毒性。他们将起始物苯胺与 $NaNO_2$ 先反应生成氯化重氮苯,之后制取中间体4, 6-二偶氮基间苯二酚,中间体经加氢还原成盐反应得到产物。反应结束后利用重结晶反应除去副产物苯胺,最终得到纯度较高的 DAR 盐酸盐。其反应式如下:

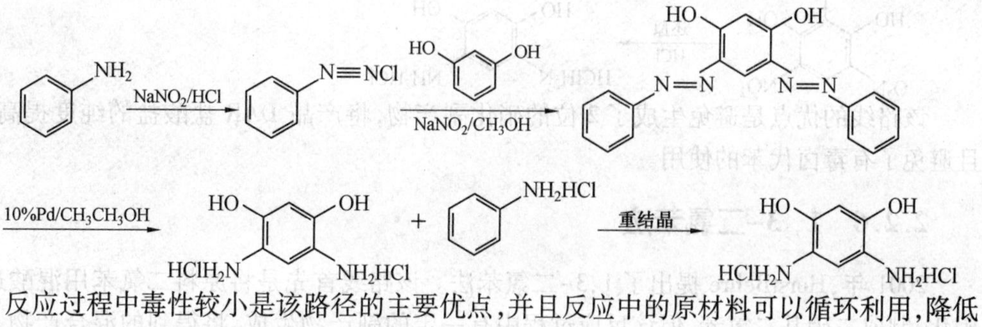

反应过程中毒性较小是该路径的主要优点,并且反应中的原材料可以循环利用,降低成本。该反应的难点是如何保证偶氮化反应的产率和纯度,以及如何降低重结晶反应的影响。

2.2.4 间苯二酚磺化氯化法

针对以上几种方法的不足,Nader 提出了间苯二酚磺化氯化法合成路径,为了防止在硝化过程中生成副产物,他在反应中引入了卤素原子,用卤素将2位保护起来,防止产生杂质副产物。具体过程是先有选择地将间苯二酚4、6位进行磺酸基取代,得到产物4, 6-二磺基间苯二酚,之后将卤素引入到分子上得到氯代的4, 6-二磺基间苯二酚,之后将该卤代产物还原,再经硝化反应可制得纯度较高的2-氯-4,6-二硝基间苯二酚,最后经加氢还原反应得到 PBO 单体 DAR 的盐酸盐。其反应式如下:

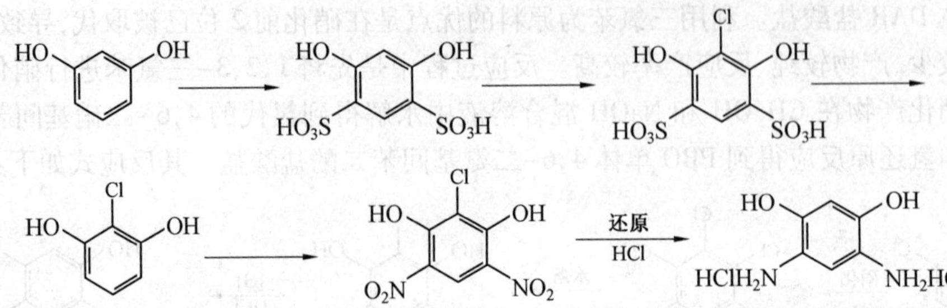

该路线最主要的缺陷是在反应的中间体中引入了有毒的含卤素化合物，对操作要求较高，难以应用于工业化生产。

2.2.5　间苯二酚磺化法

2000 年，日本科学家熊本行宏首先提出了间苯二酚磺化法，反应首先利用磺化反应将间苯二酚制成 2，4，6-三磺基间苯二酚，从而使反应物的 2 位被占用，之后有选择性地进行硝化、水解反应可制得 4，6-二硝基间苯二酚，然后通过加氢还原中间体的反应得到单体 DAR 盐酸盐。其反应式如下：

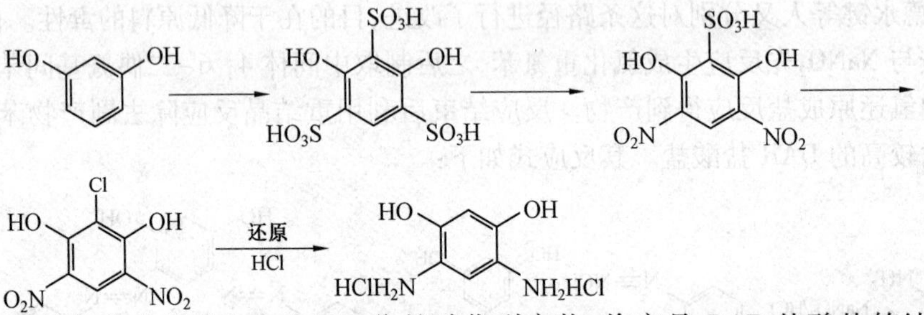

该路线的优点是避免生成了 2 位的硝化副产物，将产品 DAR 盐酸盐的纯度提高，并且避免了有毒卤代苯的使用。

2.2.6　1，3-二氯苯法

2001 年，HorstBehre 提出了 1，3-二氯苯法。该路线首先是将原料二氯苯用混酸进行硝化，制取二硝基二氯苯，但该反应过程中有一定的副产物生成，将得到的混合产物与醇钠溶液反应得到苄醇取代的 4，6-二硝基苯，该反应平稳、反应快，然后经加氢还原反应得到 DAR 盐酸盐。其反应式如下：

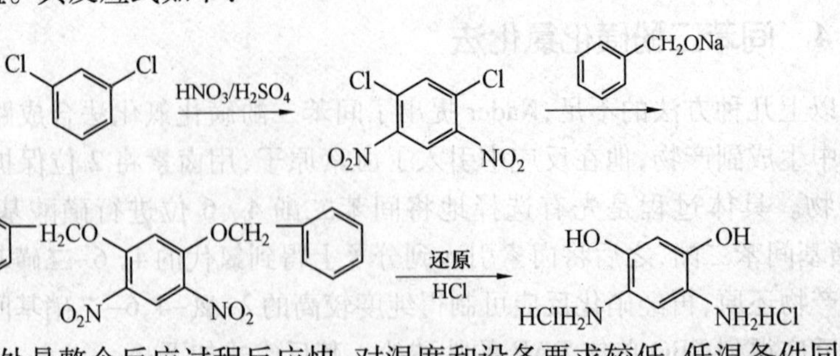

该路线的好处是整个反应过程反应快，对温度和设备要求较低，低温条件同时可以减少副产物的生成；反应中最终产物和中间过程产生的杂质易于进行分离和提纯。但此路

线的缺点是反应中释放出有毒的苯醛,如何吸收苯醛是该反应研究需要解决的问题。

还有很多有关研究DAR盐酸盐的制备路线,其最终目标都是为了提高DAR单体的纯度,降低生产成本和对设备的要求,减少污染,以便于实现工业化生产。目前国内外从事DAR盐酸盐生产的企业主要还是从三氯苯的路径出发,但还在不断对其工艺过程进行改进。

2.3 PBO的聚合方法

在对聚苯并噁唑类聚合物合成研究的早期,科学家们只是想办法提高其聚合物的相对分子质量,一般是把得到的高相对分子质量的聚合物配成液晶溶液之后直接加工成应用材料,因此,反应体系大都是溶液均相聚合体系。例如,在研究PBO聚合初期的过程中将聚合体系中的多聚磷酸(PPA)中P_2O_5的质量分数设为84%,而最终聚合物的质量分数设为3%,这样所合成的PBO聚合物的特性黏数要低于4 dL/g,无法直接液晶纺丝。为了得到纤维,再将这些聚合物重新溶在甲磺酸(MSA)中配成液晶溶液进行干喷湿纺,最后得到的纤维强度一般较低,无应用价值。同时研究人员也发现即使单体DAR的纯度较高,有时仍然无法制得高相对分子质量的PBO聚合物,这些问题促使新的缩聚方法——液晶聚合的出现。

液晶高分子溶液体系与一般的高分子黏度-浓度规律有所不同,如图2.3所示。液晶高分子在浓度较低的范围内,高分子链在溶液中是无规均匀分布的,形成的是各向同性溶液,并随着浓度增加,黏度也开始急剧上升。当体系浓度达到临界浓度c_1^*时,黏度开始出现了一个极大值;在这一浓度时,体系中建立起定向的有序结构,并形成均匀的各向同性相。之后,体系与一般的高分子不同,液晶体系中随着浓度的继续增加,黏度开始急剧下降。此时体系中各向同性与各相异性共存,随着浓度的继续增大,各向同性相的比例开始减少,各向异性相的比例开始增加,体系中黏度继续减小,直至浓度达到临界浓度c_2^*时,黏度也达到极小值,这时体系完全成为均匀的各相异性溶液;最后,随着浓度的增大黏度又开始增加。所以,在缩聚体系中只有当聚合物的浓度在液晶相的临界浓度以上发生聚合反应时,高分子链增长到一定程度才会形成液晶态,这时体系中黏度会较低,分子的活动性较强,分子链之间的反应不会受平移、旋转等因素的影响,相对分子质量会在体系形成液晶后快速增加,最终制得高相对分子质量的聚合物。

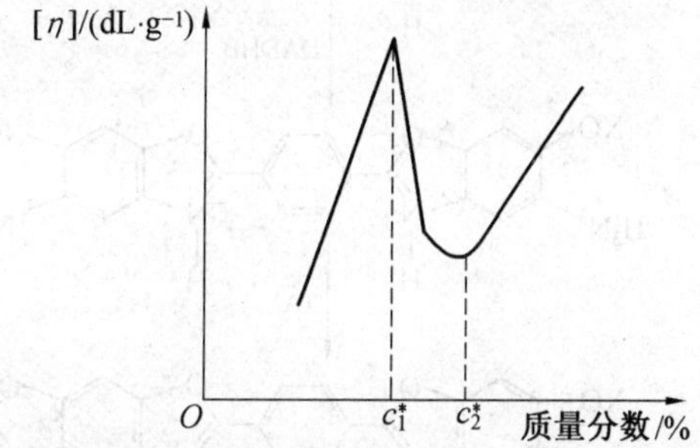

图2.3　液晶体系黏度与聚合物浓度关系示意图

人们从未停止过对PBO聚合反应的研究探索,研究的热点主要在于如何能够制取高相对分子质量的聚合物,从而使聚合物的性能更接近于期望值。近几十年来人们对高相对分子质量的PBO聚合物的反应路线及制备工艺进行了许多研究,根据聚合单体的不同,主要有以下几种方法。

2.3.1 对苯二甲酸法

1981 年,Wolfe 等人最早报道由 PBO 的单体盐酸盐 DADHB 和对苯二甲酸(TA)在多聚磷酸(PPA)溶液中通过缩聚反应合成,这也是目前最常用的 PBO 合成方法(图 2.4)。为了获得高相对分子质量的 PBO,需在合成过程后期准确补加五氧化二磷调节溶液浓度。Wolfe 等人也对 PBO 的聚合机理进行了详尽的研究。不同于传统的分步聚合反应,PBO 低聚物末端不是用两种单体封端,而是只有 DADHB 在 PBO 低聚物链的末端。主要原因是 TA 在 PPA 中的溶解性非常低,在一定的时间内只有非常少的一部分溶解在 PPA 中的 TA 参加反应。在 140 ℃时,TA 在 1 g PPA 中只有 0.000 6 g 溶解。实验已经证明,当 TA 过量 5% 时也可以得到高相对分子质量的 PBO 聚合物。为了解决这个问题,TA 的粒径必须控制在 10 μm 以下才可能完全溶解在 PPA 中。此外,还可以通过在反应开始时

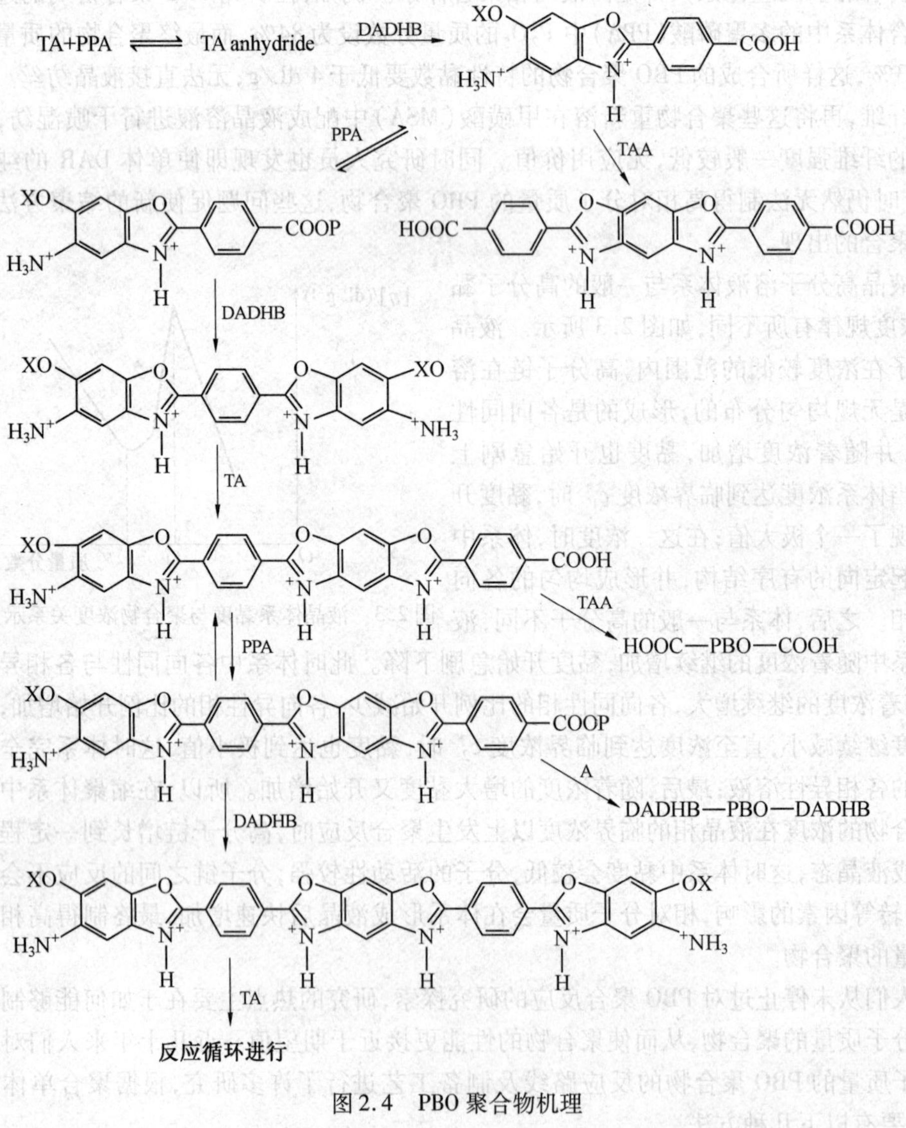

图 2.4 PBO 聚合物机理

加入足量的TA,生成末端是DADHB的低聚物,然后再次加入剩余的TA的PPA溶液,通过此方法调控PBO相对分子质量。此预聚方法可用于大规模工业化生产,缩短了聚合反应的时间,可以调控PBO的相对分子质量,这对后期纺丝是非常重要的。

2.3.2　对苯二甲酰氯法

1981年,Choe和Kim提出了用对苯二甲酰氯(TPC)代替对苯二甲酸与PBO的单体盐酸盐DADHB在PPA介质中反应制备PBO(图2.5)。这种路线原理是对苯二甲酰氯和多聚磷酸反应生成中间产物多聚磷对苯二甲酸二酐,得到的二酐继续和脱完HCl后的DAR聚合反应制备PBO。这种方法优点是TPC在PPA溶液中溶解性大于TA,且不会升华,产生的TA粒径远小于2.4 μm,降低了TA粒径尺寸对聚合的影响,因此得到了高特性粘数的PBO聚合物。

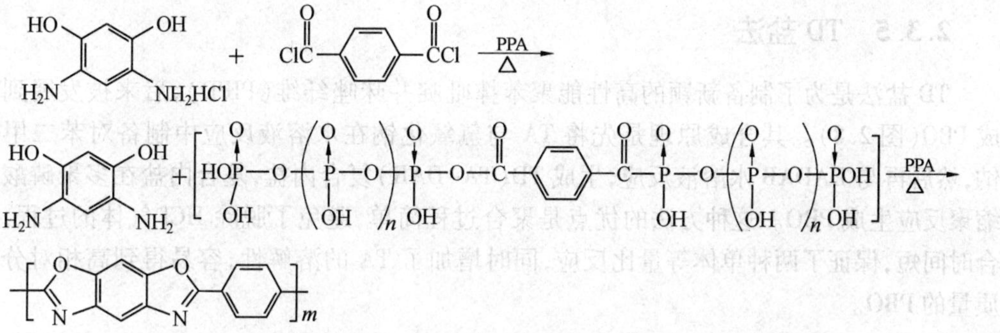

图2.5　由DADHB和TPC合成PBO

2.3.3　三甲基硅烷基化法

2000年,Imai等人提出采用4,6-二氨基间苯二酚与三甲基硅烷先反应生成中间体——N,N,O,O-均四(三甲基硅氧烷)-4,6-二氨基-1,3-苯二酚,然后再在N-甲基吡咯烷酮(NMP)溶剂中与对苯二甲酰氯在0 ℃条件下反应,250 ℃下环化脱三甲基硅烷,得到PBO(图2.6)。这种方法的优点是预聚体可在有机溶剂(如NMP、DMAC)中溶解,又能通过热处理脱水环化得到PBO聚合物,因此可先用预聚物制成所需形状,然后加热环化成PBO制品。

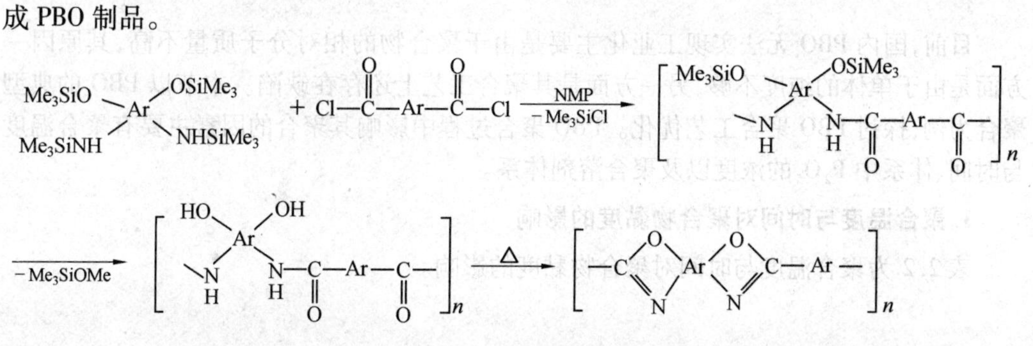

图2.6　三甲基硅烷基化法制备PBO

2.3.4 由AB单体进行聚合

AB型新单体2-(对甲氧羰基苯基)-5-氨基-6-羟基苯并噁唑,其结构如图2.7所示,比DADHB在空气中更稳定,在PPA介质中聚合反应过程中生成水量相对较少,这样就减少了后期补加五氧化二磷的用量,容易实现等当量比反应,有利于提高PBO分子链的聚合度,具有工业化应用前景。目前合成这种AB单体的路线有多种,但是报道的步骤都相对较为复杂,这样造成了反应成本的提高。

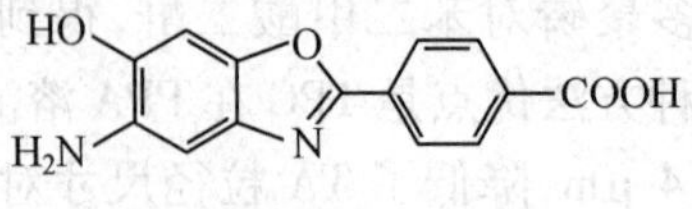

图2.7 AB型单体分子式

2.3.5 TD盐法

TD盐法是为了制备新颖的高性能聚苯撑吡啶并咪唑纤维(PIPD),后来被发展到合成PBO(图2.8)。其合成原理是先将TA与氢氧化钠在水溶液反应中制备对苯二甲酸钠,然后再与DADAB水溶液反应,生成TD(TA-DAR)复合内盐,复合内盐在多聚磷酸中缩聚反应生成PBO。这种方法的优点是聚合过程简单,避免了脱除HCl气体的过程,聚合时间短,保证了两种单体等量比反应,同时增加了TA的溶解性,容易得到高相对分子质量的PBO。

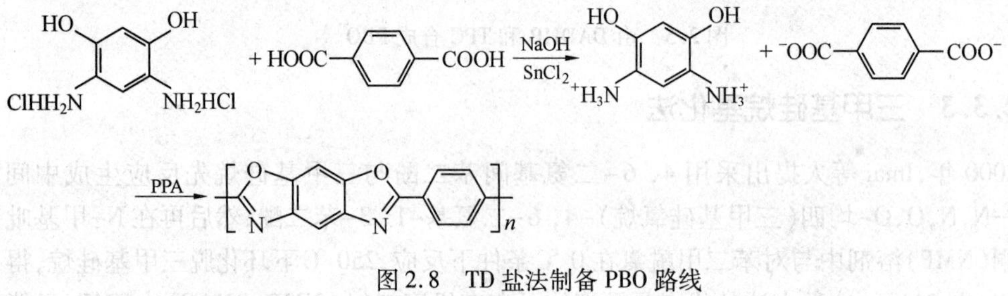

图2.8 TD盐法制备PBO路线

2.3.6 PBO聚合的主要影响因素

目前,国内PBO无法实现工业化主要是由于聚合物的相对分子质量不高,其原因一方面是由于单体的纯度不够,另一方面是其聚合工艺上还存在缺陷。本节以PBO的典型聚合为例,探讨PBO聚合工艺优化。PBO聚合过程中影响其聚合的因素主要有聚合温度与时间、体系中P_2O_5的浓度以及聚合溶剂体系。

1. 聚合温度与时间对聚合物黏度的影响

表2.2为聚合温度与时间对聚合物黏度的影响。

表 2.2　聚合温度与时间对聚合物黏度的影响

路线	80 ℃	100 ℃	130 ℃	150 ℃	180 ℃	200 ℃	250 ℃	特性黏数 η/(dL·g⁻¹)
1	1 h	1 h	3 h	3 h	3 h	12 h	/	3.9
2	1 h	/	/	8 h	/	12 h	/	9.3
3	1 h	1 h	8 h	8 h	/	5 h	/	12.2
4	1 h	/	/	6 h	2 h	2 h	3 h	5.3
5	1 h	6 h	6 h	6 h	2 h	2 h	3 h	4.6
6	1 h	/	/	3 h	3 h	10 h	5 h	6.8
7	1 h	/	10 h	/	8 h	3 h	/	5.9
8	1 h	/	1 h	8 h	8 h	4 h	/	15.6
9	1 h	1 h	1 h	10 h	6 h	2 h	2 h	18.6
10	1 h	/	1 h	12 h	6 h	2 h	/	19.8

由表 2.2 可知,温度在 80～100 ℃内主要是两种单体相互混合的过程,此时并没有开始发生聚合反应。随着温度的不断升高,两单体开始脱水成环。由表 2.2 可以看出,不同温度下的聚合时间,对聚合物的黏度影响较大。表 2.2 中路线 10 最终得到的聚合物的特性黏数是最大的。针对路线 10 的聚合过程,对其黏度进行跟踪测试,从 150 ℃开始,每 2 h取样分析一次,分析其黏度与时间的变化关系,实验结果如图 2.9 所示。

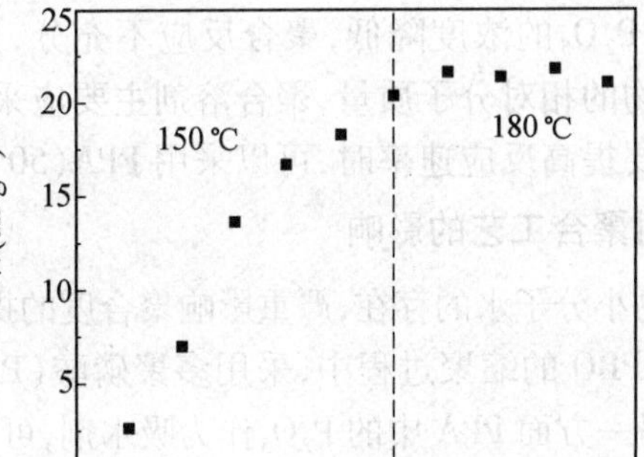

图 2.9　特性黏数与时间的关系

图 2.9 为 150 ℃和 180 ℃下体系中黏度随聚合时间的变化关系,在 150 ℃下体系中黏度较低,反应达到 150 ℃时,随着时间的增加,黏度逐渐增大,增加较快;当体系中的反应温度达到 180 ℃时,随着时间的延长,黏度增加的幅度较小;当反应温度超过 200 ℃时,体系中的黏度开始下降,这是由于温度升高,分子链开始发生断链。因此,当聚合温度在 150～160 ℃,此时体系中的黏度增加较快,是增大相对分子质量的主要过程,此后,再升高温度,体系中黏度变化较小,增加反应时间对相对分子质量增大的贡献较小。

2. 溶剂对聚合工艺的影响

目前,PBO 纤维的制备方法主要采用液晶纺丝法,常用的纺丝溶液是多聚磷酸

(PPA)、甲磺酸(MSA)、浓硫酸(H_2SO_4)、三氟乙酸、三氯化铝等,采用以上几种溶剂进行溶液聚合都可以很好地实现均相聚合向液晶聚合的转变。在以上几种聚合溶剂中,浓硫酸的酸性太强,会导致 PBO 聚合物发生不同程度的断链,最终得不到高相对分子质量的聚合物;而 PBO 聚合物在三氟乙酸和三氯化铝中的溶解性较差,因此这三种酸都不适于作为反应的溶剂。采用多聚磷酸(PPA)或甲磺酸(MSA)为溶剂,维持聚合体系中 P_2O_5浓度在83.5%,得到其与黏度的关系见表2.3。

表2.3 溶剂与黏度的关系

溶剂	脱 HCl 的时间/h	体系黏度 η(150 ℃)/($dL \cdot g^{-1}$)
PPA(100%)	18.6	18.66
PPA(75%)+MSA(25%)	15.3	17.03
PPA(50%)+MSA(50%)	14.9	15.26
PPA(25%)+MSA(75%)	14.3	13.32
MSA(100%)	13.0	12.38

表2.3为不同聚合溶剂下单体脱 HCl 的时间与最终体系黏度的关系。由表2.3可知,当体系中有 MSA 存在时,DAR 单体脱出 HCl 的时间都加快了,这是由于 MSA 体系中的黏度较低所致。但当 MSA 存在时,最终聚合体系的黏度也较低,相对分子质量不够高,特别是当溶剂完全是 MSA 时,聚合物黏度更低。其原因一方面是 MSA 的酸性强于 PPA,导致聚合物部分发生断链,另一方面是由于作为脱水剂的 P_2O_5在 MSA 中的溶解性不如在 PPA 中好,导致体系中 P_2O_5的浓度降低,聚合反应不充分,聚合物的相对分子质量不高。因此,想要提高聚合物的相对分子质量,聚合溶剂主要应采用 PPA 体系;当对相对分子质量要求不是太高,想要提高反应速率时,可以采用 PPA(50%)+MSA(50%)的体系。

3. 溶剂中 P_2O_5浓度对聚合工艺的影响

在缩聚反应中,副产物小分子水的存在,严重影响聚合度的提高,想要得到高聚物,必须排除体系中的副产物。在 PBO 的缩聚过程中,采用多聚磷酸(PPA)体系作为反应介质,一方面作为聚合物的溶剂,另一方面 PPA 中的 P_2O_5作为吸水剂,可以除去反应中的小分子,但体系中 P_2O_5的浓度是一个重要的影响因素。当体系中 P_2O_5浓度过低时,副产物水除不净,影响聚合度的提高;当 P_2O_5浓度过高时,体系黏度又会过大,单体间反应不充分,同样导致聚合度不够高。因此,P_2O_5浓度影响其作为溶剂和介质的有效性,合适的P_2O_5浓度对聚合反应至关重要。图2.10为相同反应条件下体系中 P_2O_5浓度与黏度的关系。

由图2.10可以看出,当体系中 P_2O_5质量分数低于84%时,随着 P_2O_5质量分数的增加,体系黏度会增大,P_2O_5质量分数在82%~83%时,体系黏度增加较慢,相对分子质量变化不明显;但当 P_2O_5质量分数在83%~84%,体系中黏度增加较快,相对分子质量也迅速增大。但当 P_2O_5质量分数超过84%时,随着浓度的增加,黏度反而下降。因此 P_2O_5浓度过高和过低对反应都不利,因此从图2.10可知,当 P_2O_5质量分数控制在83%~84%时,不仅能够制取高相对分子质量的 PBO 聚合物,而且可以确保体系黏度适中,便于合成反应。

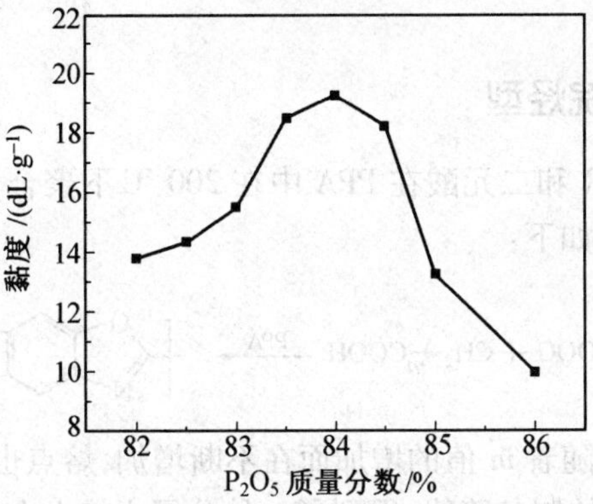

图 2.10 P_2O_5浓度与黏度的关系

在聚合过程中除了以上因素对 PBO 聚合的影响外,如何保证体系的无氧环境,以及如何增大聚合体系的剪切力度都将影响聚合度的提高。

2.4 聚苯并噁唑类聚合物的合成研究

PBO 纤维应用领域如此之广,人们就希望扩大对 PBO 结构的研究,尝试把 PBO 结构单元中的苯撑用其他基团替代,主要通过用不同的带有功能基团的单体与 4,6-二氨基间苯二酚(DAR)聚合,或者是调节结构单元中的两缩聚单体的比例得到一系列苯并二噁唑类的聚合物。该类聚合物结构中含有许多不同结构功能基团,有许多优异的性能。

2.4.1 直链烯烃型

郭沛瑛等人用单体 4, 6-二氨基间苯二酚(DAR)盐酸盐与带有双键结构的丁烯二酸和己二烯二酸在多聚磷酸(PPA)体系中聚合,分别得到了亚乙烯基苯并二噁唑(PBOV)和丁二烯基苯并二噁唑(PBODV)聚合物 ,其结构式如图 2.11 所示。

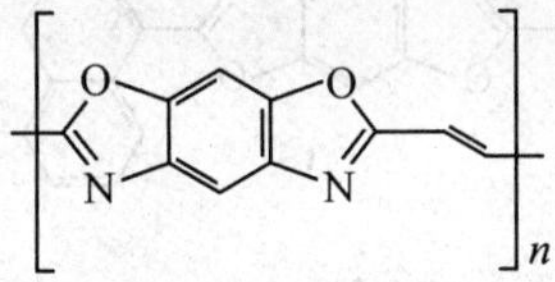

(a) PBOV

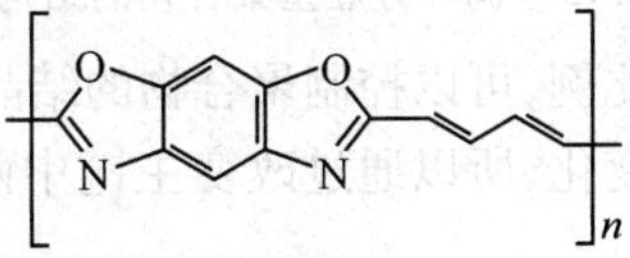

(b) PBODV

图 2.11 直链烯烃型结构式

该类聚合物的共轭程度因体系中不饱和双键的增加,明显加大。将该类聚合物配成溶液进行光谱分析,发现噁唑类物质的光带能隙因体系中共轭程度的增加而降低,从而使该类物质更易发生湮灭。因此,带有不饱和键的苯并噁唑类物质是可以应用于导电聚合物的一类新材料。

2.4.2 直链脂肪烷烃型

Preston 等人采用 DAR 和二元酸在 PPA 中在 200 ℃下聚合 5 h，得到了热塑性噁唑类聚合物。其化学反应式如下：

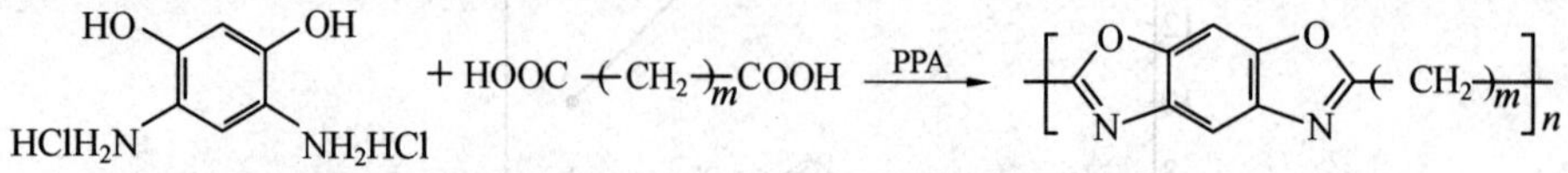

该类聚合物的耐热性随着 m 值的增加而在不断增加，熔点也在升高。

Wang 等人根据 PBO 的制备路线，得到了一种分子主链上含有软段结构的聚合物，该共聚物通过改变两种单体的加料比控制聚合物链的结构，从而使其应用于光学领域，其结构式如图 2.12 所示。

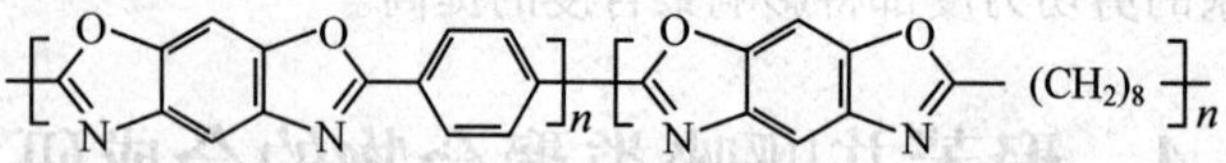

图 2.12 直链烷烃型共聚物结构式

2.4.3 稠环芳烃型

Dang 等人在 PBO 的聚合过程中将一些刚性苯环引入到聚合物的分子链中，得到了一类耐热性明显好于 PBO 的物质，其结构式如图 2.13 所示。

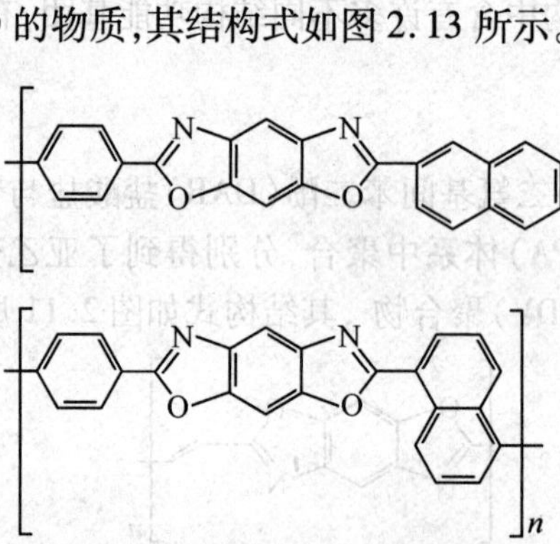

图 2.13 稠环芳烃型聚合物的结构式

通过改变主链中刚性环的比例，可以控制聚合物的结晶性能，同时聚合物的荧光吸收峰也随着刚性环的增加而发生变化，所以通过改变主链中两种结构单元的比例可以使其应用于光学材料方面。

2.4.4 联苯取代基型

Kricheldorf 等人为了改进刚性聚合物的表面性能，将活性基团取代的对苯二甲酰氯分别与 DAR 和硅烷基化的联苯反应，得到了 PBO 的主链上带有取代基的一类聚合物。该反应路线如图 2.14 所示。

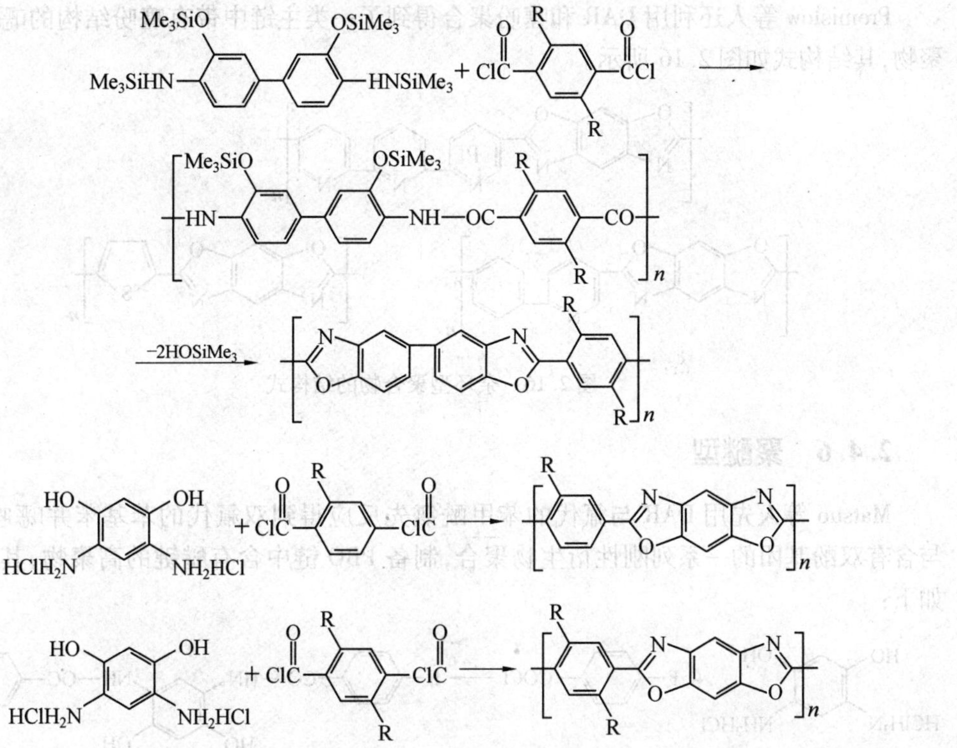

R 为 O—$(CH_2)_{15}$—CH_3 或 S—$(CH_2)_{15}$—CH_3

图 2.14　联苯取代基型聚合物的反应式

在联苯取代基型 PBO 聚合物的基础上又得到了含有嵌段结构的聚合物，结构式如图 2.15 所示。

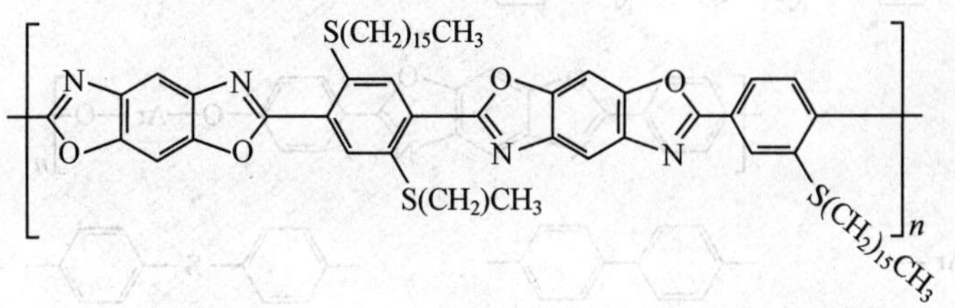

图 2.15　联苯取代基型嵌段聚合物的结构式

通过对聚合物分析测试，该类聚合物因表面活性基团的存在，与树脂的浸润性较好，在增强材料领域的应用比较广泛。

2.4.5　杂环型

Yu 等人将单体 DAR 与羧基取代的二联吡啶进行聚合，得到了主链上含有联吡啶基团类似于 PBO 结构中热性能较好的一类高聚物。该聚合物可与过渡金属发生配位反应，得到一类络合物，该类物质在导电聚合物中有潜在的应用。

Ng 等人通过用 DAR 与羧基取代的三联吡啶反应得到了主链上带有三联吡啶结构的噁唑类聚合物。

Promislow 等人还利用 DAR 和噻吩聚合得到了一类主链中带有噻吩结构的噁唑类高聚物，其结构式如图 2.16 所示。

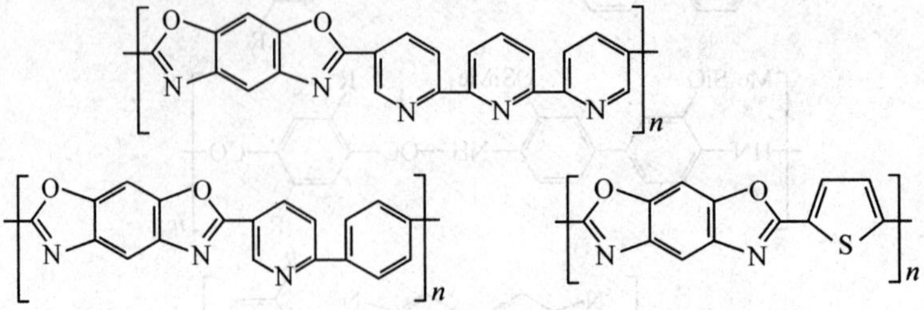

图 2.16 杂环型聚合物的结构式

2.4.6 聚醚型

Matsuo 等人先用 DAR 与氟代的苯甲酰氯先反应得到双氟代的苯基苯并噁唑，之后与含有双酚基团的一系列刚性衍生物聚合，制备 PBO 链中含有醚键的高聚物，其反应式如下：

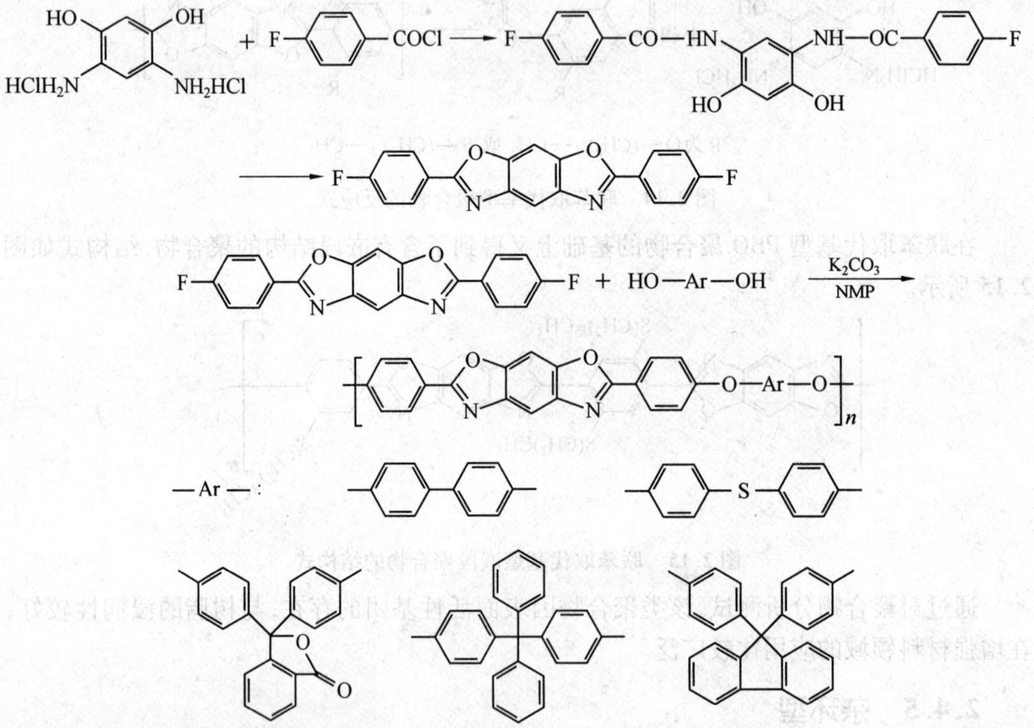

该类聚合物热性能较好，可用作耐高温器材。

以上几种聚合物可看作 PBO 的衍生物，由于在 PBO 的链上引入了不同的功能基团，因此表现出很多 PBO 不具备的性质。目前初步研究发现，主链上含有不同基团的 PBO 在电学、光学方面具有一定的应用。继续探索高相对分子质量 PBO 及其衍生物的制备，并对其性能进行研究，将是 PBO 聚合物未来的发展方向。

2.5　PBO 纤维的纺丝及后处理工艺

PBO 是典型的溶致液晶高分子聚合物,可采用干喷-湿法纺丝技术制得纤维。图 2.17 是 PBO 纤维干喷-湿法纺制设备照片。制备 PBO 纤维所涉及的工艺参数主要有:纺丝液中聚合物浓度、纺丝压力、纺丝温度、喷丝板孔径、空气隙长度、凝固浴的温度与组成、牵伸速度等,准确而全面地了解它们对最终制得 PBO 纤维质量的影响是十分必要的。

图 2.17　PBO 纤维干喷-湿法纺制设备照片(配有 CCD 装置)

2.5.1　纺丝原液的组成

生产上选用何种溶剂制备纺丝液是个复杂的问题。如单从纺丝工艺角度来说,较好的溶剂应对同一聚合物所制得的同等浓度的纺丝原液有较低的黏度,或者同等黏度的纺丝原液其浓度较高。但生产上究竟选用何种溶剂,不仅要考虑到工艺,而且还要考虑到设备、所得纤维的品质以及溶剂的物理、化学性质和经济因素等。

实验室纺制 PBO 纤维所需要的纺丝原液是自制的,溶剂为 PPA。将聚合反应单体溶解于溶剂中,阶段升温,完成聚合反应,得到纺丝原液。PPA 是 PBO 的良溶剂,也是聚合的主要介质,由一系列磷酸低聚物的混合物构成,通式为 $H_{n+2}P_nO_{3n+1}$($n \geqslant 2$ 的整数)。可以由磷酸与 P_2O_5混合后加热得到。PPA 的浓度一般由 P_2O_5或者 H_3PO_4的含量(质量分数)来表示。

PPA 在聚合过程中起到了溶剂、催化剂的作用。P_2O_5的作用是在聚合反应时作为脱水剂。尤其是在聚合反应后期,P_2O_5的含量越来越少,其结果会造成缩聚减慢,反应不能进行到底;溶剂体系发生变化后,对聚合物的溶解能力减弱,聚合物在相对分子质量增大到足够高时便可能从体系中沉淀出来,不能继续进行聚合反应。可见,聚合体系是否含有足够量的 P_2O_5是极为重要的,因此用 P_2O_5含量来表示 PPA 的浓度,可以直观地反映 PPA 的脱水能力。为了使 PPA 具备较强的脱水能力,P_2O_5的质量分数要在 82% 以上,而为了便于纺丝,P_2O_5的质量分数要在84%以下。通常,PBO的聚合PPA质量分数(以P_2O_5计)在83%~84%进行聚合实验,制备纺丝原液。

纺丝原液在用于纺丝实验之前,应进行过滤处理,以去除杂质。在聚合时因为需强烈地搅拌,会搅入大量气泡,气泡的存在会在纺丝过程中造成断丝,在纺丝前必须脱泡。脱泡的温度不应超过200 ℃,温度过低则溶液黏度过大,气泡难以脱除。实验中,在温度为160 ~190 ℃的条件下,真空脱泡12~24 h效果较好。

2.5.2 纺丝压力

整个纺丝的过程即是在一定的压力下把高温熔体从纺丝组件中挤出成型的过程,在这个过程中要克服熔体流经纺丝组件的压力损失。纺丝组件中的压力损失,主要来自于过滤网、分配板和喷丝板。其中喷丝板上的压力损失主要来自于喷丝板微孔,微孔的数量、直径和长径比(L/D:微孔长度和直径的比,是十分重要的参数)。在PBO纺丝过程中,通常采用的是孔数为33孔,孔径$\phi=0.2$ mm,$L/D=3$的喷丝板。

除了考虑压力损失外,纺丝压力还要视体系的黏度、纺丝温度和纺丝速度而调节。纺丝温度低、黏度大、纺丝速度快,则需用较大压力。应该注意的是,纺丝压力过小,纺丝原液从喷丝板中流出的速度较慢,易造成供料不足或纺丝原液在喷丝板表面漫流。在实验室中,利用N_2提供纺丝压力,优点是设备结构较为简单、牢固。PBO纺丝时,压力在3.0 MPa是较为合理的。

2.5.3 纺丝温度

温度是热量的一种反映形式,纺丝原液需要有一定的温度才能流动,而高黏度的纺丝原液在通过喷丝组件的时候,由于摩擦而产生热量,会产生升温现象,根据物料和纺丝组件结构的不同,温度可以升高2~10 ℃。温度的波动会造成物料黏度的变化,直接影响纤维的质量,甚至造成局部热量过高,致使物料分解。在设计喷丝头的时候,首先要掌握温度-黏度变化曲线,根据不同温度下的黏度情况,确定喷丝头内部的结构,即使是2~3 ℃的温度改变,也要对喷丝头内部结构作出相应的调整。

作为温度变化的直观表现,在PBO聚合物纺丝时,温度过低,纺丝原液黏度变大,溶液细流不容易被拉伸,产生变形和取向困难,不利于纤维的成型。适当的提高纺丝温度,对降低体系黏度,减轻仪器设备负担,提高纤维质量较为有利。但纺丝温度不能无限提高,对于PBO的纺丝过程,当温度超过200 ℃时,一方面溶剂PPA在高温作用下产生分解,破坏纺丝原液,严重影响纤维质量;另一方面,在高温下PBO聚合物会发生分解反应,长时间处于高温状态,PBO的相对分子质量急剧降低,不能被纺制成纤维。因此PBO的纺丝温度应以200 ℃为上限。

2.5.4 空气隙长度

空气隙长度是PBO干喷湿纺工艺中一个很重要的工艺参数。在空气隙中纺丝原液细流在拉应力作用下高倍拉伸细化,PBO分子也相应地在拉应力方向上形成高度取向结构。空气隙是PBO纤维形成取向结构的主要场所,要得到高取向度的PBO纤维,增加空气隙的长度，使 PBO 分子在进入凝固浴之前有充足的时间沿拉应力方向排列取向是十分必要的。但是，空气隙的长度不可能无限增大，这是因为，在空气隙中，纺丝液细流处于低强度的溶液状态，主要依靠 PPA 的黏附力。拉力致使纺丝液细流不断变细，当 PPA 的黏附力不足以抵抗外力时，纺丝液细流断裂。当温度降低后，纤维将因冷却而不会再被轻易拉伸。此时，让纤维继续停留在空气隙中，纤维不能及时凝固、快速脱除溶剂，溶剂的存在造成分子的取向结构遭到破坏，对纤维的性能造成不利影响。

实验中发现空气隙长度达到 50 cm 以上时，空气隙中的任何扰动都会对纤维造成不利影响。根据纺丝速度等因素考虑，普遍认为空气隙长度为 10 ~ 50 cm 是合适的，而且越短越好。

2.5.5　凝固浴的温度与组成

经空气隙拉伸的溶液细流，应立刻在凝固浴中进行凝固。凝固过程是一个相分离成纤的物理过程。在这个过程中，发生了纺丝液细流与凝固浴之间的传质、传热、相平衡移动等过程，导致 PBO 沉析形成凝胶结构的丝条，凝固浴起着凝固成型、脱除溶剂的作用。

凝固浴可以是任何能稀释 PPA 而非 PBO 溶剂的液体，通常采用水基凝固剂。有研究表明在质量分数为 7.2% 的 H_3PO_4 水溶液中，扩散速率系数适中，既能使纤维在凝固浴中继续拉伸使直径变小并进一步提高纤维取向度，又可使纤维充分凝固，因此，得到的纤维力学性能较好。在 PBO 纺丝实验中采用去离子水作为凝固浴，并没有在凝固浴中加入 H_3PO_4，主要是基于以下几点考虑：①在纺丝初期，由于要不断调整工艺参数，一部分纺丝原液要浪费掉，这些纺丝原液在凝固浴中脱除溶剂 PPA，使凝固浴中形成了 H_3PO_4 水溶液，可以作为凝固浴；②纺丝时间较短，凝固浴中酸浓度改变不大；③对于凝固浴中酸的浓度的大小，文献中也有不同看法，有报道称 H_3PO_4 质量分数为 22% 是较为适宜的，可见，酸浓度可以在较大范围内变化。所以，在现阶段可以允许酸浓度在一定范围内变化。

凝固浴温度不宜过高，因为在凝固过程中，只有纤维表皮中的溶剂扩散到凝固浴中，纤维内部还留存有大量溶剂，凝固浴温度过高，空气隙中经过拉伸取向的分子在热作用下在溶剂中发生运动，破坏取向结构，降低纤维的性能。但是，过低的凝固浴温度会降低 PPA 的扩散速度。PPA 是高黏度物质，在低温下很容易冻结，纤维表面容易凝聚结皮，内部的 PPA 更难扩散除去。适宜的凝固浴温度应既有利于提高 PPA 的扩散速度，使溶剂快速从纤维内脱除，又有利于保持纤维的取向结构。在实验中发现：在低于 10 ℃ 的凝固浴下纺丝，纺丝速度无法提高，纤维易断。将凝固浴温度调整为 20 ~ 30 ℃ 较为合适。

纤维在凝固浴中的停留时间不宜过长。一方面是因为纤维表皮凝固后，纤维内部的溶剂因凝固浴温度较低脱除较慢，不利于纤维结构形成；另一方面因为纤维经过一段时间凝固后，溶液细流中溶剂的浓度与凝固浴中酸的浓度越来越接近，浓度梯度变小，溶剂向凝固浴扩散减慢，不利于溶剂的脱除。通常，纤维在凝固浴中停留的时间在 5 ~ 10 s。

2.5.6　拉伸比

纤维在压力作用下，经喷丝孔“喷出”后，被赋予了喷丝孔的形状，在空气隙中要经过高倍数的拉伸才能被赋予纤维优异的性能。这个过程伴随着能量交换和聚合物结构变化。

在 PBO 纤维纺制过程中,影响纤维性能的一个主要因素就是纺丝速度,更为准确地说,影响纤维最终性能的主要因素是拉伸比(牵引辊的表面线速度与喷丝板出口处溶液细流流速的比值),计算公式为

$$b = \frac{v_1}{v_2} \tag{2.1}$$

式中 b——拉伸比;

v_1——牵引辊的表面线速度;

v_2——喷丝板出口处纤维的线速度。

分析拉伸比计算公式,当 v_1 与 v_2 接近时,拉伸比减小,反之,则拉伸比变大,因此,拉伸比客观而准确地描述了 PBO 纤维在制备过程中被拉伸的程度。在其他条件不变的情况下,改变拉伸比,可得到不同力学性能的 PBO 纤维。总的来说,拉伸比越大,纤维的性能就越好。

2.5.7 PBO 纤维的热处理

为了得到高强高模的 PBO 纤维,需将 AS-PBO 纤维进行热处理。Yachin 等人的研究发现:纤维在负荷下干燥,其强度和模量会大大提高。Yachin 等人认为纤维在干燥时由于内外应力不均,会使纤维产生卷曲、缺陷和增加残余应力,从而降低纤维强度和模量。纤维在张力下热处理,可抵消这种应力,同时张力又可促使分子链段沿张力方向滑动,提高分子取向,从而大大提高了纤维的力学性能。吴平平等人应用 FTIR、DSC、发射光谱等对热处理前后的 PBO 纤维进行了深入研究,发现未处理的纤维中存在未关环的弱键,此弱键会降低纤维的力学性能。经过高温热处理,未关环的链节进一步关环,从而提高凝聚态结构的规整性,提高其强度和模量。

表 2.4 是有关热处理后 PBO 纤维各项性能。可以看出,热处理后的纤维的强度变化不大,但是模量变化很大,至少比未进行热处理的纤维的模量高 10%,甚至可以提高 100%。

表 2.4 热处理后 PBO 纤维各项性能

性能	AS-PBO 纤维	HM-PBO 纤维
单丝纤度/tex	1.5	1.5
密度/($g \cdot cm^{-3}$)	1.54	1.56
强度/GPa	5.8	5.8
模量/GPa	180	280
断裂伸长率/%	3.5	2.5
热分解温度/℃	650	650

PBO 纺丝原液在凝固浴形成纤维后,其后的洗涤、干燥、热处理过程都属于纤维的后处理过程。初生 PBO 纤维中残余的溶剂和杂质对纤维性能有很大损害,而且,纤维的微结构还没有完全形成,所以必须对其进行后处理。PBO 纤维的后处理工艺包括热定型以

及热处理，如果要制备高模量的 PBO 纤维，还应进行高温热处理。有研究表明，在张力下进行热定型（100～150 ℃）可去除纤维中的内应力、水和残余溶剂，改善 PBO 分子链的横向有序度，拉直弯曲的结构单元。还可在较高温度（200～300 ℃）下进行张力热定型，较大幅度地增加纤维中的微晶尺寸，提高纤维强度和模量。W. E. 阿利克桑德等人研究了 PBO 纤维高温热处理的方法与条件，得出比较好的高温热处理温度是 500～600 ℃，需要采用氮气或氩气进行保护，牵引张力在 2～6 g/d 之间，时间通常为 1～30 s。Yachin 等人研究发现，张力下热处理能抵消纤维内应力，同时张力又可促使分子链段沿张力方向的滑动，提高分子取向。北河亨等人认为应控制好热处理前纤维残余水分的含量，微量水分的存在，能起到润滑作用，使大分子在张力作用下更容易运动，也就更容易使分子在纤维轴方向取向。

PBO 纤维热处理过程中，主要的工艺参数有纤维所受到的张力、热处理温度以及热处理时间。

1. PBO 纤维热处理温度

在纤维热处理之前，将其干燥是很重要的。凝固和洗涤后的纤维含有的水往往比聚合物的多。如果大部分水不除去就进行热处理，将会使纤维遭受严重的损害。纤维在洗涤完成后立即干燥或是很短时间内干燥，在潮湿的条件下长期储存纤维会造成纤维抗张强度不稳定。纤维必须在足够高的温度下以经济的方式除去适量的水分，但是，必须防止温度过高对纤维造成损害。

研究表明，比较好的高温热处理温度是 500～600 ℃，需要采用氮气或氩气进行保护。在实际操作过程中，由于 600 ℃已经非常接近 PBO 纤维的热分解温度，受实验条件限制，在 600 ℃进行热处理很容易对纤维的力学性能造成损害。因此，在 500 ℃进行纤维热处理，可以大幅提高纤维的力学性能。

2. PBO 纤维热处理张力

有研究表明，PBO 纤维热处理的牵引张力为 2～6 g/d。在表述纤维力学性能的时候，比较常用的单位有 MPa（GPa）、N/tex（cN/dtex）和 g/d。在确定纤维的热处理温度后，可以参照纤维文献的数值 2～6 g/d 和实验现象，确定纤维热处理时所需张力。如在室温下对纤维加载不同的张力，然后将纤维加热至 500 ℃，初生 PBO 纤维在 4.5 g/d 的张力作用下，仅 5 s 即被拉断。将张力降低到 4 g/d，初生 PBO 纤维可以 2 min 以上不断裂，说明在这个条件下处理纤维是比较合适的。

3. PBO 纤维热处理时间

在确定了复合纤维的热处理温度和热处理张力后，合理的热处理时间变得非常重要，T. Kuroki 等人研究表明在张力存在下，PBO 纤维在 500 ℃下处理 60 s，纤维的强度仅有原来 90%。可见，热处理时间对于纤维性能的提高十分重要。在制备 PBO 纤维的过程中，热处理的时间一般控制在 40 s。

2.6 PBO 纤维的结构与性能

作为高性能纤维代表的 PBO 纤维完全满足 Staudinger 提出的“连续结晶”模型:分子链中没有任何柔性链节或锯齿弯折结构,其分子链具有完全伸展的平面构象,PBO 纤维晶体结构具有完整的三维有序结构特征,具有明显的分级结构和皮芯结构。这是人们利用高分子化学、高分子物理等学科知识,运用分子设计的思想得到的、被实际应用所证明的结构。而超分子微相结构的形成得益于先进的材料制备方法的发现。在分子结构确定的情况下,超分子结构形成的好坏,直接影响到材料的性能。PBO 纤维超分子结构的形成主要决定于以下几方面:首先 PBO 纤维来自于液晶纺丝,液晶的形成强烈地影响着溶液中分子的排列,进而影响最终纤维的结构;凝固过程及张力热处理同样会对纤维结构产生重要的影响。人们在液晶溶液纺丝的基础上希望通过改善凝固、张力、热处理来完善 PBO 纤维的结构,最大可能发挥 PBO 的性能,因此对纤维结构、结构与性能的关系、纺制工艺与结构、性能关系的研究有大量的文献报道。

AS-PBO 纤维的结构模型如图 2.18 所示。纤维由直径为 10~50 nm 的微纤组成,并且在微纤之间含有毛细孔状微孔,这些微孔通过微纤之间的裂缝或空隙相互连接起来。PBO 纤维具有明显的皮-芯结构。在 PBO 纤维的表面存在着一个薄的不含微孔的皮层区域,染色样品的电子显微镜法观察得到的皮层厚度约为 0.2 μm。这种现象显然和纤维在

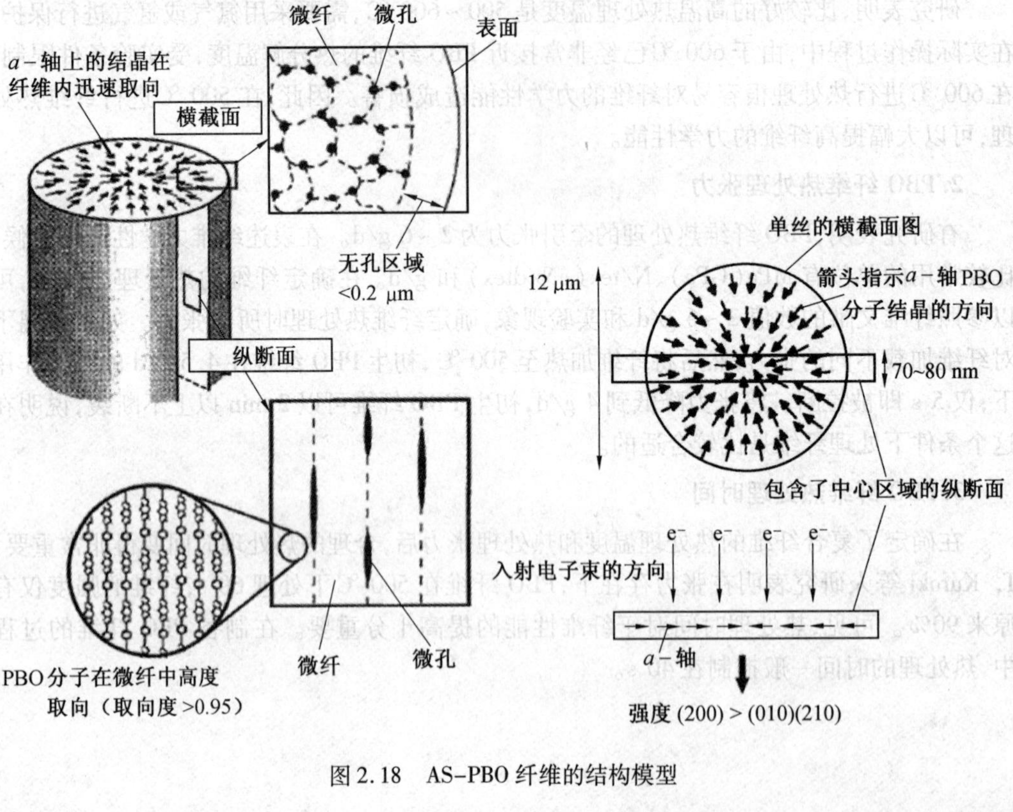

图 2.18 AS-PBO 纤维的结构模型

凝固浴固化过程中溶剂的双扩散、纺出的纤维从表面开始急剧的凝固、脱溶剂有密切的关系。表层与芯部的结构不连续，有明显的差异，根据电子衍射（ED）试验和从 X-射线衍射（XRD）分析的取向度和结晶度来看，这种差异表现在 10 ~ 100 nm 的尺度范围内，皮层的晶区和非晶区要小，组织更紧密，且皮层的取向度高于芯部。不过，热处理相对于皮层的作用来说更有助于提高芯层的结晶度。微原纤由沿着纤维高度取向的伸展的 PBO 分子链所组成，其中 AS 型纤维的取向因子（Hermarm）大于 0.95，HM 型纤维的取向因子大于 0.99。

应用 WAXD 实验可研究 PBO 纤维的晶体结构（图 2.19）和单元晶胞尺寸。目前，常用单斜晶胞结构来解释 PBO 纤维的晶体结构。PBO 的 a=0.565（或 1.18）nm，b=0.358（或 0.354）nm，c=1.174（或 1.21）nm，γ=102.50°，与理论模拟计算所得的 PBO 纤维晶胞参数很接近。比较上述数据可知，它的 b 轴长度约等于两个相邻大分子链之间的杂环平面间的垂直距离，a 轴长度约等于大分子链中相邻杂环的等同边界距离，c 轴长度为单个大分子重复链节在链轴方向的距离。显然，纤维重复周期中仅含有一个 PBO 重复链节。PBO 纤维中存在长周期和原纤之间的非晶区域，PBO 纤维的长周期为 23 ~ 28 nm。

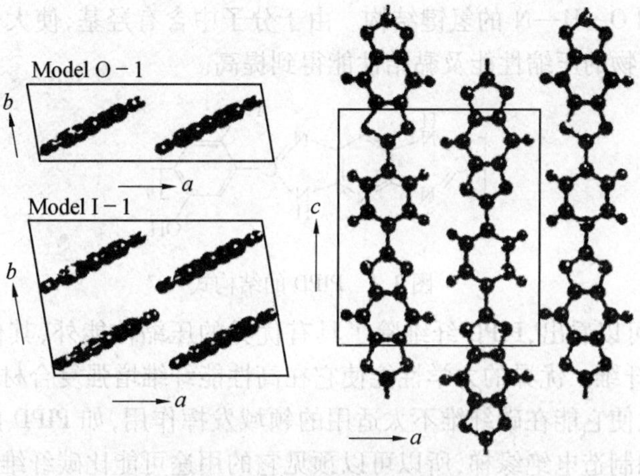

图 2.19　PBO 的晶体结构

与芳香族聚酰胺纤维相比，PBO 纤维具有更高的拉伸强度和拉伸模量，同时还具有较好的阻燃性、热稳定性以及优异的抗蠕变性能、耐化学介质性能、耐剪、耐磨性能；纤维纤细，手感好，可进行各种后加工处理，如制成连续纤维、精纺细纱、布、缝合织物、短切纤维、浆粕等；可制作高强绳索以及高性能帆布、高性能复合材料的增强材料、压力容器、防护材料，如防弹衣、头盔、安全手套、防火服和鞋类、耐热毡、特种传送带等。

今后围绕 PBO 纤维的研究工作将集中在如何合成更高相对分子质量的 PBO；改进和完善纤维成型技术和工艺过程，降低 PBO 纤维的生产成本；纤维表面处理技术；纤维结构与性能的关系等。总之，PBO 纤维是一种具有优异性能的新一代超级纤维，将在航空、航天、国防和其他特殊工业领域得到广泛的应用，PBO 纤维的出现带来了新型有机纤维的革命，也为 21 世纪人造超级纤维的开发创造了良好的开端。

第3章 聚(2,5-二羟基-1,4-苯撑吡啶并二咪唑)高性能纤维

3.1 概 述

聚(2,5-二羟基-1,4-苯撑吡啶并二咪唑)(PIPD)是一种新型液晶芳杂环聚合物纤维(图3.1)。它的重复单元是由两个环系组成:二羟基苯基团和二咪唑吡啶基团。这些基团由 C—C 键连接,像 PBT 一样可以产生键的旋转。在拉伸状态下,苯环是最弱的连接,而不是C—C 键。PIPD 的结构与 PBO 相似,最大的区别在于苯环上的羟基及噁唑环上的氧被 NH 代替。由于这些改变,有4个氢原子可以形成氢键,在大分子间和大分子内形成 N—H—O 和 O—H—N 的氢键结构。由于分子中含有羟基,使大分子链间可以形成氢键,从而使聚合物的压缩性能及黏结性能得到提高。

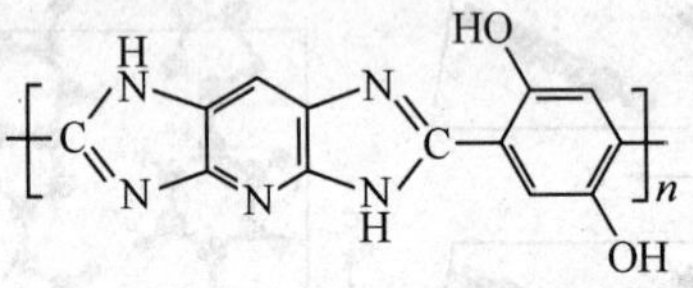

图3.1 PIPD 的结构式

从表3.1中可以看出,PIPD 纤维除了具有优异的压缩性能外,其他性能也接近或超过了其他高性能纤维。优异的力学性能使它在高性能纤维增强复合材料中具有很强的竞争力,高电阻特性使它能在碳纤维不太适用的领域发挥作用,如 PIPD 的电绝缘性还可以用于电力工业,如制造电绝缘梯,所以可以预见它的用途可能比碳纤维还要广。

表3.1 PIPD 纤维与其他高性能纤维的性能比较

品种	拉伸强度/GPa	拉伸模量/GPa	断裂伸长率/%	密度/(kg·m⁻³)	烧炭量/%	耐热温度/℃
PIPD	4.0	150	1.2	1.7	>50	530
ZYLON AS	5.8	180	3.5	1.54	68	650
ZYLON HM	5.8	280	2.5	1.56	68	650
Kevlar-49	3.05	109	2.4	1.45	29	550
同位芳族聚酰胺	2.57	17	22	1.38	29	400
钢纤维	2.8	200	1.4	7.80	—	—
碳纤维	3~7	230	1.5	1.76	—	—
聚苯并咪唑(PBI)	2.38	5.6	30	1.40	41	550
高模量聚酯	2.67	110	3.5	0.97	16.5	150

此外,PIPD 与环氧树脂复合材料的结构效率(结构材料性能与材料质量的比值)高于碳纤维、超高相对分子质量聚乙烯、高模芳纶、玻璃纤维、钢增强复合材料。这使 PIPD 可以用于制造经济高效的结构材料。如,用 PIPD 复合材料制造液化气储运罐,其使用压力可达 7 MPa,使用温度为-40 ~ 100 ℃,而质量只有钢制件的十分之一;制造运动器材如网球拍、赛艇等;用于汽车工业,如汽车侧防撞梁及零部件等;用于制造宇航材料等。PIPD 具有的上述优异性能,使它在制造经济、高效的结构材料方面有广阔的应用前景。

据海外媒体报道,荷兰麦哲伦公司于 2003 年 10 月介绍了其近期的研究项目:由 2, 5-二羟基对苯二甲酸与 2, 3, 5, 6-四氨基吡啶形成的聚合物基高性能纤维(PIPD)开发的可行性,项目中所用的聚合物和纤维,简称为 PIPD 产品。普通间隙湿纺法通常在 180 ℃左右把向列型溶液纺制成约 10 μm 直径的长丝,经水洗降低含磷量,然后在高温下拉伸制成最终的高模量产品。在小规模加工中麦哲伦公司使用新型 PIPD 纤维获得了重要的机械性能和结构参数。当 z 是聚合物主链方向时,在 x 和 y 方向的氢键是其晶体结构的特征。新纤维的性能优于现在出售的航空航天用碳纤维。通过对 PIPD 纤维增强复合材料样品条 3 ~ 4 个点的弯曲测试,进一步证实其压缩性能非常好,在 1.6 ~ 1.7 GPa 应力处发生塑性变形。该纤维的一般机械性能使它在绝大多数应用领域里较碳纤维更具竞争力。

3.2　PIPD 单体 2, 5-二羟基对苯二甲酸的制备

2, 5-二羟基对苯二甲酸(DHTA)和 2, 3, 5, 6-四氨基吡啶(TAP)是合成 PIPD 的两种单体。羟基酸的制备方法很多,大概可分为羟基腈的水解、卤代酸水解、氰醇水解、Reformatsky反应、环酮的氧化和 Koble-Schmitt(科-施)反应。前 5 种方法适合制备 α-和 ω-醇酸或脂肪族饱和或不饱和羟基酸。而科-施方法对合成一定类型的芳香族羟基酸有很好的效果,在工业上用该方法生产水杨酸(邻羟基苯甲酸),在此反应中,酚或萘的碱金属盐与 CO_2进行羰基化反应,同时有少量对苯羟基苯甲酸生成。另外在科-施反应中,产物的类型与酚盐的种类及反应温度有关,一般情况下,使用钠盐及在较低的温度下反应主要得到邻位产物,而用钾盐及在较高温度下反应则主要得对位产物。邻位异构体在钾盐及较高温度下加热也能转变为对位异构体。然而,在合成其他芳香族羟基酸时,如对羟基苯甲酸,利用科-施反应只能得到低转化率、低产率的产物,有 50% 的酚没参加反应。利用 Koble-Schmitt 反应(图 3.2)在中性溶剂中制备 DHTA,产率在 65% ~90% ,此反应主要缺点是在高压下进行,危险性高,从而限制了该方法的应用。或采用二乙基丁二酸丁二酯为原料,在醋酸中经芳构化得到二羟基对苯二甲酸二酯;再用 30% 过氧化氢作为催化剂,经水解得到单体 DHTA。

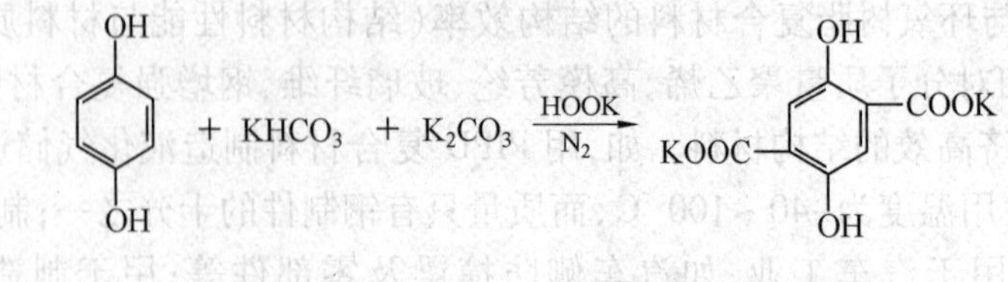

图 3.2 Koble–Schmitt 反应制备 DHTA 示意图

除了采用科–施反应外,学者们还开发出了其他更优异的合成手段制备 DHTA。如,以 1,4–环己二酮–2,5–二甲酸二甲酯为起始原料,通过两步法制得 2,5–二羟基对苯二甲酸(DHTA)。首先由 1,4–环己二酮–2,5–二甲酸二甲酯的烯醇式异构体经由芳构化反应制得 2,5–二羟基对苯二甲酸二甲酯(DADMT),然后 DADMT 在碱性条件下进行水解,即可制得 DHTA(图 3.3)。该反应条件温和,副产物少,生成 DHTA 的产率可达 80%。

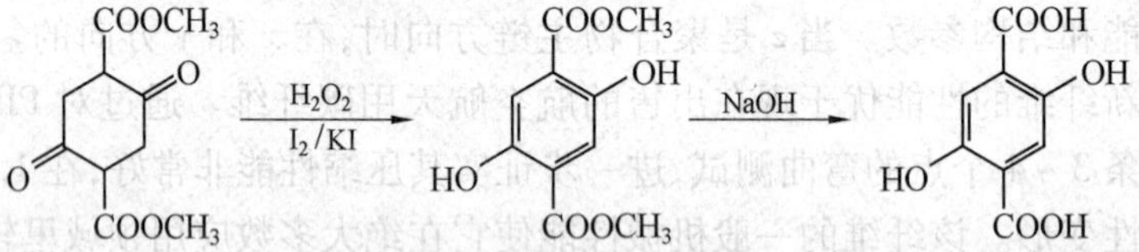

图 3.3 1,4–环己二酮–2,5–二甲酸二甲酯两步法制备 DHTA

目前,制备 DHTA 采用的主要是 1,4–环己二酮–2,5–二甲酸二甲酯两步法。下面对此方法作简要介绍。

3.2.1 芳构化机理

因 1,4–环己二酮–2,5–二甲酸二甲酯性能稳定,可以把该反应历程认为是由 1,4–环己二酮–2,5–二甲酸二甲酯的烯醇式异构体经由芳构化反应制得 2,5–二羟基对苯二甲酸二甲酯(DADMT),如图 3.4 所示。

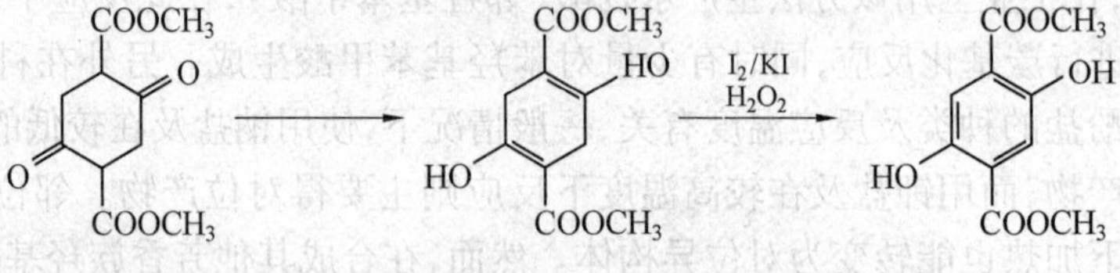

图 3.4 1,4–环己二酮–2,5–二甲酸二甲酯的芳构化

3.2.2 催化剂的用量

本制备方法选用碘和碘化钾为催化剂,多次实验结果显示,催化剂用量只对反应速率有一定的影响,但对产率的影响不大,而且少量的催化剂已经使反应很剧烈,因此从经济效益考虑,催化剂用量与原料用量质量比控制在 1 ∶ 100 ~1 ∶ 125,可以更好地控制反应速率。

3.2.3 双氧水滴加的速度

滴加双氧水时,速度一定要慢,否则它的加入会使反应溶液的温度迅速降到 105 ℃以下而影响芳构化的反应,温度一定要控制在 105 ~ 114 ℃,因此滴加双氧水的速度应该控制在 20 滴每 min。另外,在滴加的过程中要加大搅拌速度,使反应充分均匀,滴加完双氧水后要保温 10 min 再进行下一步的反应。

3.2.4　碱性条件下的水解

DMDHT 制得以后,在下一步的水解反应中,将碱液加入到 DMDHT 的水浆料中,先把 DMDHT 加入反应瓶中,加少量水形成浆料,再加碱液进行水解反应,以防止产生酚盐被滤掉,降低产率。

3.3　PIPD 单体 2, 3, 5, 6-四氨基吡啶的制备

PIPD 单体 2, 3, 5, 6-四氨基吡啶(TAP)一般采用 2, 6-二氨基吡啶为原料经硝化、催化加氢反应制得。硝化反应可以利用硝酸,但是副产物较多;或是用浓硫酸和少量的 90% 硝酸进行硝化反应,然而产率较低;Akzo Nobel 研究小组的科研人员为了提高产率提出了在发烟硫酸和硝酸中对 2, 6-二氨基吡啶的硫酸盐进行硝化,然后进行还原制备单体四氨基吡啶(图 3.5)。目前这种方法是制备单体 2, 3, 5, 6-四氨基吡啶单体的主要方法,其优点是产率高、副产物少。

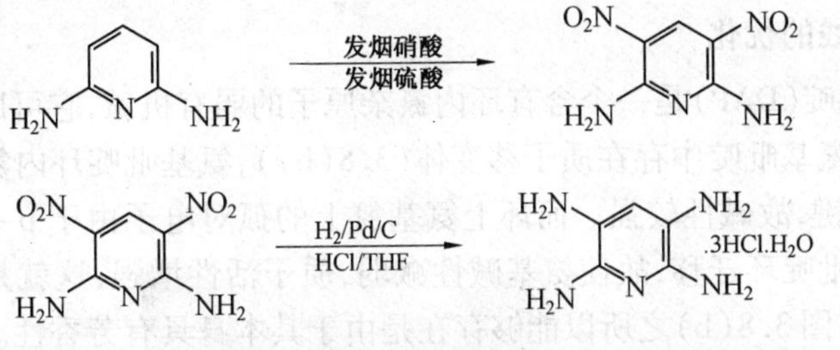

图 3.5　混酸硝化还原法制备 TAP 示意图

游离态 TAP 非常容易氧化,在合成过程中将其转化成稳定的盐酸盐能使其钝化,但它的氧化性仍很强。其中四氨基吡啶的 3、5 位的氨基氧化性极强,研究人员曾试图用 3,5-溴代吡啶通过取代反应先生成 3、5 位的带有保护基的氨基吡啶,然后再对其进行 2、6 位的二硝化反应,然后进行还原得到氨基吡啶,如图 3.6 所示。

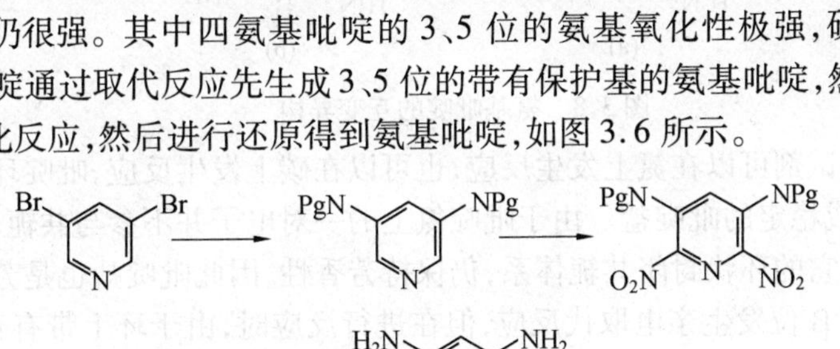

图 3.6　氨基保护法制备四氨基吡啶示意图

Matthew C. Davis 和 David J. Irvin 在 2008 年 3 月报道了用二烟碱酸为原料,通过 10 步反应制备了 2, 3, 5, 6-四氨甲酸乙酯-四氨基吡啶,如图 3.7 所示。此化合物的稳定

性很强,不容易氧化,但用它来制备 PIPD 也存在很大困难。

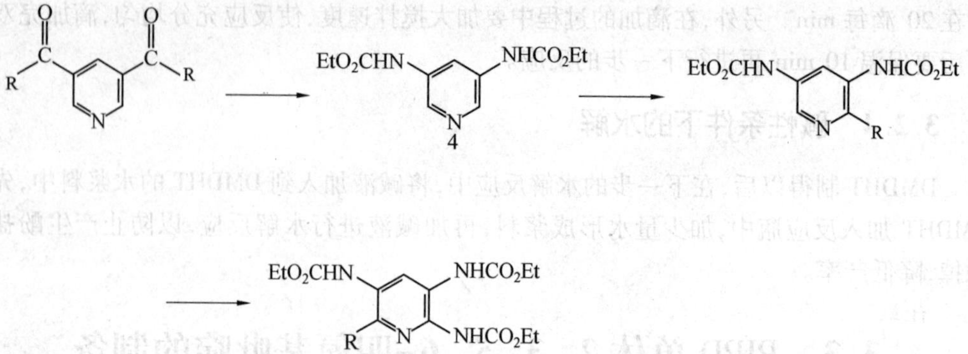

图 3.7 二烟碱酸 10 步法制备四氨基吡啶示意图

单体 TAP 的制备过程总体来说较为复杂,涉及多个化学反应过程。下面以混酸硝化还原法制备 TAP 为例,阐述制备过程的相关控制问题。

3.3.1 2,6-二氨基-3,5-二硝基吡啶(DADNP)的合成工艺

DADNP 是制备 TAP 关键中间体,因此选择最优化的工艺路线制备高纯度、高产率的 DADNP 有十分重要的现实意义。

1. 硝化反应路线的优化

2,6-二氨基吡啶(DAP)是一个含有环内氮杂原子的弱有机碱,它可以为亲核试剂提供两个进攻中心。氨基吡啶中存在质子移变体(3.8(b)),氨基吡啶环内氮上的孤电子对由于不参与共轭 π 键,故碱性较强。而环上氨基氮上的孤对电子由于 p-π 共轭效应,使氨基上的电子云向吡啶环迁移,故使氨基碱性减弱,质子活性增强,这就是质子移变体能够形成的内在原因,图 3.8(b)之所以能够存在是由于其本身具有芳香性。

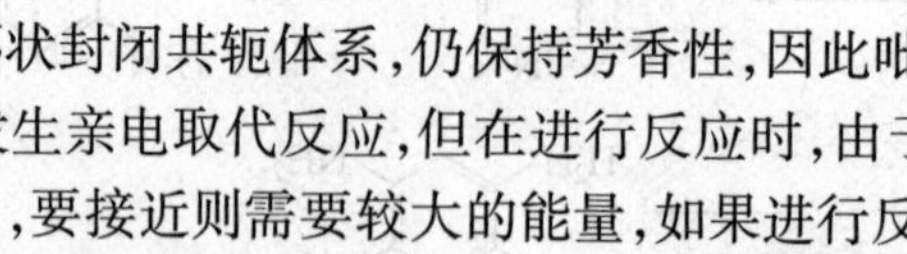

图 3.8 氨基吡啶的互变异构

吡啶环与亲电试剂可以在氮上发生反应,也可以在碳上发生反应,吡啶环上的氮能与质子结合,遇酸形成稳定的吡啶盐。由于吡啶氮上的一对电子并不参与共轭,故氮与亲电试剂反应并不破坏它的环状封闭共轭体系,仍保持芳香性,因此吡啶盐也是芳香性的。吡啶盐的正离子也在 β 位发生亲电取代反应,但在进行反应时,由于环上带有正电荷,对亲电试剂接近时有静电排斥,要接近则需要较大的能量,如果进行反应则能形成两个正电荷的离子,过渡态的能量会很高,因此亲电取代反应比吡啶更难进行。吡啶环可以在碳上发生亲电取代反应,与苯比较,亲电取代反应性不如苯环,反应极不顺利,硝化、磺化等反应只能在极强的条件下进行,而且产率很低,环上如有给电子基团,能增进吡啶环的反应性。取代吡啶的取代基和苯环上的取代基一样,进一步发生取代反应时也有定位效应。如果在 α 位有邻对位定位基团,亲电取代反应在 β 位发生,得 3 或 5 位取代产物;当 β 位有给

电子取代基超过吡啶环的吸电子效应时，亲电取代主要在 C-2 位发生，由此可以看出，DAP 中由于 α 位的第一类定位基—NH_2的存在，尽管可以使吡啶环的反应活性增加，但是硝化反应一般还是在强硝化剂的存在下进行，基于同样的原因，硝化后得到的是 3 位和 5 位各上了一个硝基，同时由于—NO_2的间位定位效应，可以认为硝化反应不能在 4 位发生。对于硝化反应，使用发烟硫酸和发烟硝酸，在非常缓和的条件下就能够使氢转移互变异构完成。如果使用的硫酸和硝酸浓度偏低，则产品的产率和纯度都很低，其原因是硝化强度不够，吡啶环上只会取代一个硝基。故需采用强硝化剂对 DAP 进行硝化，才可能得到目标产物 3, 5-二硝基-2, 6-二氨基吡啶。

在最初的研究中，通常采用两步法进行硝化，如图 3.9 所示，第一步将 2, 6-二氨基吡啶在乙醇中与浓硫酸反应，生成 2, 6-二氨基吡啶的硫酸盐；然后在第二步中混酸硝化。将 2, 6-二氨基吡啶做成硫酸盐的形式，主要是为了更好地保存 2, 6-二氨基吡啶，以防止氨基在空气中被氧化。随后，学者们也开发出一种新的制备 DADNP 的方法，以 DAP 为起始原料，在发烟硝酸的作用下生成硝酰氨基吡啶，通过硝酰氨基在强酸性条件下的重排反应来制备 DADNP，如图 3.10 所示，但由于该硝化反应的放热反应强烈，工艺条件苛刻，安全系数低，难用于工业化生产。

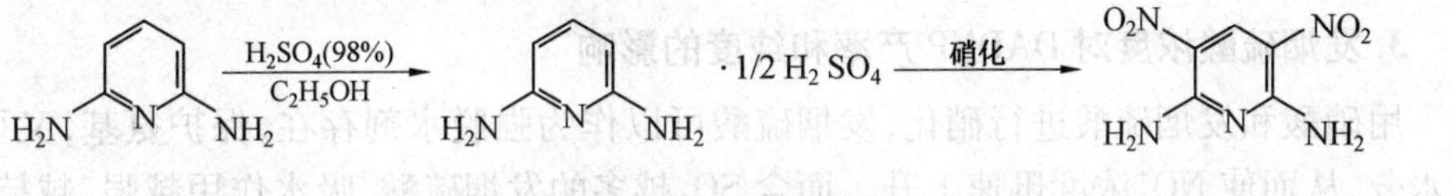

图 3.9　DAP 两步硝化法路线一

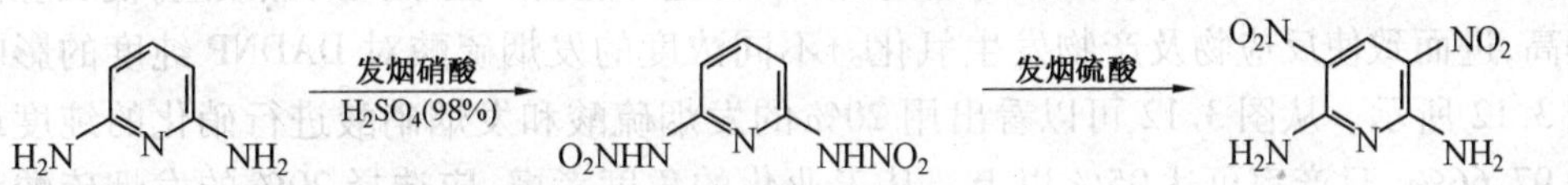

图 3.10　DAP 两步硝化法路线二

近期，哈尔滨工业大学的学者采用一步法直接用发烟硫酸和发烟硝酸硝化，如图 3.5 所示。对比合成效果，一步法在反应时间、纯度和消耗药品方面，都比两步法优越。一步法中，DAP 在发烟硫酸中的反应温度、反应时间、硝化反应温度、硝化反应时间、发烟硝酸(95%)与 DAP 摩尔比都是影响硝化反应的主要因素。

2. 硝酸浓度对 DADNP 制备的影响

在硝化反应中，硝酰阳离子(NO_2^+)是亲电试剂，质子的存在有利于 NO_2^+的生成。因此，除去水分子有利于提高 NO_2^+的浓度，增加硝化活性。分别用发烟硫酸和浓硝酸(65%)为混酸，及发烟硫酸和发烟硝酸(95%)为混酸进行硝化，通过高效液相色谱分析发现，用发烟硫酸和硝酸进行硝化时，产物的纯度为 74%，而用发烟硫酸和发烟硝酸进行硝化时，产物的纯度最高可达 98%。即说明硝酸浓度加大可提高产物纯度，减少副反应的发生。

另外，此硝化反应是典型的二硝化反应，因此发烟硝酸与 DAP 的摩尔比应严格控制在(2 ~2.15) : 1。通过大量实验证明，在这个范围内产品的产率和纯度较高。图 3.11 所示是发烟硝酸与 DAP 的反应摩尔比对 DADNP 产率和纯度的影响。由图 3.11 可以清楚地看到，随着发烟硝酸用量的增加，产率增大，并且增长的幅度有所减缓。这主要是因为2，6-二氨基吡啶的硝化反应是亲电取代反应，虽然2、6位上氨基的存在使得吡啶环活化，但是其硝化反应活性还是比苯的硝化反应活性低得多。随着发烟硝酸量的增加，反应体系中硝酰阳离子（NO_2^+）浓度增大，必然使得反应向获得产物的方向进行。同时，硝酰阳离子（NO_2^+）浓度增大也使得其进攻C—H键的几率增大，从而使产率进一步增大。

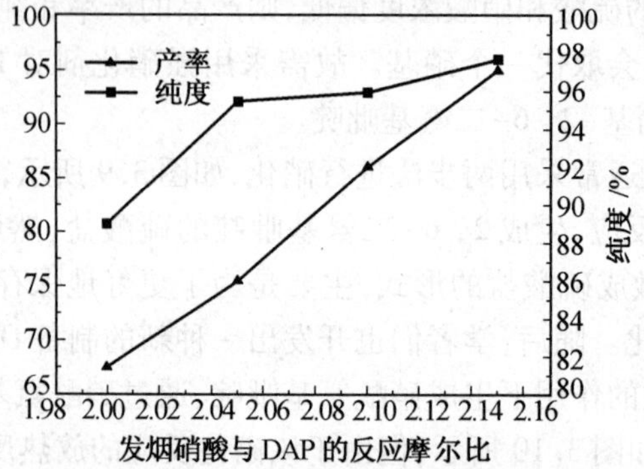

图3.11　发烟硝酸与DAP的反应摩尔比对DADNP产率和纯度的影响

3. 发烟硫酸浓度对DADNP产率和纯度的影响

用硝酸和发烟硫酸进行硝化，发烟硫酸可以作为强脱水剂存在，保护氨基，又可以吸收水分，从而使NO_2^+浓度迅速上升。而含SO_3越多的发烟硫酸，吸水作用越强，越持久，即可以使硝化反应产率提高。然而，过高的SO_3含量可能会产生较大的热效应，使反应温度提高，进而致使反应物及产物发生氧化。不同浓度的发烟硫酸对DADNP纯度的影响如图3.12所示。从图3.12可以看出用20%的发烟硫酸和发烟硝酸进行硝化的纯度最高为97.66%，且产率可达95%以上。从工业化的角度考虑，应选择20%的发烟硫酸和发烟硝酸作为最佳硝化试剂。大量实验证明，发烟硫酸（体积mL）与DAP（质量g）比越大，副产物越多。图3.13所示是发烟硫酸与DAP的比对DADNP纯度的影响，从图3.13可以看出，随着该比率的增大，DADNP的纯度逐渐下降，比率控制在5∶1以内，制备的DADNP的纯度高达97.66%。

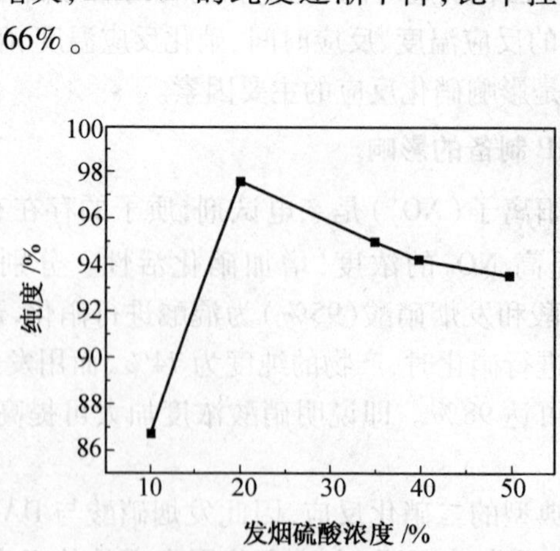

图3.12　不同浓度发烟硫酸对DADNP纯度的影响

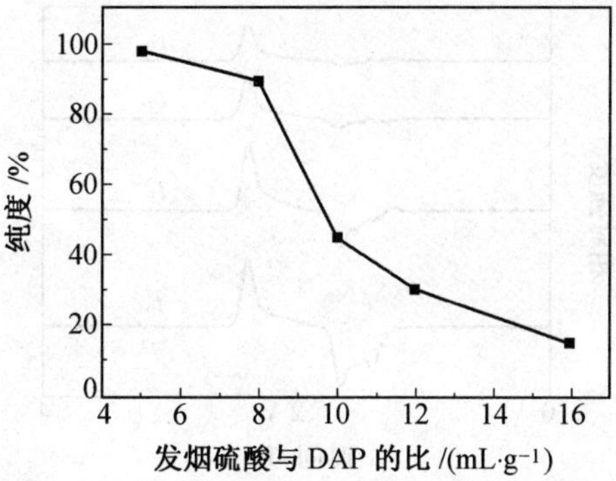

图 3.13　发烟硫酸与 DAP 的比对 DADNP 纯度的影响

4. 硝化温度对 DADNP 纯度和产率的影响

以 20% 的发烟硫酸和发烟硝酸作为硝化试剂,图 3.14 所示是硝化温度对 DADNP 纯度和产率的影响。从图 3.14 看出,随着硝化反应温度的增大,产率和纯度都先是平缓地稍有增大,随后便急剧降低。归其原因,主要是温度提高后发烟硫酸不仅起到了促进硝酰阳离子(NO_2^+)生成的作用,还起到了对 DAP 或产物的炭化作用;温度升高后,产物的颜色变深就说明了这一作用。虽然温度升高使硝化反应活性增大,但是炭化作用的影响更明显。因此,硝化反应温度在 10 ℃时产率最大,而不是温度越高产率越大。

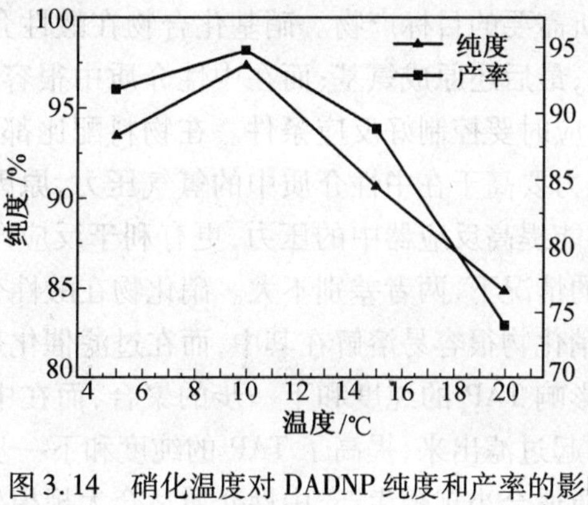

图 3.14　硝化温度对 DADNP 纯度和产率的影响

5. 硝化反应时间对硝化物纯度的影响

硝化反应是一种耗时的能量释放过程,硝化反应时间也决定了 DAP 能否被硝化完全。在加完发烟硝酸后马上从反应器中抽取分析试样作为 t_0,其后每间隔 1 h 取样一次,分别作为 t_1、t_2、t_3。对所取试样萃取后,进行高效液相色谱 HPLC 分析,如图 3.15 所示,随着硝化时间的延长,DADNP 的纯度逐渐增大,并且硝化时间超过 2 h 后,硝化反应最完全。

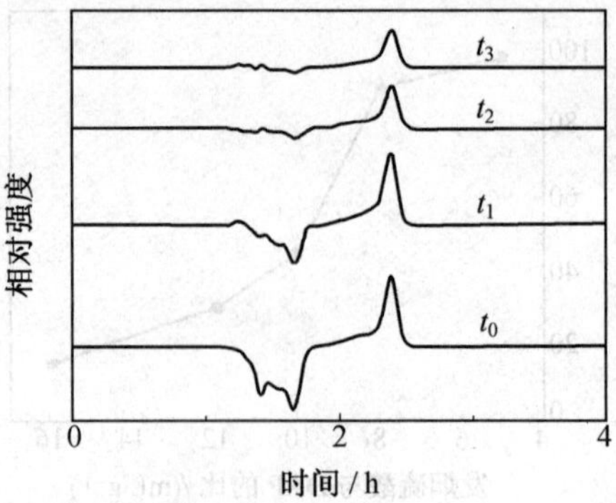

图 3.15 不同硝化反应时间时 DADNP 的 HPLC

3.3.2 TAP 盐酸盐的合成工艺

本节主要介绍以高纯度的 DADNP 为原料制备 TAP 盐酸盐的工艺方法,合成反应式如图 3.5 所示。

1. 反应媒介对反应的影响

考虑到酸性介质对反应设备要求较高,故通常采取两种不同的加氢介质,一种为酸性(H_3PO_4/H_2O)介质,另一种为中性介质(乙醇或甲醇)。研究表明,在酸性和中性介质中都能完成还原反应,制得所需要的目标产物。硝基化合物在酸性介质中硝基首先被还原为亚硝基再还原为羟胺基,最后还原成氨基;而在中性介质中很容易停留在羟氨这一步,因此要求在中性介质中反应时要控制好反应条件。在物料配比都一致的条件下,在酸性介质中反应需要的氢气压力要高于在中性介质中的氢气压力,原因是乙醇或甲醇的沸点低、易挥发,在反应过程中能提高反应器中的压力,更有利于反应向正向进行。从反应速率上看,在反应压力一定的情况下,两者差别不大。硝化物在酸性介质中的溶解度比中性介质中的大,没有反应的硝化物很容易溶解在其中,而在过滤催化剂时也进入滤液中降低了产物的纯度,这样直接影响 TAP 的纯度和下一步的聚合,而在中性介质中没有反应的硝化物会随过滤催化剂一起过滤出来,提高了 TAP 的纯度和下一步的结晶度。综合这两种介质的优缺点,酸性介质适合小规模生产,中性介质适合大规模生产。

2. 催化剂的选择

在硝基还原反应中常用的催化剂为 Ni、Pt、Pd 等,通过大量对比试验,Pt/C 和 Pd/C 都能作为还原硝基吡啶的还原剂,但从经济效益考虑,Pd/C 是更好的选择。在其他反应条件都相同的情况下,分别采用 Pd/C 质量比为 5% 和 10% 的催化剂进行反应,实验结果证明质量比为 10% 的 Pd/C 的加氢速度快,反应产率高,易回收。

3. 催化剂用量对反应速率的影响

在酸性介质中,以磷酸水溶液为媒介,对于相同量的硝化物,所需的催化剂与硝化物的质量比对反应速率的影响如图 3.16 所示。从图 3.16 可以看出,随着催化剂用量的减少反应速率也逐渐减小。

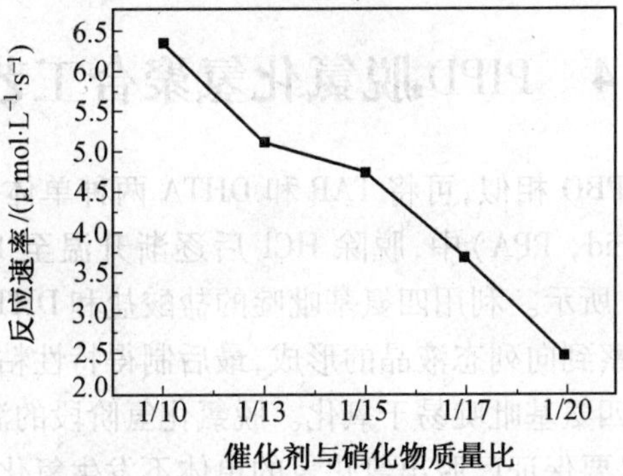

图 3.16　Pd/C(质量比为 10%)与 DADNP 的质量比对反应速率的影响

4. 反应温度对反应速率的影响

在催化加氢中,温度和压力是主要的影响因素,DADNP 的加氢还原反应是强放热反应,因此反应开始时不能加热,反应温度会自动升到 70 ℃左右,待温度稳定后,再把温度控制在 50 ~ 70 ℃。为了避免热量的聚集,也可以在溶剂中加入少许碎冰,但因为是密闭的反应釜,无法观察到里面的反应情况,反应温度控制较难,很容易飙升,使反应物料发生氧化。通过加大反应溶剂与硝化物的质量比,提高搅拌速率,可避免反应初期放出大量热。因此,最佳的加氢还原温度为 50 ~ 60 ℃。实际操作中,可以在开始时先不加热,待温度不再升高时,控制加热温度在 60 ℃左右,当反应速率变化缓慢时控制温度在 55 ℃左右。

5. 氢气压力对反应速率的影响

在加氢反应中,反应压力对反应速度有明显的影响。图 3.17 所示是不同压力条件下对反应速率的影响。从图 3.17 中可以看出,反应物的反应速率随着加氢压力的增大也逐渐增大,反应时间缩短了近 3 倍,因此选择加氢压力为 1.2 ~ 1.5 MPa 最佳。另外反应过程中体系的压力要尽可能保持平稳,保证持续的氢气供应,这样有利于反应的进行,缩短反应时间。

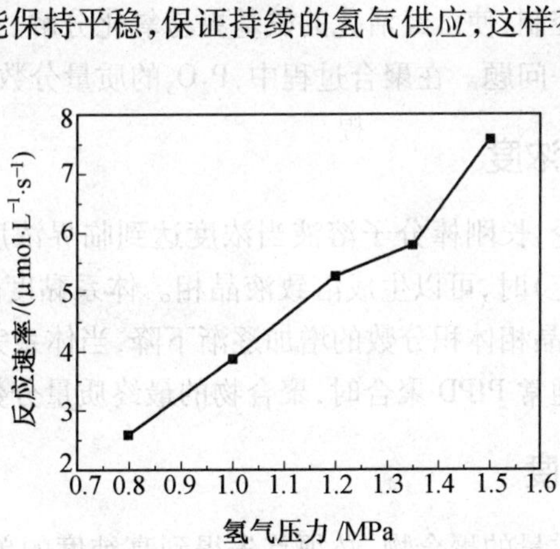

图 3.17　氢气压力对反应速率的影响

3.4 PIPD 脱氯化氢聚合工艺

PIPD 的合成过程与 PBO 相似，可将 TAP 和 DHTA 两种单体按比例加入聚合介质多聚磷酸（Polyphosphoric Acid, PPA）中，脱除 HCl 后逐渐升温至 180 ℃，反应 24 h，得到 PIPD，反应过程如图 3.18 所示。利用四氨基吡啶的盐酸盐和 DHTA 在多聚磷酸中进行缩聚反应，在 135 ℃时能观察到向列态液晶的形成，最后制得特性粘数为 4.72 dL/g，聚合反应时间长，脱出氯化氢的四氨基吡啶易于氧化。脱氯化氢阶段的温度控制很重要，既要保证脱出的氯化氢的速度又要保证已脱出氯化氢的单体不发生氧化。在这个过程中会产生大量气泡，因此降低体系压力对脱除氯化氢是有利的。同时，在脱氯化氢过程中，体系很容易产生大量的泡沫，溢满整个反应器，使单体不能充分发生反应，两个单体间难以等当量比聚合，容易产生大量低聚物。

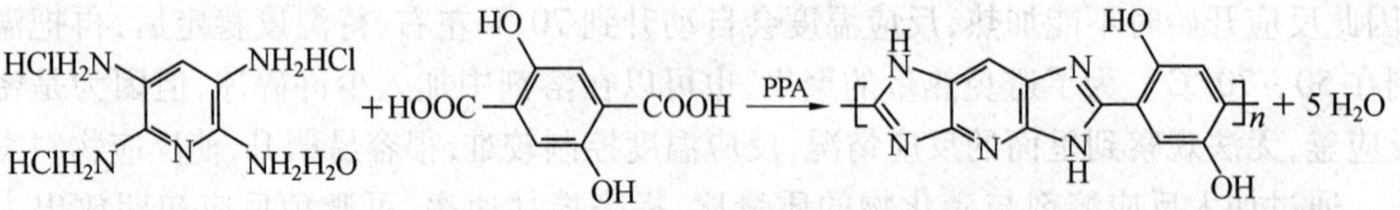

图 3.18 PIPD 的脱氯化氢聚合工艺

3.4.1 P_2O_5的浓度及加入方式

聚苯并唑类在 PPA 缩聚反应的研究表明，最终聚合体系中 P_2O_5的浓度直接关系到能否最后得到高相对分子质量的缩聚物。P_2O_5有利于缩聚副产物水的吸收，同时也有利于唑环的环化反应完全进行。P_2O_5的浓度将影响 PPA 的黏度，进而影响脱出氯化氢的速度。P_2O_5溶解于 PPA 中是一个放热过程，如果一次加入的 P_2O_5量大，温度容易迅速升高，从而使体系的温度不易控制，使已经活化的氨基更易氧化分解。采取分多次补加 P_2O_5的方法可以很好地解决这一问题。在聚合过程中，P_2O_5的质量分数自始至终保持为 83%。

3.4.2 聚合物的浓度

根据液晶高分子理论，长刚棒分子溶液当浓度达到临界浓度（其值主要由刚棒的长径比或相对分子质量决定）时，可以生成溶致液晶相。体系黏度随浓度上升，在临界浓度时达到极大值，随后因液晶相体积分数的增加逐渐下降，当体系完全变为液晶相后黏度再度随浓度增高而上升。通常 PIPD 聚合时，聚合物的最终质量分数为 14% ~17%。

3.4.3 单体的纯度

要制得高相对分子质量的聚合物，必须首先得到高纯度的单体 DHTA 和 TAP。四胺的结构对聚合起着关键的作用。TAP 具有 4 个氨基，在空气中极易被氧化。当它处于大气中时，即使以盐酸盐的形式存在，它在几天内甚至几小时内即可被氧化，对其脱色后进行聚合来制备 PIPD 只能得到具有低聚合度的聚合物，因此需要彻底干燥并在惰性气氛中储藏和处理。即使在这样的环境下,经过几个月的长期储藏,由氧化作用而引起的降解也是不可避免的。因此要求对其干燥和保存都要采用严格的无氧无水环境。

3.4.4 聚合环境

当聚合反应在有氧条件下进行时,随着聚合反应的进行,体系的颜色逐步加深,最后完全变黑,得到黑色物质,说明在聚合过程中伴有严重的氧化,由于聚合过程中多聚磷酸具有极强的吸水性以及未反应单体和低聚体的端基易氧化的特性,使聚合过程都应该在严格无水无氧的环境下进行。

3.4.5 其他影响因素

为了合成相对分子质量高且咪唑环化完全的PIPD,除以上的因素外,还应在反应过程中尽量脱除TAP上的HCl,否则将钝化氨基的反应活性,使其难以参加缩聚反应;必须保证足够长的反应时间以利于大分子链的增长;PIPD的缩聚反应速率一般为扩散控制,这样液晶相的形成与否对缩聚反应速率影响很大,因为液晶相的有序排列会大大降低反应体系的黏度,尤其是在高速搅拌时黏度降低更为明显,因此搅拌速度与强度也是制备高相对分子质量PIPD的重要因素。

3.5 PIPD的TD盐聚合工艺

PIPD的合成也可利用TAP的盐酸盐和DHTA先反应制成二羟基对苯二甲酸四氨基吡啶鎓盐(TD盐),然后以TD盐的形式直接在PPA中进行聚合反应,反应过程如图3.19所示。聚合反应进行4 h,就能够制得特性粘数高达31.6 dL/g的聚合物,此反应特点为反应时间短,低聚物不容易氧化。由于TD盐聚合工艺与脱氯化氢聚合工艺有许多相似之处,在本节中着重介绍搅拌速度、聚合反应温度、时间及催化剂对缩聚产物的影响规律。

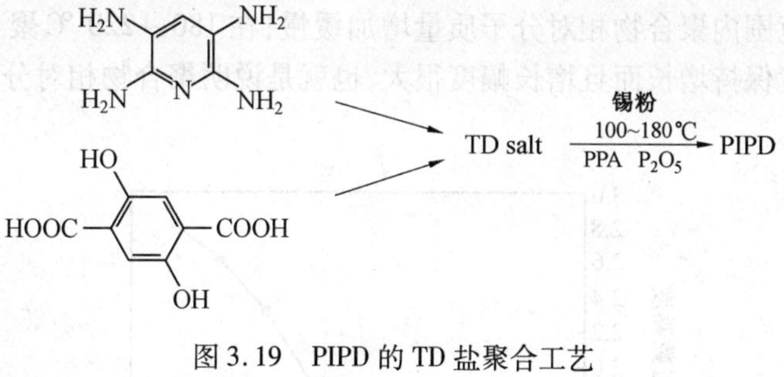

图3.19　PIPD的TD盐聚合工艺

3.5.1 搅拌速度

与一般的缩聚反应不同,PIPD缩聚过程中体系黏度很高并且两单体在反应介质中的溶解性不同,2,3,5,6-四氨基吡啶(TAP)非常容易溶于多聚磷酸中,而2,5-二羟基对苯二甲酸(DHTA)在其中的溶解性较差。这使得该缩聚过程具有界面聚合的特性,缩聚反应发生在2,3,5,6-四氨基吡啶(TAP)封端的缩聚活性种与微溶的2,5-二羟基对苯二甲酸(DHTA)之间。因此两者互相碰撞的几率,或者说体系界面的更新对 PIPD 聚合物相对分子质量影响很大。将搅拌器的运转速度分别设定在 300 rpm 和 600 rpm(其他实验条件与正交试验所得最佳工艺相同),得到两组聚合物比浓对数黏度与反应时间的关系曲线,如图 3.20 所示。从图 3.20 中可以看出,将搅拌器运转速度提高之后聚合物的相对分子质量也随之提高。这主要是因为搅拌器转速越高反应体系界面切换越频繁,两个反应活性种接触的几率就越高,缩聚反应速率加快。另外由于搅拌器转速提高之后界面不断更新有利于溶液体系表面的氮气流将不断新生成的水分子带走,这也在一定程度上增加了反应速率。

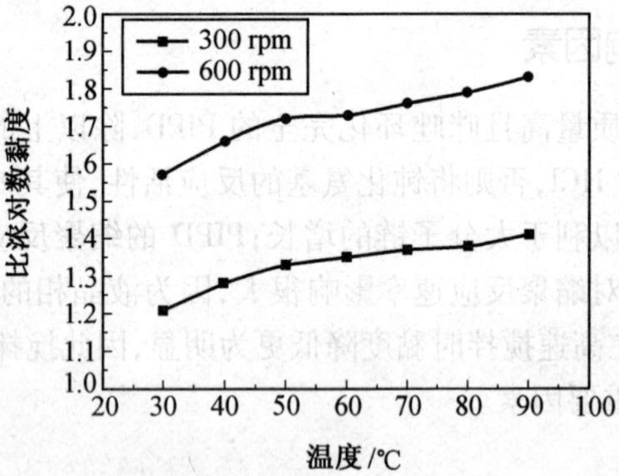

图 3.20 搅拌速度对缩聚产物比浓对数黏度的影响

3.5.2 聚合反应温度

通过间断取样的方法,可获得温度对缩聚反应的影响规律。具体的,在聚合反应过程中,在 140 ℃反应 2 h 取样测试聚合物的比浓对数黏度,之后升温到 150 ℃反应 2 h 取样测试,如此每间隔 10 ℃保温反应 2 h 取样测试直至 220 ℃,实验结果如图 3.21 所示。从图 3.21 看出,在 140 ~ 170 ℃缩聚反应比较缓和,比浓对数黏度虽为上升趋势但变化不大,说明此温度范围内聚合物相对分子质量增加缓慢;在 180 ~ 220 ℃聚合物反应速率加快,比浓对数黏度保持增长而且增长幅度很大,也就是说明聚合物相对分子质量在此温度范围内迅速增加。

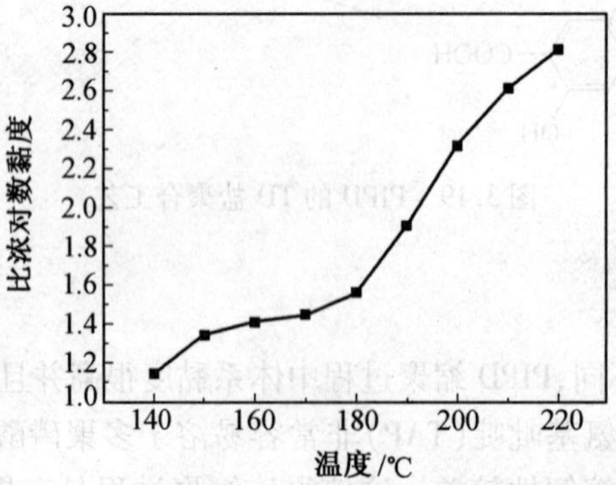

图 3.21 温度对缩聚产物比浓对数黏度的影响

3.5.3　聚合反应时间

时间是影响缩聚反应的一个非常重要的因素,PIPD 的缩聚反应分为两个阶段:前期的预聚和后期的聚合,因此应分别考量这两段时间的长短对缩聚产物的影响。将预聚时间分别选定 8 h、10 h、12 h、14 h、16 h,预聚时间与最终聚合物比浓对数黏度关系如图 3.22所示。

同时,将聚合时间分别选定 3 h、4 h、5 h、6 h、7 h,聚合时间与最终聚合物比浓对数黏度关系如图 3.23 所示。

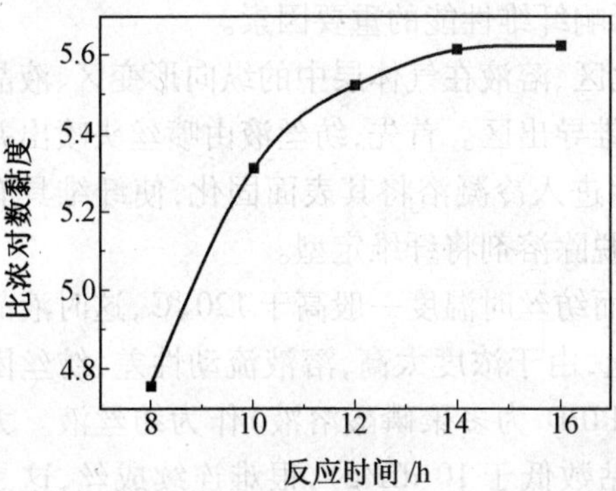

图 3.22　预聚时间对缩聚产物比浓对数黏度的影响

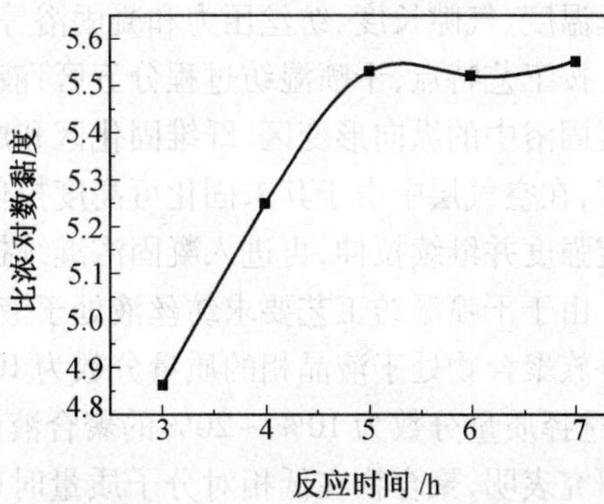

图 3.23　聚合时间对缩聚产物比浓对数黏度的影响

从图 3.22 和 3.23 可以看出,预聚时间和聚合时间对聚合物最终比浓对数黏度的影响趋势一样:比浓对数黏度都是随着反应时间的延长有一定的增加,但是达到一定时间后比浓对数黏度不会再继续增加。因此,TD 盐聚合工艺路线可将预聚时间确定在 14 h 左右,聚合时间确定在 5 h 左右。

3.5.4　催化剂

PIPD 的缩聚反应在多聚磷酸体系中直接就可以进行,多聚磷酸能够吸收反应过程中产生的水分,对成环反应也有一定的帮助,所以在不加其他催化剂的条件下就可以得到一定相对分子质量的聚合物。有文献报道锡粉、镁粉、铁粉等金属粉末对 PIPD 缩聚产物相对分子质量提高有帮助。将加入锌粉和不加入锌粉(其他反应条件相同)的两组实验进行了比浓对数黏度的比较,结果见表 3.2。

表 3.2　催化剂对缩聚产物比浓对数黏度的影响

	加入催化剂	未加入催化剂
比浓对数黏度	5.56	5.11

加入锌粉比没有加入锌粉缩聚产物的比浓对数黏度要高,也就是说外加催化剂对相对分子质量的提高有一定的帮助。

3.6 PIPD纤维的纺丝工艺

化学纤维纺丝成型的方法可分为两大类,即熔体纺丝法和溶液纺丝法,溶液纺丝法又分为湿法纺丝、干法纺丝和干湿法纺丝。液晶芳香族聚苯唑纤维是一类大分子主链上含有苯并噻唑环、苯并噁唑环的刚性棒状杂环聚合物,主要包括PBT、PBO、ABPBO、PIPD及其衍生物纤维,都可用干喷湿纺法纺丝。干喷湿纺纺丝工艺主要包括以下几个主要步骤:纺丝溶液的配制、过滤、脱泡、纺丝、凝固、后处理等。纺丝过程中纺丝液中聚合物的浓度、纺丝温度、气隙长度、纺丝压力和凝固浴等都是影响纤维性能的重要因素。

按工艺特点,干喷湿纺过程分五区:液流膨化区、溶液在气体层中的纵向形变区、液晶在凝固浴中的纵向形变区、纤维固化区和成型纤维导出区。首先,纺丝液由喷丝头喷出并膨胀,在空气层中由于其未固化可高度拉伸,然后进入冷凝浴将其表面固化,使纤维具有一定强度并继续拉伸,再进入凝固浴继续拉伸和脱除溶剂将纤维定型。

由于干喷湿纺工艺要求纺丝液处于液晶态,而纺丝时温度一般高于120 ℃,这时液晶芳香族聚合物处于液晶相的质量分数为10%以上,由于浓度太高,溶液流动性差,纺丝困难,选择质量分数为10%~20%的聚合液(对于PIPD为多聚磷酸溶液)作为纺丝液。大量研究表明,聚合物在低相对分子质量时(特性粘数低于10 dL/g),很难连续成丝,这是由于体系黏度低,溶液没有强度。这时由喷丝头挤出的纤维不能充分拉伸,稍一拉伸,纤维就断裂,不能连续成丝。只有当特性粘数大于10 dL/g时,才可连续纺丝。但并不是相对分子质量越大纺丝越好,当相对分子质量特大时,溶液流动性差,丝难以喷出纺丝孔,即使勉强喷出纺丝孔,由于流动性差,纤维的形变在拉伸的过程中极不均匀,纤维成颈状,纤维性能也不好。一般特性粘数在10~25 dL/g之间可纺丝性较好。

纺丝温度若太低,则纺丝液黏度太大,纺丝液流动性差,需加很大压力才能将其挤出喷丝头,并且溶液拉伸产生形变很困难,很难纺出细丝,而丝的强度等性能与丝的直径成反比,丝越细,力学性能越好。因此,纺丝温度一般应高于100 ℃。PIPD聚合液中溶剂是多聚磷酸(PPA),PPA在200 ℃分解,产生的水会在纺丝液中产生气泡,使纺出的丝有缺陷,拉伸易断。因此,PIPD纺丝温度应在160~180 ℃为宜。干喷湿纺工艺的一个显著优点就是从喷丝头喷出的丝经过一段空气层,在空气层中溶液未固化,还处于液流状态,可进行高倍拉伸,大大提高了纤维的取向度和强度。拉伸比越大,纤维的强度和模量越高,但拉伸比与压力、空气层高度、拉伸卷绕速度有关,所以在纺丝时应综合考虑,使拉伸比尽可能大。

PIPD纤维的纺制与PBO类似,如图3.24所示。采用液晶相浓溶液干喷湿纺法即液晶纺丝。纺丝浆液中PIPD/PPA溶液质量分数为18%~20%,在180 ℃下进行干喷湿纺,经过5~15 cm空气层,到达低温凝固水浴,再经过水洗、干燥得到初生丝。采用较高的拉伸比,实现分子链沿应力及纤维长轴方向高度取向;对初生丝在400~550 ℃进行热处理,以定型微纤结构和消除微纤之间的孔隙,最终得到高模量的纤维。

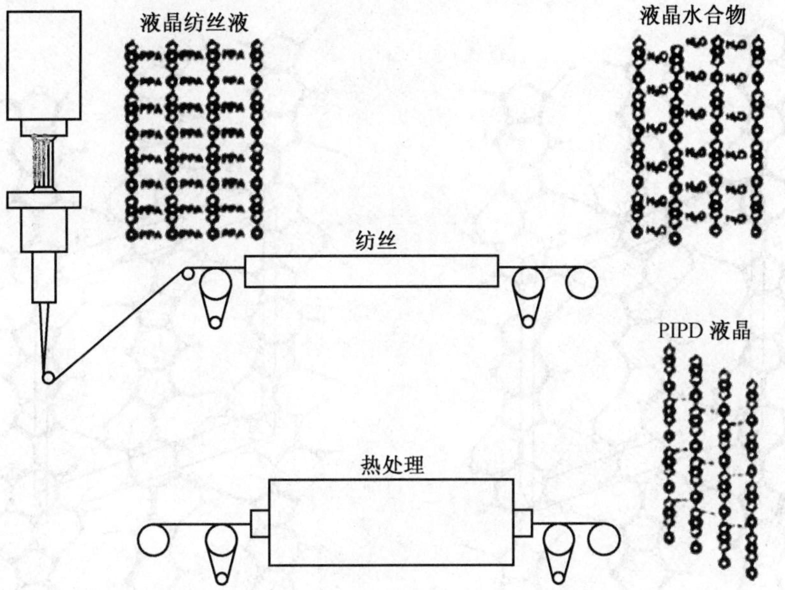

图 3.24　PIPD 的纺制及热处理过程

3.7　PIPD 的结构与性能

PIPD 的结构与 PBO 相似,最大的区别在于苯环上的—OH 及噁唑环上的—O 被—NH代替,有 4 个氢原子可以形成氢键,在分子间和分子内分别形成 N—H…O 和 O—H…N的氢键结构,从而使聚合物的压缩性能及黏结性能得到提高。PIPD 是一种新型液晶芳杂环聚合物,其重复单元由二羟基苯环和二咪唑吡啶基团组成。这些基团由 C—C 键连接,在拉伸状态下,苯环是最弱的连接,而不是 C—C 键。Klop 等人首先采用 X 射线衍射对 PIPD 初生纤维及热处理后纤维的结晶结构进行了研究,提出了在聚合物中存在两种晶体模型结构,一种是形成一维氢键的三斜晶模型结构,另一种是形成二维氢键的单斜晶模型结构,如图 3.25 所示。从 PIPD 聚合物溶液中得到的初生纤维的晶体结构是二维有序的结晶水合物。热处理初期,结构中损失了水分子,在足够高的热处理温度下,水分子全部失去,形成了三维晶体有序结构和分子间 N—H…O 及分子内 O—H…N 键结构。热处理后纤维分子中双向氢键网络的单斜晶结构,晶胞尺寸为 $a=1.260$ nm, $b=0.348$ nm, $c=1.201$nm,其纤维抗压强度高达 1.7 GPa。Yasuhiro 提出与前者晶胞尺寸稍有差异的单斜晶模型,晶胞尺寸为 $a=1.333$ nm, $b=0.346$ nm, $c=1.216$ nm(c 轴为纤维轴)。Hageman 等人研究了 PIPD 的结构与物理性质的关系,计算表明在室温下,存在着两种能量差极小的结构,其电子结构存在着像石墨一样的 e-e 相互作用,这种相互作用与氢键网络相比是非常小的,增加额外的氢键网络结构能使刚棒性高聚物链间作用力提高,最终体现了具有较高的压缩性能。

PIPD 纤维具有特殊的氢键网络结构,力学性能突出,耐热及耐燃性优良,与热固型树脂基体黏结性好,是一种比较理想的高性能纤维,作为增强材料可用于制作各种聚合物基

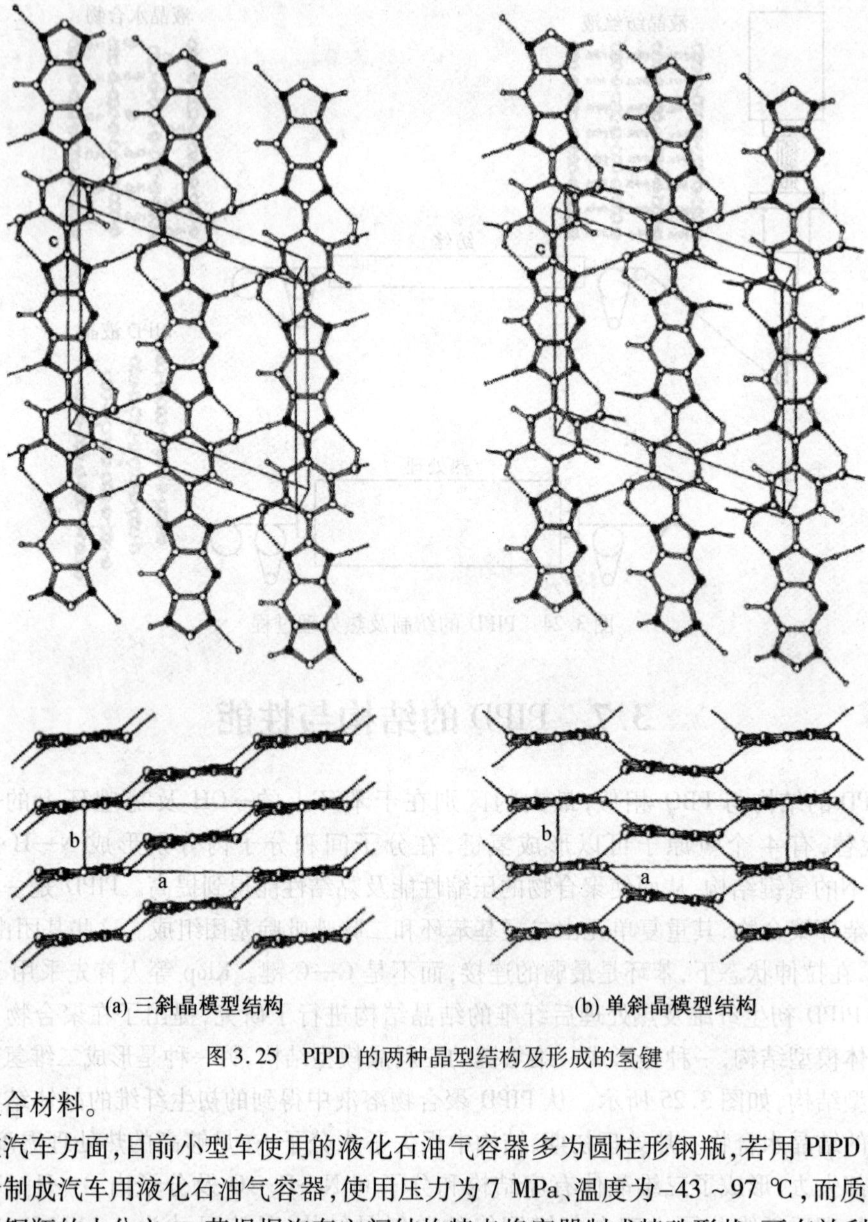

(a) 三斜晶模型结构　　(b) 单斜晶模型结构

图 3.25　PIPD 的两种晶型结构及形成的氢键

纤维复合材料。

在汽车方面，目前小型车使用的液化石油气容器多为圆柱形钢瓶，若用 PIPD 纤维缠绕复合制成汽车用液化石油气容器，使用压力为 7 MPa、温度为 -43 ~ 97 ℃，而质量仅为同类型钢瓶的十分之一；若根据汽车空间结构特点将容器制成特殊形状，可有效利用汽车行李厢空间；用单向 PIPD 纤维增强复合材料制成的汽车用抗冲击加固材料，如宽×高×厚为 50 mm×30 mm×2 mm 的矩形条，不仅具有增强汽车结构的作用，而且还能有效吸收汽车被撞击的能量。

利用 PIPD 纤维高比模量和高比强度以及热绝缘性等特点，可制作火箭发动机液态氧容器（10 MPa，-196 ℃）；空间飞行器低温绝热支撑材料；人造卫星太阳能面板的衬背板等。在体育器材方面，如用 PIPD 纤维复合材料制成的曲棍球棒已经问世，它对高速运动球体有良好的衰减阻尼特性，质量轻，击球感好，在高尔夫球杆、网球拍等方面也有很好的应用前景。由于碳纤维具有导电性，作为纤维金属碾压材料（在厚约 0.3 mm 铝片中嵌入纤维/树脂复合材料碾压而成)在某些方面的应用受到限制，PIPD 纤维的电绝缘、力学性能优异，有望在某些方面取而代之。PIPD 纤维还可用于制作防弹装甲、防护纺织品等。随着基础和开发应用研究的不断深入，预计不久的将来，PIPD 纤维将有更大的发展。

第 4 章　耐烧蚀酚醛树脂缩合聚合工艺

4.1　概　　述

耐烧蚀热防护设计方法主要有热沉法、辐射法、发汗法和烧蚀法。烧蚀防热法是以牺牲部分热防护材料，利用材料的相变吸热和质量交换来达到防热目的。烧蚀材料（隔热材料）是指在热流作用下，本身能发生分解、熔化、蒸发、升华等多种吸热的物理化学变化，借材料自身质量消耗带走大量热量，从而阻止热传导到材料内部结构中的一类材料。

4.1.1　烧蚀法热防护作用原理

烧蚀法的工作原理是通过表面烧蚀材料在高温下的升华、熔化、炭化等反应以及烧蚀后表面碳层再辐射的方式进行换热来消耗热量，达到对表面气动加热的主动防护。即在气动加热作用下，热量一部分被表面辐射，另一部分被材料吸收并向深部传递；随着热量不断传入，温度逐渐升高，当达到热解、熔化、汽化或升华温度时，材料因热解相变吸收大量热量。同时，材料表面及相变产物与附面层内的空气发生化学反应，形成一个温度较低的气态层，这层气体向附面层扩散时还要吸收一部分热量，且扩散增大了附面层厚度，使其平均温度降低，从而显著降低向表面的热扩散，有效地减少流向材料内部的热量，形成对流阻塞效应。烧蚀量的大小取决于加热量，热量的增加使烧蚀量增加，而烧蚀量的增加又相应地增强了防热作用，所以烧蚀式防热是一个自动调节的过程。烧蚀式防热的关键是选取合适的材料。烧蚀法所用到的烧蚀材料由于具有防热效率高、工作可靠、适应流场变化能力强等优点。

酚醛树脂的耐热性是非常好的，酚醛树脂在 300 ℃以上开始分解，逐渐炭化，而成为残留物，酚醛树脂的残留率在 60% 以上。酚醛树脂在高温 800 ~ 2 500 ℃下在材料表面形成炭化层，使内部材料得到保护，酚醛树脂是一种轻质的隔热材料，广泛用于火箭、导弹、飞机、宇宙飞船等的热防护机构中。

4.1.2　烧蚀材料性能的评价方法

对烧蚀材料的评价，从两个层面展开，即性能测试和模拟试验性能测试，主要包括以下 4 个方面：

①比热。比热大的材料在烧蚀过程中可以吸收大量的热量。

②热导系数。热导系数低的材料能使高温部分仅限于表面，导致热量难以传入内部结构中去。

③烧蚀速度。材料在高温环境中的烧蚀速度要小。

④密度。密度小的材料在航空航天领域中能最大限度地减少结构件的总质量。

对烧蚀材料的进一步评价通过模拟试验，包括以下 6 种方法：

①小型固体火箭发动机静试。

②小型液体发动机燃烧实验。

③风洞测试。

④等离子烧蚀测试法。等离子烧蚀方法是目前固体火箭发动机用 C/C 复合材料烧蚀实验最常用的方法之一。主要是通过采用相对稳定的等离子射流（温度高达 3 500 ℃），垂直于材料表面进行烧蚀。

⑤电弧驻点烧蚀测试法。电弧驻点烧蚀测量法具有可以模拟材料工作时的真实烧蚀环境，根据需要添加各种冲刷粒子，系统可靠，可重复性好等优点，也是国内外普遍采用的测量方法。

⑥氧-乙炔测试法。氧-乙炔测试法是目前树脂基复合材料烧蚀试验最常用的方法。该试验方法是用氧-乙炔焰垂直于试样表面烧蚀。

4.1.3　耐烧蚀酚醛树脂的发展及其结构特点

酚醛树脂具有良好的机械强度和耐热性能，尤其具有突出的瞬时耐高温烧蚀性能，而且树脂本身又有改性的余地，目前酚醛树脂广泛用于制造玻璃纤维增强塑料（如模压制品）、胶接剂、涂料以及热塑性塑料改性剂等，且作为瞬时耐高温和烧蚀的结构复合材料用于宇航工业方面。酚醛树脂合成的化学反应非常复杂，不同分子结构的酚醛树脂合成反应和合成工艺过程控制各不相同，特别是耐烧蚀酚醛树脂的研究技术资料处于保密状态，参考资料很少，本章只是从理论上进行阐述。

普通酚醛树脂在 200 ℃以下能够稳定使用，初始分解温度在 200 ℃左右，大量分解温度在 280 ℃左右。到 600 ~ 900 ℃时就释放出 CO、CO_2、H_2O、苯酚等物质。在高温下醚键和次甲基键均易断裂而使聚合物裂解，形成小分子物逸出，导致质量损失，因此传统酚醛树脂的残炭率一般不是很高。从结构上通过封锁酚羟基和减少次甲基键的方法提高酚醛树脂烧蚀性能。封锁酚羟基的方法有很多，如醚化、酯化、与重金属螯合以及通过严格控制固化条件等一系方法都能消耗酚羟基，提高耐热性。减少次甲基键的方法是以苯环、无机非金属结构如 B—C、Si—C 等取代亚甲基、醚键及羰基，苯环取代基含量高的酚醛树脂固化物耐热性较好，高温成炭率较高。

酚醛树脂的耐热性及高温下的成炭率与其结构中的苯环取代基、亚甲基、醚键及羰基的含量有特定的对应关系，苯环取代基、亚甲基含量高的酚醛树脂固化物耐热性较好，分子链中含有金属非金属元素、稠环或多环酚的酚醛树脂高温下成炭率高，在树脂分子结构中含有键能较高的 B—O 键、Mo—O 键以及酰亚胺键、苯并噁嗪结构和酚三嗪等。

目前增加酚醛树脂耐温性及高温炭残留的改性方法有：

①采用硼化合物对酚醛树脂改性。在树脂分子结构中引入了硼元素，生成键能较高的 B—O 键，提高酚醛树脂耐热性及高温炭残留。

②采用钼化合物对酚醛树脂改性。通过化学反应的方法，使过渡元素钼以化学键的形式键合于酚醛树脂分子主链中，生成键能较高的 Mo—O 键，提高酚醛树脂的耐热性及高温炭残留。

③聚酰亚胺树脂改性酚醛树脂。

④聚砜改性酚醛树脂。

⑤苯并噁嗪化合物改性酚醛树脂。

⑥合成酚三嗪树脂。

4.2 对苯基苯酚酚醛树脂的合成

4.2.1 主要原料

1. 酚类化合物

根据分子中酚羟基的多少,分为一元酚、二元酚、多元酚等。

(1)苯酚

苯酚又称石炭酸,相对分子质量为94.11,凝固点为40.9 ℃,沸点为182.2 ℃,闪点为79 ℃,着火点为605 ℃,相对密度为1.055,爆炸极限2%~10%(体积分数)。苯酚结构中的—OH 给电子基,使苯环上两个邻位和一个对位的 C 原子电子云密度增大,取代反应活性增强,可以说有 3 个官能度。工业上根据苯酚纯度分为一级苯酚、二级苯酚和三级苯酚。

纯苯酚为无色针状晶体,具有特殊的气味,在空气中受光的作用逐渐变为浅红色,有少量氨、铜、铁存在时则会加速变色过程,因此苯酚与含铁、含铜的容器或反应器接触往往变色。苯酚易于潮解,苯酚含有水分时,则其熔点急剧下降,一般每增加0.1%水,将降低0.4 ℃左右。苯酚易溶解于极性有机溶剂中,如乙醇、乙醚、氯仿、丙三醇、冰醋酸、脂肪油、松节油、甲醛水溶液及碱的水溶液,但不溶于脂肪烃溶剂。

苯酚是生产酚醛树脂的主要原料,它的质量直接影响树脂的性能。生产苯酚树脂时,对苯酚的技术要求是:一级品为无色针状或白色结晶,凝固点为40.4 ℃;二级品为无色或微红色结晶,凝固点为39.7 ℃;三级品纯度较低,凝固点为38.5 ℃。使用时应根据纯度选择使用或搭配使用。在常温下苯酚约含27%(质量分数)水就成为均匀的液体,随着含水量的继续增加,则使液体分为两层,上层为苯酚在水中的溶液,下层为水在苯酚中的溶液,苯酚在水中的溶解度随温度的升高而增加。

苯酚具有酸性,能溶解于氢氧化钠的溶液而生成盐,反应式如下:

$$C_6H_5OH+NaOH \longrightarrow C_6H_5ONa+H_2O$$

但不溶于碳酸钠溶液,且酚盐与碳酸作用分解为苯酚与碳酸氢钠,反应式如下:

$$C_6H_5ONa+H_2CO_3 \longrightarrow C_6H_5OH+NaHCO_3$$

苯酚的羟基系供电子基团,能在苯环邻位和对位上发生取代反应,即有 3 个反应活性点。酚醛树脂就是利用这些活性点进行反应的。苯酚在空气中燃烧时,呈现黄色火焰并产生浓烟。苯酚极毒,具有腐蚀和刺激作用,它能使蛋白质降解,皮肤接触苯酚时,首先变为白色,然后变成红色,并起皱有强烈的灼烧感,较长时间接触会破坏皮肤组织。当皮肤受到侵害时,可先用大量水冲洗,再用酒精洗,最后擦3%丹宁溶液并敷樟脑油,侵害比较严重时应立即送医院治疗。

(2)甲酚

甲酚有邻甲苯酚、间甲苯酚、对甲苯酚3种异构体,由于它们的沸点相近,不容易分离,一般使用其混合物。甲酚有苯酚的气味,杀菌效力比苯酚强,毒性也较大。甲酚外观为无色或棕褐色的透明液体,工业用甲酚为邻甲酚、间甲酚和对甲酚的混合甲酚,其比例为(35~40)∶40∶25。混合甲酚中的3个组分的沸点不同,邻位甲酚易蒸馏分离,对位甲酚、间位甲酚不能蒸馏分离出来,因其沸点接近,不易分离。但通过制成相应的磺酸化合物可将其分离,只是分离复杂昂贵,无商业价值。生产苯酚树脂时,也采用这种混合物,用邻甲酚和对甲酚与甲醛作用只能生成线型树脂,间甲酚有3个反应点,可与甲醛缩聚生成热固性树脂,所以作为制造热固性酚醛树脂的混甲酚,其间甲酚的含量应高(质量分数大于40%),间位含量越高,反应越快,凝胶时间越短,反应也越完全,缩聚程度高,游离酚含量少。

(3)对苯二酚

对苯二酚又称氢醌,无色或浅灰色针状晶体,熔点为170 ℃,易升华,溶于热水和乙醇、乙醚、氯仿等有机溶剂,有毒。可渗入皮肤内引起中毒,蒸气对眼睛的损害较大。对苯二酚是重要的有机化工原料,可用于合成医药、染料、橡胶防老剂、单体阻聚剂、石油抗凝剂、油脂抗氧剂和氮肥工业的催化脱硫剂等,它还是一个强的还原剂,用作照相显影剂,还用作化学分析试剂。

(4)间苯二酚

间苯二酸别名R-80、间苯二酚-80、预分散间苯二酚-80、母胶粒间苯二酚-80、药胶间苯二酚-80、1,3-二羟基苯、雷锁酚、雷锁辛、1,3-苯二酚、间二羟基苯、树脂酚、黏合剂间苯二酚、母胶粒R-80、预分散R-80,无色或白色针状结晶,味甜,熔点为109~111 ℃,沸点为280 ℃,相对密度为1.271 7,与甲醛反应活性高。在空气中迅速变红色,易溶于水、醇、醚、甘油。它比苯酚更容易发生亲电芳香取代反应和Houben-Hoesch反应。用间苯二酚制造的树脂可室温固化,树脂的黏结力强,用作冷固化黏结剂。它可燃,有毒,具刺激性,受热分解放出有毒的气体,与强氧化剂接触可发生化学反应。

(5)对苯基苯酚(p-phenylphenol, p-hydroxybiphenyl)

对苯基苯酚,也称萘酚,有α-萘酚和β-萘酚两种异构体,如图4.1所示。α-萘酚为无色晶体,熔点为96 ℃,288 ℃升华,有类似苯酚的气味,在光照下变成深棕色,溶于乙醇、乙醚氯仿和碱水溶液,微溶于水,可用水蒸气蒸馏。β-萘酚为无色晶体,熔点为123~124 ℃,沸点为295 ℃。除羟基外的其他C原子均以sp^2杂化轨道形成σ键。羟基O原子以sp^3杂化轨道形成σ键。密度为1.24(20 ℃),熔点为165~167 ℃,沸点为305~308 ℃,性状为白色至淡红色粉末,极易溶于水,不溶于油脂。1 g本品可溶于0.82 g水、0.64 g丙酮、0.72 g甲醇、3.57 g丙二醇中。

对苯基苯酚主要用作染料、树脂和橡胶的中间体、耐腐蚀漆的组分、印染的载体、防腐杀菌剂。用它合成的红光增感、绿光增感染料是彩色影片的主要原料之一,也用作分析试剂。我国规定可用于柑橘保鲜,最大使用量为1.0 g/kg,残留量不大于12 mg/kg。

磺化法生产苯酚的蒸馏残渣中约含40%的混位(对位和邻位)苯基苯酚,利用在三氯乙烯中溶解度的不同进行分馏,分离回收对位产品。其制备方法有两种:

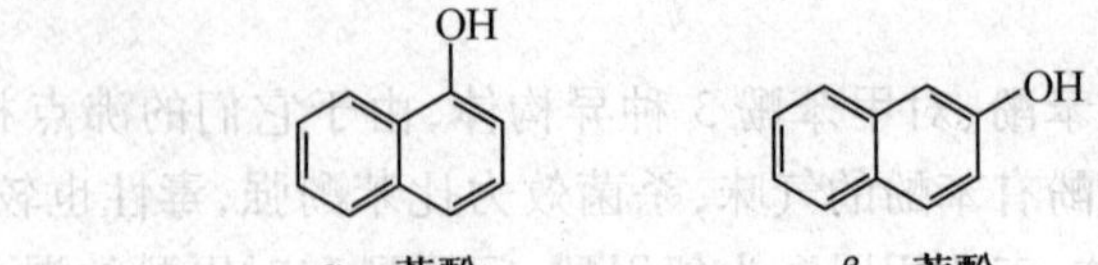

α－萘酚　　β－萘酚

图 4.1　α-萘酚和 β-萘酚

①联苯磺化碱熔法。

将联苯溶于乙酸中，用三氧化硫进行磺化，磺化产物分离后与质量分数为 20% 的 NaOH 水溶液作用成盐，再和固体 NaOH 在 100～350 ℃碱熔，然后进行酸化得产品。

②磺化法生产苯酚的副产物分离。

用磺化法生产苯酚的副产物蒸馏，残渣中含对苯基苯酚和邻苯基苯酚，先将该残渣加热，经真空蒸馏，真空度控制在 53.3～66.7 kPa，温度由 65～75 ℃逐渐上升到 100 ℃以上，但不超过 135 ℃，再利用邻、对位苯基苯酚在三氯乙烯中的溶解度不同进行分离，即将该混合苯基苯酚加热溶于三氯乙烯中，经冷却析出对位苯基苯酚结晶，过滤干燥即得产品。

(6) 双酚 A

双酚 A（图 4.2）（Bisphenol A）为白色结晶，微具有酚气味及苦味，相对分子质量为 228.3，相对密度为 1.195，熔点为 153 ℃，沸点为 220 ℃，闪点为79.4 ℃。能溶于醇、乙酸、醚、丙酮和碱性溶液，微溶于四氯化碳，不溶于水。在室温下微溶于苯、甲苯、二甲苯，但在加温条件下，溶解度急剧提高，工业上利用此特性来提纯双酚 A。

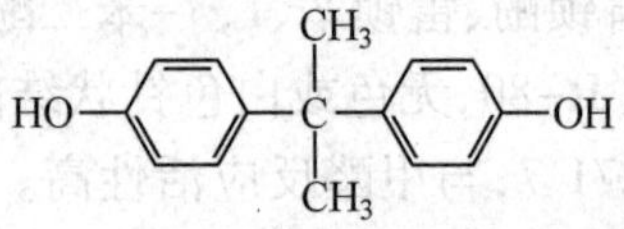

图 4.2　双酚 A

2. 醛类化合物

(1) 甲醛（Formaldehyde）

甲醛相对分子质量为 30.03，室温下是无色气体，-19 ℃液化，-118 ℃凝固（结晶），低温或常温易聚合，高于 100 ℃不聚合，气体在 400 ℃以上分解。实验室甲醛可通过分解聚甲醛来获得甲醛气体。甲醛易溶于水、醇等，不溶于丙酮、氯仿和苯。用于制备酚醛树脂的各种甲醛原料见表 4.1。

工业用甲醛一般以溶液形式出现，它为无色或乳白色的液体，甲醇质量分数一般小于等于 12%。医用福尔马林溶液是指质量分数为 37% 的甲醛水溶液。甲醛水溶液有腐蚀性，遇铜、铁、镍、锌等易变色，因此甲醛液的储运应装在铝或不锈钢、玻璃、搪瓷或陶瓷等容器内，也可用耐酸砖和水泥涂沥青槽来储存。甲醛溶液是具有特殊刺激性的液体，能刺激眼睛和呼吸道黏膜。空气中有 0.001 25 mg/L 甲醛时，就能刺激视觉器官，甲醛蒸气在空气中的最大允许浓度为 0.005 mg/L，与皮肤接触会引起皮炎。甲醛放置时间过长或在气温较低时，会逐渐形成乳白色或微黄色沉淀的聚甲醛，因此，在冬季应注意温度不低于 5 ℃，否则易析出聚甲醛。此外甲醛的聚合与甲醇含量多少有关，甲醇可作为稳定剂，阻止聚合发生。甲醛的质量分数小于 30% 时，在室温下可不加甲醇，当质量分数为 37% 时，温度要保持在 37 ℃左右，以避免沉淀出聚合物，温度低时应加大甲醇量。甲醛溶液中一般甲醇的质量分数为 7% ~12%，若甲醇含量过高又会影响甲醛和酚类的缩聚能力。

表 4.1　用于制备酚醛树脂的各种甲醛原料

类型	分子式	树脂制备	
		优点	缺点
气体甲醛	CH_2O		不稳定
福尔马林 36%	$HO(CH_2O)_nH$ $n\approx2$	易操作，中等反应性	水含量高
福尔马林 50%	$HO(CH_2O)_nH$ $n\approx3$	可提高生产能力	升温储存，易形成甲酸
多聚甲醛	$HO(CH_2O)_nH$ $n\approx20\sim100$	可提高生产能力，无水	高反应活性（要注意危险），可固体操作
三聚甲醛	$(CH_2O)_3$	无水	需催化剂，成本高
六次甲基四胺	$(CH_2)_6N_4$	自动催化	价格贵

（2）多聚甲醛

多聚甲醛（Paraformaldehyde）在化学上是聚氧亚甲基二醇 $HO(CH_2O)_nOH$，$n=10\sim100$，可以是不同细度的白色粉末，甲醛质量分数为 90% ~97%，自由水质量分数为 0.2% ~4%，相对密度为 1.2 ~1.3，熔点为 120 ~170 ℃，闪点为 71 ℃（闭环），有甲醛气味。多聚甲醛在空气中会慢慢解聚，受热解聚大大加快，它慢慢溶于冷水，较快地溶于热水，同时发生水解和解聚，稀酸和碱将加快在水中的溶解速度。多聚甲醛不溶于丙酮、醇和醚，能溶于碱金属碳酸盐。多聚甲醛可以通过甲醛溶液的真空蒸馏和浓缩来制备，商业多聚甲醛的甲醛质量分数为不应少于 95%。多聚甲醛一般不用于树脂的生产（因价格高），但用在特殊场合，如生产高固体含量树脂或低水含量树脂。多聚甲醛还可用作交联剂，如作 Novolak 树脂、间苯二酚树脂的交联剂。

（3）三聚甲醛

三聚甲醛（三氧六环，Trioxane）为白色结晶，有氯仿气味，熔点为 62 ~64 ℃，沸点为 115 ℃，易溶于水、醇、醚、丙酮、氯仿、二硫化碳、芳香烃和其他有机溶剂，微溶于石油醚和戊烷，与水能形成共沸物（沸点为 91.4 ℃，质量分数为 70%）。三聚甲醛对热非常稳定，但少量强酸能引起三聚甲醛解聚，生成甲醛，其转化程度随酸的浓度而变化，其水溶液也能被强酸逐渐解聚，但与碱无反应。多聚甲醛或甲醛溶液（质量分数为 60% ~65%）在质量分数为 2% 硫酸作用下进行加热可制得三聚甲醛。它可用作酚醛树脂的固化剂，也用于缩醛树脂的原材料。

（4）乙醛

乙醛（Aectaldehyde）相对分子质量为 44.05，无色液体，有窒息性气味，能与水、醇、乙醚、氯仿等混合，易燃易挥发，易氧化成乙酸，在室温下放置一段时间，会产生聚合现象，使液体发生浑浊、沉淀而变质，在空气中允许浓度为200×10^{-6}，爆炸极限为40%～57%。乙醛可由乙醇氧化制得。

(5)三聚乙醛

三聚乙醛(Araacetaldehyde)是无色透明液体，有强烈芳香气味，有不适之味，能与乙醇、乙醚、氯仿和油类混合，能溶于水，相对密度为0.994 0，熔点为12 ℃，沸点为124.3 ℃，折射率(20 ℃)为1.404 9，闪点为35.5 ℃。与稀盐酸共同加热或加入几滴硫酸即分解成乙醛。当有棕色或有乙酸气味时，不宜再用。

(6)糠醛

糠醛(Furfural)为无色且具有特殊气味的液体，在空气中逐渐变成深褐色，熔点为-36.5 ℃，沸点为162 ℃。其结构式如图4.3所示。糠醛可由玉米芯、棉籽壳、稻壳、甘蔗渣等农副产品经酸溶液处理，使其中多缩戊糖在酸性介质中加热脱水而成。糠醛除含醛基外，还有双键存在，故反应能力很大。苯酚与糠醛缩合的树脂，具有较高的耐热性。糠醛还可作为酚醛塑料粉中的增塑剂。

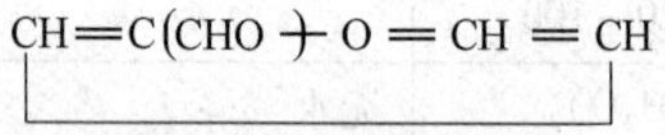

图4.3　糠醛

3.催化剂

(1)酸类

①盐酸。

盐酸是制造苯酚甲醛热塑性树脂的催化剂，使用时要进行稀释。采用盐酸作催化剂的优点是价格低，在树脂脱水干燥中盐酸可以蒸发出去，其缺点是对设备有腐蚀作用。

②草酸。

草酸(又名乙二酸)分子式为$HOOC—COOH\cdot2H_2O$，相对分子质量为126.07。它是无色透明结晶或白色结晶颗粒，熔点为101 ℃，无水草酸熔点为187 ℃，在热空气中易被风化，保存于干燥器中或加热高于30 ℃时，也会失去结晶水。草酸易溶于水和乙醇，难溶于醚，不溶于三氯甲烷和苯。草酸在高温下则分解为二氧化碳和甲酸。

③乙酸。

乙酸又名醋酸、冰醋酸，化学式为CH_3COOH，相对分子质量为60.05，相对密度为1.049，凝固点为16.7 ℃，沸点为118 ℃，闪点为42.8 ℃，自燃点为426 ℃，折射率(20 ℃)为1.371 8。乙酸是无色透明液体，有刺激性特殊气味，有腐蚀性，对皮肤有刺激痛，发水疱，其蒸气有毒，并易着火。它能与水、乙醇、乙醚、四氯化碳及甘油等混合，不溶于二硫化碳。它可作为许多有机物的良好溶剂，也能溶解磷、硫、氢卤酸等。

④甲酸。

甲酸又称蚁酸，化学式为HCOOH，相对分子质量为46.0，相对密度为1.049，熔点为8.4 ℃，沸点为100.5 ℃，闪点为68.9 ℃，折射率(20 ℃)为1.371 4。它是无色透明液体，有刺激性气味，对皮肤有腐蚀性。它能与水、醇、醚及甘油任意混合。

⑤磷酸。

磷酸的化学式为 H_3PO_4，相对分子质量为98.0，相对密度为1.874，熔点为22 ℃，沸点为261 ℃，折射率(17.5 ℃，100%)为1.3420。

⑥硫酸。

硫酸的化学式为 H_2SO_4，相对分子质量为98.1，相对密度约为1.84，沸点约为290 ℃。

⑦对甲基苯磺酸。

对甲基苯磺酸的化学式为 $CH_3—C_6H_4—SO_3H$，相对分子质量为172.2，熔点为106～107 ℃，沸点为140 ℃(20 mmHg)。它为白色叶状或柱状结晶，易溶于水，能溶于醇或醚，难溶于苯和甲苯。有时对甲基苯磺酸会含1分子或4分子结晶水。

(2)碱类

①氢氧化钠。

氢氧化钠又名苛性钠、烧碱等，液碱是指氢氧化钠的水溶液。对酚醛的加成反应有强的催化效应，并使初级缩聚物在反应介质中有较好的溶解性，适合于制水溶性酚醛树脂，使用量为苯酚的1%左右。由于碱含量高，合成的树脂的色泽、介电性能及耐水性差。

②氨水。

氨水又名阿莫尼亚水，其分子式为 NH_4OH，相对分子质量为35.05。氨水是无色、有强刺激性臭味的透明液体。它是由氮气和氢气直接合成的氨气溶于水而制得的，并呈弱碱性。氨水是苯酚苯胺甲醛树脂的催化剂，因催化性能较缓和，所以在生产过程中容易控制，不易发生交联凝胶。在生产酚醛树脂时要求氨水是无色透明或微带黄色的液体，NH_3 质量分数应大于等于20%。

③氢氧化钡。

氢氧化钡常以结晶水结合的形式出现，化学式为 $Ba(OH)_2 \cdot 8H_2O$，相对分子质量为315.5，相对密度为2.188，熔点为78 ℃。它是一种温和的催化剂，缩聚反应易控制。制得的树脂黏度低，固化速度快，催化剂易除去，即使残留该催化剂，也不会影响树脂的化学稳定性和介电性能，适合于低压成型。此外，该种催化剂也常与其他催化剂混合使用，以改善或提高某种性能。

(3)其他

①钼酸铵。

钼酸铵又名特种钼酸铵、(T-4)-钼酸铵、四钼酸铵、钼酸二铵，相对分子质量为196.01，无色或浅黄绿色单斜结晶。它易于纯化，易于溶解，易于热解离，而且，热解离出的 NH_3 随加热可充分逸出，不再污染钼产品。

②氧化镁。

氧化镁相对分子质量为40.3，是白色极细粉末，无气味。有轻质和重质两种，暴露空气中极易吸收水分和二氧化碳，轻质氧化镁吸收更快。与水反应生产氢氧化镁，这是一种温和的催化剂，使用量为苯酚的2%～3.5%，易控制反应。使用过程中流动性较好，黏性也好，广泛用于制造玻璃钢。

③碳酸钠。

碳酸钠又名纯碱，化学式为 Na_2CO_3，相对分子质量为106.0，相对密度为2.53，熔点为851 ℃，为白色吸水性粉末或颗粒。

④乙酸锌。

乙酸锌化学式为 $Zn(CH_3COO)_2$，相对分子质量为183.5，相对密度为1.84。

4.2.2 酚醛反应的一般特性

酚醛树脂是由酚类和醛类在酸或碱催化剂存在下合成的缩聚物。为了能形成体型结构的高聚物，两种单体平均官能度应大于2。苯酚为三官能度的单体，甲醛为二官能度的单体。不同酚具有不同的官能度。除不饱和醛如糠醛、丙烯醛等之外，碳链较长的甲醛同系物，较难与酚类合成热固性树脂。

在树脂合成过程中，单体的官能度数目、单体摩尔比、催化剂的类型对生成的树脂性能有很大的影响。苯酚与甲醛反应时，甲醛在酚羟基的邻、对位进行加成反应。

(1)酚的结构和反应性

酚在溶液中和晶体结构中常有氢键，在固体酚中以三螺旋形式形成氢键结构，在苯溶液中含有少量水时，形成三分子缔合物如 Ph_3、$Ph_2 \cdot H_2O$ 和 $Ph \cdot 2H_2O$。对不同的酚具有不同的酸碱性，羟甲基的存在使酚的酸性提高，羟基是吸电子基团并有共轭效应，因此对位取代反应比较有利，邻位反应比较困难(位阻)。若变成酚氧基，邻位反应更容易些。

在酸性介质中易发生亲电取代而在碱性介质中酚氧形成 π 络合物，易发生酚氧的亲核反应，因存在溶剂作用、分子内氢键和分子间氢键，实际反应更加复杂。在极性溶剂酸性条件下，有利于在对位反应，而非极性溶剂碱性条件下和碱土金属氧化物、氢氧化物及其醋酸盐，将有利于邻位反应。

(2)醛的结构及反应特征

甲醛是最容易反应的羰基化合物，在酸、碱水溶液中很快形成甲二醇，其平衡很快建立，平衡常数能用 UV 光谱、NMR、极谱方法来测定。

$$CH_2{=}O + H_2O \rightleftharpoons HOCH_2OH$$

$$K_d = [CH_2O]/[HOCH_2OH] = 1.4\times10^{-14}$$

在酸、碱性甲醛水溶液中甲二醇是主要的单体活性种，甲醛浓度很低，常低于0.01%(K_d值很小可说明)。多聚甲醛也同样在酸、碱性下会发生反应，生成甲二醇：

$$HO\!\left(CH_2-O\right)_n H + H_2O \rightleftharpoons HO\!\left(CH_2-O\right)_{n-1} H + HOCH_2OH$$

(3)可发生的其他反应

甲醛中含有的甲醇与醛在中性条件下形成半缩醛，酚及羟甲基酚也能与甲二醇发生反应，酚及其酚的衍生物与甲醛反应可生成环状化合物，例如碱催化下，叔丁基苯酚与甲醛反应产生90%(约)环状物，10%线型缩聚物，有环八聚体、环四聚体，且产率最大，环五聚体或环六聚体量较少，这些组分的含量还将随反应条件而变化。

环状化合物具有以下特点：①环状化合物熔点比线型高；②环状化合物酸性高；③具有络合性，允许特定大小的离子通过；④反应速度慢，形成氢键形式。因此通过控制反应，可使反应向环状或线型发展。环状化合物可用于络合金属，作分离剂、开矿化学药品和多功能催化剂。

4.2.3　对苯基苯酚酚醛树脂的合成反应

热固性酚醛树脂的缩聚反应一般是在碱性催化剂存在下进行的,常用催化剂为氢氧化钠、氨水、氢氧化钡、氢氧化钙、氢氧化镁、碳酸钠、叔胺等,NaOH 用量为苯酚的 1% ~ 5%,$Ba(OH)_2$用量为苯酚的 3% ~6%,六次甲基四胺用量为苯酚的 6% ~12%。酚和甲醛的物质量的比一般控制在 1∶(1~1.5)之间,甚至 1∶(1.0~3.0),甲醛量比较多。总的反应过程可分为两步,即甲醛与酚的加成反应和羟甲基化合物的缩聚反应。

将一定量的甲醛、苯酚、对苯基苯酚按比例加入到带搅拌的反应器中,搅拌升温,至物料均相后加入催化剂氢氧化钠,首先酚与甲醛进行加成反应,生成多种羟甲酚,并形成一元酚醇和多元酚醇的混合物。这些羟甲基酚在室温下是稳定的。羟甲基酚可进一步发生加成反应,反应式如下:

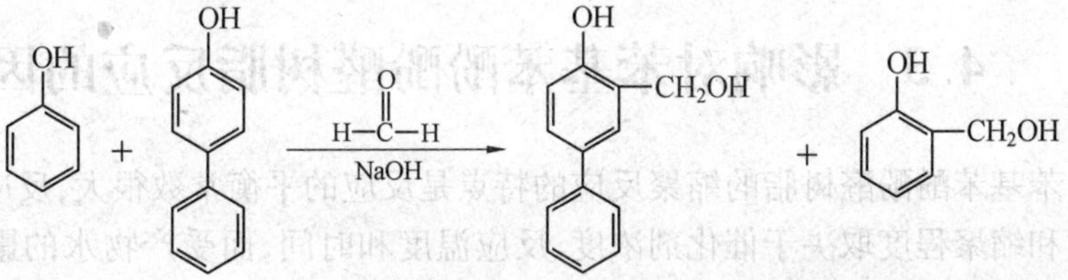

投入一定量钼酸铵,钼酸铵与羟甲基苯酚、对苯基羟甲基酚发生反应,然后加入一定量甲醛,进一步缩聚交联反应,反应式如下:

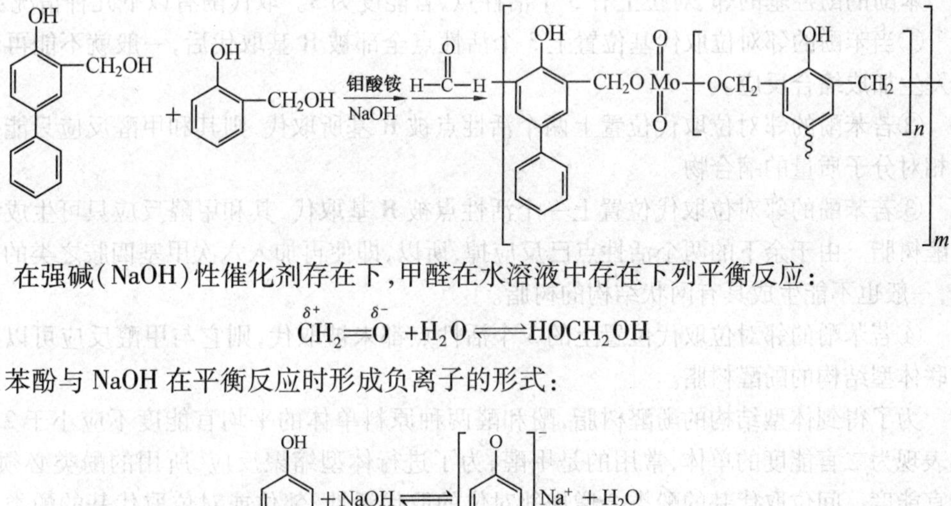

在强碱(NaOH)性催化剂存在下,甲醛在水溶液中存在下列平衡反应:

$$\overset{\delta^+}{CH_2}=\overset{\delta^-}{O} + H_2O \rightleftharpoons HOCH_2OH$$

苯酚与 NaOH 在平衡反应时形成负离子的形式:

离子形式的酚钠和甲醛起加成反应,其反应式如下:

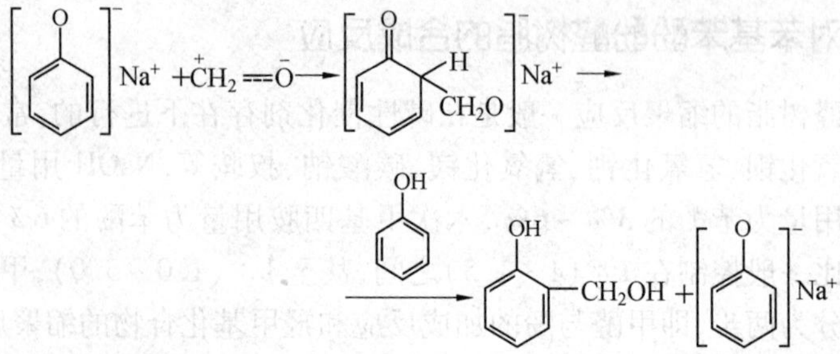

上述反应的推动力主要在于酚负离子的亲核性质。邻、对位比取决阳离子和 pH 值。对位取代用 K^+、Na^+ 和较高的 pH 值有利，而邻位取代在低 pH 值，用二价阳离子如 Ba^{2+}、Ca^{2+} 和 Mg^{2+} 有利。邻位的酮式结构由于位阻及氢键，较对位难于形成。其反应动力学还未完全弄清楚，一般认为为二级反应即取决于酚盐浓度和甲二醇浓度。

4.3 影响对苯基苯酚酚醛树脂反应的因素

对苯基苯酚酚醛树脂的缩聚反应的特点是反应的平衡常数很大，反应的可逆性小，反应速度和缩聚程度取决于催化剂浓度、反应温度和时间，而受产物水的影响很小，故酚类和醛类的缩聚反应可在加压下、常压及减压下进行。

1. 苯酚取代基的影响

苯酚的酚羟基的邻、对位上有 3 个活性点，官能度为 3。取代酚有以下几种情况：

①当苯酚的邻对位取代基位置上 3 个活性点全部被 R 基取代后，一般就不能再和甲醛发生加成缩合反应。

②若苯酚的邻对位取代位置上两个活性点被 R 基所取代，则其和甲醛反应只能生成低相对分子质量的缩合物。

③若苯酚的邻对位取代位置上一个活性点被 R 基取代，其和甲醛反应只可生成线型酚醛树脂。由于余下的两个活性点已反应掉，所以，即使再加入六次甲基四胺之类的固化剂，一般也不能生成具有网状结构的树脂。

④若苯酚的邻对位取代位置上的 3 个活性点都未被取代，则它与甲醛反应可以生成交联体型结构的酚醛树脂。

为了得到体型结构的酚醛树脂，酚和醛两种原料单体的平均官能度不应小于 2。醛类表现为二官能度的单体，常用的是甲醛，为了进行体型缩聚反应，所用的酚类必须有 3 个官能度。间位取代基的酚类会增加邻对位的取代活性，邻位或对位取代基的酚类则会降低邻对位的取代活性。所以烷基取代位置不同的酚类的反应速率很不一样，见表 4.2。由表 4.2 可以看出，3,5-二甲酚的相对反应速率最大，2,6-二甲酚的相对反应速率最小，两者相差 50 多倍。当酚环上部分邻对位的氢被烷基取代加成后，由于活性点减少，故通常只能得到低分子或热塑性树脂；而间位取代加成后，虽可增加树脂固化速度，但应该注意树脂的最后固化速度却会因空间位阻效应的影响反而比未取代的树脂还低的现象。

表4.2　酚类烷基取代位置与相对反应速率的关系

化合物	相对反应性	化合物	相对反应性
2,6-二甲酚	0.16	苯酚	1.00
邻甲酚	0.26	2,3,5-三甲酚	1.49
对甲酚	0.35	间甲酚	2.88
2,5-二甲酚	0.71	3,5-二甲酚	—

苯环上保留3个活性点的多元酚如间苯二酚与甲醛反应的速度要比苯酚快得多,在无催化剂的情况下,加成反应可在室温下进行,比间甲酚还要活泼。因此用间苯二酚为原料合成酚醛树脂时,反应控制在室温进行,需水冷却。高级醛与酚的反应与甲醛相似,但反应速度较慢。

2. 单体物质配比的影响

从碱性催化的热固性酚醛树脂固化后的理想结构来看,只有当一个酚环分别和3个次甲基的一端相连接,即甲醛和酚的物质的量的比为1.5∶1时,固化后才可得到这种体型结构整齐的酚醛树脂。同时,当用碱作催化剂时,会因甲醛量超过酚量而使初期的加成反应有利于酚醇的生成,最后可得热固性树脂,工业上常用醛与酚的摩尔比为(1.1～1.5)∶1。如果使用酚的摩尔数比醛多,则因醛量不足而使酚分子上活性点没有完全利用,反应开始时所生成的羟甲基就与过量的酚羟基反应,最后只能得到热塑性的树脂。即使酚的用量再增加,缩聚的程度也不会增加。

3. 催化剂的影响

碱性催化剂最常用的是氢氧化钠,它的催化效果好,用量可小于1%。但反应结束后,树脂需用酸(如草酸、盐酸、磷酸等)进行中和反应得到热固性树脂,但由于中和反应生成的盐的存在,使树脂电性能较差。氨水也是常用的催化剂,其催化性质温和,用量一般为0.5%～3%,也可制得热固性树脂。由于氨水可在树脂脱水过程中除去,故树脂的电性能较好,也有用氢氧化钡作催化剂的,用量一般为1%～1.5%,反应结束后通入CO_2,使催化剂与CO_2反应生成$BaCO_3$沉淀,过滤后可除去残留物,因此,也可得电性能较好的树脂。碱土金属氧化物催化剂常用的有BaO、MgO、CaO,催化效果比碱性催化剂弱,但可形成高邻位的酚醛树脂。

邻位对位之间取代取决于催化剂,在中性条件下,碱金属和碱土金属氢氧化物催化的反应,邻位取代按以下次序提高:

$$K<Na<Li<Ba<Sr<Ca<Mg$$

过渡金属氢氧化物有影响,一般过渡金属离子络合强度越高,越有利于邻位产物的生成,螯合结构如下:

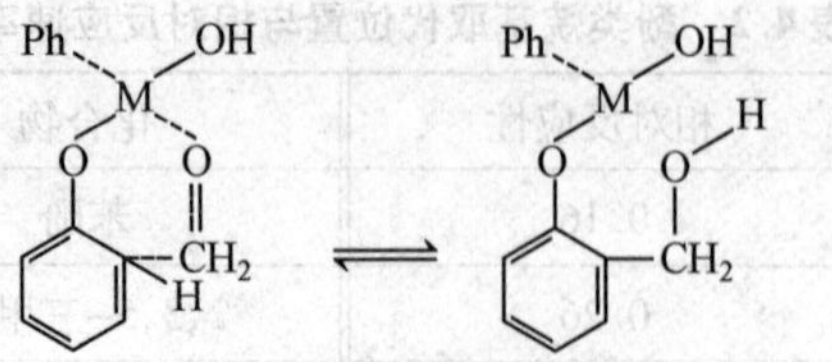

硼酸也有强的邻位效应：

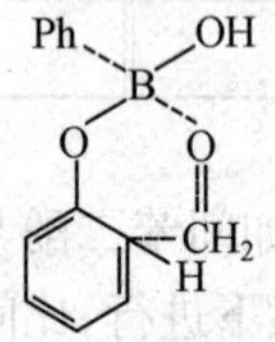

产物中邻位对位的比率也随 pH 值变化，在 pH = 8.7 时，为 1.1，在 pH = 13.0 时，减少为 0.38，碱性强有利于对位。用氧化镁和锌作催化剂也可制得高邻位热固性酚醛树脂。

第 5 章 咪唑啉季铵盐的合成工艺

5.1 缓蚀剂发展概述

缓蚀剂是一种以适当的浓度和形式存在于环境(介质)中时,可以防止或减缓腐蚀的化学物质或几种化学物质的混合物。油田污水所使用的缓蚀剂按化学组分可分为无机缓蚀剂和有机缓蚀剂。在石油天然气领域中使用的缓蚀剂属于典型的分子一端含有极性端基,另一端是长链烷烃的两亲性表面活性剂。与其他通用的防腐蚀方法相比,缓蚀剂具备以下特点:①在几乎不改变腐蚀环境条件的情况下,能得到良好的防蚀效果;②不需要再增加对防腐蚀设备的投资;③保护对象的形状对防腐蚀效果的影响比较少;④当环境(介质)条件发生变化时,很容易用改变腐蚀剂品种或改变添加量与之相适应;⑤通过组分调配,可同时对多种金属起保护作用。

咪唑啉及其衍生物缓蚀剂在国内外油气田中广泛使用。该类缓蚀剂具有良好的抗 H_2S/CO_2 腐蚀的缓蚀性能,同时具有热稳定性好、毒性低、无特殊刺激性气味等优点。咪唑啉类缓蚀剂分子结构一般由含 N 的五元环、烷基长链和带有活性基团的侧链(即亲水基团)3 部分组成。20 世纪 50 年代,咪唑啉及其衍生物缓蚀剂在美国研制成功。采用分子模拟技术研究了咪唑啉在二氧化碳溶液中于氧化铁表面吸附并成膜的机制,建立了咪唑啉在金属表面的热力学结构体系,且基于亲油基与亲水基的结构设计,可以阻止水与金属表面的接触,通过研究分析分子动力学的模拟方法,来掌握有机缓蚀剂对低碳钢 CO_2 腐蚀的抑制原理。与单个抑制剂相比,协同抑制是一种改进的缓蚀方法,用来改善缓蚀剂对金属腐蚀的抑制性能和减少所需抑制剂的剂量。咪唑啉类缓蚀剂抑制 CO_2、H_2S 对碳钢的腐蚀行为的研究涉及从早期的吸附类型判别和吸附模型建立到近期的官能团作用机理、形成膜厚度和膜的稳定性等方面。目前,普遍认为咪唑啉缓蚀剂对碳钢的缓释作用原理为:咪唑啉分子一端的 N 元素上的孤电子与碳钢表面铁等过渡金属的空轨道自发配位键合吸附到碳钢表面,一方面改变了金属表面的电荷状态和界面性质,使金属表面的能量状态趋于稳定化,从而增加腐蚀反应的活化能(能量障碍),使腐蚀速度减慢;另一方面缓蚀剂上的非极性烷基长链具有疏水性,能够在金属表面形成一层疏水膜,阻碍其与腐蚀介质进行电荷或物质的转移(移动障碍),起到抑制腐蚀的效应。目前,在缓蚀剂性能及机理研究方面已经取得了重大进展,但是缓蚀剂理论的研究远落后于实践。

单独使用一种缓蚀剂成分很难达到满意的缓蚀效果,现在工业上实际应用的缓蚀剂,大部分都是几种缓蚀剂成分按一定比例复配,通过分子间的协同效应达到提高缓蚀效率的目的。利用协同作用,可以在保证缓蚀效果的基础上,减少缓蚀剂的用量,或者得到更高的缓蚀率并解决单组分难以克服的困难。不同的缓蚀体系产生协同效应的机理不同,许多情况还不太清楚,有的是不同极性基团的复配,如胺类与醛类、季铵盐与炔醇类、杂环化合物与酰胺类、杂环化合物与表面活性剂、聚合物与表面活性剂、酰胺类与表面活性剂、不同类型的杂环化合物之间、胺类之间的协同。对于高温下咪唑啉类缓蚀剂组分协同效应的研究并不多,电化学极化曲线测量表明咪唑啉和硫脲复配缓蚀剂是以抑制阳极过程为主的混合型缓蚀剂,阳离子咪唑啉组分通过与金属吸附或与金属氧化物络合形成致密膜,提高阳极反应活化能位垒,即"负催化效应",硫脲主要覆盖在阴极表面,提高析氢过电位,阻止氢离子放电,降低了介质对金属的腐蚀。初步推断咪唑啉和硫脲在金属表面形成"包含络合物",使得缓蚀剂膜更加致密,缓蚀效果更好。缓蚀剂的协同作用大于缓蚀剂的加和作用。因此,在研究和开发缓蚀剂产品时,利用缓蚀物质间存在协同作用的原理,尽量选取协同作用效应明显好的组分相复配,达到最优复合配方,这是当今缓蚀剂研发的一条重要的途径。

5.1.1 缓蚀剂的作用原理

缓蚀剂分子中的氮、氧、硫等杂原子具有较大的电子云密度,易于提供孤对电子,而Fe、Ni 等过渡金属原子含有未占满的空 d 轨道,易于接受电子,所以两者可发生相互作用形成配位键,从而使有机化合物分子化学吸附在碳钢金属表面。另外,分子中的碳链通过形成疏水的吸附层而阻隔腐蚀性离子与金属表面接触,从而起到对碳钢金属的保护作用。

1. 氧化作用

缓蚀剂氧化金属表面生成一层致密的和钢铁基体结合牢固的氧化膜即钝化膜,阻止金属离子继续进入溶液抑制腐蚀。氧化作用分为阳极抑制作用和阴极去极化作用。阳极抑制作用是缓蚀剂对腐蚀电池的阳极过程起阻滞作用,使金属的腐蚀电位正移,腐蚀电流减小,降低了金属的腐蚀。除氧化金属表面外,这类缓蚀剂还与金属离子生成难溶盐成为继续氧化的阻挡层,抑制腐蚀反应。阳极抑制缓蚀剂有亚硝酸盐和重铬酸盐。阴极去极化作用是缓蚀剂能促进阴极反应即去极化。提高了腐蚀电位,在金属表面上生成钝化膜,降低腐蚀速度。阴极去极化缓蚀剂有铬酸盐、钨酸盐等。

2. 沉淀作用

缓蚀剂与腐蚀环境中的某些组分反应生成致密的沉淀膜,抑制腐蚀。膜的厚度一般超过氧化膜型缓蚀剂的钝化膜,在几纳米到一百纳米范围内。在多数情况下,沉淀膜在阴极区形成并覆盖于阴极表面,将金属和腐蚀介质隔开,抑制金属电化学腐蚀的阴极过程;有时还能覆盖金属的全部表面,同时抑制金属电化学腐蚀的阳极过程和阴极过程。因此,沉淀作用可分为阴极抑制作用和混合抑制作用。阴极抑制作用是缓蚀剂与阴极反应生成的—OH 在阴极表面沉淀成膜,覆盖在金属表面的沉淀膜隔离腐蚀介质与金属的接触实现缓解金属腐蚀的目的。在金属表面上产生的聚合物既覆盖阳极又覆盖阴极,对阳极反应和阴极反应都起到阻滞作用。

3. 吸附作用

吸附作用理论认为,某些缓蚀剂通过其分子或离子在金属表面的物理吸附或化学吸附形成吸附保护膜而抑制介质对金属的腐蚀。

（1）有机缓蚀剂极性基团的物理吸附

有机缓蚀剂中心原子都含有孤对电子，它们都能与溶液中的质子配位，形成带正电荷的阳离子。缓蚀剂离子和金属表面电荷会产生静电引力和范德华力。其中静电引力起着重要的作用，这种吸附迅速可逆，其吸附热小，受温度影响小。吸附在金属表面的缓蚀剂阳离子使金属表面仿佛带了一层正电荷，阻止溶液中的氢离子进一步接近金属，提高了氢离子在金属表面放电的活化能，从而大大减缓金属的腐蚀速度。金属和缓蚀剂之间没有特定的组合，但对金属表面电荷影响大。金属表面没有电荷时的电位称零电荷电位，当金属在某腐蚀介质中的腐蚀电位大于零电荷电位时，则金属表面带正电荷，易于吸附阴离子型缓蚀剂；当金属腐蚀电位小于零电荷电位时，金属表面带有负电荷，易于吸附阳离子型缓蚀剂；当腐蚀电位近似等于零电荷电位时，金属表面几乎没有电荷，此时容易吸附中性分子缓蚀剂。影响极性基团吸附能力的主要因素有中心原子的极化能力、非极性基团和取代基的诱导效应与共轭效应等。

（2）有机缓蚀剂极性基团的化学吸附-供电子型缓蚀剂

缓蚀剂的化学吸附理论是由 Hackerman 在 20 世纪 50 年代提出的，他根据 N 原子提供孤对电子难易程度的不同，认为在金属表面可能出现两种吸附——物理吸附和化学吸附，并且指出化学吸附的特点是吸附作用力大、吸附热高，吸附进行较缓慢，一旦吸附就难以脱附，但是化学吸附受温度影响较大，对金属的吸附有选择性，而且只能形成单分子的吸附层。铁、镍等过渡金属原子具有未占据的空 d 轨道，易接受电子。大部分有机缓蚀剂分子中，含有以氮、氧、硫、磷为中心原子的极性基团，具有一定的供电子能力，两者可以形成配位键而发生化学吸附。这种缓蚀剂称为供电子型的缓蚀剂或电子给予体的缓蚀剂。化学吸附类似于化学反应，有非常明显的吸附选择性，如含氮有机物对铁的吸附效果好，含硫的有机物对铜吸附效果好。吸附层是单分子层，所需的活化能大于物理吸附，约为 41.8×10^2 kJ/mol。化学吸附速度小于物理吸附，而且是不可逆的，受温度影响小，缓蚀剂的后效性较好，有利于防腐。另外，化学吸附是中性分子在金属表面的吸附，不像物理吸附那样取决于金属表面的电荷状况，但比物理吸附更容易受缓蚀剂分子结构的影响。化学吸附是由缓蚀剂向金属提供电子对，因此多为抑制阳极反应。也有人认为，这种吸附是全面吸附，既能在阳极抑制金属的溶解，又能在阴极起去极化作用。目前，有人认为物理吸附和化学吸附是相互联系的，前者是后者的初级阶段，前者对完成后者起了重要作用。事实上，有许多有机缓蚀剂通过化学吸附既能抑制阴极反应，也能抑制阳极反应。化学吸附是通过共用电子对实现的。如果缓蚀剂有供电子性及高电子云密度，化学吸附就会变得容易，防腐蚀效果就会更佳。

（3）π 键吸附

由于双键和三键的 π 电子类似于孤对电子，具有供电子的能力，所以，它们也能与金属表面的空 d 轨道形成配价键而被吸附，这类化合物具有较好的缓蚀性能。总之，电化学腐蚀是最普遍存在的一种腐蚀形式，腐蚀的阳极过程和阴极过程既相互独立又彼此紧密联系，只要其中一个过程受到阻滞，则整个腐蚀过程就将停止，缓蚀剂的运用正是基于这种原理。有机缓蚀剂大部分属于吸附膜型，极性基团吸附于金属表面，改变了金属双电层的结构，提高金属离子化过程的活化能；而非极性基团远离金属表面做定向排布，形成一层疏水的薄膜，成为与腐蚀反应有关的物质扩散的屏障，由于使介质不易与金属表面接触而防止了金属的腐蚀。

供电子缓蚀剂中心原子上的电子密度越大，提供电子的能力也大，越容易发生化学吸附。对于缓蚀剂的化学吸附，不仅要考虑中心原子供电子能力的大小，而且要注意有机缓蚀剂的分子结构，特别是取代基的影响。除了供电子型缓蚀剂外，还存在着提供质子与金属进行吸附的缓蚀剂，这种缓蚀剂称为供质子型缓蚀剂或质子给予体缓蚀剂。含 N、O 和 S 的原子因其电负性较大，它们吸引相邻 H 原子电子的能力较强，因此存在着供质子吸附的情况。在化学吸附时，极性基团和金属表面的夹角是固定的，非极性基团并不自由，只能绕轴旋转，邻近的分子如果相距较近，就可以覆盖较大的面积。这个覆盖面积近似等于分子以结合键为轴旋转时在金属表面上投影的面积，吸附力相似的缓蚀剂覆盖面积越大，则防蚀效果越好。烷基碳原子数增加，则覆盖面积加大，缓蚀效率增大。另外，非极性基团有支链时，会妨碍化学吸附，这就是空间位阻效应，在化学吸附的情况下这个效应要大于物理吸附。实际上，物理吸附和化学吸附有时很难区分，而且往往是相继发生的。

4. 电化学作用

金属在电解质溶液中的腐蚀过程是由两个共轭的电化学反应组成的，这两个电化学反应分别是阳极反应和阴极反应。如果缓蚀剂可以抑制阳极、阴极反应中的一个或两个都能抑制，就能减小腐蚀速度。

5.1.2 缓蚀剂的分类

缓蚀剂有多种分类方法，按照对电化学腐蚀过程的影响分类，可以分为阳极抑制型、阴极抑制型和混合型缓蚀剂。

（1）阳极抑制型缓蚀剂

阳极抑制型缓蚀剂是指能够抑制腐蚀电池阳极反应的缓蚀剂。它能增加阳极极化，使腐蚀电位向正向移动。一般阳极型缓蚀剂的阴离子向阳极表面移动，使金属发生钝化。对非氧化性的缓蚀剂，只能在溶解氧存在的前提下才能起到抑制作用。

阳极型缓蚀剂对阳极过程的影响是：①在金属表面生成薄的氧化膜，把金属和腐蚀介质隔离开来；②因特性吸附抑制金属离子化过程；③使金属电极电位达到钝化电位。这类缓蚀剂直接抑制电化学腐蚀中的阳极反应，或与之同时增加阴极效应，使阴极电流增大，造成金属钝化。阳离子缓蚀剂在一定条件下都有良好的缓蚀性。但在中性介质中，这类缓蚀剂都有一个临界浓度，低于此浓度时，非但不会起缓蚀作用，反而会造成局部腐蚀（如孔蚀）；只有当缓蚀剂浓度超过这个临界值后，才能使腐蚀速度降低。继续提高缓蚀剂浓度，可使腐蚀几乎完全停止。因此，阳极缓蚀剂又被称为危险性缓蚀剂。

（2）阴极抑制型缓蚀剂

阴极抑制型缓蚀剂在腐蚀介质中对金属的缓蚀作用主要是增大电化学腐蚀中的阴极极化，阻碍阴极过程的进行，使腐蚀电位向负方向移动，降低腐蚀速度。通常，阴极型缓蚀剂是阳离子移向阴极表面，从而形成化学或电化学沉淀膜，抑制了金属的腐蚀。即使这类缓蚀剂的用量不足，也不会加速腐蚀，故而被称为安全缓蚀剂。

阴极型缓蚀剂主要通过以下作用实现缓蚀：①提高阴极反应过电位，如硫酸锌加到氯化钠或硫酸钠溶液中,在铁阴极区生成难溶的 $Zn(OH)_2$ 沉淀,阻碍了氧的扩散从而抑制腐蚀;②在金属表面形成化合物膜,如锌、锰、钙盐及低分子有机胺等;③吸收水中的溶解氧,亚硫酸钠在中性溶液中可吸收水中溶解氧,降低阴极反应可用氧的浓度,从而抑制腐蚀。

(3)混合型缓蚀剂

混合型缓蚀剂既能抑制电极过程的阳极反应,同时又能抑制阴极反应;添加混合型缓蚀剂后,虽然腐蚀电位没有明显的变化,但腐蚀电流却显著减小。例如,硅酸钠、铝酸钠在溶液中呈胶体状态,在阳极区和阴极区均可沉积,既能阻碍阳极金属的溶解又能阻碍氧接近阴极发生还原。

这类缓蚀剂对腐蚀电化学过程的影响主要表现在以下 3 个方面:①与阳极反应产物生成不溶物,这类缓蚀剂能与阳极溶解反应生成的金属离子作用,生成难溶物;②形成胶体物质,能形成复杂胶体体系的化合物可作为有效的缓蚀剂,带负电荷的胶体粒子主要在阳极区集中和沉积,抑制阳极过程;③有机物在金属表面吸附,这类物质多是含氮、硫、氧的化合物,有些非含氮、硫、氧的有机物也可以通过在金属表面的吸附实现缓蚀。例如,某些乳化剂能防止钢铁的腐蚀,某些油、琼脂、树胶、明胶等都可以减缓铝的腐蚀。

按照缓蚀剂缓蚀作用模式的不同把界面型缓蚀剂分为以下 3 类:

①吸附的缓蚀剂分子在金属表面上整体的立体阻塞作用,缓蚀剂发挥作用是由于腐蚀金属面积的减少,由于缓蚀剂对阴极和阳极反应的同时立体阻塞作用,因此对阴极和阳极的作用系数基本相同,在腐蚀电位下由于阴极和阳极腐蚀电流密度相同,因此添加缓蚀剂后对金属腐蚀电位并没有很大的影响。

②吸附缓蚀剂分子对金属表面上活性反应位点的覆盖。

③缓蚀剂分子及其反应产物的电催化作用。

②、③两种模式的缓蚀作用是由于腐蚀过程的阴极或阳极过程平均活化能势垒的变化,由于缓蚀剂对阴极和阳极的作用程度不可能相同,因此添加缓蚀剂后金属的腐蚀电位将有显著的变化。

吸附是咪唑啉类缓蚀剂起到缓蚀作用的首要条件。界面型缓蚀剂要具有较好的缓蚀效果,其不仅要有一定的吸附覆盖度,形成的缓蚀剂吸附膜还要具有较高的稳定性。从热力学角度出发,某些粒子能够在金属表面吸附的根本原因是该吸附过程可降低体系的自由能。成膜理论是指缓蚀剂与金属相互作用形成钝化膜,或与腐蚀介质中的离子反应,在金属表面生成沉积膜来抑制金属的腐蚀。无论何种缓蚀机理,缓蚀剂主要通过 3 个方面来减缓金属的腐蚀:改变金属/溶液界面双电层性质、有效隔离腐蚀介质与金属基体接触、降低金属表面反应活性。

5.2　缓蚀剂吸附理论研究进展

5.2.1　缓蚀剂的量子化学研究

1971 年,Vosta 首次采用量子化学计算方法研究缓蚀剂的缓蚀性能与量子化学结构参数的相互关系,之后科学研究人员进行了大量深入的研究工作。基于计算机模拟的量子化学方法,计算缓蚀剂分子的一系列结构特征参量,如前线轨道能量、极化率、偶极矩、电荷密度、自由价及轨道系数等,通过分析量子化学结构参量与实验得到的缓蚀效率数据之间的关系,根据缓蚀剂的电子结构特征,寻找缓蚀剂各基团对缓蚀性能的影响规律,推测可能的缓蚀作用机理,使人们对缓蚀剂防腐的机理认识推向了原子、电子水平。Vosta 采用 Huckel 分子轨道理论对苯胺类衍生物在盐酸溶液中对铁的缓蚀性能研究发现,缓蚀效率与缓蚀剂分子的多个结构参量都存在某种联系,最高占有轨道能量越高,该轨道中的电子越不稳定,则越易提供电子。例如,苯胺衍生物分子通过其含有孤对电子的 N 原子提供电子与金属成键,苯胺化合物与界面金属的成键能力越强,缓蚀性能也就越好。G. Bereket采用 MINDO/3 方法分析咪唑及其衍生物对铁在盐酸溶液中的缓蚀作用也证实,缓蚀作用随着最高占有轨道能量的上升,最低空轨道能量的下降而增强。缓蚀剂分子中特定原子的电荷分布与分子的物理、化学性质存在必然联系,并且与整个缓蚀剂分子在金属表面的吸附和缓蚀效果有着非常密切的联系。量子化学方法结合现代表面分析技术如扫描隧道显微镜、俄歇电子能谱法、X 光电子能谱法、表面增强拉曼散射、电化学测试技术、原位测量技术为深入开展缓蚀机理研究起到促进作用。

5.2.2 缓蚀剂吸附热力学

根据热力学原理,引起溶液中某种粒子在界面中吸附的基本原因在于吸附过程伴随体系自由能的降低,即吸附自由能必须为负值。当水溶液中吸附粒子在电极/溶液界面吸附时,吸附自由能的构成包括:吸附粒子的憎水相自溶液内部移向界面层,从而减弱对水分子短程有序结构的破坏而使体系的自由能降低;吸附粒子与电极表面之间的静电相互作用和化学作用;吸附层中吸附粒子之间 Vander Waals 和静电力作用;置换电极表面上的水分子缓蚀剂取代水分子吸附比直接吸附在电极表面需要释放额外的自由能。伴随缓蚀剂粒子吸附过程的自由能变化是上述四项因素的总和。如果吸附时这四项因素的总和导致体系的自由能降低,就能实现吸附过程。缓蚀剂粒子在金属表面的吸附有物理吸附和化学吸附两种类型,可能的吸附方式有离子交换吸附、离子对吸附、形成氢键吸附、电子吸附、色散力吸附和水作用吸附。实际情况下的吸附,往往以一种方式进行,也可能同时包括几种吸附方式。缓蚀剂在金属表面吸附时,一般是极性基与金属表面结合,而非极性基则远离金属表面作定向排列从而形成疏水保护层。化学吸附的粒子在界面层的取向常是固定的,而物理吸附的粒子的取向则往往随缓蚀剂浓度的变化而改变。典型的吸附形态有:①水平型,缓蚀剂粒子平躺于金属表面;②垂直型,缓蚀剂粒子垂直于金属表面;③曲线型,缓蚀剂粒子呈曲线状吸附于金属表面;④介于水平型与垂直之间的倾斜吸附。水平型和曲线型吸附常为多点吸附,即一个缓蚀剂粒子以几个链节吸附在界面上。缓蚀剂的吸附规律决定于缓蚀剂的基团组成、空间结构和金属的表面状态(不均匀性),可以根据由吸附平衡时界面吸附量与溶液相中缓蚀剂浓度之间所建立的吸附等温式定量表示。根据吸附等温式模型,可以求出吸附过程中的热力学函数,并判断存在哪些类型的相互作用,获知吸附层的一些重要的物理化学性质。根据各种不同的体系和假定条件,缓蚀剂的吸附等温式模型具有不同的形式。对于表面均匀,吸附粒子间无相互作用的单分子层吸附理想体系,缓蚀剂在金属表面上的吸附覆盖率 θ 与溶液相中缓蚀剂的浓度 C 之间的平衡关系式可以用 Langmuir 吸附等温式(5.1)表示。如果考虑到水溶液中缓蚀剂粒子在金属表面的吸附是一个取代水分子吸附的过程,可应用 Bockris-Swinkels 吸附等温式和 Flory-Huggins 吸附等温式,更精确地描述缓蚀剂在金属表面的吸附-脱附平衡。Bockris-Swinkels 吸附等温式见式(5.2),Flory-Huggins 吸附等温式见式(5.3)。

$$\frac{\theta}{1-\theta}=KC \tag{5.1}$$

$$\frac{\theta}{1-\theta}\times\frac{[\theta+n(1-\theta)]^{n-1}}{n^n}=KC \tag{5.2}$$

$$\frac{\theta}{e^{n-1}(1-\theta)^n}=KC \tag{5.3}$$

$$K=\frac{K_a}{K_d}$$

式中　K—— 吸附平衡常数;

K_a—— 吸附速率常数;

K_d—— 脱附速率常数。

上述两式仍属于 Langmuir 吸附等温式的范畴,适用条件同满足于 Langmuir 吸附等温式的的条件基本一样。当 $n=1$ 时,均可还原为 Langmuir 式。缓蚀剂在金属表面的吸附可以是单分子层吸附,也可以是多分子层吸附, El-Awady 动力热力学模型为

$$\frac{\theta}{1-\theta}=K'C' \tag{5.4}$$

式中　C'—— 占据金属表面一个活性位置的缓蚀剂分子数目。

$C'>1$ 表明缓蚀剂在金属表面形成多分子吸附层,$C'<1$ 表明一个缓蚀剂粒子占据多个活性吸附位置。在许多情况下,金属表面是不均匀的,吸附活性并非处处相同,吸附活化能随覆盖度而变化。Temkin 吸附等温式(5.5)描述了表面吸附活性的不均匀性对吸附-脱附平衡的影响。

$$\bar{\theta}_{\exp}[f(\theta)]=KC \tag{5.5}$$

式中　$f(\theta)$——θ 的某一函数,作为粗略近似,可以认为 $f(\theta)=f\theta$, f 为吸附自由能参数。

Frumkin 则在考虑吸附在金属表面上的粒子之间相互作用的基础上,提出下列吸附等温式。

$$\frac{\theta}{1-\theta}\exp(-2a\theta)=KC \tag{5.6}$$

式中　a ——相互作用参数。当吸附粒子之间存在吸引力时,$0<a<2$;当吸附粒子之间存在斥力时,$a<0$。

研究缓蚀剂粒子在金属表面的吸附模型、方式、形态以及规律,对于选择有机缓蚀剂的分子结构类型以及设计缓蚀剂的分子结构具有较强的指导意义。同时也有利于在一个统一的理论框架下理解金属表面、腐蚀介质和缓蚀剂三者之间的关系,将所要求的缓蚀体系的功能、物性和合成统一考虑,促进缓蚀剂技术的发展。

5.2.3 缓蚀剂吸附动力学

通常对于缓蚀剂在电极表面的吸附研究多采用稳态法,以确定其所遵循的吸附等温式和各种热力学参数。但由于伴随着缓蚀剂的吸附过程,腐蚀金属电极表面不断发生活性溶解,使得缓蚀剂的吸附很难达到真正意义上的平衡状态。因此,目前缓蚀剂吸附的理论研究呈现从静态到动态,从吸附热力学到吸附动力学发展的趋势。有关粒子在活性金属表面上的吸附速度并不太快,其吸附过程可能为吸附步骤控制。对于缓蚀剂吸附速度缓慢的原因,有学者认为是由于铁的溶解降低了缓蚀剂吸附的稳定性。但在较强的阴极极化条件下,铁的表面基本上是稳定的,上述观点难以解释阴极电位下缓蚀剂粒子在金属 Fe 表面具有较低的吸附速度常数的原因。缓蚀剂的吸附速度是一个动力学问题,取决于吸附过渡态、吸附活化能和脱附活化能的大小。因此,改变吸附的历程如通过两种或多种粒子的联合吸附,可以改变缓蚀剂吸附的动力学历程,降低吸附活化能,提高缓蚀剂的吸附速度。此外,吸附粒子的性质对吸附速度也有较大影响,表面活性高、吸附能力强的粒子有较快的吸附速度。

分子动力学模拟方法(MD)和量子化学计算方法(QC)相比,前者把整个原子作为研究的最小单元,不考虑内部电子的运动情况,处理的体系较大。MD 可以模拟体系随时间演化的过程,研究腐蚀介质对缓蚀剂分子吸附行为的影响,分析缓蚀剂在金属表面的成膜机制。这些研究工作更接近真实情况,使缓蚀机理研究得到丰富和发展。目前,分子动力学模拟技术在缓蚀剂分子设计和缓蚀机理方面的应用仅处于起步阶段,相关的文献报道比较少。但分子模拟方法在其他研究领域(如固体表面结构、催化吸附、溶液体系等)所积累的经验,将会对缓蚀剂的研究提供帮助,使分子动力学模拟方法将逐渐成为该领域强有力的研究手段。

5.3 咪唑啉类缓蚀剂

5.3.1 咪唑啉类缓蚀剂的发展

咪唑啉类缓蚀剂为一种含氮五元杂环化合物,是一种广泛应用于石油、天然气生产中的有机缓蚀剂。文献报道,美国各油田使用的各种有机缓蚀剂中咪唑啉类缓蚀剂及其衍生物用量最大。咪唑啉衍生物属于环境友好型缓蚀剂,制备方法简单,原料易得,高效低毒,是一种广泛应用于石油、天然气生产中的有机缓蚀剂,对含有 CO_2或 H_2S 的体系有明显的缓蚀效果。利用电化学手段和有关热力学理论研究咪唑啉酰胺在饱和 CO_2的高矿化度溶液中对碳钢的缓蚀行为表明,这类化合物属于吸附型缓蚀剂,对于钢铁有良好缓蚀作用,其缓蚀机理为“负催化效应”。

20 世纪 50 年代,美国人发明了咪唑啉及其衍生物缓蚀剂并在石油开采工业得到应用。在 20 世纪 70 年代末,我国相继研制出咪唑啉系列油田缓蚀剂,并成功运用于各油田,取得了良好的缓蚀效果。目前,国内外在油田缓蚀剂领域的研究仍十分活跃,油田缓蚀剂的研制思路基本上是分析具体井中设备腐蚀机理,确定抑制腐蚀的化学结构,利用软硬酸理论等进行缓蚀剂的目标分子设计，选择合适的合成路线进行制备，并用各种方法进行性能测试和缓蚀效果评价。现阶段，国内外使用的油田缓蚀剂大多是吸附型缓蚀剂，主要缓蚀成分是有机物，如咪唑啉及其盐类、链状有机胺及其衍生物、松香衍生物、磺酸盐、亚胺乙酸衍生物及炔醇类等，咪唑啉及其衍生物类缓蚀效果较好。从报道的情况看，研究的吸附型缓蚀剂主要有液相、气/液双相和沉降型缓蚀剂。液相缓蚀剂只适用液相介质中防腐，对气相中的设备无缓蚀效果；气/液双相缓蚀剂用于抑制含水井液体部分及液面100～500 m管段的腐蚀，它既含液相又含气相缓蚀成分，因此，既具液相又具气相保护作用。

5.3.2 咪唑啉类缓蚀剂结构设计

Fe是低碳钢的主要组成元素，占整体的98%以上，裸露的钢体表面的Fe原子在空余电场的作用下，很容易接受周围电子来达到空位饱和的稳定结构。脂肪酸在与多胺反应后得到的咪唑啉缓蚀剂分子中具有独特的含N的五元杂环结构，根据前线轨道理论，最高占有空轨道HOMO中电子能量最大，易进行电子的“给予”作用，而最低空轨道LUMO，由于在轨道中所具有的能量最低，易于进行电子的“接受”行为。大部分分子结构中的电子转移和得失情况主要发生在前线轨道之间，其对分子的反应活性、空间取向和自身性质具有决定性作用；咪唑啉缓蚀剂中前线轨道主要集中在咪唑啉五元环和极性基团上，所以咪唑啉分子中N原子所提供的孤对电子和五元环的大π键可以与金属中Fe的空轨道进行配合形成化学吸附。除此之外，两者的反应产物具有较长的非极性烷基链段，极性基团吸附在金属表面的同时，较长的烷基链会在H_2O分子或其他离子的协同作用下发生一定弯曲并指向溶液，非极性基团在金属表面紧密排列形成疏水保护膜，利用长链基团的空间位阻作用，阻碍溶液中H^+、HCO_3^-、H_2O等腐蚀成分对金属的侵蚀，减缓腐蚀的程度。但随着烷基链的增加，合成的咪唑啉缓蚀剂在溶液中的溶解度会随之降低，从而会降低缓蚀效果。

咪唑啉缓蚀剂由于具有较长的疏水链段，可以很好地阻隔腐蚀介质，并且拥有良好的缓蚀效果，但随着管道中水蒸气增多，如何在“油-水”介质中保证机械运转正常，防止水、酸性离子的腐蚀，咪唑啉类缓蚀剂的配方设计是非常重要的。首先，碳链的长短和亲水基团是影响缓蚀剂性能的最重要因素。其次，生产咪唑啉类缓蚀剂的原料来源丰富，最基本的脂肪酸为油酸，多胺为二乙烯三胺或三乙烯四胺，季铵盐则为氯化苄。不同的原料种类对咪唑啉结构和亲水性有重要影响，进而会对咪唑啉型缓蚀剂的缓蚀性能产生影响。

咪唑啉季铵盐是含N的五元环咪唑啉经过季铵化合成的，是阳离子缓蚀剂的一类重要分支，可以较好地解决咪唑啉常温下易分解、溶液中水解等方面的问题。苄基的加入，一方面保障了咪唑啉环的稳定性，另一方面将油溶性的咪唑啉转变成为具有较好水溶性的季铵盐。虽然咪唑啉季铵盐缓蚀剂具有较好的水溶性，但合成的产物在常温常压下通常呈膏状或固体块状形态，流动性不强，限制了其的使用，结构中硫脲基极性基团的引入，不仅会很好地解决这一问题，而且被引入的硫脲的中S、N原子，可以更好地与金属的d轨道进行配位，形成化学共价键。

5.4 咪唑啉季铵盐的合成工艺

5.4.1 物料体系

1. 油酸(Oleic Acid)

油酸的化学名称(Z)-9-十八(碳)烯酸、顺-9-十八(碳)烯酸、十八(碳)烯酸、顺式-9-十八(碳)烯酸、顺式十八碳-9-烯酸,是一种脂肪酸。其分子式为 $C_{18}H_{34}O_2$,相对分子质量为 282.47,结构简式为 $CH_3(CH_2)_7CH{=}CH(CH_2)_7COOH$ 。纯油酸为无色油状液体,有动物油或植物油气味,久置空气中颜色逐渐变深,工业品为黄色到红色油状液体,有猪油气味。纯油酸熔点为 16.3 ℃,沸点为 350~360 ℃,相对密度为 0.893 5,折射率为 1.458 5~1.460 5,闪点为 189 ℃。易溶于乙醇、乙醚、氯仿等有机溶剂中,不溶于水,易燃,遇碱易皂化,凝固后生成白色柔软固体。在高温下极易氧化、聚合或分解,无毒。油酸与硝酸作用,则异构化为反式异构体,反油酸的熔点为 44~45 ℃;氢化则得硬脂酸;用高锰酸钾氧化则得正壬酸和壬二酸的混合物。油酸由于含有双键,在空气中长期放置时能发生自氧化作用,局部转变成含羰基的物质,有腐败的哈喇味,这是油脂变质的原因。商品油酸中,一般含质量分数为 7%~12% 的饱和脂肪酸,如软脂酸和硬脂酸等。油酸的钠盐或钾盐是肥皂的成分之一。

2. 二乙三胺(Diethylenetriamine, DETA)

二乙三胺别名二乙撑三胺、二乙烯三胺,分子式为 $C_4H_{13}N_3$,$H_2NCH_2CH_2NHCH_2CH_2NH_2$,相对分子质量为 103.17,蒸气压为 0.03 kPa(20 ℃),闪点为 94 ℃,熔点为-39 ℃,沸点为 207 ℃,溶于水、乙醇,不溶于乙醚。二乙烯三胺是黄色具有吸湿性的透明黏稠液体,有刺激性氨臭,可燃,呈强碱性,溶于水、丙酮、苯、乙醇、甲醇等,难溶于正庚烷,对铜及其合金有腐蚀性。本品具有仲胺的反应性,易与多种化合物起反应,其衍生物有广泛的用途,易吸收空气中的水分和二氧化碳。

3. 三乙烯四胺(Trientine, TETA)

三乙烯四胺又称曲恩汀、三伸乙四胺、三乙撑四胺、三亚乙基四胺、二缩三乙二胺、三亚乙基四氨、四缩三乙二胺、三乙撑基四胺,浅黄色或橙黄色液体,有氨气味,熔点为 12 ℃,沸点为 266~267 ℃,密度为 0.982 g/mL(25 ℃),蒸气压小于 0.01 mmHg(20 ℃),折射率为 1.496,闪点为 290 °F,溶于水和乙醇,微溶于乙醚。与强氧化剂接触发生反应,有燃烧和爆炸的危险;与氮化合物、氯代烃接触发生反应;与酸接触发生反应;铜合金、钴和镍具有腐蚀性。

4. 氯化苄(Benzyl Chloride)

氯化苄别名苄氯、氯苄、苄基氯、氯甲苯、氯甲基苯、氯苯甲烷、苯氯甲烷、一氯甲苯、一氯化苄、α-氯甲苯,是苯的一个氢被氯甲基取代后形成的化合物。其化学式为 $C_6H_5CH_2Cl$,相对分为质量为 126.58,熔点为-43 ℃,沸点为 179.4 ℃,折光率为 1.5391。它是重要的有机合成中间体。氯化苄在通常情况下为无色或微黄色有强烈刺激性气味的液体,有催泪性。与氯仿、乙醇、乙醚等有机溶剂混溶,不溶于水,但可以与水蒸气一起挥发。水解生成苯甲醇,在铁存在下加热迅速分解。有毒,可燃,可与空气形成爆炸性混合物。遇明火、高温或与氧化剂接触有爆炸燃烧的危险。

5. 硫脲(Thiourea)

硫脲别名硫代尿素,分子式为 CN_2H_4S,相对分子量为 76.12,白色而有光泽的晶体,味苦,相对密度为 1.405,熔点为 180 ~ 182 ℃,辛醇/水分配系数的对数值 2.5,溶于冷水、乙醇,微溶于乙醚,加热时能溶于乙醇,极微溶于乙醚。熔融时部分起异构化作用而形成硫氰比铵。遇明火、高热可燃,受热分解,放出氮、硫的氧化物等毒性气体。与氧化剂能发生强烈反应。用于制造药物、染料、树脂、压塑粉等的原料,也用作橡胶的硫化促进剂、金属矿物的浮选剂等。由硫化氢与石灰浆作用成硫氢化钙,再与氰氨(基)化钙作用而成,也可将硫氰化铵熔融制取,或将氨基氰与硫化氢作用制得。

6. 乳化剂 OP-10

烷基酚与环氧乙烷的缩合物,属于非离子型表面活性剂,无色至淡黄色透明黏稠液体,易溶于水,pH 值为 6 ~ 7,HLB 值为 14.5,浊点为 61 ~ 67 ℃,具有优良的乳化、润湿、扩散,抗静电性能,耐酸、碱、氧化剂和还原剂,可与各类表面活性剂混合使用。

5.4.2　咪唑啉季铵盐的合成反应及工艺过程

采用脂肪酸和多胺类进行氨解反应,生成酰胺基团,继续升温使酰胺基团环化生成油溶性的咪唑啉中间体,再通过中间体与卤代烃进行季铵化,使咪唑啉中间体的杂环氮上引入亲水集团,增强其水溶性。其第一步反应为酰胺化反应,第二步为成环反应,第三步为季铵盐化反应,反应式如下:

$$RCOOH + H_2N(CH_2)_2NH(CH_2)_2NH_2 \longrightarrow RCONH(CH_2)_2NH(CH_2)_2NH_2$$

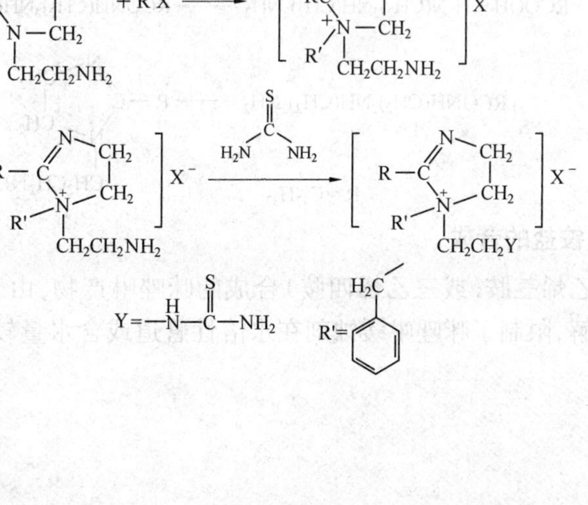

目前,常用的咪唑啉及其衍生物的合成工艺方法有三种,即升温自由脱水、真空脱水法、溶剂脱水法。三种方法各有利弊,升温脱水法反应时间较长,胺的消耗量大,能耗大;真空催化法的真空度很难控制,且要使反应进行完全,必须在高温下长时间反应;溶剂脱水法用作携水剂的苯、二甲苯等除了有毒外,它们的加入和回重复利用的过程也较为复杂,存在严重的环境污染问题。采用真空脱水法合成含碳量不同的咪唑啉化合物。经酰胺化、环化过程合成环状咪唑啉中间体,用季铵化试剂对其进行水溶性改性,再引入硫脲基,进一步增强其水溶性并引入多个活性中心。以油酸和二乙烯三胺(三乙烯四胺)反应为例,对合成咪唑啉季铵盐和硫脲基咪唑啉季铵盐进行腐蚀失重实验对比。选取缓蚀效果最优的缓蚀剂,优化其合成工艺的参数和条件。利用傅里叶红外光谱仪和核磁共振光谱对所合成的咪唑啉化合物进行结构表征和鉴定。其合成工艺路线如图 5.1 所示。

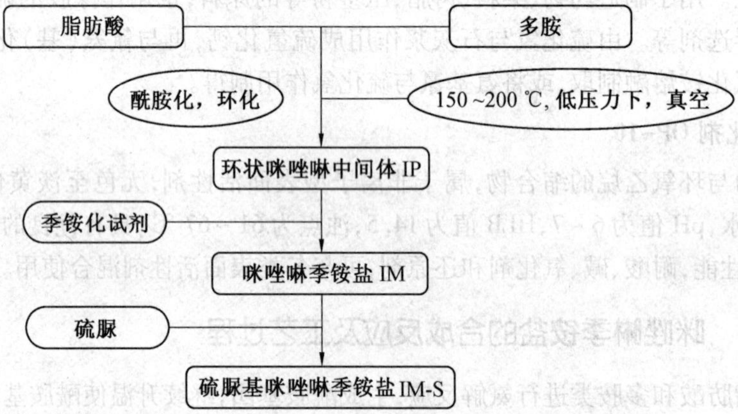

图 5.1　咪唑啉缓蚀剂合成工艺流程图

1. 咪唑啉中间体的合成

在组装好的仪器中加入不同摩尔比的油酸和二乙烯三胺(或三乙烯四胺)。安装冷凝回流装置,用恒温磁力搅拌加热套加热 80 ℃左右使反应物完全融化,通循环水条件下升温至 150 ℃,待有气体放出时开启真空泵,加热酰胺化反应 2 h,至无气体放出,再升温至 200 ℃环化反应 3 h,真空下冷却至室温,得到咪唑啉中间体粗产品,对合成咪唑啉中间体粗产品进行称重并计算收率。油酸与多胺通过酰胺化、环化反应进行两次脱水,形成具有五元杂环咪唑啉中间体,反应式如下:

$$RCOOH + H_2N(CH_2)_2NH(CH_2)_2NH_2 \longrightarrow RCONH(CH_2)_2NH(CH_2)_2NH_2$$

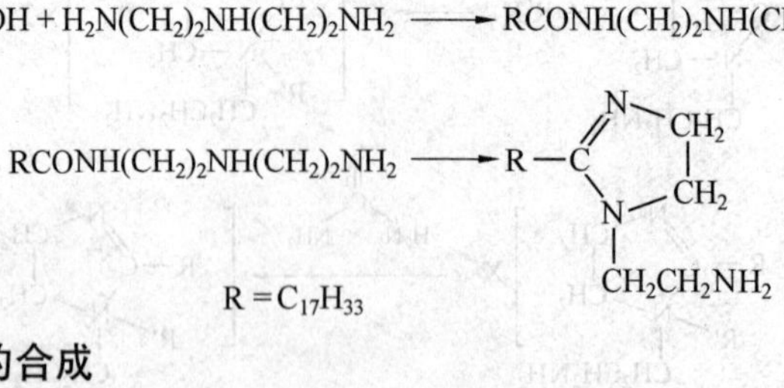

$$R = C_{17}H_{33}$$

2. 咪唑啉季铵盐的合成

以油酸和二乙烯三胺(或三乙烯四胺)合成的咪唑啉产物,由于疏水基团的存在,使之在水中很难溶解,限制了咪唑啉缓蚀剂在水溶性管道或含水量较多的环境中应用。咪唑啉季铵盐化是在不改变咪唑啉良好缓蚀效果的基础上,提高其水溶性和稳定性的有效技术途径。

将已合成的咪唑啉产物融化后加入到 250 mL 三口烧瓶中,用恒压滴液漏斗缓慢滴加按摩尔比为 1∶1 的氯化苄溶剂。季铵化反应为放热反应,在滴加过程中可不加热,等滴加完成后再将烧瓶放置在恒温水浴中,恒温 100 ℃,反应时间为 3 h,室温条件下冷却,获得季铵化产物,以二乙烯三胺为原料的产物在室温条件下为黏稠的液体,反应物为三乙烯四胺得到的产物是固体状物质,为了方便后续实验使用,两种产物用甲醇溶剂稀释后密封保存。咪唑啉中间体与氯化苄经过季铵化作用,由油溶性转变为水溶性咪唑啉季铵盐,反应式如下:

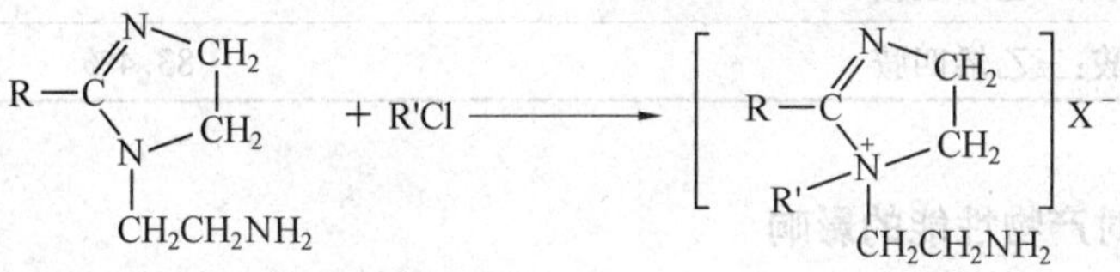

3. 硫脲基咪唑啉季铵盐的合成

以油酸和二乙烯三胺(或三乙烯四胺)及氯化苄合成的咪唑啉季铵盐,虽然已较大程度改善了咪唑啉的水溶性,但是产物过于黏稠甚至呈固体状物质,不利于配置与使用不同浓度缓蚀剂。将季铵盐产物置于 250 mL 三口烧瓶中加热熔化,按照 1∶1 摩尔比例将硫脲加入到烧瓶中,并不断搅拌,将烧瓶放置在恒温水浴中,恒温 100 ℃,反应 1.5 h,得到硫脲基咪唑啉季铵盐类化合物。固体块状的咪唑啉季铵盐与硫脲进行反应,引入极性基团,使咪唑啉季铵盐具有更好的流动性和多个活性吸附位点,反应式如下:

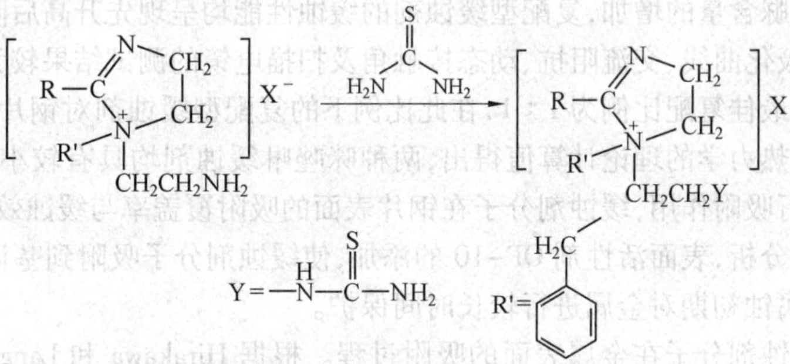

5.4.3　合成工艺影响因素及过程控制

1. 单体结构对产物结构的影响

以油酸、二乙烯三胺(或三乙烯四胺)为原料合成的咪唑啉水溶性很差。通过季铵盐改性后水溶性有所提高,但是还未达到较为理想的水溶效果,在静置 4 天后,会有少量的油状物析出,溶液微量乳化。季铵盐通过与硫脲反应合成的硫脲基咪唑啉季铵盐,具有良好的水溶性,缓蚀剂在溶液中的溶解度有较好的提高。缓蚀剂稳定性与其在金属表面成膜成正比,吸附膜越牢固,防腐蚀效果越好。

油酸和多胺的物料配比决定了合成产物的季铵化程度,也是季铵盐与硫脲反应提高水溶性的最直接、最关键因素。在咪唑啉中间体合成过程中,原料配比中少量的胺过量不仅有利于含 N 五元环的形成,而且还对副反应的发生起到抑制作用。但胺加热易挥发,过量太多对反应产率的增加并不明显,还会造成资源的浪费。

2. 单体结构及配比对产物收率的影响

多胺类单体结构以及与油酸的配比对合成反应产物的收率的影响见表 5.1。采用同一种脂肪酸(油酸),与二乙烯三胺反应时的产物收率远远大于与三乙烯四胺的产物收率。

表 5.1 咪唑啉缓蚀剂的收率对比

反应原料	收率
油酸:二乙烯三胺	91.4%
油酸:三乙烯四胺	83.4%

3. 单体结构对产物性能的影响

分别以二乙烯三胺和三乙烯四胺为多胺单体合成的咪唑啉季铵盐产物室温状态相比较,前者的合成产物表现为膏状液态,流动性较好;两者的硫脲基季铵盐合成产物均具有良好的流动性,与季铵盐相比具有较好的稳定性。

硫脲基季铵盐缓蚀剂与季铵盐缓蚀剂相比,硫脲基的引入,增加了分子链中更多的活性吸附位点,除了水溶性得到改善外,与金属基体的多位点化学配位作用,增强了缓蚀剂分子与试片的化学共价键强度,更好地在金属基体形成致密保护层,隔离腐蚀介质中离子的侵蚀,缓蚀效率有明显提高。相比单一投加缓蚀剂而言,硫脲的复配对缓蚀效果有较大的影响。随着硫脲含量的增加,复配型缓蚀剂的缓蚀性能均呈现先升高后降低的表现,腐蚀失重、电化学极化曲线、交流阻抗、动态接触角及扫描电镜的测试结果较为一致,硫脲与咪唑啉缓蚀剂的最佳复配比例为 1∶1,在此比例下的复配型缓蚀剂对钢片防腐的协同效果最佳。从吸附热力学的理论计算值得出,两种咪唑啉缓蚀剂均具有较小的吉布斯自由能,均能自发进行吸附作用,缓蚀剂分子在钢片表面的吸附覆盖率与缓蚀效率呈正比。从分子动力学方面分析,表面活性剂 OP-10 的添加,使缓蚀剂分子吸附到基体时间缩短,吸附能力增强,在腐蚀初期对金属进行较长时间保护。

图 5.2 是缓蚀剂分子在金属表面的吸附过程。根据 Hirakawa 和 Langmuir 吸附模型理论,缓蚀剂组分在金属表面的吉布斯吸附自由能 ΔG 和吸附成膜覆盖率 θ 与其对金属的缓蚀率成正比例关系。由于大分子硫脲基咪唑啉季铵盐具有较长烷基侧链,限制了其运动速度,分子间的相互作用进一步导致成膜速度较慢,而硫脲和水分子的运动速度较快,优先吸附到金属表面,阻碍了硫脲基咪唑啉季铵盐在金属表面的吸附成膜。采用表面活性剂降低咪唑啉季铵盐表面能,提高其分子的扩散速度,控制硫脲、水等小分子在金属表面的竞争吸附,增加咪唑啉分子与金属基体吸附占有率,使其与硫脲分子在金属表面达到平衡协同吸附成膜。如图5.2(a)所示,未添加缓蚀剂时,极性的水分子占据大部分的金属表面,缓蚀剂中咪唑啉和硫脲分子具有较强的吸附活性,可以代替水分子与金属进行稳定吸附。同时由于水分子的存在,对咪唑啉分子中较长侧链烷基产生作用,致使烷基侧链发生扭曲形变并相互缠结,限制了咪唑啉分子的活化吸附速度,而与非极性的烷基侧链

相比,极性的水分子更易于金属吸附,占据较多的活性位点,如图5.2(b)所示,导致咪唑啉和硫脲分子取代水分子在金属表面覆盖需要一定时间,导致腐蚀初期缓蚀效果较差。随着裸露的钢体表面与溶液中碳酸发生反应,形成相应的碳酸盐,如 $FeCO_3$,这一极性物质的出现,增强了库伦力的作用强度,更易于复配型缓蚀剂分子与之进行吸附,如图5.2(c)、(d)所示。OP-10的加入,首先在分散质的表面形成薄膜或双电层,可使分散相带有电荷,能阻止分散相的咪唑啉分子互相缠结,促使形成的缓蚀液相对稳定,并与形成的 $FeCO_3$ 膜结合强度变大;其次OP-10属于非离子表面活性剂,在水中不电离,呈电中性,具有优异的溶液相容性,在离子型缓蚀剂溶液中加入OP-10后,在不影响缓蚀剂分子的情况下,会迅速提高溶液的表面活性,增加缓蚀剂分子的渗透性能,弥补缓蚀剂中大分子咪唑啉运动速度较慢的缺陷,增加咪唑啉分子与金属基体吸附占有率,与硫脲分子达到最佳平衡协同缓蚀效应;OP-10可以有效降低金属表面活化能,较低的势能壁垒更有利于缓蚀剂分子在钢体表面的吸附,可以在较短时间起到保护基体的作用。

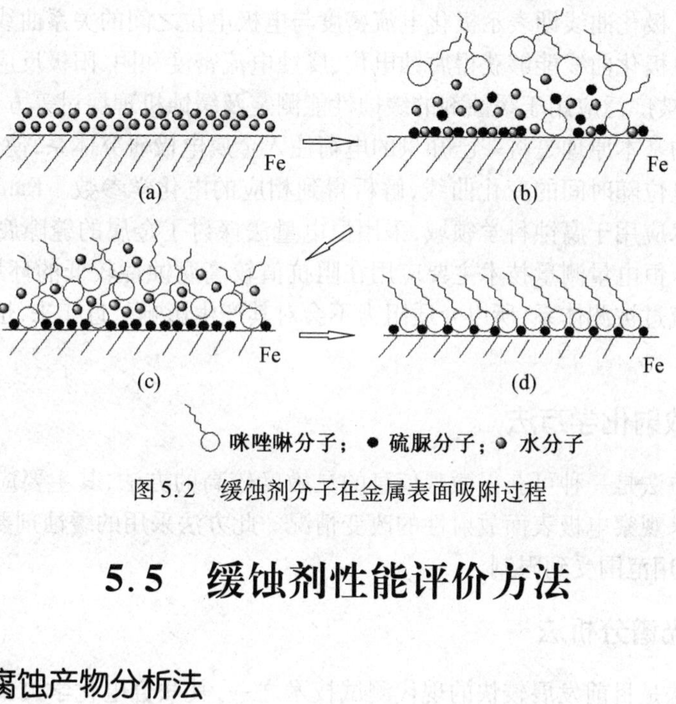

图5.2　缓蚀剂分子在金属表面吸附过程

5.5　缓蚀剂性能评价方法

5.5.1　腐蚀产物分析法

腐蚀产物分析法主要包括失重法、量热法和量气法。失重法测得的是一段时间内的平均腐蚀速率。失重法所得结果准确性高,试验方法简单,实验条件比较稳定,但其不能反映出金属表面的瞬时及微观腐蚀情况,例如局部腐蚀和点蚀现象。量热法仪器简单,实验周期短,通过分别测定空白溶液及缓蚀剂溶液中的金属腐蚀过程的温度-时间变化曲线,从而计算出缓蚀效率,对于探讨酸性溶液中缓蚀剂的缓蚀行为和金属放热腐蚀过程具有一定的实际意义。量气法采用测定金属腐蚀过程中氢的放出量或是氧的吸收量从而间接计算出金属的腐蚀速率。量气法所得实验结果比失重法更为准确,且方法简单,较多应用于研究酸性溶液中金属的腐蚀。

5.5.2 电化学方法

交流阻抗法能够更好地鉴定缓蚀剂的缓蚀特性和极化曲线实验数据的可靠性。实验采用正弦交流电对电极系统进行干扰,由扰动信号和系统的响应线性关系得到电极阻抗图。测试过程中,在室温、常压且含有 NaCl(质量分数为3%)的饱和 CO_2 的溶液中添加不同浓度的复配型缓蚀剂,工作电极在电解溶液中浸入 1 cm^2 工作面,施加 5 mV 扰动信号,扫描的范围是 10 mHz ~ 200 kHz,待系统稳定后,用计算机计算并模拟出交流阻抗图。

循环伏安法(CV)的主要原理是改变电极电位的扫描速度来探讨所研究体系的相关电化学性质,其也是电化学测试中常用方法之一。循环伏安法可以用来探讨自组装膜的最佳成膜条件和相关影响因素等内容。在金属电极表面吸附的硫醇双分子膜的性质非常稳定,能够作为研究生物细胞膜的参考模型。当金属电极上有外电流通入时,电极处于极化状态。外电流为阳极电流时,电极处于阳极极化状态;外电流为阴极电流时,电极处于阴极极化状态。极化曲线即表示极化电流密度与电极电位之间的关系曲线。通过测定并拟合金属动电位极化曲线能够获得腐蚀电位、腐蚀电流密度和阴、阳极反应塔菲尔斜率等电化学参数,其被广泛应用于缓蚀剂的缓蚀性能测定及缓蚀机理探讨等方面。

恒电量法的基本原理是将一已知量的电荷注入金属电极研究体系,使体系受到扰动,然后记录电极电位随时间的变化曲线,解析得到相应的电化学参数。Kanno 等人最早将恒电量测量技术应用于腐蚀科学领域,采用恒电量法探讨了金属的缝隙腐蚀并测得了金属的腐蚀速率。恒电量测量技术主要应用在阻抗值较高腐蚀性较低的环境中,因为测量时不需要电流流过被测体系,所以介质阻力不会对其产生影响。近年来,恒电量测量技术发展迅速。

5.5.3 放射化学方法

放射化学方法是一种可获得微观信息的灵敏度较高的方法,其主要应用含有放射性标记的缓蚀剂来观察电极表面放射性的改变情况。此方法采用的缓蚀剂要求具有放射性标记,使它的应用范围受到限制。

5.5.4 光谱分析法

光谱分析法是目前发展较快的现代测试技术之一,其联合电化学测试技术可得到许多具有重要意义的创新性成果。例如,在腐蚀性的酸性介质中加入离子显色剂,应用比色分析法全程监测每个时间点金属的溶解量,从而得到缓蚀剂溶液和空白溶液中金属腐蚀速率随时间的变化曲线。

椭圆光度法:可用来探讨金属表面膜的成长动力学,因为其可以测定金属表面成膜成分的折射率及膜厚等相关信息,提供全程的时间-厚度变化曲线。

俄歇电子能谱法(AES):与离子溅离测试技术同时应用可得到有关缓蚀剂吸附膜厚度、构成、形成吸附膜各个元素的深度分布及相对含量等信息。俄歇电子能谱法对于原子序数超过 2 的元素的检测限制在 0.1% 左右。

X 射线光电子能谱(XPS)是一种不具有破坏性且灵敏度较高的测试方法,也是现在能同时提供化学信息最多的一种表面能谱分析方法。X 射线光电子能谱的原理可解释为，当样品受到 X 光子照射时，样品原子的内层电子受激发出光电子，即所谓的光电效应，解析激发的光电子的数量和动能，可定性测得样品表面所含有的元素及各个元素的化学态，并可提供样品所处环境对表面元素化学位移和结合能的影响。由 X 射线光电子能谱得到的样品表面各个元素的"化学位移"可以用来判断样品表面吸附原子与基体原子的成键情况。X 射线光电子能谱不仅能做定性分析而且可以对样品表面所含元素做定量分析。同种元素，通过其产生的光电子谱峰强度可以判断其相对含量。所以，采用 X 射线光电子能谱方法可以得到样品表面自组装膜的原子组成、能带结构及表面吸附等信息。

原子力显微镜 AFM：利用原子之间的范德华力(Van Der Waals Force)作用来表征样品的表面特性。假设两个原子分别位于悬臂(Cantilever)的探针尖端和样本的表面，它们之间产生的相互作用力会随距离的变化而改变，当两者距离很近时，两者的电子云之间的相互排斥作用大于原子核与电子云之间的吸引力作用，因此整体呈现为斥力的作用；相反，当两个原子离开彼此有一定的距离时，两者的电子云之间的相互排斥作用小于两者的原子核与电子云之间的吸引力作用，所以合力整体呈现为引力的作用。AFM 正是应用原子之间这种微妙的关系来表征原子的形貌。AFM 是利用样品表面与探针之间力的相互作用这一物理现象，因此不受 STM 要求样品表面能够导电的限制，同时由于 AFM 具有分辨率高、成本低、消耗低、工作范围宽等一系列优点，可在真空、大气溶液、常温、低温等不同的环境下工作，已被广泛地应用于表面分析的各个领域。

5.5.5 腐蚀失重法

腐蚀失重法是描述缓蚀剂缓蚀性能最为经典的方法之一。通过测量单位时间内钢片质量损失的平均值，宏观的观察反应现象及钢片腐蚀程度。所用的钢试片规格为 50 mm×10 mm×3 mm，孔径大小为 6 mm。按照 DL/T 523—2007 标准挂片失重测试方法，将 NaCl、$MgCl_2\cdot 6H_2O$、$CaCl_2$、$NaHCO_3$配制成腐蚀溶液，在配制好的溶液中不断通入 CO_2气体，通入气体 0.5 h 达到饱和后，挂入试片，并控制 CO_2流量约为 20 cm^3/s，模拟动态腐蚀失重测试实验。

钢片经砂纸逐级打磨直到露出光亮、均匀金属面，蒸馏水清洗后用丙酮浸泡 5 min 进行脱脂处理，取出后放入无水乙醇中浸泡 3 min 进行脱水及进一步脱脂处理，取出试片，滤纸吸干，冷风干燥，用电子天平称重 3 次以上，直到质量不再改变，取平均值后记录初始质量 W_1，放置干燥器中备用。

将钢片从腐蚀液中取出，用脱脂棉和小毛刷轻轻擦拭钢片表面，用清水冲洗后放入盛有丙酮的器皿中浸泡 5 min 脱脂，放入无水乙醇器皿中浸泡 3 min 脱水。取出试样，冷风吹干，放入干燥器皿中干燥后称重 3 次以上，直到质量不改变，取平均值后记录最终质量 W_2。试片表面积计算公式为

$$S = 2(ab + bc + ca) - 0.5\pi d^2 + \pi dc \tag{5.7}$$

式中 S—— 试片的表面积，cm^2；

a—— 试片的长度，cm；

b—— 试片的宽度，cm；

c—— 试片的厚度,cm;

d—— 试片中小孔孔径,cm。

腐蚀速率计算公式为

$$\gamma = \frac{87\ 600 \times (W_1 - W_2)}{S \times \rho \times T} \tag{5.8}$$

式中 γ—— 腐蚀速率,mm/a,国家标准 $\gamma \leqslant 0.076$ mm/a;

W_1—— 实验前试片的质量,g;

W_2—— 实验后试片的质量,g;

S—— 试片的表面积,cm^2;

ρ—— 试片的密度,g/cm^3;

T—— 试片的实验时间,h。

缓蚀率计算公式为

$$\eta = \frac{\gamma_0 - \gamma_1}{\gamma_0} \times 100 \tag{5.9}$$

式中 η—— 试片的缓蚀率,%;

γ_0—— 试片在未加缓蚀剂的空白试验中的腐蚀率,mm/a;

γ_1—— 试片在加了缓蚀剂的试验中的腐蚀率,mm/a。

5.5.6 动电位扫描极化曲线法

电化学极化法采用原电池的方式,通过体系中电信号的传递,获取腐蚀电位和腐蚀电流等相应参数,瞬时、间接地测量缓蚀剂的缓蚀性能。极化曲线测试法采用标准的三相电极,即饱和甘汞参比电极,X60 碳钢工作电极和铂片辅助电极。电解溶液用标准方法进行配置,并通入 CO_2 至溶液饱和。工作电极在电解溶液中保持 1 cm^2 的工作面。当体系的腐蚀电位不再波动,进行电化学测试,温度为室温,扫描范围设定为范围 −1 000 ~ 500 mV,扫描速率为 1 mV/s。缓蚀效率计算公式为

$$\eta = \frac{I_{corr} - I'_{corr}}{I_{corr}} \times 100 \tag{5.10}$$

式中 η—— 试片的缓蚀效率,%;

I_{corr}—— 试片在未加缓蚀剂的空白试验中的腐蚀电流密度,$\mu A/cm^2$;

I'_{corr}—— 试片在加了缓蚀剂的试验中的腐蚀电流密度,$\mu A/cm^2$。

5.5.7 动态接触角测试法

采用视频接触角测定仪,动态地观察液滴在固体表面的浸润过程。当液滴在其表面达到固-液-气三相交界点处,气-液界面和固-液界面的切线,包含液相所形成的夹角,定义为接触角。通过动态接触角测试法,可以直观地对比不同浓度和配比的缓蚀剂在碳钢表面的吸附状态。

5.5.8 SEM 测试法

将处理过的若干小钢片分别放入含有不同浓度缓蚀剂或不同复配成分缓蚀剂的腐蚀

溶液中，在室温条件下参照动态模拟腐蚀失重法，24 h 后取出试片，将试片擦拭、清洗、冷风吹干后。采用 FEI Sirion 型扫描电子显微镜观察试片的表面形貌，观察钢试样的腐蚀情况。

5.5.9　覆盖率测试法

测定覆盖率的方法有贴滤纸法、涂膏法、灌注法等，原理是基本相同的。采用覆盖率测定法研究单位时间内缓蚀剂分子在钢片表面的覆盖程度，覆盖率即单位面积上白色区域所占比例。空隙是由于缓蚀剂分子在钢片表面吸附不完全，基体金属表面存在覆盖缺陷的原因形成。贴滤纸法的原理为：滤纸上的试剂的铁氰化钾与底层空隙金属 Fe^{2+} 作用生成铁氰化亚铁蓝色沉淀，反应离子方程式如下：

$$K_3[Fe(CN)_6]+Fe^{2+}\longrightarrow 2K^{+}+KFe[Fe(CN)_6]$$

将吸有一定试验溶液（溶液组成：铁氰化钾 20 g/L，氯化钠 20 g/L）的滤纸贴在试样受测表面，5 min 后，将滤纸取下，观察滤纸上白色区域所占比例为覆盖率。覆盖率计算式为

$$\theta = 1 - \frac{S_1}{S} \times 100 \tag{5.11}$$

式中　θ——缓蚀剂分子在金属表面的覆盖率，%；

S_1——蓝色斑点在金属表面所占面积，cm^2；

S——钢片被测表面积，cm^2。

第6章　聚苯胺导电高分子的合成与制备

6.1　概　述

早在20世纪70年代,日本化学家白川英树教授小组发现,聚乙炔薄膜除了表现出良好力学性质以外,还表现出金属光泽,这一重大发现引起了美国化学家麦克德尔米德教授的注意,并与美国的物理学家黑格尔教授合作研究,发现通过碘掺杂的聚乙炔薄膜,其电导率提高几个数量级,掺杂结构材料从原来的绝缘体变为导体,而且薄膜颜色也随着掺杂变为金黄色的金属光泽,由此导电高分子诞生。几种常见材料的电导率如图6.1所示。导电高分子不仅可以保持聚合物的机械性能和可加工性,还兼具金属或半导体物质具有的电学和光学性能,经过几十多年的研究发展,导电高分子已经开辟出一个新兴的研究领域,具有广阔的应用空间。由于在导电高分子领域所做出的杰出贡献,黑格尔、麦克德尔米德和白川英树三位教授获得了2000年诺贝尔化学奖,充分肯定了导电高分子的科学价值和研究潜力。

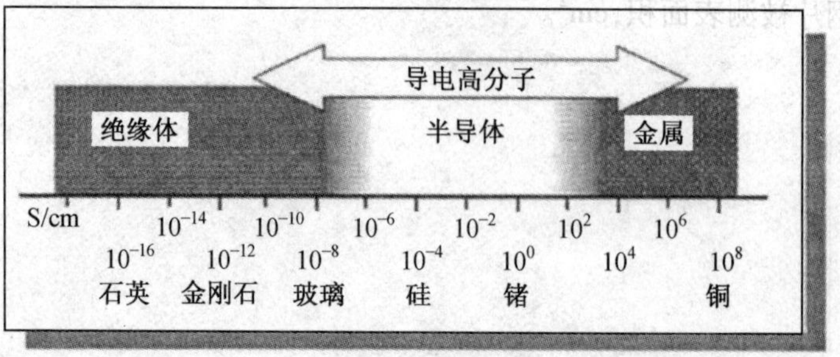

图6.1　常见材料的电导率谱

聚苯胺是一种具有代表性的导电高分子。聚苯胺原料易得、合成简单、具有较高的导电性和潜在的溶液、熔融加工可能性,同时还有良好的环境稳定性,在金属防腐涂料、人工肌肉、可充电电池、导电涂料和导电膜、电磁屏蔽、传感器、抗静电保护、电子仪器和电致发光材料等方面有着广泛的应用前景。但是聚苯胺加工性是其获得实际应用的关键,也是人们一直致力解决的难题。制备聚苯胺导电复合物是改善聚苯胺加工性的主要方法之一。复合物的制备主要有乳液聚合法、电化学法和化学氧化法。本书针对聚苯胺的化学氧化聚合原理及其微乳液聚合工艺进行介绍。

6.1.1　导电高分子的种类及其结构特点

常见的导电高分子主要有三类:

①电子导电高分子。在电子导电高分子的导电过程中,载流子是聚合物中的自由电

子或空穴，导电过程中载流子在电场的作用下能够在聚合物内定向移动形成电流。例如聚苯胺、聚乙炔、聚吡咯等。

②离子导电高分子。它是一类以阴离子和阳离子为载流子的导电聚合物。例如，聚环氧乙烷 PEO-碱金属盐的络合物，具有离子导电性，电导率为 $10^{-5} \sim 10^{-5}\ \Omega^{-1}\ cm^{-1}$，载流子数目多且迁移快，被称为快离子导体或高离子导体。

③氧化还原型导电聚合物。这类聚合物的侧链上一般都带有具有可逆氧化还原反应的活性基团，有时高分子的骨架本身也具有可逆的氧化还原反应能力。图 6.2 为 3 种典型的导电高分子代表聚合物结构图示意图。

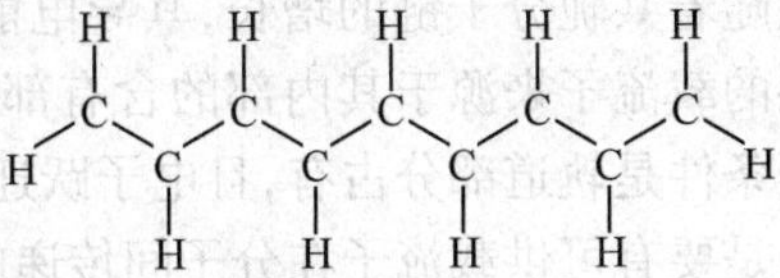

(a) 电子导电高分子

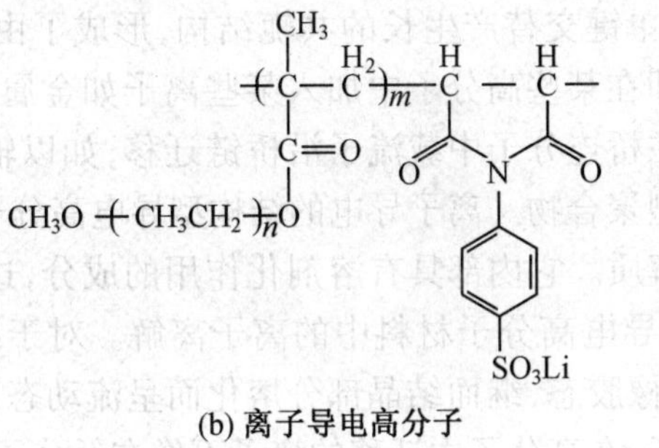

(b) 离子导电高分子

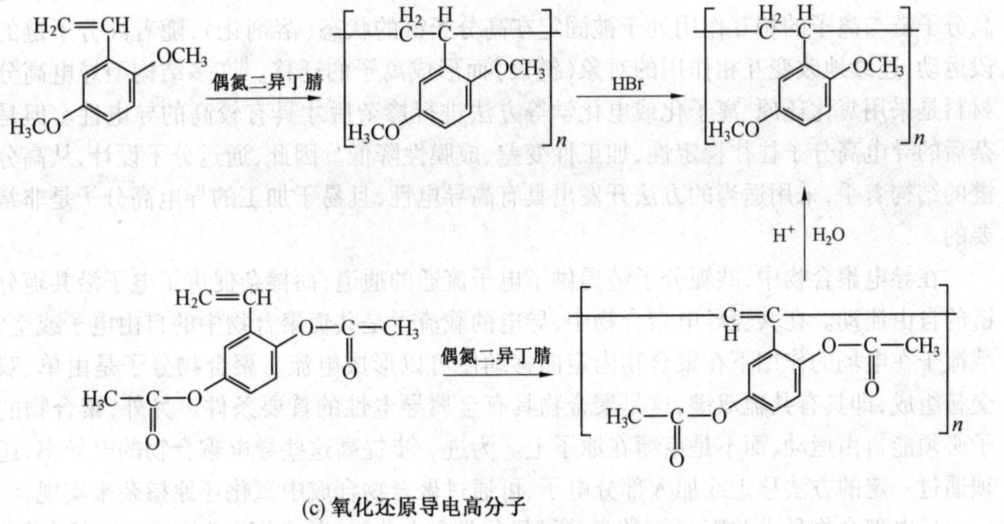

(c) 氧化还原导电高分子

图 6.2　3 种典型的导电高分子结构示意图

导电高分子具有二电子骨架，掺杂后具有不寻常的电学性质，例如导电性、低光跃迁能、低电离电位和较高电子亲和势。导电聚合物主链上都具有单双键交替的共轭结构，这样的有机高分子电导率较高，因此被称为合成金属。不同于其他普通的高分子结构材料与金属或碳质等导电材料,通过分散、层合梯度聚合、表面镀层等复合方式构成的复合型导电材料,导电高分子的导电性是由本身产生的,是由自身独特的结构决定了其具有传输电荷的能力。

具有易定向移动的载流子是固体有机聚合物材料导电的首要条件。有机聚合物材料以分子形态存在,其内部电子多为定域电子或有限离域能力的电子。π 电子虽然具有离域能力,然而它并不是自由电子。而共轭导电聚合物的共同结构特征为分子内具有单双键交替的线性共轭 π 电子体系,这种结构特征给成键和反键电子离域迁移形成导电载流子创造了良好条件。当这种共轭结构达到足够大时,共轭导电聚合物即可提供自由电子或空穴,具有导电功能;并且随着共轭分子链的增长,其导电能力呈明显增大的趋势。电子导电的结构型高分子材料的载流子来源于其内部的含有部分占据的轨道的特殊结构。有机固体实现导电的第一个条件是轨道部分占有,且电子跃迁后体系保持原态,电子只需较小的活化能。第二个条件是要有可供载流子在分子间传递的通道。电子导电的结构型导电高分子的载流子传递通道一种是分子间距足够小而产生的轨道重叠,如共轭链的高分子体系,分子中的双键与单键交替产生长的共轭结构,形成了由 π 轨道重叠而成的电子通道;或通过桥基连接,即在某些高分子中加入某些离子如金属离子作为桥基,把有机分子连接成为桥连分子。在桥连分子中载流子沿桥链迁移,如以轴向配位体为桥基共价连接的大环分子面对面串型聚合物。离子导电的结构型导电高分子材料又称高分子固态离子导体或高分子固体电解质。它内部具有溶剂化作用的成分,这些成分能起与液体电解质中溶剂类似的作用,使导电高分子材料中的离子离解。对于结晶高分子,逐渐升温时,T_g以上无定形区域变为橡胶态,继而结晶部分熔化而呈流动态。但对于 T_g低、相对分子质量不大的无定形高分子,在高分子中迁移的离子不像在低分子溶剂中那样自由,通过高分子链与离子的相互作用处于被固定在高分子链的状态(溶剂化),随着高分子链的链段运动,连续地改变互相作用的对象(链段)而形成离子的迁移。许多结构型导电高分子材料是采用氧化还原、离子化或电化学等方法进行掺杂后才具有较高的导电性。但是掺杂后的导电高分子往往稳定性、加工性变差、成膜性降低。因此,通过分子设计,从高分子链的结构着手,采用适当的方法开发出具有高导电性,且易于加工的导电高分子是非常重要的。

在导电聚合物中,共轭分子链提供了电子流通的通道,而掺杂促进了电子沿共轭分子链的自由流动。在共轭导电聚合物中,导电的载流子是共轭聚合物中的自由电子或空穴,载流子在电场的作用下在聚合物内定向移动便可以形成电流。聚合物分子是由单、双键交替组成,即具有共轭双键,这是聚合物具有金属导电性的首要条件。另外,聚合物的电子必须能自由运动,而不是束缚在原子上。为进一步提高这些导电聚合物的电导率,还必须通过一定的方法移走或加入部分电子,可通过聚合物合成中氧化还原掺杂来实现。

导电聚合物是由共轭 π 键的高分子经化学和电化学“掺杂”形成的,通过“掺杂”由绝缘体变为导体。其结构除了具有聚合物特征外,还含有一价对阴离子(p 型掺杂)或对阳离子(n 型掺杂)。通过化学或电化学掺杂,它们的电导率可以在绝缘体、半导体和金属导体的宽广范围内变化(10^{-9} ~ 10^{5} s/cm),而且它们的物理化学和电化学特性强烈地依赖于高分子的主链结构、掺杂剂的性质和掺杂程度。无机掺杂物质具有颗粒或纤维结构的微观形貌,实验发现颗粒或纤维本身具有金属特性,而它被绝缘的空气所包围,通常用“导电孤岛”来描述。掺杂后的聚合物具有优异的物理化学特性,如较高的室温电导率、可逆的氧化-还原性、掺杂时伴随颜色的变化等。由于共轭聚合物内部存在着大量的电子陷阱,致使其电子迁移率较低。而无机半导体材料则显示了很高的电子迁移率,因此在聚合物体系中引入高迁移率的无机半导体材料综合了两种材料的优点,既利用了无机半导体材料迁移率高、化学性能稳定性好、特别是利用硫系半导体纳米材料在近红外有较强吸收的特点达到与共轭聚合物互补的作用,同时又保留了共轭聚合物材料良好的柔韧性和可加工性。

导电聚合物结构的最突出特点是共轭聚合物链结构和共轭链的p型(空穴)掺杂和n型(电子)掺杂特性。共轭聚合物的本征态处于半导态或绝缘态,p型或n型掺杂后转变为导电态。导电聚合物的p型掺杂是其主链失去电子同时伴随对阴离子的嵌入,n型掺杂是其主链得到电子同时伴随对阳离子的嵌入,对离子的嵌入使导电聚合物整体上呈现电中性。

6.1.2 导电聚合物纳米复合材料的制备方法

将无机纳米粒子掺杂到导电聚合物中得到的导电聚合物纳米复合材料,既具有导电聚合物优良的导电性,同时又具有无机纳米粒子独特的物理化学性能,在防腐材料、光催化与环境、太阳能电池、生物传感器等很多领域具有广阔的应用前景。

1. 共混法

共混法是指在机械力作用下将纳米粒子直接加入到聚合物基体中进行混合,包括机械共法、熔融共混法和溶液共混法等。共混法操作简单,但是纳米粒子表面能高,自身团聚性强,无机纳米粒子难以在导电聚合物基体中分散均匀,复合材料结构具有不确定性和性能不可靠性,因此这种方法通常需要在共混前对纳米粒子的表面进行处理。目前,常用的表面处理方法有:添加表面活性剂降低纳米粒子的表面能,以改善纳米粒子的分散状况;或添加偶联剂,使纳米粒子与基体之间有强的相互作用,这一相互作用可以是共价键结合,可以是吸附在粒子上的偶联剂使基体聚合物的链段形成环状,将纳米粒子捕捉在其中,也可以是聚合物的链段和表面改性剂的交联网络互相贯穿。

2. 原位聚合法

原位聚合法就是先将表面具有反应性官能团的纳米粒子分散于有机单体溶液中,然后引发聚合使导电聚合物均匀地包覆在纳米粒子表面,生成导电聚合物-纳米粒子复合材料,为使粒子获得良好分散,大多数情况下需要添加相转移剂或表面改性剂。

3. 电化学聚合法

电化学聚合是以电极电位为引发力和驱动力,使单体在电极表面直接聚合成膜。反应通常在有1、2或者3个隔槽的三电极(工作、参比和辅助电极)电化学反应池中进行,将单体、金属离子、溶液和电解质分散后,在外加电压作用下,在电极表面进行聚合反应。电化学合成法独特的优点:一是掺杂和聚合同时进行;二是通过改变聚合电位和电量,能方便地控制膜的氧化还原态和厚度;三是产物无需分离,可以直接应用。其缺点是:电化学法生产批量小,产品电导率不高。这种方法可以直接制备各种功能型聚合物复合薄膜,简单实用,因此受到人们的广泛关注。

4. 溶胶-凝胶法

溶胶-凝胶法自20世纪80年代开始用于制备有机/无机纳米复合材料。该方法是用无机盐或金属醇盐通过溶胶-凝胶过程制得的无机网络与聚合物组合,制备聚合物/无机纳米复合材料,其具体做法可以分为两种:把前驱物溶解在预形成的聚合物溶液中,在酸、碱或某些盐的催化下,使前驱物水解,形成半互穿网络;把前驱物和单体溶解在共溶剂中,让水解和单体聚合同时进行,使生成的聚合物均匀进入无机网络。如果单体交联则形成全互穿网络,未交联则形成半互穿网络。

5. 插层法

插层聚合法就是先将单体嵌入片层中,再在热、光、引发剂等作用下引发聚合。许多层状无机物如黏土、云母、层状无机盐等在一定驱动力作用下能碎裂成纳米尺寸的结构微区,其片层间距一般达到纳米级,可以容纳单体或聚合物分子,形成嵌入纳米复合材料。插层法工艺简单,原料来源丰富、价格低廉。片层无机物只是一维方向上处于纳米级,粒子不易团聚,分散也比较容易。此方法的关键是对片层物插层前的预处理。

6. 自组装技术

纳米复合物自组装技术主要包括模板自组装法、逐层自组装法等。模板自组装法就是以具有导向性的胶联单体作为模板,由于具有疏水端和亲水端的两亲分子在界面上的定向性,定向排列成为有序而均匀的复合材料的方法。自组装法的优点在于设备简单、复合程度均匀、结构可控制。这种方法是材料科学研究的前沿方法之一。

6.1.3　聚苯胺的结构、性能与应用

聚苯胺(Polyaniline)是由苯胺单体聚合而成的高分子。本征态聚苯胺结构中由两种结构单元通过氧化还原反应相互转化,如图6.3所示,其中y值用于表征聚苯胺的氧化还原程度,不同的y值对应于不同的结构、组分和颜色及电导率,完全还原型($y=1$)和完全氧化型($y=0$)都为绝缘体。在$0<y<1$的任一状态都能通过质子酸掺杂,从绝缘体变为导体,仅当$y=0.5$时,其电导率为最大。

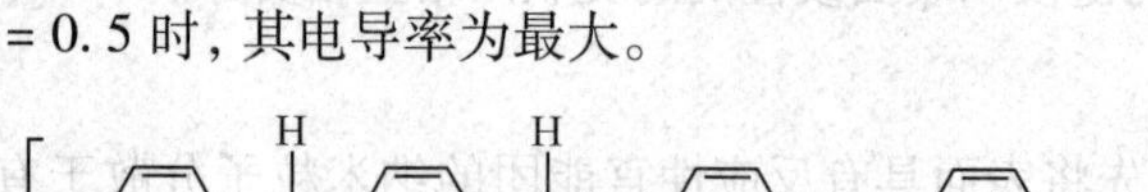

图6.3　聚苯胺结构

聚苯胺的主链上含有交替的苯环和氮原子,是一种特殊的导电聚合物。可溶于N-甲基吡咯烷酮中。氧化掺杂态为导电态,聚苯胺随氧化程度的不同呈现出不同的颜色。完全还原的聚苯胺(Leucoemeraldine碱)不导电,为白色,主链中各重复单元间不共轭;经氧化掺杂,得到Emeraldine碱,蓝色,不导电;再经酸掺杂,得到Emeraldine盐,绿色,导电;如果Emeraldine碱完全氧化,则得到Pernigraniline碱,不能导电。

聚苯胺具有优良的环境稳定性,可用于制备传感器、电池、电容器等。聚苯胺由苯胺

单体在酸性水溶液中经化学氧化或电化学氧化得到,常用的氧化剂为过硫酸铵(APS)。绿色聚苯胺由苯胺单体在酸性水溶液中经化学氧化或电化学氧化得到,具有良好的导电性能,具有优良的环境稳定性。聚苯胺通过"氧化还原掺杂"处理,掺杂后的聚苯胺电导率提高10个数量级以上,并改善了其在溶剂中的溶解性和加工性能。另外,通过特殊方法处理得到的水溶性好的聚苯胺,可以在水性体系中使用。聚苯胺电导率高、质轻、掺杂态和未掺杂态的环境稳定性好、易于制备、单体的成本低等,近年来在电磁波吸收、电磁干扰屏蔽、软导体涂层或防护罩中的潜在应用引起广泛关注。特别就军事和宇航领域而言,导电聚合物及其复合材料的电导率变化范围很宽,表现出动态微波吸收特性,具有多方面的应用如利用聚苯胺的微波吸收特性用作远距离加热材料、用于航天飞机中的塑料焊接技术、雷达吸波材料,利用其光学透明性用作精确制导武器和巡航导弹的光学透明窗口上,以减弱目标的雷达回波等。还可以用来作为检测空气中氮氧化物的含量的材料以及H_2S、SO_2等有害气体的含量。

6.1.4　聚苯胺的合成方法

聚苯胺的合成方法有很多,例如化学氧化法、乳液聚合法、电化学聚合法等。

(1)化学氧化法

化学氧化法指采用氧化剂直接氧化苯胺使单体氧化聚合的方法,其反应可以分别在酸性、中性和碱性水相体系中完成。常用的氧化剂有过硫酸铵、双氧水、重铬酸盐、铝酸盐等。Armers和Cao等人通过研究苯胺聚合条件,认为过硫酸铵是最好的氧化剂,并且当苯胺与氧化剂的摩尔比为1∶1时,可以获得高产率、高电导率的聚苯胺。

(2)乳液聚合法

乳液聚合制备PANI较溶液聚合有如下优点:用无环境污染且低成本的水为热载体,产物不需沉淀分离以除去溶剂;若采用大分子有机磺酸充当表面活性剂,则可进一步完成质子酸的掺杂以提高PANI的导电性;通过将PANI制备成可直接使用的乳液状直接进行成型加工。这种方法不但可以简化工艺、降低成本,还可以有效地改善PANI的可加工性。与传统乳液聚合法相比,微乳液聚合法可缩短聚合时间,所得产物的电导率和产率优于采用传统乳液聚合法合成的聚苯胺。

(3)电化学聚合法

电化学聚合是在电场的作用下使电解液中的单体在惰性电极表面发生的氧化聚合。电化学法制备聚苯胺,是苯胺在阳极发生氧化聚合反应,生成的聚苯胺黏附或沉积在电极表面。电化学聚合一般控制电解质酸度的$pH<3$,当$pH>3$时,得到的聚苯胺无电活性。电化学聚合具有反应设备通用,反应条件温和,容易操控,产品纯度高,工艺过程无污染等优点,缺点是其生产成本高而无法实现规模化生产。

6.1.5　聚苯胺发展方向

针对聚苯胺溶解性较差、本征态用某些价格较高的有机溶剂,并且溶解度较低,同时力学性能一般的不足,聚苯胺的研究重点主要集中在解决其加工性、提高导电性和性能稳定性。选择将聚苯胺及其衍生物与其他高分子复合获得性能优良的导电复合膜,用原位聚合方法制备的具有半互穿网络结构的聚苯胺导电复合膜,即是将刚性链导电聚合物的单体溶胀到柔性链高聚物基体中而后用化学氧化或电化学氧化的方法,使单体在基体中原位聚合形成导电高分子复合材料的方法,能使膜的结构更趋于均匀稳定,同时可增加膜的韧性。如顺丁橡胶交联液的制备、掺杂态聚苯胺的制备、原位聚合制备 PANI 顺丁橡胶复合膜的制备等。

聚苯胺的溶解性是其加性的一个很重要的参数。可溶性聚苯胺的合成是聚苯胺发展的一个方向。因为聚苯胺在大部分常用的有机溶剂中几乎不溶,高相对分子质量的聚苯胺的加工性一直是个难题,又因为在软化点或熔融温度以下 PANI 就已降解,所以 PANI 也难以熔融加工。采用 PANI 复合改性、掺杂态 PANI 的改性及 PANI 的嵌段及接枝改性等方法改善聚苯胺的加工性能是聚苯胺进一步研究的热点方向。目前,解决导电聚苯胺可溶性的方法主要有四种:①功能质子酸掺杂制备可溶性的导电聚苯胺;②制备聚苯胺的复合物;③制备聚苯胺的胶体微粒;④制备可溶性的导电聚苯胺烷基衍生物。

6.1.6 聚苯胺微乳液聚合的发展

微乳液是由油、水、乳化剂和助乳化剂组成的各向同性、热力学稳定的透明或半透明胶体分散体系,其分散相尺寸为纳米级,比可见光的波长短,一般为透明或半透明,所以又称为溶胀的胶束溶液或者透明的乳液。在 1943 年,由 Hoar 和 Schulman 等人首次提出,在 1980 年,Stoffer 和 Bone 首先报道了甲基丙烯酸甲酯和丙烯酸甲酯的微乳液聚合,Atik 和 Thomas 报道了一系列关于苯乙烯 O/W 的微乳液聚合研究。根据体系中油水比例及其微观结构,可将微乳液分为正相(O/W)微乳液、反相(W/O)微乳液和中间态的双连续相微乳液。进入 20 世纪 90 年代,人们研究了微乳液的动力学、微乳液聚合及粒子尺寸控制,微乳液粒子乳化机理等。美国 Arkon 大学 Cheung 等人的研究揭示所得的多孔材料与聚合前微乳液结构之间的关系,由于材料的结构可以精确控制,他们合成的多孔膜用作分离膜时,分离效率大大提高。Vaskova 等人研究发现了引发聚合的场所与引发剂种类之间的关系,在 AOT/甲苯/AM (丙烯酰胺)/水微乳液体系中,分别加入水溶性或油溶性的自由基俘获剂,采用 ESR 检测阻聚剂的衰减动力学,结果表明水溶性引发剂如过硫酸铵、过硫酸钾等是在微液滴内引发聚合的;油溶性引发剂如 BPO、AIBN 等则是在界面层引发反应的。在丙烯酸丁酯的 O/W 微乳液聚合体系中,发现 APS 引发是在单体溶胀胶束的界面附近的水相进行的,AIBN 引发是在胶束的界面进行的,BPO 引发是在胶束内部进行的。

6.1.7 微乳液聚合的特征

微乳液与乳液一样,都是在乳化剂的作用下形成的油水混合体系,但是两者之间存在明显的差别。乳液是浑浊的不稳定体系,而微乳液是热力学稳定的透明体系,乳液中分散相尺寸较大,而微乳液中分散相尺寸较小(见表 6.1)。因此可以预期微乳液聚合必然与乳液聚合具有某些相似的特征,同时也有某些特殊性。

表 6.1　微乳液与普通乳液的比较

乳液类型	普通乳液	微乳液
液滴直径/nm	100～1 000	10～100
外观	乳白色，不透明	透明或半透明，清亮略微黄光或蓝光
稳定性	热力学不稳定，静置易分层	热力学稳定，静置不易分层
表面活性剂的量（与单体的比）/%	1～5	15～30（有的微乳液可达到 150）
搅拌方法	机械搅拌	机械+超声波搅拌

1. 微乳液聚合和乳液聚合及其机理的差别

乳液聚合在聚合动力学上分为胶束成核期、恒速期和减速期，乳液体系聚合前内每升大约有 10^{21} 个单体溶胀的胶束（6～10 nm）和 10^{14} 个单体液滴（1 μm）。在聚合初期（成核期），体系中胶束微粒的数目为单体液滴数目的 10^7 倍，而且比表面积非常大，水相自由基立即被胶束吸附，引发胶束内的单体聚合形成聚合物粒子，即胶束成核。当单体转化率达到 10%～20% 时，体系内的乳化剂分子几乎全部吸附于聚合物粒子表面，而水相中的乳化剂浓度则下降到临界胶束浓度以下，不再形成新的聚合物粒子。此后体系内的聚合物粒子数目维持恒定，而单体继续由大液滴经水相扩散进入聚合物粒子中进行补充，所以聚合反应以恒速进行，此为聚合的恒速期。当转化率达到 60%～70% 时，单体液滴全部消失，剩余的单体存在于聚合物微粒之中，被聚合物粒子吸附，使得聚合物粒子溶胀，聚合反应速度开始逐步下降，此为聚合的减速期。最终乳胶中的聚合物粒子尺寸为 0.1 μm，浓度为 10^{17} 个/L。Smith 和 Ewart 在此基础之上，建立了数学模型，得到聚合速率 R_p 和聚合物粒子数目 N_p 与乳化剂浓度[E]及引发剂浓度[I]之间的关系：

$$R_p \propto [E]^{0.6}[I]^{0.6}$$

$$N_P \propto [E]^{0.6}[I]^{0.6}$$

微乳液聚合或反相微乳液聚合体系中存在大量的胶束，故微乳液聚合的动力学过程并不遵从经典的 Smith-Ewart 理论，而是一种连续的粒子成核过程。Candau 等人对此进行了深入的研究，发现在 AM 微乳液聚合体系中，聚合前体系内不存在大的单体液滴，所有的单体都分布在胶束中（4 nm，10^{21} 个/L）。而聚合后体系的聚合物粒子半径为 25 nm，浓度为 10^{18} 个/L，与常规乳液不同的是微乳液体系内乳化剂的含量常比乳液聚合体系高很多，在聚合的整个过程中体系内都存在大量的胶束。直至聚合结束时，体系仍含有 1.6 nm 的空胶束（5×10^{21} 个/L），只有少量的（约 1/5）的乳化剂分布在聚合物的界面，其余的则以胶束形式存在。因此在很高的转化率下仍然会产生新的聚合物粒子，即表现出连续成核的特征。只有当所有的单体都被聚合物粒子吸附时，成核过程才结束。这与常规乳液聚合的反应初期成核且粒子尺寸随反应不断增长的规律正好相反。

乳液聚合中，聚合进入恒速期后，自由基扩散进聚合物粒子交替地引发和终止反应，因此聚合物粒子内聚合物链的数目较大，常在 100 ~1 000 之间。而在微乳液聚合体系内，胶束数目较大，聚合物粒子数目相对较小，在大部分时间内自由基主要扩散进胶束引发其成核聚合形成新的聚合物粒子，而不是进入聚合物粒子，这就导致所得聚合物粒子内的聚合物链数目小得多(1 ~4)，而相对分子质量却很高，可达到 $10^6 \sim 10^7$。

(1)正相微乳液聚合

Guo 等人研究了 SDS/正戊醇/苯乙烯/水正相微乳液体系聚合的行为。结果表明，聚合过程中不存在恒速期，且成核过程一直延续到较高转化率下才结束。聚合初期，水相自由基先引发水相单体增长到一定程度，然后被微液滴瞬间俘获，而引发微液滴成核聚合；一旦 PSt 粒子在体系内形成，体系中各组分将重新分配。聚合物粒子通过扩散或碰撞从微液滴中获取单体而高度溶胀；转化率达 4% 以上时，微液滴消失，体系内只有单体溶胀的聚合物粒子和由 SDS、正戊醇和少量 St 组成的混合胶束；这些大量的混合胶束正是连续成核的场所；在以后的聚合过程中，聚合物粒子可与混合胶束竞争自由基而继续聚合，这表现为聚合物粒子内的聚合物链数随聚合的进行而不断增加，聚合物粒子的分布变宽。聚合过程中，特别是在聚合后期，聚合物粒子易凝集，导致粒子数比预期的要少。由于聚合物粒子较小，一个粒子内只可能含一个自由基，往往在第二个自由基进入前，它已向单体链转移，形成的单体自由基往往扩散出粒子成为解吸自由基，解吸的自由基大多数又被其他的微液滴或聚合物粒子重新吸附，因此聚合物粒子内的平均自由基数 N 小于 0.5。

(2)双连续相微乳液聚合

通常认为双连续相微乳液中单体的聚合机理与本体或均相聚合类似。但是 Gan 等人报道了 MMA /HEMA/CTAB/H_2O 双连续微乳液的微结构随转化率的提高有非常明显的变化。在聚合一开始，油微区生成了聚合物，由于 HEMA 浓度的降低，体系的表面张力也迅速增大，通过电镜可以观察到有聚合物粒子生成，此时双连续相基本上被破坏。这些初级聚合物粒子逐步长大，并相互凝集成较稳定的次级聚合物粒子。这些次级粒子不断地被单体溶胀而长大。体系内迅速增多的聚合物粒子需要乳化剂来稳定，而部分聚合后体系的黏度又较大，乳化剂分子又不可能迅速扩散到新生成的聚合物粒子表面，将聚合物粒子稳定住，因此聚合物粒子由于相互碰撞，在憎水作用下势必将进一步相互凝结，最终聚合物再度变成连续相。在整个聚合过程中，水相一直是填充在空隙位置，保持贯通。

(3)微乳液聚合的恒速期问题

目前，大多数文献都认为微乳液聚合只有两个阶段，即不像常规乳液聚合那样存在恒速期，并将它作为微乳液聚合的一个重要特征。这并不全面，因为大多数被研究的体系中单体的含量相当低，聚合刚开始，聚合物粒子内的单体浓度就低于单体的饱和浓度，在后续的聚合过程中，聚合场所的单体浓度迅速下降，导致聚合速率随之减小，因而这种情况下观察不到明显的聚合恒速期。但当自由基产生的速率较低(引发剂浓度小或反应温度低)时，就可以观察到明显的聚合恒速期。

2. 微乳液聚合所得聚合物的性能

由于微乳液聚合反应介质和微乳液聚合的特殊性,微乳液聚合所得的聚合物具有某些特殊的性能。在反相乳液共聚中，由于分散相的尺寸较大，整个共聚行为与溶液共聚差别不大；但是反相微乳液共聚的行为与溶液共聚行为则完全不同。例如,AM 和 NaAA 在反相微乳液中共聚，共聚物的组成不随转化率变化，且与单体的组成完全一致，两种单体的竞聚率接近 1 时为理想共聚。只有这样，才能保证聚合场所的单体比例始终与初始的单体配比一致。在反相微乳液中其他水溶性单体对的共聚结果，也都与反相乳液共聚明显不同，部分表现出上述特征，但是两种单体的竞聚率并不等于 1，因此上述假设尚有待进一步完善。O/W 微乳液中油溶性单体的共聚研究得较少。O/W 微乳液中的共聚与乳液中的共聚同样具有明显的差别,这只能是因为反应介质的性质及分散相的尺寸不同，导致单体在各相的分配不同，共聚物的组成自然不同。单体不仅仅在水相和聚合物粒子两相的比例不同，在聚合物粒子内核和界面层中的单体组成也不尽相同。例如，BA 与 St 在 Y 型乳化剂稳定的微乳液中共聚时，BA 倾向于分布在聚合物粒子的界面层；而 St 倾向于分布在聚合物粒子的内核。

3. 微乳液聚合研究方向

(1)寻找新的乳化剂体系

在通常的微乳液聚合体系中，特别是 O/W 微乳液体系中，乳化剂的含量较高(质量分数大于 10%),而单体的含量较低(质量分数小于 10%)，这就限制了微乳液聚合的实际应用。因此必须寻找新的聚合体系，有效地降低体系中乳化剂用量，提高体系中单体/乳化剂比例,如采用种子聚合、连续聚合、寻找和合成新的高效乳化剂。

(2)多孔材料的制备

以双连续相微乳液和 W/O 微乳液制备多孔材料一直是微乳液聚合研究的热门方向。与其他制备多孔膜的方法相比，本方法具有非常显著的特点，即孔的尺寸和形态在理论上可以精确地通过调节微乳液体系的配方来调控，而且用 γ 射线或 UV 光可以十分方便地实现就地聚合。通常双连续相微乳液和 W/O 微乳液在聚合过程中，由于聚合反应放出的热量及体系组分发生了变化，聚合时很容易发生相分离，这就给控制多孔材料的微结构带来了很大的困难，因此必须采取有效措施来克服聚合过程中产生的相分离。克服相分离的方法有 3 种：一是最大限度地提高反应速率，使得在微乳液体系内的组分尚未重新分配之前,聚合就已经基本结束；二是在体系内引入交联剂，目的是使得聚合开始后体系内黏度迅速增加形成网状结构，从而阻止其他组分的扩散；三是尽可能降低聚合温度，这样不仅有利于聚合热的排出，也有利于微乳液体系的稳定。通常是以上三种方法同时使用，这样可以基本保持聚合前单体微乳液的微结构，从而达到精确控制多孔材料微结构的目的。

(3)功能材料的制备

利用微乳液聚合的方法制备一些功能材料目前已成为微乳液聚合研究的又一个热门方向。利用微乳液聚合制得的多孔材料除了可以作分离膜外，还可以应用于其他领域。例如,以 UV 引发微乳液聚合，制备多孔的隐形眼镜材料，其透气性和光学性能都比普通材料好。借助辐射引发 O/W 微乳液聚合的方法合成出纳米金属粒子与聚合物的复合材料。在制备过程中金属离子的还原和单体的聚合是同步进行的,分析表明，在制得的复合材料中纳米金属粒子不仅是单分散的，而且在宏观上是完全均匀分布的。

6.1.8 化学氧化聚合反应原理

化学氧化聚合制备聚苯胺是在酸性介质下,用强氧化剂将苯胺单体氧化,得到掺杂态聚苯胺。此方法合成工艺简单,成本低,适合于大量生产,具有实用价值。其缺点是反应中的其他试剂容易作为杂质残留于聚合物中,影响聚合物性能。

目前,最为大家接受的聚苯胺的聚合机理是阳离子自由基机理。苯胺阳离子自由基的形成是决定反应速率主要的一步。两个阳离子自由基结合生成 N-苯基-1,4-苯二胺，它有比苯胺更低的氧化潜能,能迅速形成阳离子自由基,再和苯胺阳离子自由基结合生成三聚体。三聚体会进一步氧化生成阳离子自由基,和苯胺阳离子自由基结合生成四聚体,反应继续增长,直到高相对分子质量的聚合物形成。在链增长阶段,反应自动加速,并放出大量的热,随后反应迅速进入链终止阶段。

Mac Diarmid 等众多科学家的研究结果证实了苯胺在酸性溶液中的聚合是通过头-尾偶合,即通过 N 原子和芳环上的 C-4 位的碳原子间的偶合,从而形成分子长链,提出了如下阳离子自由基的聚合机理:

第一步(引发):

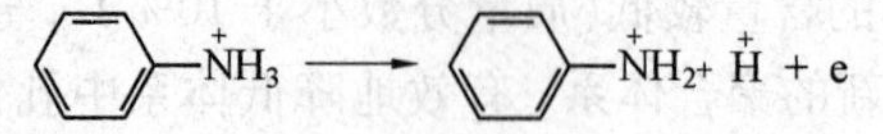
(6.1)

第二步(增长):

大部分阳离子自由基在电极上聚合形成了由 N 原子和芳环上 C-4 位置的 C 原子通过头-尾偶合的二聚产物,重复上述过程,使得动力学链长增加,反应式如下:

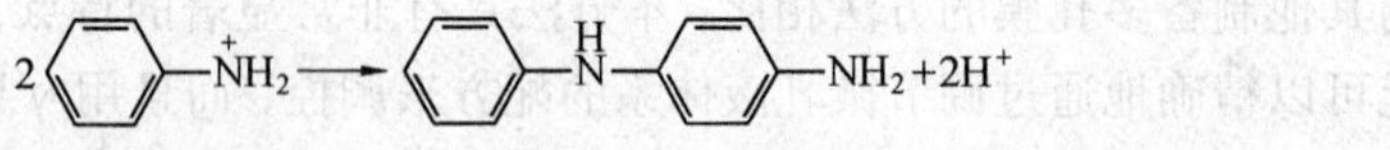
(6.2)

第三步(终止):聚合中间体能够进一步被氧化,从而使得反应终止,反应式如下:

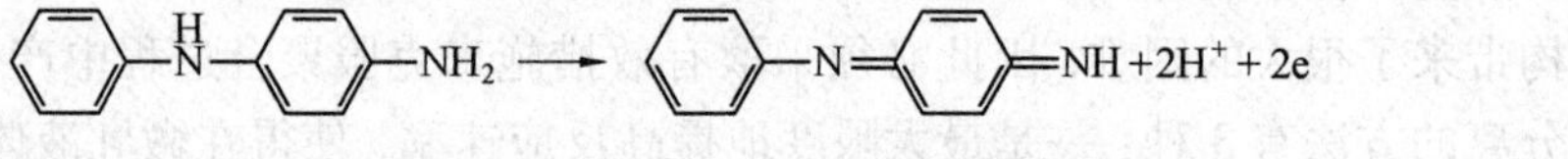
(6.3)

从以上可以看出,苯胺在酸性溶液中的电化学聚合都有阳离子自由基中间体生成,并且都经历了链引发、链增长、链中止 3 个步骤,因此该反应兼有自由基聚合和阳离子聚合的某些特征。

6.2 微乳液合成聚苯胺的物料体系

按照化学氧化原理,采用微乳液合成方法制备聚苯胺主要反应物料包括单体、氧化还原引发剂、酸性介质、乳化剂。

6.2.1　单体

苯胺(ANI)别称阿尼林、阿尼林油、氨基苯。苯分子中的一个氢原子为氨基取代而生成的化合物,分子式为$C_6H_5NH_2$,是最简单的一级芳香胺,无色油状液体,熔点为-6.3 ℃,沸点为184 ℃,相对密度为1.02,相对分子质量为93.128,分解温度为370 ℃。苯胺稍溶于水,易溶于乙醇、乙醚等有机溶剂。苯胺暴露于空气中或日光下变为棕色,影响苯胺的聚合。一般情况下需要对市售的苯胺进行减压蒸馏,在0.5个大气压下加热至150~160 ℃即可对苯胺进行提纯,蒸馏时加入少量锌粉以防氧化。

苯胺有碱性,能与盐酸化合生成盐酸盐,与硫酸化合生成硫酸盐,能起卤化、乙酰化、重氮化等作用,遇明火、高热可燃,与酸类、卤素、醇类、胺类发生强烈反应,会引起燃烧。

苯胺中的N原子近乎sp^2杂化(实际上还是sp^3杂化),孤对电子占据的轨道可与苯环共轭,电子可分散于苯环上,使氮周围的电子云密度减小。

6.2.2　引发剂

微乳液聚合过程所采用的引发剂为氧化还原引发剂体系,这是聚合具有高反应速度,产品具有高相对分子质量的重要原因。氧化还原引发体系是利用还原剂和氧化剂之间的电子转移所生成的自由基引发聚合反应,由于氧化还原引发体系分解活化能很低,常用于引发低温聚合反应。常用的氧化剂有$(NH_4)_2S_2O_8$、$K_2Cr_2O_7$、KIO_3、$FeCl_3$、$FeCl_4$、$KMnO_4$、$KClO_4$、H_2O_2、$Ce(SO4)_2$、$AlCl_3$、$CuCl_2$、BPO和过氧化酶等。使用比较多的是过硫酸盐组成的氧化-还原体系,常用的还原剂有亚硫酸盐、甲醛化亚硫酸氢盐(雕白粉)、硫代硫酸盐、连二亚硫酸盐、亚硝酸盐和硫醇等。过氧化氢和亚铁盐组合是最早发现的氧化还原引发体系,经电子转移形成氢氧自由基。

过氧化氢是最简单的过氧化物,它的热分解反应有两种形式,反应式如下:

$$2H_2O_2 \xrightarrow{\text{加热}} H_2O+O_2 \tag{6.4}$$

$$H_2O_2 \xrightarrow{\text{加热}} 2HO\cdot \tag{6.5}$$

过硫酸盐是指过硫酸钾$K_2S_2O_8$和过硫酸铵$(NH_4)_2S_2O_8$,过硫酸盐均溶于水,加热按一级反应分散,过氧键均裂,生成硫酸根自由基,反应式如下:

$$K_2S_2O_2 \xrightarrow{\text{加热}} 2K^++2SO_4^-\cdot \tag{6.6}$$

酸对过硫酸盐的分解有催化作用,分解速率随pH值下降而加快,当pH值降至低于3后,分解速度增加更快,同时偏离一级反应。生成的过硫酸根自由基在水中能进一步反应如下:

$$SO_4^-\cdot+H_2O \longrightarrow HSO_4^-+HO\cdot \tag{6.7}$$

$$4HO\cdot \longrightarrow 2H_2O+O_2\uparrow \tag{6.8}$$

在单体存在下,$SO_4^-\cdot$和$HO\cdot$自由基均可引发单体聚合反应,也可按下式反应,放出氧气使自由基消失。按上式反应生成的HSO_4^-使体系pH值下降,所以,在无缓冲剂存在下,有自动加速分解现象。温度越高,pH值对过硫酸盐分解速率影响越小。温度和pH值对过硫酸盐分解速度的影响见表6.2。

表6.2 过硫酸盐引发剂分解半衰期

pH值	半衰期/h			
	100 ℃	80 ℃	60 ℃	40 ℃
>4.5	0.17	2.10	38.5	1 030
3	0.14	1.62	25.0	335
2	0.56	0.55	6.1	88

一般乳液聚合介质的pH值均大于4.5,60 ℃时半衰期为38.5 h,大于聚合时间,所以一般聚合反应在60~80 ℃进行。当体系中存在乳化剂和硫醇等有还原作用成分时,能加速过硫酸盐分解,反应如下:

$$H_2O_2+Fe^{2+}\longrightarrow Fe(OH)^{+}+HO\cdot \tag{6.9}$$

分解速度常数 $K_d=4.45\times10^8\exp(-9400/RT)$,比 H_2O_2 均裂分解速率快得多,生成的HO·引发单体聚合反应。但是引入的亚铁离子不易除去,会污染树脂,实际应用受到限制。

它们与过硫酸盐之间的氧化-还原反应如下:

$$S_2O_8^{2-}+HSO_3^{-}\longrightarrow SO_4^{2}+SO_4^{-}\cdot+HSO_3 \tag{6.10}$$

$$S_2O_8^{2-}+S_2O_3^{-}\longrightarrow SO_4^{2-}+SO_4^{-}\cdot+S_2O_3^{-}\cdot \tag{6.11}$$

$$S_2O_8^{2-}+RSH\longrightarrow HSO_4^{-}+SO_4^{-}\cdot+RS\cdot \tag{6.12}$$

该体系的特点是一个分子的过氧化物生成两个自由基,引发效率较高。但两个自由基如果不能迅速扩散,仍有发生偶合终止的可能。生成的初级自由基易受氧的破坏。聚合反应必须用惰性气体隔氧,尤其在反应初期。

另一种使用较多的氧化-还原体系是由过氧化物或过硫酸盐、水溶性金属盐和助还原剂组成,例如过硫酸盐、硫酸亚铁和亚硫酸盐组合,它们之间的反应如下:

$$S_2O_8^{2-}+Fe^{2+}\longrightarrow SO_2^{2-}+SO_4^{-}\cdot+Fe^{3+} \tag{6.13}$$

$$2Fe^{3+}+HSO_3^{-}+H_2O\longrightarrow 2Fe^{2+}+HSO_4^{-}+2H^{+} \tag{6.14}$$

铁离子留在聚合物中,影响树脂的颜色和耐老化性。实际上,由于该体系中亚铁离子可以再生,Fe^{2+}的加入量极少,有时自来水中痕量铁离子已能满足要求,对树脂性能影响不大。

6.2.3 酸性介质

酸性介质主要起两方面的作用,提供反应所需的酸度和以掺杂剂形式进入PANI骨架,赋予其一定的导电性。常用的质子酸包括无机酸如HCl、HBr、H_2SO_4、$HClO_4$、HNO_3、H_3PO_4、HBF_4及有机酸如对甲基苯磺酸、羧酸等。通常在H_2SO_4、HCl、$HClO_4$体系中可得到高电导率的PANI。质子酸在苯胺聚合过程中的主要作用是提供质子,并保证聚合体系有足够酸度,使反应按1,4-偶联方式发生。常用的质子酸为HCl。

6.2.4　乳化剂

1. 离子型乳化剂

失水山梨醇脂肪酸酯(Span),分子式为 $C_7H_{11}O_6-R$,相对分子质量为 346.45 ~ 57.46,白色或微黄色蜡状物、片状体、粉末状(≥100 目),HLB(亲水亲油平衡)值为 4.7,熔点为 52 ~ 57 ℃,溶于热的乙醇、乙醚、甲醇及四氯化碳,微溶于乙醚、石油醚,能分散于热水中,是 W/O 型乳化剂,具有很强的乳化、分散、润滑作用,可与各类表面活性剂混用,尤其适应与吐温-60(T-60)复配使用,效果更佳。失水山梨醇与不同高级脂肪酸所形成的酯,如司盘-20(SP-20)为月桂酸酯,司盘-80(SP-80)为单油酸酯,有乳化作用,供配制油包水乳剂用。

2. 非离子型乳化剂

非离子型乳化剂(OP-10)是烷基酚与环氧乙烷的缩合物,属于非离子型表面活性剂,无色至淡黄色透明黏稠液体,易溶于水,pH 值(1% 水液)为 6 ~ 7,HLB 值为 14.5,浊点为 61 ~ 67 ℃。它具有优良的匀染、乳化、润湿、扩散、抗静电性能,在合纤工业中作为油剂的单体,显示乳化性能、抗静电性能,在合纤短纤维混纺纱浆料中作柔软剂。可提高浆膜的平滑性和弹性,该乳液对胶体有保护作用,高分子乳液聚合中,可作为乳化剂使用。

6.3　聚苯胺聚合反应工艺过程

实验室合成聚苯胺在配有搅拌器的四口烧瓶中进行,将去离子水、酸、苯胺依次加入四口烧瓶中,用水浴或冰水浴控制反应体系的温度。酸的浓度保持在 1 mol/L,搅拌条件下滴加一定浓度的过硫酸铵水溶液 50 mL,通 N_2 气保护苯胺不被空气氧化,1 h 内滴完,溶液颜色由透明逐渐变成蓝黑,继续反应 4 h 后,停止搅拌,抽滤。依次用稀盐酸(约为 0.01 mol/L),丙酮洗涤过滤 3 次,以除去未反应的有机物和低聚物,大量去离子水洗至滤液 pH=6 左右。离心分离所得悬浮液,再将沉淀在去离子水中超声分散洗涤,重复离心分离-去离子水-洗涤分散操作直至体系呈中性。最后在 60 ℃下真空干燥 24 h,经研磨后得墨绿色聚苯胺粉末。

苯胺聚合反应的影响因素包括介质酸的种类和浓度,氧化剂的种类及浓度,单体浓度和反应温度、反应时间等。苯胺聚合是放热反应,且聚合过程为自催化过程。如果单体浓度过高会发生暴聚,因而一般单体浓度控制在 0.25 ~ 0.5 mol/L。低温有利于获得高相对分子质量的、结晶性好的聚苯胺。强酸介质条件下,聚合温度一般选在 0 ~ 5 ℃,过高的聚合温度会使反应暴聚,引起产物降解。

pH 值对苯胺聚合也有影响,结果表明,在所研究的 pH 值范围内(pH 值分别为 6、8、11)苯胺都可被氧化生成苯胺二聚体(PBQ),即 N-苯基-1,4-苯醌二亚胺,但在 pH≤6 时苯胺链的增长反应才可以进行。PANI 电导率也与聚合体系酸度有关,聚合体系的 pH = 2 ~ 4时,PANI 的电导率随 pH 值的降低而增加;在 0≤pH≤2 时,电导率达最大值。因此,为了获得相对分子质量和导电性都较好的 PANI,一般将聚合体系 pH 值控制在 0 ~ 2。

根据对产物性能要求的不同,聚苯胺聚合反应的工艺也有所变化,最普遍的工艺为分别将等物质的量的苯胺和过硫酸铵溶于一定浓度的盐酸中,将苯胺溶液倒入三口瓶中,搅拌并通氮气除氧 30 min,整个制备过程应保持氮气气氛。在搅拌下缓慢滴加过硫酸铵溶液,滴加时间约为 1 h,控制反应温度为 0 ~ 5 ℃,pH = 0 ~ 2,反应时间一般应超过 10 h。最终得到墨绿色悬浊液,经处理后即得 PANI 粉末。

6.4 微乳液聚合影响因素

1. 表面活性剂

不论是微乳液还是普通乳液,表面活性剂都是至关重要的。一个乳液/乳液体系的稳定性、粒径的大小都和乳化剂的种类和用量有关。表面活性剂浓度过低时,单体液滴上吸附的表面活性剂的量不足,单体液滴易于凝结,乳液不稳定。当表面活性剂的用量增大时,粒子的尺寸变小,但是超过一定的值,再增加表面活性剂,粒子的尺寸变化不大。制备微乳液的乳化剂和普通乳液的乳化剂一样,分子内同时含有亲水基团和亲油基团,为了达到较好的乳化效果,一般将离子型乳化剂和非离子型乳化剂一起联合使用,如 SDS 和 OP-10一起使用。经过实验发现,一般情况下使用阴离子乳化剂得到的产物粒径较小,而在某些体系中使用阳离子乳化剂得到的固含量较高。共乳化剂的加入,使液滴中油水界面的表面张力急剧减小,单体形成较小液滴,共乳化剂起到稳定单体液滴的作用。分子链略长于乳化剂分子链的脂肪醇,对脂肪醇的稳定机理一般认为脂肪醇与乳化剂在油滴表面形成了一个复合的单分子膜,使乳液稳定性增加;或是乳化剂分子与脂肪醇形成凝晶相,使乳液稳定。作用原理为单体液滴中较亲水性物质的扩散是由较亲油性物质的扩散来决定的,当单体液滴被分散成小粒子时,部分单体扩散出来,使液滴内亲油性物质浓度增加,直至大到足以补偿较小液滴的化学势,有效地阻止扩散。表面活性剂可以将单体分散成作为储存单体的微小液滴,表面活性剂被吸附在单体液滴表面,形成稳定的聚合物乳液。

2. 单体滴加方式

微乳液聚合中,初始的反应速率几乎和单体的浓度无关,聚合开始后,反应速率随着单体浓度的增大而显著增大。单体浓度越高,单体液滴中的单体越多或者从水相向乳化单体液滴转移的单体越多,粒径随之越大。在聚合反应开始后,想要进一步减小粒子的粒径,仅增加乳化剂效果不大,这就需要其他方法来控制粒径。一种方法是微滴乳液聚合,用一些水溶性的化学试剂如保护胶来阻止生成粒子的集聚,保护胶在生成的聚合物颗粒周围形成一层水化层,阻止粒子之间发生集聚而使粒径增大;另一种方法是控制单体的浓度,如饥饿加料法,严格控制滴加单体的速度,使单体液滴不能够存在,因为单体浓度非常低,加入后马上被链增长或者生成自由基粒子所消耗。所以采用不同滴加单体的方法可以在一定范围控制聚合物粒子的粒径。

3. 引发剂

对于正相微乳液聚合,为保证聚合反应发生在单体液滴中,要求引发剂不溶于水,而溶于这些液滴,在液滴中引发聚合,这些液滴就形成聚合物颗粒。而在反相微乳液聚合中,比较适合使用水溶性引发剂。但是用油溶性引发剂引发的微乳液聚合实际上比水溶性引发剂慢。由于油溶性引发剂在单体液滴中分解生成两个自由基,很容易发生链终止反应。而水溶性引发剂在水中分解成自由基,然后进入单体液滴,自动终止反应要小得多。

第 7 章　SBS 嵌段共聚物阴离子聚合工艺

7.1　概　　述

阴离子聚合是以负离子为增长活性中心而进行的链式加成聚合反应。在阴离子聚合反应中,烯类单体的取代基具有吸电子性,使双键带有一定的正电性,具有亲电性,凡电子给予体如碱、碱金属及其氢化物、氨基化物、金属有机化合物及其衍生物等都属亲核催化剂。阴离子聚合反应的引发过程有两种形式:①催化剂分子中的负离子;②碱金属把原子外层电子直接或间接转移给单体,使单体成为游离基阴离子。阴离子聚合反应常常是在没有链终止反应的情况下进行的。许多链增长过程中的碳阴离子有颜色,如体系非常纯净,碳阴离子的颜色在整个聚合过程中会保持不变,直至单体消耗完。当重新加入单体时,反应可继续进行,相对分子质量也相应增加,形成具有活性端基的大分子也称为活性聚合物。在没有杂质的情况下,制备活性聚合物的可能性决定于单体和溶剂,如果溶剂(液氨)和单体(丙烯腈)有明显的链转移作用,则很难得到活性聚合物。利用活性聚合物可制得嵌段共聚物、遥爪聚合物等。

阴离子聚合和自由基聚合反应同属连锁聚合反应,聚合反应动力学过程存在链引发、链增长和链终止 3 个步骤等。但是,与自由基聚合不同,阴离子聚合具有许多独特的性质,如聚合体系纯净、无质子供体、阴离子聚合可控制。阴离子聚合还是合成相对分子质量以及分子结构可控窄分布聚合物的最有效方法。

7.1.1　阴离子聚合反应的主要特点

活性阴离子聚合的碳负离子反应中心活性高,极易与水、氧等杂质发生副反应,从而终止活性链。在不同的溶剂中,阴离子增长活性中心种类多,而同一聚合体系中,可能有多种不同类型的活性中心同时增长。这对于聚合反应的速度、聚合物的相对分子质量和其微观结构都具有极大的影响。因此,与自由基连锁聚合不同,阴离子聚合反应具有下列特点:

①引发反应比增长反应快,反应终了时聚合链仍是活的。在活性聚合中,链引发、链增长开始后,只要有新的单体加入,聚合链就将不断增长,相对分子质量随时间呈线性增加,直到转化率达 100%,直到人为加入终止剂后,才终止反应。

②适当调节引发与增长反应的动力学,可制得非常窄的相对分子质量分布(近似于泊松分布)的聚合物。

③通过把不同的单体依次加入到活性聚合物链中,可以合成真正的嵌段共聚物。

④用适当的试剂进行选择性的终止,可以合成具有功能端基的聚合物。

⑤合成聚合物的平均相对分子质量可以从简单的化学计量来控制,且相对分子质量

分布很窄。

在所有的合成方法中,只有阴离子型聚合为合成高分子工业和分子设计提供了一种控制分子结构的最为精巧有效的方法。它可以用于合成特定的嵌段共聚物、支化聚合物和末端带有官能团的聚合物,并同时使所有这些聚合物可控制地获得所设定的分子结构、相对分子质量和相对分子质量分布,从而控制产物的性能,充分地体现分子设计的意图。但是,阴离子聚合反应工艺条件比较严格,任何可能破坏催化剂、影响离子对形态的因素,对聚合反应和产物的结构都有严重的影响。如阴离子型聚合对水含量极为敏感,因此,阴离子型聚合不能用水作为反应介质,单体与反应介质中水的含量也应严格地控制在允许的范围之内。而对像醇、酸其他带有活泼氢和 O_2、CO_2 一类能破坏催化剂使之失去活性的杂质,也应该严格控制其含量,阴离子型生产聚合工艺条件要比一般自由基聚合反应工艺要求更加严格。

7.1.2　影响阴离子聚合动力学的因素

影响阴离子聚合反应速率、聚合物相对分子质量及其分布的因素主要是溶剂、反离子和聚合温度,其次还有缔合作用。

(1) 溶剂对聚合速率的影响

溶剂和中心离子的溶剂化作用能导致增长活性中心的形态和结构发生改变,从而使聚合机理发生变化。非极性溶剂不发生溶剂化作用,增长活性中心为紧密离子对,不利于单体在离子对之间插入增长,从而聚合速率较低。极性溶剂,导致离子对离解度增加,活性中心的种类增加。活性中心离子对离解度增加,松对增加,有利于单体在离子对之间插入增长,从而提高聚合速率。

阴离子活性增长链容易发生向质子溶剂(如水、醇和酸等)转移反应,影响聚合物的相对分子质量,特别是质子酸为阴离子聚合的阻聚剂。溶剂的引入,使单体浓度降低,影响聚合速率。

(2)反离子对聚合速率的影响

在溶液中,离子和溶剂之间的作用能力,即离子的溶剂化程度,除与溶剂本身的性质有关外,还与反离子的半径有关。非极性溶剂不发生溶剂化作用,活性中心为紧密离子对。中心离子和反离子之间的距离随反离子半径的增大而增加,从而使它们之间的库仑引力减少。因此在非极性溶剂中,为了提高聚合速率 R_p 应选半径大的碱金属作为引发剂。极性溶剂中发生溶剂化作用,活性中心为被溶剂隔开的松对。溶剂的溶剂化作用随溶剂极性的增加而增加,随反离子半径的增大而减少。反离子半径越小,溶剂化作用越强,松对数目增多,聚合速率增加。在极性溶剂中,为了提高聚合速率 R_p 应选半径小的碱金属作为引发剂。

(3)温度对聚合速率和相对分子质量的影响

温度对阴离子聚合的影响是比较复杂的,一般情况下,反应总活化能为负值,故聚合速率随温度的升高而降低,聚合物的相对分子质量随温度的升高而减小。

7.1.3　SBS 嵌段聚合物结构、性能与应用

SBS 属苯乙烯类热塑性弹性体,是苯乙烯-丁二烯-苯乙烯三嵌段共聚物(Styrene Butadiene Styrene Block Polymer)，称为热塑性丁苯嵌段共聚物或热塑性丁苯橡胶，简称SBS。SBS外观为白色疏松柱状，相对密度为0.92~0.95。SBS具有优良的拉伸强度、弹性和电性能；永久变形小，屈挠和回弹性好，表面摩擦大；耐臭氧、氧和紫外线照射性能与丁苯橡胶类似，透气性优异。由于主链含有双键致使SBS耐老化较差，在高温空气的氧化条件下，丁二烯嵌段会发生交联，从而使硬度和黏度增加。SBS溶于环己烷、甲苯、苯、甲乙酮、醋酸乙酯、二氯乙烷，不溶于水、乙醇、汽油等。

SBS是苯乙烯与丁二烯通过阴离子聚合而制得的三嵌段共聚物，两端为硬链段PS，中间为软链段PB，具有由硬链段微区分散在软链段基体中的微相分离结构，即两相不相容结构。中间软链段为连续的橡胶相，两个末端硬链段聚集而成为不连续的塑料相。PS链段趋于缔合在一起，形成所谓的“缔合区”或聚集区。在正常温度下，聚集区呈硬质球状，约束橡胶段，使之固定下来，对橡胶段既起物理交联作用，又像活性填料一样具有补强效果。在较高的温度下，PS聚集区软化，交联被破坏，可使SBS显现塑性或得以流动。根据合成方法不同，SBS具有线型结构和星型结构两种结构。

线型SBS相对分子质量低(8~12万)，溶解性好，黏度小，内聚强度较低。星型SBS又称辐射型或分支型SBS，相对分子质量高(14~30万)，内聚强度大，物理交联密度大，耐热性和弹性模量比线型SBS高。由苯乙烯(St)和丁二烯(Bd)组成SBS热塑性弹性体，单体比(St/Bd)很重要，它对SBS的性能影响很大。St含量增大，黏度变小，黏结强度、拉伸强度和硬度增加，但弹性和耐溶剂性差。SBS为两相结构，故有两个玻璃化温度T_{g_1}(橡胶相)和T_{g_2}(树脂相)。

SBS在胶黏剂中用途很多，可用于生产接触型胶黏剂，代替氯丁-酚醛型胶黏剂，生产SBS接枝型胶黏剂，或与氯丁橡胶配合生产CR-SBS混合型接枝胶黏剂；生产溶剂型压敏剂、热熔胶、热熔压敏胶；生产纸塑覆膜胶黏剂、聚烯烃胶黏剂；生产建筑胶、建筑密封胶、CR-SBS密封胶、防水卷材专用胶；改性沥青等。

7.2 SBS阴离子聚合体系

7.2.1 催化剂

阴离子聚合体系的核心是作为引发剂的各种亲核试剂，主要有：①无机碱如NaOH、KOH及KNH_2和有机碱R_3N、R_3P；②有机碱及碱土金属如RNa、RLi、RONa和RMgX；③碱金属Li、Na、K、Rb和Cs；④碱金属-碱土金属多环芳烃复合物如萘等。其中，第①、②类属于能给出一对电子的化合物，它们可以通过释放出负离子对单体进行加成而产生引发作用。由于新生成的负离子位于高分子链一端的尾部，界定了它们单官能团引发的范畴。其反式如下：

$$R^-:Me^+ + CH_2=\underset{\phi}{\underset{|}{CH}} \longrightarrow RCH_2\overset{H}{\underset{\phi}{C^-}}:Me^+$$

式中，R为OH^-、NH^-、R^-、RO^-等；φ代表吸电子基团如氰基、羰基、羧基等。

而第③、④类属于能通过电子转移与单体形成负离子产生引发作用的类型。

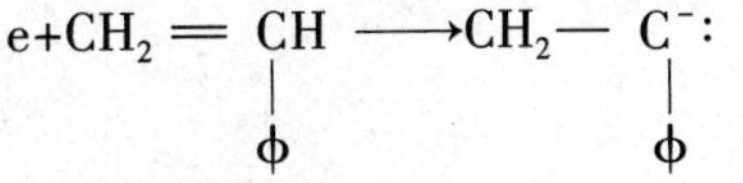

由于产生的阴离子自由基不稳定，可进一步发生反应形成双官能团引发。

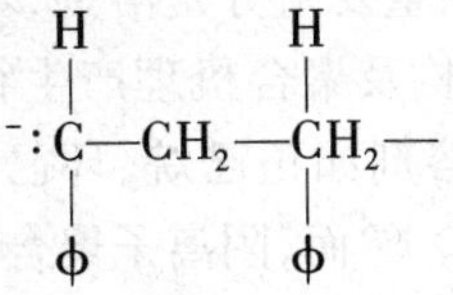

7.2.2　单体

1. 苯乙烯(Phenylethylene)

苯乙烯别名乙烯基苯、乙烯苯、苏合香烯，无色、有特殊香气的油状液体，熔点为 -30.6 ℃，沸点为 145.2 ℃，相对密度为 0.906 0，折光率为 1.546 9，黏度为 0.762(cPa·s)(68 °F)，不溶于水，能与乙醇、乙醚等有机溶剂混溶。苯乙烯在室温下即能缓慢聚合，要加阻聚剂(对苯二酚或叔丁基邻苯二酚(质量分数为 0.0002% ~0.002%)作稳定剂，以延缓其聚合)才能储存。苯乙烯自聚生成聚苯乙烯树脂，它还能与其他的不饱和化合物共聚，生成合成橡胶和树脂等多种产物。

工业用苯乙烯分为一级苯乙烯，纯度大于等于 99.5%；二级苯乙烯，纯度大于等于 99.0%。苯乙烯中主要的阻聚剂是对苯二酚，可以通过减压蒸馏除去。先用质量分数为 10% NaOH 溶液洗一到两次，再用水洗直至检测到水为中性，用无水硫酸镁干燥一夜，过滤以后再减压蒸馏。纯的苯乙烯是无色液体，如果自聚了会变成淡黄色，并且液体黏度也会变大，所以需要低温保存。苯乙烯易燃，为可疑致癌物，具有刺激性，对眼和上呼吸道黏膜有刺激和麻醉作用，对水体、土壤和大气可造成污染。

2. 1,3-丁二烯

1,3-丁二烯是无色无臭气体，熔点为 -108.9 ℃，沸点为 -4.5 ℃，相对密度为 0.62，相对蒸气密度为 1.84，饱和蒸气压为 245.27 kPa (21 ℃)，燃烧热为 2 541.0 kJ/mol，临界温度为 152.0 ℃，临界压力为 4.33 MPa，爆炸上限为 16.3%，引燃温度为 415 ℃，爆炸下限为 1.4%，溶于丙酮、苯、乙酸、酯等多数有机溶剂。易燃，具刺激性，对环境有危害，对水体、土壤和大气可造成污染。

1,3 丁二烯的双键比一般的 C=C 双键长一些，单键比一般的 C—C 单键短些，并且 C—H 键的键长比丁烷中要短，使 1,3-丁二烯分子中的键平均化，即共轭效应。由共轭效应引起的平均化是分子内的一种属性。1,3-丁二烯分子不受外界影响时，其电子云的分布完全对称。但当与 BR 等试剂发生加成反应，由于受到 BR 离子的影响而引起了分子的极化。结果使 C_1 原子的电子云密度增大，略带部分负电荷，而 C_2 的电子密度相应地降低，略带部分正电荷，又由于 C_2 略带部分正电荷，要吸引电子，从而又影响到 C_3 和 C_4 的电子云，使 C_3 略带部分负电荷，C_4 略带部分正电荷。因此，丁二烯烃比较容易发生 1,2 或 1,4 加成，极性溶剂不利于 1,4 加成。在非极性溶剂中，升高温度更有利于 1,2 结构含量的增加;而在极性添加剂的参与下的烃类溶剂的聚合中,升高温度更有利于1,4结构含量的增加。

7.2.3　溶剂

构成阴离子聚合体系的第三个重要组分是溶剂,不同的溶剂可能对引发剂的缔合与解缔、活性中心的离子对形态和结构及聚合机理产生特别重要的影响。阴离子聚合广泛采用非极性的烃类(烷烃和芳烃)溶剂如正己烷、环己烷、苯、甲苯等,但也常采用极性溶剂如四氢呋喃、二氧六环和液氨等。然而,阴离子聚合不能采用含有质子的化合物如无机酸、醋酸、三氯乙烯、水、醇等作为溶剂。其他溶剂中含有这类化合物,它们的含量也必须严格控制。因为这类物质易与增长着的负离子反应,造成链终止。在采用烃类化合物溶剂时,为了增加反应速度,常常加入少量含氧、硫、氮等原子的极性有机物作为添加剂。这些物质都是给电子能力较大的化合物,如四缩乙二醇二甲醚、四甲基乙二胺、四氢呋喃、乙醚或络合能力极强的冠醚及穴醚等,促进紧离子对分开形成松离子对,从而促进反应速度的增长。穴醚与阳离子 Rb^+ 的络合物如图7.1所示。由于络合剂的加入,改变了离子对的形态和结构,从而改变了聚合反应机理,并改变了高聚物的微观结构,且其相对分子质量分布也随之加宽。

(a) 穴醚

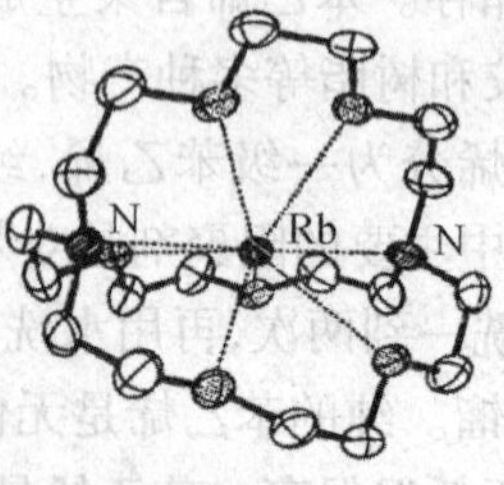

(b) 阳离子 Rb^+

图7.1　穴醚与阳离子 Rb^+ 的络合物

7.3　SBS嵌段共聚物阴离子聚合工艺

热塑性弹性体是指"在常温下显示橡胶的弹性,高温下又能够塑化成型的材料"。为了保持受力制品的弹性和形状,标准的弹性体是以共价键来进行交联的。交联橡胶是热固性材料,不能通过加热使之再次成型。而热塑性弹性体的整个高分子链的一部分或大部分由橡胶弹性的软链段所组成;硬链段作为约束相分散在与之不相容的柔软的橡胶连续相之中。当温度升高时,这些约束成分在热的作用下丧失其能力,聚合物熔化成熔融状而呈现塑性,便于成型加工;低温时约束相又起到物理交联作用,使热塑性弹性体勿需化学交联便可使用,且可以多次成型。苯乙烯-丁二烯-苯乙烯的三嵌段共聚物(SBS)热塑性弹性体可用标准的热塑性塑料的加工设备和工艺加工成型。

7.3.1　线型 SBS 的生产工艺路线

1. 采用单官能团引发剂的三步加料法

以有机锂为引发剂，采用还原电位接近的苯乙烯(S)和丁二烯(B)按以下顺序加入两种单体，苯乙烯(S)的加入总量为 $2x$ moL，丁二烯(B)的加入总量为 y moL：

$$xS+R-Li \longrightarrow (SSS\cdots)_{x-1}S^{-1} \xrightarrow{yB} (SSS\cdots)_x(BBB\cdots)_{y-1}B^{-} \xrightarrow{xS} (SSS\cdots)_x(BBB\cdots)_y(SSS\cdots)_x$$

三步加料法虽然能够制备质量较好的 SBS，但由于单体分批加入步骤较多，引入有害杂质的机会也较多。如当第二阶段加入丁二烯单体时，引入的有害杂质将会使聚苯乙烯发生部分终止，而在第三阶段，加入苯乙烯单体时带入的杂质会导致生成 SB 二嵌段共聚物。而苯乙烯的均聚物和苯乙烯-丁二烯的二嵌段共聚物混在三嵌段共聚物 SBS 中都会影响最终产物的物理性质，特别是二嵌段物 SB 即使含量不多($\geqslant 2\%$)也会产生严重的影响。因此，用该方法生产的产品质量取决于三嵌段共聚物中包含苯乙烯单嵌段和苯乙烯-丁二烯二嵌段物的含量。

2. 采用双官能团引发剂的两段加料法

以双基有机锂为引发剂，加料顺序为

$$xB+LiRLi \longrightarrow B^{-}(BBB\cdots)_{x/2-1}R(BBB\cdots)_{x/2-1}B^{-} \xrightarrow{2yS} (SSS\cdots S)_y(BBB\cdots B)_x(SSS\cdots S)_y$$

两段加料法是指采用双官能引发剂来生产聚丁二烯的中心嵌段 B，再加入苯乙烯以增长两段嵌段的方法。这种方法的一个特点是它适用于单方向嵌段聚合的体系，即 B 嵌段可以引发 A 共聚，而 A 嵌段不能引发 B。另一个特点是第二段加入苯乙烯单体时，虽然杂质可能造成部分 B 嵌段终止，或者是一端终止，形成二嵌段物或者是两端终止，形成单嵌段物。但是从统计学观点来看，发生两端终止的可能性很小，多数终止的 B 嵌段链仍有一个活性链端，因此导致生成部分 BS 的二嵌段共聚物。但是，用此法合成线型 SBS 时，由于双锂引发剂在烃类溶剂中溶解度很小，需要加入部分极性溶剂。当极性溶剂引入聚合体系时，会对聚丁二烯的微观结构产生一定的影响。随选用溶剂的种类不同，链段的微观结构也不同。

3. 二步混合加料法

以单基烷基锂为引发剂，加料顺序为

$$xS+RLi \longrightarrow (SSS\cdots)_{x-1}S^{-1}+yB+xS \longrightarrow (SSS\cdots)_x(BBB\cdots)_{y-2}(SBSBSB\cdots)_{2+m}(SSS\cdots)_{x-m}$$

此种工艺路线比三步加料法可节省一次加料步骤，即在第二步加入丁二烯的同时，把另一半苯乙烯也加入了聚合釜。采用这种加料方法的原理是基于聚苯乙烯基锂活性链端引发丁二烯聚合的能力大于引发苯乙烯聚合的能力，丁二烯的竞聚率和链增长速率常数远远大于苯乙烯的竞聚率和链增长率常数，因此，在第二步反应时，活性苯乙烯优先与加入的丁二烯单体聚合，直到丁二烯基本上转化后，余下的一半苯乙烯最后被引发聚合。两步混合加料法减少了单体的加料次数，从而使杂质进入聚合体系和二嵌段共聚物的生成率随之减少。但是在丁二烯和苯乙烯作为单体同时存在时，尽管丁二烯聚合速度相对较快，但仍难免有少量的苯乙烯单体可能与丁二烯共聚，尤其是在丁二烯聚合的后期，当丁二烯的浓度比率随着聚合的进行不断降低,苯乙烯的浓度逐渐上升时更为突出。这样就降低了原来 SBS 共聚物中有两相的不相容性,导致更多的相混合,这无疑会降低产品的抗张强度。

7.3.2 线型 SBS 的生产工艺(三步法)

1. 原料

三步法制 SBS 的主要原料有苯乙烯、丁二烯、环己烷、己烷、异戊烷、加氢汽油及引发剂丁基锂等。助剂有分散剂、稳定剂及微量杂质去除剂等。

2. 制备 SBS 的典型配方及工艺条件

工业生产 SBS 的典型配方及工艺条件见表 7.1。

表 7.1 SBS 的典型配方及工艺条件

成分(质量分数)	通用型/%	充油型/%	通用型/%
丁二烯	70	60	60
苯乙烯	30	40	40
环己烷	500~800	500~700	—
己烷	—		—
苯	—	—	600~800
引发剂	0.1~0.3	0.07~0.25	0.1~0.3
稳定剂	1~2	1~2	1~2
加氢催化剂	—	—	—
环烷油	—	30~50	—
其他助剂	0.5~1.5	0.5~1.5	0.5~1.5
聚合温度/℃	40~80	40~80	40~80
反应时间/h	2~8	2~8	2~8

3. 三步加料法制取 SBS 的工艺过程

三步法制备 SBS 包括原材料精制、三嵌段物的制备、SBS 的脱气及橡胶的造粒、包装等 4 个重要工序,其聚合流程如图 7.2 所示。将引发剂、溶剂、苯乙烯及丁二烯经检测合格后,分别溢流至计量槽,再用泵按三步加料法的顺序打入聚合釜并在釜内加入配制好的有机锂溶液。因为嵌段共聚反应的嵌段序列和嵌段链的相对分子质量分布受到加料顺序的控制和反应温度的影响,所以聚合反应应严格控制加料顺序和聚合反应温度。聚合反应结束后,共聚物溶液经过过滤器送去与加有防老剂的环己烷溶液强化混合,经中和送至脱气干燥段。脱气干燥后,橡胶溶液再经过一系列后处理干燥包装入库。

(1)原料的精制

生产 SBS 的难点是对杂质敏感,对原料质量要求高。聚合过程中首先要避免水、醇、酸、胺、空气和微量氧等杂质,要求其含量最多不超过 0.05%。单体及溶剂中普通的杂

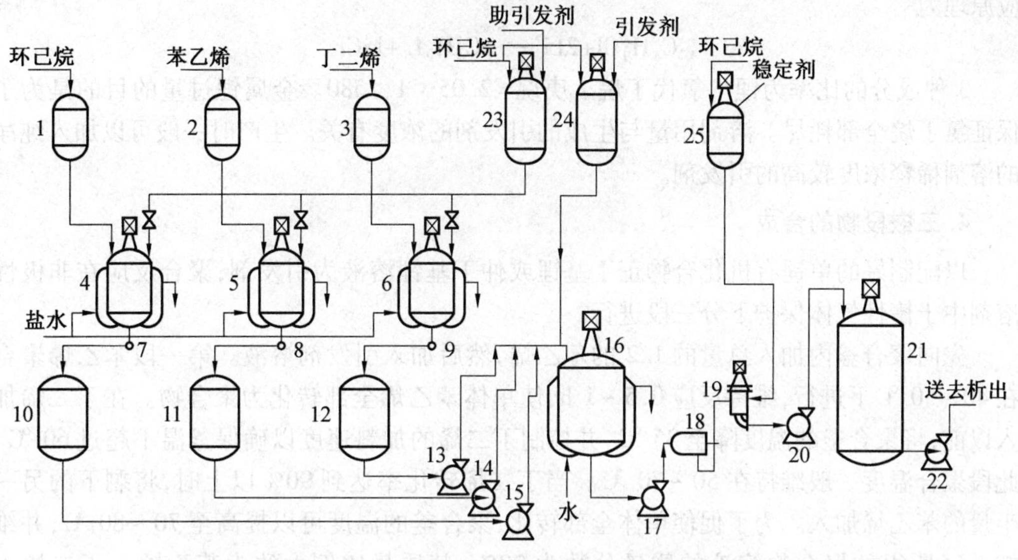

图 7.2　三步加料法制取 SBS 的聚合流程

1、2、3、10、11、12—计量槽；4、5、6—滴定槽；7、8、9—视镜；13、14、15、17、20、22—泵；16—聚合釜；18—过滤器；19—强化混合器；21—中间储槽；23、24—引发剂制备槽；25—稳定剂制备槽

质，往往来源于它们的生产过程，如苯乙烯中的乙苯、二乙烯基苯、二烯中的过氧化物、环己烷中的苯等，也需要严格地除去。纯化单体和溶剂一般可采取精馏或其他净化方法如采用硅胶、活性炭、γ-氧化铝和分子筛来除去杂质和水分等。在三步加料法生产 SBS 时，经过纯化处理后的溶剂、单体苯乙烯和丁二烯，须用有机锂溶液滴定，其终点可以通过相应的视镜观察发现滴定至溶液呈淡棕色为止。

(2)引发剂的配制

在伯、仲、叔三种丁基锂引发剂中，前两种在工业生产和实验室外中应用得最为广泛，它们的配制过程如图 7.3 所示。

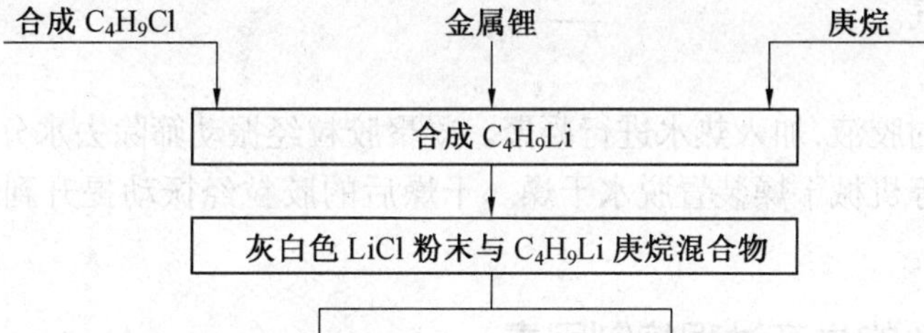

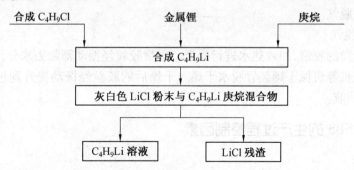

图 7.3　伯、仲丁基锂引发剂的配制过程

在 C_4H_9Li 的合成体系中，加热抽真空除去微量的吸附水和系统中的空气，冷却通入氩气。加入金属锂和约 1/3 的溶剂，保持温度 50 ~ 60 ℃，逐渐滴入氯代丁烷和剩余的溶液。滴完后继续反应 5 ~ 6 h。生成物上层为无色透明的 C_4H_9Li 庚烷溶液，下层为灰白色的 LiCl 粉末。将上层液体经过滤即可得到理论量约 70% 的烷基锂引发剂溶液。上述反

应原理为

$$C_4H_9Cl+2Li \longrightarrow C_4H_9L_i+LiCl$$

3 种成分的比率为锂：氯代丁烷：庚烷=2.05：1：580。金属锂过量的目的是为了保证氯丁烷全部耗尽。溶剂用量与生成的引发剂的浓度有关。生产时一般可以加入纯净的溶剂稀释浓度较高的引发剂。

4. 三嵌段物的合成

以配制好的单锂有机化合物正丁基锂或仲丁基锂溶液为引发剂，聚合反应在非极性溶剂中于惰性气体保护下分三段进行。

先向聚合釜内加入总量的 1/2 的苯乙烯，然后加入引发剂溶液。第一段苯乙烯聚合在 40～50 ℃下进行，维持反应 0.5～1 h，使单体苯乙烯全部转化为聚合物。在丁二烯加入以前，将聚合釜的温度降至 35 ℃，并控制丁二烯的加料速度以确保釜温不超过 60 ℃，此段聚合温度一般维持在 50～70 ℃。当丁二烯转化率达到 90% 以上时，将剩下的另一半量的苯乙烯加入。为了促使单体全部转化，聚合釜的温度可以提高至 70～80 ℃，并维持 1 h，所得的聚合物溶液的质量分数为 20%，其质量比例大致为苯乙烯：丁二烯：溶剂=6：14：80。

5. SBS 的脱气

SBS 嵌段共聚反应中，由于有机锂引发剂活性高，用量仅为单体量的 0.1% 左右。不用脱出残留在聚合物中的引发剂，阴离子聚合反应的单体基本上 100% 转化为高聚物，因此，SBS 的脱气段实际上只需脱除溶剂不需要回收单体。SBS 的脱气可采用 SBS 胶液的干法脱气和湿法脱气两种方式。

(1) 干法脱气

嵌段共聚物胶液首先进入以蒸气夹套加热，并在装有搅拌装置的卧式浓缩器中，浓缩至聚合物质量分数约 26%，然后进入双辊脱气箱。该箱分为上下两室，当共聚物胶液落到热辊上后，即均匀地分布在整个辊上，从而在脱气箱上室中初步脱除溶剂，而在下室的工作辊上彻底脱气。

(2) 湿法脱气

来自聚合段的胶液，加入热水进行凝聚。凝聚胶粒经振动筛除去水分，再经挤压脱水机和挤压膨胀机等机械干燥装置脱水干燥。干燥后的胶粒经振动提升到包装机，称重包装，溶剂精制回收。

7.3.3 SBS 的生产过程控制因素

1. 引发剂

工业上制备 SBS 常用有机锂化合物作为引发剂，不同分子结构的丁基锂引发剂对于同类单体有不同的引发效果。当采用仲丁基(s-丁基锂)锂来合成热塑性弹性体时，具有高的引发速度，可获得相对分子质量分布窄的聚合物。但是当采用正丁基锂(n-丁基锂)时，由于它的反应速度慢，会使部分丁基锂残存在嵌段聚合的各个阶段内，造成相对分子质量分布加宽，并生成双嵌段共聚物和均聚物。这种引发效果的不同，可主要归因于非极性烃类溶剂中不同丁基锂的缔合度不同。s-丁基锂由于缔合度小,所以引发反应速度快;而 n-丁基锂缔合度相对较大,所以反应速度慢。当然两种引发剂分子结构也有一定的影响。但是正丁基锂性能稳定,易于保存,价格相对便宜。在正丁基锂的烃类溶剂中加入少量活化剂如醚类、叔胺类化合物,便可提高反应速度,获得相对分子质量分布窄的聚合物。当控制[THF]/n-BuLi 用量为(0.5~2):1 时,就能满足合成 SBS 的速度要求,且对二烯烃嵌段链微观结构影响不大。

2. 杂质含量

由溶剂和单体带来的水、氧、二氧化碳、醇、酸、醛、酮等能与引发剂有机锂发生反应,使引发剂失活或活性链终止,降低引发效率,产生单嵌段和二嵌段物等。这些杂质的允许含量必须降至最低限度,一般含量只有万分之几,甚至十万分之几。其反应式如下:

$$RLi+H_2 \longrightarrow R{-}H+LiOH$$

$$RLi+C_2H_3OH \longrightarrow R{-}H+C_2H_5OLi$$

$$RLi+HCl \longrightarrow R{-}H+LiCl\downarrow$$

3. 聚合温度和反应时间

聚合温度对于阴离子聚合体系有重要的影响。一般来讲,升高温度可以加快聚合速度,却对活性聚合物的稳定不利,得不到单分散性的高聚物。体系的聚合温度应根据不同的单体、溶剂、引发剂及反应的转化率等因素来决定。在制备 SBS 过程中,较难控制的步骤是由聚苯乙烯基锂引发丁二烯聚合生成聚苯乙烯-聚丁二烯(SB)链段,此时丁二烯的转化率与温度和时间的关系如图 7.4 所示。图 7.5 为压力小于等于 0.98 MPa 和相应的聚合温度条件下,丁二烯和苯乙烯单体转化率与反应时间关系曲线。由图 7.5 可见,单体在开始浓度较大的情况下反应较快,放热较多,所以此时反应温度应控制较低(约50 ℃),0.5 h 后逐渐升温至55 ℃,约再经过 2 h,丁二烯基本上全部转化,此时加入苯乙烯可以认为是适时的。然后升温至 70~80 ℃,以加快聚合反应,此段聚苯乙烯的形成只需要 0.5~1 h。

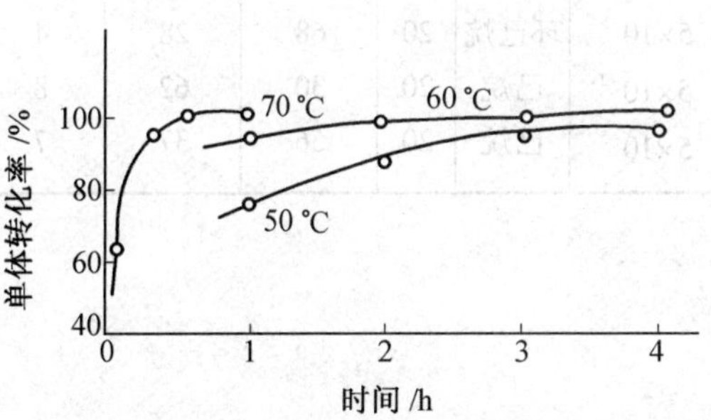

图 7.4　聚苯乙烯-聚丁二烯(SB)链段聚合时丁二烯转化率与聚合温度和时间的关系

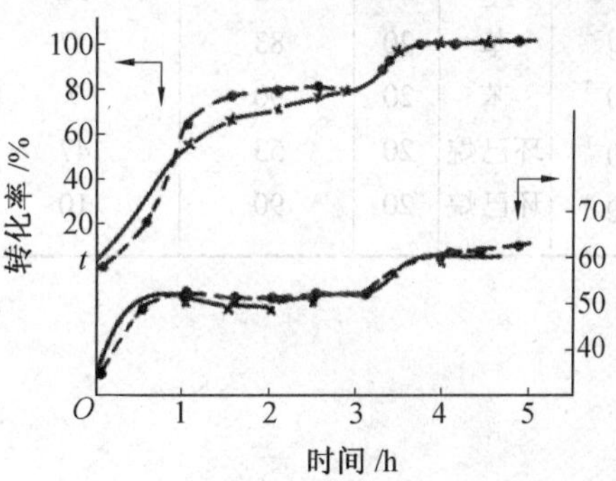

图 7.5　在不同温度下丁二烯和苯乙烯的转化率与反应时间的关系

4. 溶剂和极性添加剂

溶剂和极性添加剂对聚合 SBS 的影响主要包括对引发剂有机锂在非极性溶剂中缔

合的影响和对嵌段物微观结构的影响。有机锂在非极性溶剂中容易产生缔合现象。

$$(R^-Li^+)_n \rightleftharpoons (R^-Li^+)_{n-1} + R^-Li^+$$

当 R=i-Bu、n-Bu、s-Bu 时,缔合数 n 不相同。当 n 增大时,引发效率低。极性溶剂能够破坏缔合离子对,如 THF 介电常数较大,电子给予指数也高。在此情况下,金属锂原子的最外层轨道接受 THF 中氢原子的电子对形成络合物。这样,由于有相当的自由阴离子存在,聚合速度极快。但是,溶剂和极性溶剂对 SBS 嵌段链微观结构的影响较大。在不同温度下,添加剂的性质和添加量对丁二烯嵌段 1,2-结构的影响见表 7.2 和表 7.3。所以一般极性溶剂只作为添加剂,少量加入烃类溶剂中,加快聚合反应的进行。

表 7.2 极性添加剂和温度对聚丁二烯嵌段 1,2-结构含量的影响

添加剂种类	[添加剂]/[RLi]	1,2-结构的摩尔分数/%			添加剂种类	[添加剂]/[RLi]	1,2-结构的摩尔分数/%		
		30 ℃	50 ℃	70 ℃			30 ℃	50 ℃	70 ℃
三乙胺	270	37	33	25					
乙醚	12	22	16	14	TMEDA①	91.14	76	61	46
乙醚	96	36	26	23	DPE②	1	99	68	31
四氢呋喃	5	44	25	20	DPE	10	99	95	34
TMEDA①	85	73	49	46					

注:①N,N,N′,N′-四甲基乙烯基二胺;

②1,2-二哌啶基乙烷

表 7.3 溶剂极性对聚丁二烯嵌段微观结构的影响

引发剂浓度/(mol·L^{-1})	溶剂	温度/℃	微观结构的摩尔分数/%		引发剂浓度/(mol·L^{-1})	溶剂	温度/℃	微观结构的摩尔分数/%		
			反式-1,4	顺式-1,4				反式-1,4	顺式-1,4	1,2-链节
5×10^{-1}	苯	20	62	38	5×10^{-3}	环已烷	20	93	93	7
5×10^{-2}	苯	20	83	17	5×10^{-5}	苯	20	52	36	12
5×10^{-3}	苯	20	90	7	5×10^{-5}	环已烷	20	68	28	4
5×10^{-1}	环已烷	20	53	47	5×10^{-2}	已烷	20	30	62	8
5×10^{-2}	环已烷	20	90	10	5×10^{-5}	已烷	20	56	37	7

第 8 章　PVDF 超滤膜制备工艺及亲水改性技术

8.1　概　　述

膜技术作为一种新型的分离方法，与传统的分离技术相比，膜技术具有分离效率高、选择性高、能耗低、无相变、操作简单、占地面积少、无污染等优点，特别是采用膜分离技术进行水处理过程可以实现化学分离和微生物分离双重功效。因此，膜技术已经广泛有效地应用于化学工业、三废处理、食品加工、海水淡化、医药技术等领域。

膜可以为气相、液相和固相。膜的形式也主要以平板式和中空纤维式为主，如图 8.1 和图 8.2 所示。两种膜形式各有特点，平板膜的制备方便快捷，通常在研究开发新材料的过程使用平板膜；而中空纤维膜具有比表面积大、膜组件体积小的特点，在微滤、超滤、纳滤及气体分离等过程中得到了广泛应用。

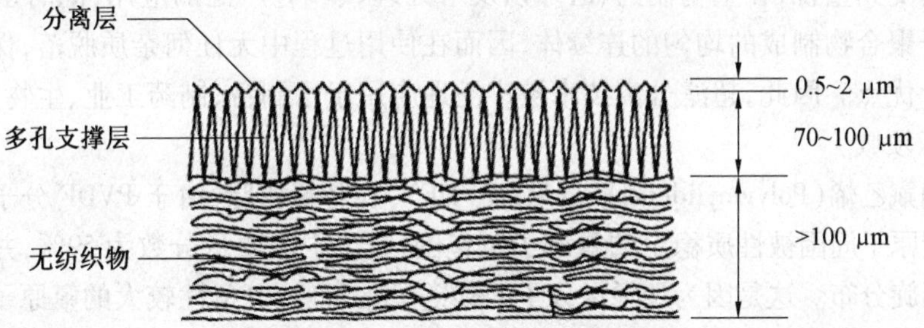

图 8.1　平板膜结构示意图

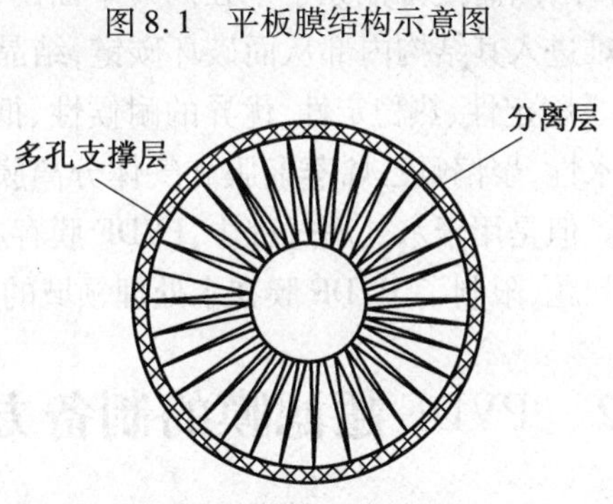

图 8.2　中空纤维膜截面结构示意图

分离膜的功能为：充当两相间的界面，分别与两侧的流体相接触；具有选择透过性，透过介质依据膜孔径大小选择而不是其化学组成。传递过程的推动力可以是压力差、浓度差、温度差或电势差等。其分离原理如图 8.3 所示。

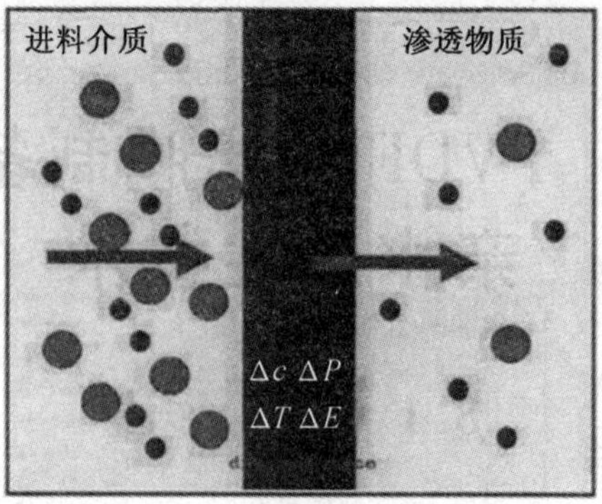

图 8.3　膜分离原理示意图
Δc—浓度差；ΔP—压力差；ΔT—温度度；ΔE—电势差

超滤膜是一种孔径规格一致，额定孔径范围为 1 ~ 10 nm 的微孔过滤膜。在膜的一侧施以适当压力，就能筛出小于孔径的溶质分子，以分离相对分子质量大于 500 道尔顿、粒径大于 1 ~ 20 nm 的颗粒实现将溶液进行净化、分离或者浓缩的目的。超滤是一种能够将溶液进行净化、分离或者浓缩的膜透过法分离技术。它具有不发生相变，能耗低，适用于多种特殊溶液体系的分离，分离装置简单，分离效率高和传质速度快等优点，高分子超滤膜越来越受到重视，在生物制药、医疗以及水处理领域有广泛的应用；同时由于超滤膜是用高分子聚合物制成的均匀的连续体，因而在使用过程中无任何杂质脱落，保证超滤液纯净的独特优点。因此，超滤分离技术被广泛地应用于水制备、制药工业、生物产品加工、石油加工等领域。

聚偏氟乙烯(Polyvinylidene Fluoride，PVDF)，别名氟树脂，由于 PVDF 分子结构中碳链上一半碳原子周围被性质稳定的氟原子所包围，分子中氟质量分数为 59%，并且氟原子沿碳链作螺旋分布。这是因为聚烯烃分子的碳链呈锯齿形，电负性较大的氟原子取代了氢原子后，相邻的氟原子相互排斥，从而使得氟原子不在同一平面内，正由于无间隙的空间屏障使得任何原子或基团都很难进入其结构内部从而破坏碳链，结晶度高达 60% ~ 80%，因此，PVDF 具有机械强度高、化学稳定性、热稳定性、优异的耐候性、抵抗紫外线能力与核辐射能力。利用聚偏氟乙烯强疏水性，聚偏氟乙烯蒸馏膜和气体分离膜在生物医用化学材料等方面有着很多功能性的应用。但是用于水处理过程中，PVDF 膜存在易受有机物质污染、水渗透阻力大和水通量下降等问题，限制了 PVDF 膜在水处理领域的推广应用。

8.2　PVDF 超滤膜的制备方法

聚偏氟乙烯(PVDF)是一种高结晶度的线型分子结构聚合物，PVDF 树脂熔点高、溶解性差，只有少数几种极性溶剂如 N，N-二甲基甲酰胺、N-甲基吡咯烷酮等，因此 PVDF 膜都是用相转化法制成的。所谓相转化法制膜，就是配置一定组成的均相聚合物溶液，通过一定的物理方法使溶液在周围环境中进行溶剂和非溶剂的传质交换，改变溶液的热力学状态，使其从均相的聚合物溶液发生相分离，转变成一个三维大分子网络式的凝胶结构,最终固化成膜。相转化包括溶剂蒸发、控制蒸发沉淀、热沉淀、蒸气相沉淀及溶液沉淀相转化。

8.2.1　溶剂蒸发沉淀

制备相转化膜最简单的方法就是溶剂蒸发。这种方法是将聚合物溶于某种溶剂,然后将聚合物刮涂在适当的支撑板上,如玻璃或其他支撑物,支撑板可以是多孔的或无孔的。进一步在惰性气氛中且无水蒸气的情况下使溶剂蒸发而得到均匀的致密膜。除了刮涂外,也可以采用浸涂或喷涂的方法,使聚合物溶液沉积在某种物质上,然后再行蒸发。

8.2.2　蒸气相分离

由聚合物和溶剂组成的刮涂薄膜置于被溶剂饱和的非溶剂蒸气气氛中。由于蒸气相中溶剂浓度很高,防止溶剂从膜中挥发出来。随着非溶剂渗入(扩散)到刮涂的薄膜中,膜便逐渐形成。利用这种方法可以得到无皮层的多孔膜。在浸没沉淀法中,采用在空气中进行除去溶剂,产生蒸气相沉淀形成膜。

8.2.3　控制蒸发沉淀

控制蒸发沉淀是将聚合物溶解在一个良溶剂和非溶剂的混合溶剂中。由于良溶剂比非溶剂更容易挥发,蒸发过程中非溶剂和聚合物的含量会越来越高,最终导致聚合物沉淀并形成膜。

8.2.4　热沉淀

热沉淀是指把溶于混合物溶剂或单一溶剂的聚合物溶液冷却而导致分相。溶剂的蒸发通常形成带皮层的膜。这种方法常用来制备微滤膜。

8.2.5　溶液沉淀相转化

大部分工业用 PVDF 膜均采用溶液沉淀相转化法制备的。将一聚合物溶液刮涂在适当的支撑体上,然后浸入含有非溶剂的凝结浴中,由于溶剂与非溶剂的交换而导致沉淀,最终膜的结构是由传质和相分离两者共同决定的。

溶液相转化法制膜过程至少包含聚合物、溶剂和非溶剂三种物质,即聚合物、溶剂和非溶剂,成膜过程分为两个阶段。第一阶段为分相过程,当铸膜液浸入凝固浴后,溶剂和非溶剂将通过液膜/凝固浴界面进行相互扩散,溶剂和非溶剂之间的交换达到一定程度,此时铸膜液变成热力学不稳定体系,于是导致铸膜液发生相分离。这一制膜体系的热力学性质以及传质动力学是决定膜孔结构的关键步骤。第二阶段为相转化过程,制膜液体系分相后,溶剂/非溶剂进一步交换,发生了膜孔的凝聚、相间流动以及聚合物富相固化成膜。这一凝胶动力学过程对最终聚合物膜的结构形态影响很大,但不是成孔的主要因素。

8.2.6　溶液沉淀相转化法 PVDF 成膜过程热力学控制

膜的形态决定膜的性能,相分离过程是影响 PVDF 膜结构形态的关键步骤,而聚合物-溶剂-非溶剂三组分之间的热力学平衡是制膜过程控制相分离过程重要因素。图8.4是结晶型聚合物-溶剂-非溶剂体系的相分离过程膜组成变化示意图。三元相图包含三个区域,聚合物和非溶剂浓度较低时的均相区;结晶线和双节线之间的液固两相平衡区;双节线内的液液分相区,包含贫聚合物相和富聚合物相。均相铸膜液浸入凝固浴后,铸膜液不稳定开始分相,由于结晶型聚合物的成核增长出现液固分相,液固分相的程度取决于不稳定的铸膜液组成变化,逐渐地分散相贫聚合物相出现成核增长,而富聚合相则为连续相,同时由于溶剂和非溶剂的交换,导致富聚合物相的黏度增大发生固化,宏观的聚合物的扩散受阻直到溶剂被完全交换,得到完全固化的聚合物膜,此时膜的整个组成包括由富聚合物相构成的骨架和由贫聚合物相构成的膜孔。当聚合物中包含一种亲水性聚合物时,相对于溶剂从铸膜液中的扩散,会增加水向铸膜液中的扩散,导致在较低聚合物浓度时发生聚合物的液液分相和凝胶固化,从而形成多孔膜。此外由于第二组分对水和溶剂的亲和性均增加,会导致发生瞬时相分离,易形成大孔结构,增大其孔隙率。通过对三元相图的分析,铸膜液的热力学主要取决于聚合物、溶剂、添加剂的种类,浓度和它们之间的相互作用。

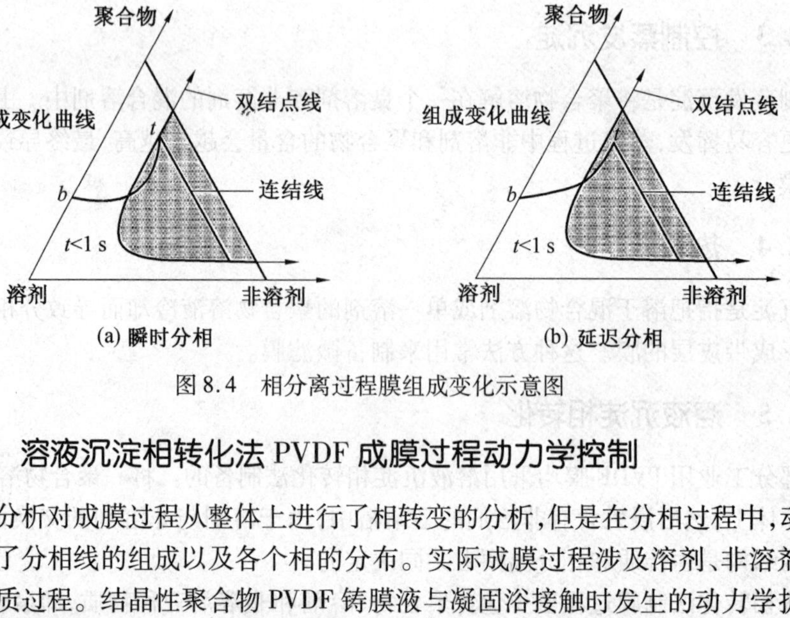

图8.4 相分离过程膜组成变化示意图

8.2.7 溶液沉淀相转化法 PVDF 成膜过程动力学控制

热力学分析对成膜过程从整体上进行了相转变的分析,但是在分相过程中,动力学传质过程决定了分相线的组成以及各个相的分布。实际成膜过程涉及溶剂、非溶剂和聚合物的扩散传质过程。结晶性聚合物 PVDF 铸膜液与凝固浴接触时发生的动力学扩散成膜过程分为瞬时分相和延时分相,成膜过程中的相分离行为主要有三个阶段。第一阶段是逆溶解过程,这一时期铸膜液仍然保持均相状态,而膜内截面方向,因为溶剂的蒸发、气氛中非溶剂的渗入,溶剂和非溶剂的双扩散,开始形成浓度梯度,越过结晶线,发生液液分相,结晶化发生在分相后期,属于瞬时分相,形成较薄皮层和大空腔、海绵孔的非对称结构;第二阶段是先发生液固分相,再发生液液分相,随着溶剂和非溶剂的不断扩散,体系溶解能力持续下降,热力学平衡开始小时,相分离开始;第三阶段是凝胶过程,液液分相和液固分相同时发生,这一过程包括膜孔的凝聚、相间的流动和聚合物富相的凝胶。该阶段对聚合物膜最终形态结构影响很大,是影响膜孔的主要因素,分相过程是决定因素。瞬时液液分相是指浸入凝固浴后立即成膜,一般形成多孔性的皮层,而延时液液分相是指经过一段时间才能成膜，通常得到具有致密皮层的膜。

8.3 PVDF超滤膜结构的影响因素分析

PVDF超滤膜的形式分为平板式和中空纤维式，实际应用较多的是中空纤维式超滤膜，本章重点介绍PVDF中空纤维膜。

8.3.1 PVDF中空纤维膜的结构

相转化法所制备的聚合物膜存在以下几类结构形态：①胞腔状结构，即海绵状孔结构，分连通结构和封闭结构，一般由延迟相分离得到；②粒状结构，通常存在于超滤膜的表层及接近表层的位置，多由瞬时相分离得到；③双连续结构，通常是由聚合物溶液经旋节线液液相分离形成；④乳胶状结构，通常从临界点的下方进入亚稳区，形成具有连续相是贫相结构的膜结构；⑤大孔结构，通过瞬时相分离过程形成于膜的内部。

8.3.2 PVDF中空纤维膜结构影响因素的分析

在相转化法制备中空纤维膜的制备过程中，影响膜结构形态的主要因素是聚合物相对分子质量、浓度、致孔剂种类和含量、表面活性剂以及纺丝条件等。

(1)纺丝溶剂的影响

PVDF结晶度高、溶解性差，只有少数几种极性溶剂才能使其溶解。PVDF的溶解过程一般为先溶胀，后溶解，即溶剂小分子先渗透、扩散到PVDF聚合物大分子之间，削弱大分子间相互作用力，使体积膨胀，然后链段和分子整链的运动加速，分子链松动、解缠结，再达到双向扩散均匀，完成溶解。溶剂与聚合物的相互作用越强，溶剂对聚合物的溶解性越好，聚合物分子在溶液中分散得越均匀。但是，由于溶剂对聚合物的溶解性好，制膜液与凝固浴接触后，相分离过程不易发生，最终会抑制膜结构中大孔的形成从而形成的膜也就更加致密，膜的孔径也较小。

PVDF中空纤维膜纺丝常用溶剂有N,N-二甲基甲酰胺(DMAF)、N,N-二甲基乙酰胺(DMAc)、磷酸三乙酯(TEP)、N-甲基吡咯烷酮(NMP)等。其中二甲基亚砜(DMSO)以NMP为溶剂的铸膜液，在黏度不大的情况下纺膜，膜结构可以保持稳定，这是因为非溶剂水的高速扩散使得外壁皮层在极短的时间内形成，而皮层的形成限制了初生膜内部的进一步凝胶化的速度。

(2)聚合物的浓度和温度的影响

当PVDF浓度较高时，分子间的缠结程度增大，单个分子链已经无法收缩团簇，所以体系黏度会单调升高。随着聚合物浓度的提高，所成膜的表层增厚、孔隙率和孔间互连度下降、孔径减小。水的添加减弱了溶剂小分子和高分子链之间的相互作用，使原本舒展的高分子链收缩团簇，分子与分子之间的作用力减弱，从而导致黏度降低。另外，低黏度液体的加入会有一种“稀释”作用，也可能是黏度下降的原因。

提高温度可以使聚合物溶液的黏度下降，当初生态PVDF纤维进入凝固液时，溶剂与凝固液的双扩散速度加快，引起膜的孔隙率增加。但这种变化趋势在温度高到一定程度时却急剧变小,这是由于温度过高引起溶剂的迅速挥发,反而在中空纤维的表面形成致密的皮层。

(3)纺丝工艺参数的影响

纺丝工艺参数包括纺丝速度、缠绕速度、内凝胶浴流速以及空气段长度,由于这些参数主要涉及物理作用,因此对膜结构的影响不大。纺丝液从喷丝板的挤出速率、芯液挤出速度和环境状况都对膜有一定的影响。缠绕速率与挤出速度对膜结构的影响不大,二者的影响主要来自于制膜过程中,膜所受外力变化,而不涉及物质的交换。因此,主要影响了膜内外径的大小,而对膜内部结构影响不大。

(4)内外凝固浴组成和温度的影响

凝固浴对膜的结构有重要的影响。凝固浴中使用的非溶剂与制膜液中溶剂的亲和性会改变制膜液发生相分离的方式。对于高亲和性的非溶剂/溶剂体系,在发生相分离时,制膜液中溶剂与凝固浴中非溶剂的交换速度快,易于发生瞬时相分离,形成含有皮层的指状孔结构的膜。反之,采用弱内凝胶浴纺膜,以 DMAc 作溶剂的情况下,最终成膜的内壁不均一,膜结构很容易塌陷。利用常用的小分子添加剂,提高铸膜液的黏度,可以得到内壁均一的单皮层膜,但由于黏度太高,铸膜液组成已经非常接近凝胶点组成,纺膜过程中,铸膜液各部分在接触非溶剂后迅速达到凝胶点而固化,聚合物贫相与富相间的传质时间缩短,分子内及分子间的内应力无法消除,从而造成了整个结构出现扭曲或褶皱。向凝固浴中加入第二非溶剂组分,会改变溶剂与凝固浴中非溶剂的交换速度,从而使制膜液的相分离方式发生改变,得到不同结构和性能的微孔膜。当初生态纤维进入凝固液时,溶剂与凝固液的双扩散速度加快,引起膜的孔隙率增加,水通量加大。

芯液是凝固剂(水)或含有溶剂和凝固剂的混合液体。芯液中溶剂的浓度对膜结构和性能的影响是通过影响溶剂-水的双向扩散速率而影响聚合物的凝固过程实现的。双向扩散速度快,形成疏松结构的指状孔结构。双向扩散结构慢,则形成致密结构的蜂窝状孔结构。通过加入不同量的溶剂,降低凝固液和纺丝液之间的化学位,可降低了溶剂和水之间的双向扩散速度,从而得到不同结构的中空纤维膜。

(5)非溶剂添加剂或大分子添加剂的影响

在相转化法制备聚合物分离膜时,常在制膜液中加入添加剂,添加剂通常与凝固浴具有良好的相容性,随着添加剂的加入,三元相图中起始组成的位置将向液-液分相区靠近,同时还可以使液-液分相过程由延时液-液分相转变为瞬时液-液分相,从而形成较高孔隙率的多孔膜。

PVDF 膜的表面结构与截面结构具有相关性。只有纺膜过程中快速形成较致密的皮层,截面才可能产生规则的指状孔。增加铸膜液浓度可以提高其黏度,但随着铸膜液浓度的提高,所成膜的阻力会不断增加,通量逐渐下降。这样得到的单皮层膜,也会有很大阻力,并不是所期望的低阻力微孔膜。另一种提高铸膜液黏度的方法是使用添加剂。大分子添加剂如 PVP、PEG 等可以增加铸膜液的黏度,添加剂 PEG 的含量较高时,得到的膜结构并不是无规则大孔,而是有规则的指状孔结构。但大分子添加剂在成膜后很难完全交换出来,从而会影响到 PVDF 膜的疏水性能。而小分子的添加剂如氯化唑、水等则较容易交换出来。水作为添加剂对铸膜液黏度有较复杂的影响,在铸膜液浓度较低时,水的添加可以降低体系的黏度。这是由于水分子的添加减弱了溶剂分子与高分子的间的相互作用,导致高分子链收缩造成的。水的添加减弱了溶剂小分子和高分子链之间的相互作用,使原本舒展的高分子链收缩团簇,分子与分子之间的作用力减弱,从而导致黏度降低。另外,低黏度液体的加入会有一种“稀释”作用,使体系黏度下降。当 PVDF 浓度较高时,分子间的缠结程度增大,单个分子链已经无法收缩团簇,所以体系黏度会单调升高。

(6)表面活性剂的影响

水与 PVDF 之间的相互作用非常弱,PVDF 的表面张力低达 25 mN/m,而通常作为凝固浴的水表面张力为 72 mN/m,二者表面张力的差异很大。司盘作为表面活性剂,其乳化、渗透作用可以降低水或 LiCl 与 PVDF 之间的界面张力,使得 PVDF 的长链不易在添加剂的影响下收缩,从而保持了黏度的单调上升。表面活性剂的作用是影响铸膜液黏度。PVDF 树脂中氟原子半径小,表面张力低,长期放置的铸膜液会发生凝胶现象。在铸膜液中加入表面活性物质,利用其乳化、渗透性能,可以提高铸膜液的稳定性,而且表面活性剂的存在,能够降低铸膜液的表面张力,加快非溶剂与溶剂的交换速度,易于得到孔径分布较窄的膜。因此,在工业化的中空纤维式超滤膜的生产中,通常会加入表面活性剂。添加 LiCl 或水的铸膜液中,在各自基础上加入增稠剂司盘,则黏度会进一步增加。

(7)添加剂含量对膜结构的影响

用于 PVDF 相转化法成膜的常用添加剂包括氯化锂、水溶性的低分子聚合物如聚乙烯吡咯烷酮(PVP)、聚乙二醇(PEG)等。PVDF 相转化成膜机制可以通过改变铸膜液中添加剂的种类和含量来调控,从而实现对膜结构的调控。

通过添加剂改变铸膜液黏度得到内壁均一的单皮层中空纤维膜,具有一定可行性,通过添加小分子添加剂可以得到高黏度的铸膜液,从而得到单皮层的、形成指状通孔的膜结构,但很难得到高质量的单皮层膜。但是高黏度的铸膜液组成已经非常接近凝胶点组成,纺膜过程中,铸膜液各部分在接触非溶剂后迅速达到凝胶点而固化,聚合物贫相与富相间的传质时间缩短,分子内及分子间的内应力无法消除,从而造成整个结构出现扭曲或褶皱。

(8)聚合物相对分子质量对膜结构的影响

聚合物的相对分子质量与黏度具有相关性,PVDF 溶液的剪切黏度与其相对分子质量成正比。聚合物的相对分子质量与浓度对膜结构的影响类似,在高相对分子质量或高浓度下,其指状孔非常短且远离皮层,在截面的下部发生。这说明纺膜过程中,内凝胶浴的溶剂是不断扩散进入铸膜液的。随相对分子质量的提高,壁厚增大。而以 NMP 作为溶剂,不同相对分子质量的 PVDF 都具有较高的稳定性,膜内壁不均一情况有很大改善。相对分子质量越高,稳定性越好,这与高相对分子质量对应的高黏度是相关的。

8.4　PVDF 超滤膜的亲水改性技术

8.4.1　PVDF 聚合物材料本体亲水改性技术方法

本体改性是在膜的原材料中通过物理共混或化学接枝、共聚等方法将带有亲水基团的物质加入到材料本体结构中,成膜后使亲水基团均匀分布在膜的各个部位,以从根本上改善 PVDF 的亲水性,但是 PVDF 原材料本体改性引入的亲水基团或分子链大部分包裹在材料本体内,在限定引入的亲水基团或分子链只有少数位于膜表面发挥亲水性,改性膜的抗有机物质污染性能和水通量提高程度并不理想,特别是采用共混的方法加入各种亲水添加剂以及一些两亲性共聚物,还存在 PVDF 与添加组分的相容性差异以及添加组分在使用过程的迁移析出问题。

1. PVDF 膜材料本体的物理共混改性

两种或两种以上高分子经过物理混合,形成一种新材料——高分子合金,共混材料性能“优势互补”得到原有材料中所没有的优异性能。聚合物间的相容性直接影响着高分子共混膜的相分离孔的形成与结构,通过调节聚合物合金的相容性可以调节相分离孔的形成和结构,实现提高膜的分离性能和渗透性能的目的。目前,用于与 PVDF 共混提高分离膜性能的聚合物有聚甲基丙烯酸甲酯、聚乙二醇、聚乙烯醇、磺化聚苯乙烯、磺化聚砜、尼龙 6、聚丙烯腈、聚砜、磺化聚芳醚砜、氯甲基化聚砜、聚醋酸乙烯基酯等。除了亲水性聚合物外,还可选用小分子无机粒子如 α 铝粒子、TiO_2 粒子、$A1_2O_3$ 粒子等作为共混材料来改善 PVDF 膜的亲水性。用这种共混溶液制得的膜具有无机材料的亲水性、耐热性和有机 PVDF 的柔韧性,是一种新型的有机/无机复合膜。表 8.1 是 PVDF 超滤膜的几种共混改性膜组成。

表 8.1 共混改性制备亲水性聚偏氟乙烯超滤膜

共混材料	共混比	有机添加剂	无机添加剂	膜构型	使用范围
聚丙烯腈	9 : 1	聚乙二醇 PVP 30K	氯化钠	平板膜	超滤
聚甲基丙烯甲酯	约 9 : 1	无	无	平板膜	
磺化聚砜	8 : 2	PEG 400、 PEG 600 等	氯化锂	平板膜	
聚醚砜	7 : 3	PEG 400	无	中空纤维膜、平板膜	
聚醋酸乙烯酯	约 13 : 1	未知	未知	平板膜	

2. PVDF 膜材料本体的化学改性

PVDF 膜材料本体的化学改性方法有共聚法、接枝法、化学氧化法等。共聚或接枝改性是通过偏氟乙烯与亲水性单体共聚将亲水基团引入到聚合物分子主链结构或生成侧链,或对 PVDF 进行“活化”处理,使其分子链上产生容易氧化或生成自由基的活性点,再选用合适的试剂与“活化”处理后的 PVDF 发生反应,在其分子链上引入羟基、羧基等极性基团或接枝亲水性单体,由该物质的溶液浸没沉淀制得分离膜。经过共聚改性的膜本体亲水性明显提高,且引入的侧链可降低 PVDF 分子链间的次价力,抑制结晶形成,从而影响膜结构。化学氧化法是通过强氧化剂(如 O_3)氧化 PVDF 聚合物使其分子链上产生过氧键,进行热引发聚合接枝亲水性单体,得到两亲性的共聚物,然后将共聚物通过溶液相转化法制备了 PVDF 超滤膜，膜的水通量和抗有机物质污染能力明显提高。

8.4.2　PVDF 超滤膜表面改性技术

针对已成型的 PVDF 超滤膜表面进行亲水改性，目前采用的技术方法有表面涂覆、表面化学处理、表面接枝等。表面改性技术的特点是不改变膜本体的结构和性质，只改善膜表面的亲水性、生物相容性、抗污染性，赋予 PVDF 表面新的功能。PVDF 膜表面改性是指通过紫外射线、高能电子束、γ-射线、等离子辐照、化学处理、表面涂覆等各种方法在 PVDF 超滤膜表面引入各种极性基团或含有亲水基团的分子链段，赋予 PVDF 膜表面的亲水性。其中表面接枝方法能够实现亲水官能团或分子链与 PVDF 膜基材的化学键接，改性膜材料的亲水效果稳定持久，但是容易改变膜材料本体性能和膜表面孔的尺寸及孔径分布，影响膜的水通量，而且极性单体难以接枝到膜孔内。表面涂覆的方法简单易行，但是表面的涂层在使用过程易流失，特别是当溶液温度或者 pH 值改变时，涂层的聚合物或者表面活性剂容易堵塞或者减小膜孔，降低膜的渗透通量。

1. PVDF 表面涂覆改性

利用涂覆物质两亲性结构，其疏水部分的链段与膜表层的 PVDF 分子链之间存在氢键作用，可使具有亲水功能的高分子聚合物在膜表面覆盖，其亲水部分则在膜表面形成保护层。根据膜材料的成膜过程可分为直接法和间接法两种。直接法即在膜的表面直接涂上功能高分子。间接法是将具有功能基团的均聚物或共聚物如甘油、PVP、PEG、壳聚糖的溶液涂覆在基膜上，待溶剂蒸发后将聚合物膜从基膜上脱离。同样采用表面活性剂进行表面涂覆也可以在一定时间内提高和改善膜的通量，但随时间的延长，表面活性剂逐渐脱落，通量下降，最终效果完全丧失。

2. PVDF 膜表面的物理吸附改性

膜表面的物理改性是指采用表面活性剂的亲水基和疏水基在 PVDF 膜表面通过氢键、交联等作用方式，由于亲水基官能团的作用，在溶液与它相接的界面上形成选择性定向吸附，使界面的状态或性质发生改变。表面活性剂在膜表面的吸附使膜表面形成一层亲水层，其带电特性又形成了对蛋白吸附的阻挡作用，从而在增大膜的初始通量的同时又能降低使用过程中通量衰减和蛋白质的吸附。但该方法制备的亲水层易脱落，改性效果持久性差。

3. PVDF 膜表面化学接枝改性

PVDF 膜表面化学接枝改性是指通过化学方法或高能射线辐照法如等离子体、紫外射线、X-射线、γ-射线、α-射线及中子射线在 PVDF 膜表面引入亲水基团或分子链。

(1)化学处理方法

化学处理方法是采用化学处理试剂作用在膜表面上的方法。处理过程在膜表面引入亲水基团如—COOH、—OH 等，这有利于增加膜与水的亲和性。采用强碱(如氢氧化钠和氢氧化钾溶液)与高锰酸钾溶液混合处理 PVDF 膜材料，其表面润湿角从改性前的 80°下降到 35°。但化学处理方法有其局限性，由于 PVDF 聚合物的玻璃化温度很低，在 PVDF 膜表面引入的亲水基团(如—COOH、—OH 等基团)随 PVDF 聚合物分子链的运动易于从表面转入到膜材料本体内,使膜材料表面亲水性下降,改性效果稳定性不好。

(2)等离子体处理方法

等离子体是物质在外电场作用下,由电化学放电、高频电磁振荡而产生的发光的电中性电离气体。电离气体是离子、电子、自由基、激发态的分子、原子的混合体;等离子体可以引发 PVDF 膜材料表面聚合、接枝引入亲水性基团或分子链,提高 PVDF 膜的亲水性。这种处理方法使 PVDF 膜与水的浸润角下降了 70%。等离子接枝是一种气-固相反应,所需能量远比热化学反应低,改性仅仅发生在表面层,因而不影响基材的性能。此方法对 ILSS 有较大提高,还具有处理时间短、效率高等优点。这种方法的缺点是处理时需要较高真空度,因而难以实现工业化,且处理效果的规律性和稳定性不好,以及处理效果存在严重的退化问题。

(3)化学交联方法

通过在 PVDF 合成过程中加入主链中含有能与偏氟乙烯分子反应的官能团的共聚物,或加入少量亲水性功能分子使其与 PVDF 共聚或共混,在 PVDF 主链上引入亲水官能团,但引入的活性官能团多数位于膜基体主链上,只有一少部分位于膜表面,因此,膜表面亲水改性效果不显著。

(4)γ-射线辐照接枝方法

γ-射线的光电子能量高,穿透力强。γ-射线中一个高能粒子可使被辐射物质产生很多激发分子或离子。γ-射线辐射能量在介质中的沉积,使介质分子电离和激发,形成原初化学产物(活性粒子),包括电子、离子、激发分子、自由基和分子。电离辐射与物质相互作用发生能量转移时,首先产生离子对和激发分子,其数量与吸收剂量成正比(吸收剂量为单位质量介质吸收的辐射能),气相时离子对和激发分子的产额基本相等。离子对和激发分子可以直接形成稳定产物,但多数情况下会经过形成自由基的过程。尽管内层电子在相互作用初期能被激发,但吸收的能量很快重新分配,因此,化学上重要的离子和激发分子是通过结合松散的外层电子的激发和电离而形成的。电离辐射对分子中的原子并无选择性激发,但由于高激发态转换为低激发态使得部分激发能定域。有机大分子辐射诱发的裂解发生在多个位点,在作用过程中所生成的活性粒子种类很多。因此,γ-射线能引起某些通常热化学和光化学难以达到的反应,能够在 PVDF 膜表面上引入了种类不同、数量不一的亲水基团,提高 PVDF 膜表面自由能。因此,高能辐照改性可以改变 PVDF 膜材料表面化学组成,引发表面接枝反应,可实现 PVDF 膜表面分子结构设计。另外,γ-射线辐照处理工艺简便,辐照处理时间短(对有机纤维通常需要 1 ~ 10 h)、效率高,操作过程容易控制,产品性能稳定可靠。而且 γ-射线辐照改性 PVDF 膜可以批量处理,适用于工业化生产。

辐照接枝共聚与传统接枝方法相比具有自己的特点,可以完成化学法难以进行的接枝反应。如对固态膜材料进行接枝改性时,化学引发要在固态膜中形成均匀的引发点是困难的,而电离辐射,特别是穿透力强的 γ-射线辐射,可以在整个固态膜中均匀地形成自由基,便于接枝反应的进行;辐射可被物质非选择性吸收,因此比紫外线引发反应更为广泛;辐射接枝操作简便易行,室温甚至低温下也可完成,同时可以通过调整剂量、剂量率、单体性能和向基材溶胀的深度来控制反应;辐射接枝反应是由射线引发的,不需引发剂,可以得到纯净的接枝共聚物。

以丙烯酸为接枝剂,采用 γ-射线辐照接枝方法,对 PVDF 膜进行改性处理,使改性后 PVDF 膜的亲水性大幅提高,与水的润湿角从 80°下降到 33°以下,膜的纯水通量由 300 L/m^2 h提高到 550 L/m^2 h 以上。

8.4.3　PVDF 膜表面亲水改性新技术

近年来对膜表面的接枝改性也有了新的发展。通过原子转移自由基聚合合成 PVDF 接枝共聚物,这种共聚物的结构特点是两亲性梳状结构分子,主链呈疏水性,侧链为亲水性,由于其侧链的支化作用和与水分子的亲和作用,在相转化成膜过程中会自发地迁移到膜的表面处,达到调控分离膜性能的目的。

通过活性可控聚合方式反向加成裂解链转移聚合,直接在 PVDF 膜表面接枝亲水性单体如甲基丙烯酸甲酯、丙烯酸、马来酸等,在 PVDF 膜表面形成亲水性聚合物分子键,且接枝链的末端同样可以作为大分子引发剂继续引发聚合。因此活性可控自由基聚合将成为 PVDF 的膜表面亲水改性一个新方向。

超滤通常用来分离和浓缩溶液中的大分子物质,但它不能除去溶液中的离子,如重金属离子。1985 年,在 NATURE 上报道了以水溶性聚合物络合溶液中的重金属离子,然后通过超滤浓缩溶液中的重金属,以实现对水溶液中微量重金属的测定。在这一方法的启发下,学者们开发了以水溶性聚合物络合-超滤结合过程来分离水溶液中的重金属,并围绕这一方法展开了大量的研究工作。然而,这些研究大多数集中在对聚合物与重金属生成络合物稳定常数的测定、对重金属离子的选择性分离等,很少有为处理重金属工业废水的报道。在这一过程中,为了增大重金属离子的直径必须将重金属离子固定在大分子物质上,这样重金属与大分子物质形成的络合物就可以为超滤膜所截留,从而达到处理重金属废水的目的。通过超滤膜的水脱除了重金属,浓缩液中的重金属和大分子物质均可进一步回收。

第9章　碳纳米管、石墨烯高分子复合材料的制备工艺

9.1 概　述

1991 年,Iijima 利用高倍率透射电镜观察富勒烯时,发现一些看上去被拉长的富勒烯,并且管壁是由六边形碳组成,常常一端封口,这就是最早被发现的碳纳米管。碳纳米管的管壁是由 sp^2 杂化(三价)碳原子形成的六边形网络结构,自组排列成螺旋管状。碳纳米管分两种:多壁碳纳米管(MWCNTs)和单壁碳纳米管(SWNT)。前者包括两个或多个同心石墨烯片组成的柱形壳体,围绕一个中空圆心排列,同时像石墨一样存在约 0.34 nm的间距。相比之下,单壁碳纳米管就是一个石墨烯片圆柱体。虽然它们的直径接近分子尺寸,但是都具有微观晶体结构和固态物理特性,还具有 1000 多长径比。单壁碳纳米管的直径为 1.2 ~6 nm,由于受弯曲诱导应力限制,单碳纳米管能稳定存在最小直径约 0.5 nm。多壁碳纳米管的直径由几纳米到几百纳米。碳纳米管具有独特的力学、电、磁、光学和热性质,其相对密度仅为 0.8 g/cm^3(SWNT)和 1.8 g/cm^3(MWCNTs);弹性模量分别为 1 TPa(SWNT)和 0.3 ~1 TPa(MWCNTs);强度分别为 50 ~500 GPa(SWNT)和 10 ~60 GPa(MWCNTs);电阻系数为 5 ~50 $\mu\Omega \cdot cm$;导热系数为 3 000 W/(m · K);磁化率为 22×10^6 emu/g(垂直平面)和 0.5×10^6 emu/g(平行平面);热膨胀理论可以忽略;热稳定性大于 700 ℃(空气中)和 2 800 ℃(真空中);比表面积为 10 ~20 m^2/g。碳纳米管这些显著优异的性质,使其自从发现以来受到广泛关注,广泛用于光电纳米器件、气体储存纳米材料、场发射器件、催化剂、探测器及高性能复合材料。1994 年,Ajayan 等人首次报道利用碳纳米管作为填充物制备聚合物纳米复合材料,碳纳米管以其优异的性能逐渐替代或补充传统的纳米填料用来制备多功能聚合物基纳米复合材料,从此揭开了碳纳米管/聚合物复合材料的序幕。

石墨烯(Graphene)是一种由碳原子构成的单层片状结构的新材料。它是一种由碳原子以 sp^2 杂化轨道组成六角形呈蜂巢晶格的平面薄膜,只有一个碳原子厚度的二维材料。石墨烯一直被认为是假设性的结构,无法单独稳定存在,直至 2004 年,英国曼彻斯特大学物理学家安德烈 · 海姆和康斯坦丁 · 诺沃肖洛夫,成功地在实验中从石墨中分离出石墨烯,而证实它可以单独存在,两人也因“在二维石墨烯材料的开创性实验”为由,共同获得 2010 年诺贝尔物理学奖。

石墨烯是目前世上最薄同时也是最坚硬的纳米材料,它几乎是完全透明的,只吸收 2.3% 的光;导热系数高达 5 300 W/(m · K),高于碳纳米管和金刚石,常温下其电子迁移率超过 15 000 $cm^2/(V \cdot s)$,又比纳米碳管或硅晶体高,而电阻率只约 $10^{-6}(\Omega \cdot cm)$,比铜或银更低,为目前世上电阻率最小的材料。因为它的电阻率极低,电子迁移的速度极快,

因此被期待用来发展出更薄、导电速度更快的新一代电子元件或晶体管。由于石墨烯实质上是一种透明、良好的导体,也适合用来制造透明触控屏幕、光板,甚至是太阳能电池。石墨烯的应用范围广阔,根据石墨烯超薄、强度超大的特性,石墨烯可被广泛应用于各领域,比如超轻防弹衣、超薄超轻型飞机材料等。根据其优异的导电性,使它在微电子领域也具有巨大的应用潜力。石墨烯有可能会成为硅的替代品,制造超微型晶体管,用来生产未来的超级计算机,碳元素更高的电子迁移率可以使未来的计算机获得更高的速度。另外石墨烯材料还是一种优良的改性剂,在新能源领域如超级电容器、锂离子电池方面,由于其高传导性、高比表面积,可适用于作为电极材料助剂。

9.2 碳纳米管的共价化学修饰

众所周知,碳纳米管(图9.1)在聚合物中的溶解性、分散性和应力传递必须最大化才能使碳纳米管聚合物基复合材料达到最佳的性能。碳纳米管为无机材料,与有机聚合物制备复合材料时,二者相容性较差,如果没有经过精心设计碳纳米管和聚合物之间的界面,应力传递将会较弱,当集束现象出现时,碳纳米管和围绕碳纳米管的聚合物链之间很容易滑移。因此,功能化碳纳米管对于合成聚合物基复合材料极其重要。一般来说,通过功能化碳纳米管合成的聚合物基复合材料展示出极好的力学性能,这是因为功能化使碳纳米管的纯度和分散性有了很大提高,界面结合力增强,使应力应变传递效果得到显著改善。化学功能化或超声法处理碳纳米管是目前广泛使用的方法,用来提高碳纳米管在溶剂中的分散性。良好的分散性将会避免碳纳米管在制备聚合物复合材料过程中出现团聚现象。

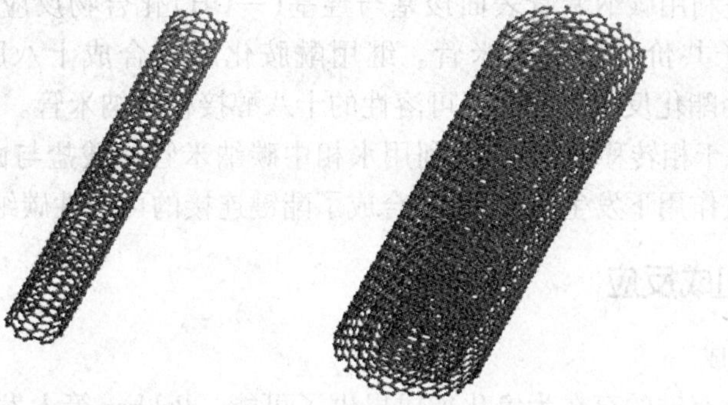

图9.1 单壁碳纳米管和多壁碳纳米管的结构

9.2.1 羧基化反应

强酸氧化使碳纳米管表面产生羟基、羧基等有机基团,是碳纳米管化学修饰研究最早,也是目前最为成熟的方法。碳纳米管在强酸氧化过程中会被“化学切割”而变短,其封闭的管端形成开口。开口碳纳米管端含有一定数量的羟基与羧基。羧基衍生反应的多样化,为制备可溶性和功能性的碳纳米管开辟了许多新的方向,并已成为碳纳米管化学修饰的重要方法。羧基化反应可进一步分为酰胺化反应和酯化反应两类。

(1)酰胺化反应

酰胺化反应是利用碳纳米管表面的羧基与含氨基($—NH_2$)的化合物,通过羧基酰卤化后再与氨基反应或直接与氨基缩合,形成以酰胺键(CONH)连接的有机分子共价修饰碳纳米管(图 9.2)。Haddon 等人利用酸化 SWNTs(SWNT-COOH)与 $SOCl_2$ 反应形成 SWNT-COCl,再与十八胺反应,生成十八胺接枝 SWNTs。

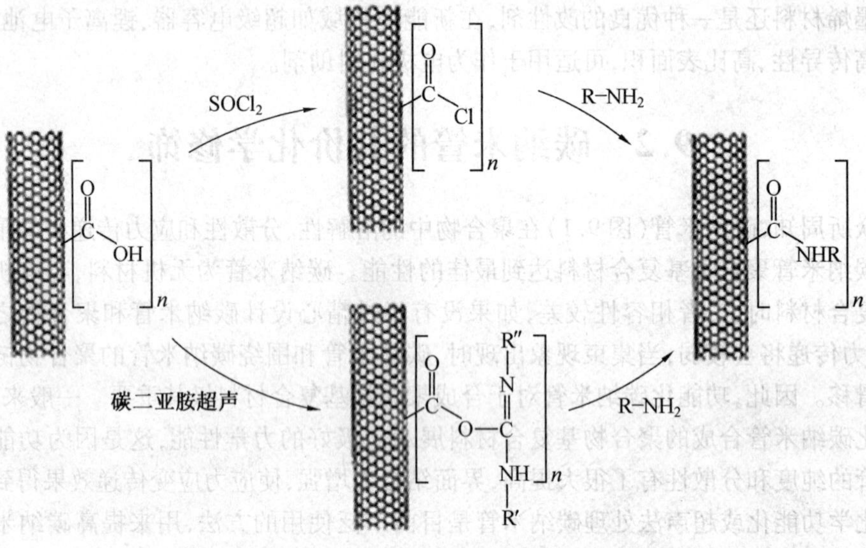

图 9.2 酰胺化反应修饰碳纳米管的示意图

(2)酯化反应

酯化反应是利用碳纳米管表面羧基与羟基(—OH)化合物反应,形成酯键(COO—)连接的有机分子共价修饰碳纳米管。继用酰胺化反应合成十八胺接枝碳纳米管后,Haddon等人采用酯化反应也合成了可溶性的十八醇接枝碳纳米管。

Guo 等人基于相转移催化原理,利用水相中碳纳米管羧酸盐与卤代烷在相转移催化剂四辛基溴化铵作用下发生酯化反应,合成了酯键连接的可溶性碳纳米管。

9.2.2 加成反应

(1)氢化加成

碳纳米管上双键的存在为氢化加成提供了可能。Pekker 等人发现,利用金属锂(Li)和甲醇在液氨中对 SWNTs 进行还原(Birch 还原)生成了 C—H 键,其氢化 SWNTs 的化学式为 $C_{11}H$,并可在 400 ℃以上发生分解,产生氢气和少量的甲烷气体。Dai 等人发现氢化碳纳米管的电导系数显著减小,而半导体特性显著增加。

(2)氟化加成

Margrave 等人借鉴石墨的氟化反应制备了高氟化程度的碳纳米管。然而,无论是氢化加成,还是氟化加成都会使碳纳米管石墨烯片层中的部分碳原子从 sp^2 杂化变为 sp^3 杂化,改变其电子结构。

(3)自由基加成

活性自由基容易在碳纳米管 sp^2 杂化碳上发生加成反应。Tour 等人在有机介质和水中,以碳纳米管为电极,利用电化学还原法将芳香重氮盐产生的芳香自由基通过电子转移的方式,加成在碳纳米管上形成 C—C 键,部分碳原子从 sp^2 杂化转化为 sp^3 杂化。苯胺衍生物在异戊基硝酸盐作用下也可原位产生芳香自由基,与 SWNTs 加成得到侧壁共价修饰碳纳米管,如图 9.3 所示。

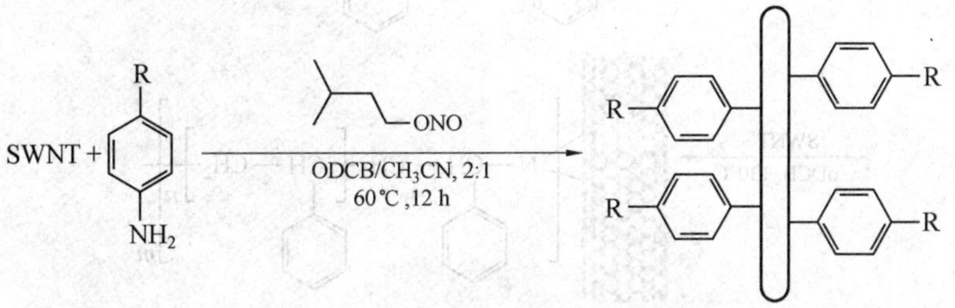

图 9.3　芳香重氮盐原位产生芳香自由基加成碳纳米管

(4)1, 3-偶极环加成

Prato 研究小组借鉴修饰 C_{60} 的反应,通过 α-氨基酸和醛缩合得到亚甲胺基叶立德(Azomethine Ylides),然后利用亚甲胺叶立德 1,3-偶极环加成反应对碳纳米管侧壁加成(图 9.4),并研究了共价修饰碳纳米管的生物相容性、生物活性和神经传输等性质。

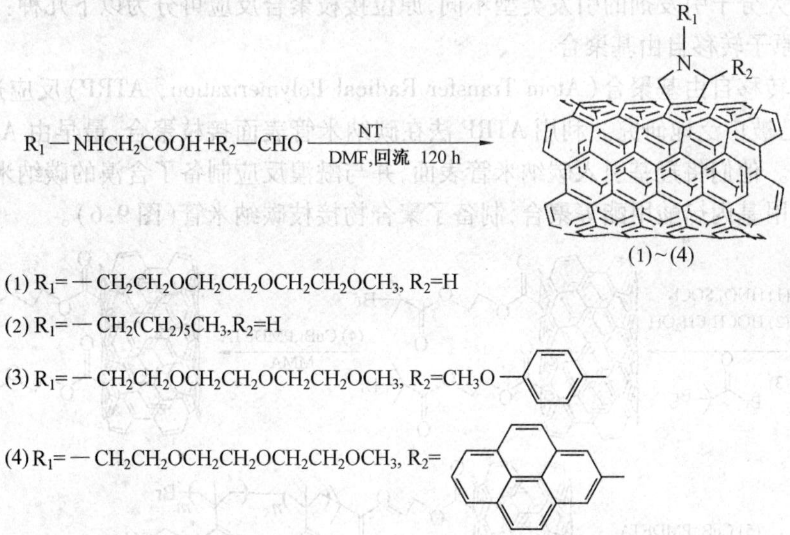

图 9.4　亚甲胺基叶立德 1,3-偶极环加成反应修饰碳纳米管

(5)氮烯环加成

将有机分子或聚合物预先反应形成叠氮化衍生物,叠氮化物易受热分解形成氮烯(nitrene),进而利用氮烯环加成实现碳纳米管的化学修饰(图 9.5)。此外,还可用亲电加成、亲核加成等共价修饰碳纳米管。

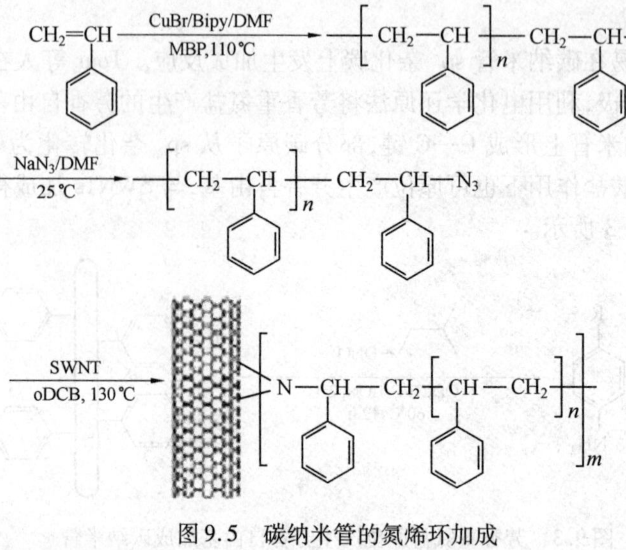

图 9.5 碳纳米管的氮烯环加成

9.2.3 原位聚合修饰

聚合物共价修饰碳纳米管，主要是以有机功能小分子修饰的碳纳米管为引发剂，原位引发单体聚合而制备的。碳纳米管引发剂可通过羧基化反应、加成反应预先合成。依据碳纳米管大分子引发剂的引发类型不同，原位接枝聚合反应可分为以下几种：

(1)原子转移自由基聚合

原子转移自由基聚合(Atom Transfer Radical Polymerization, ATRP)反应进行固体表面接枝，已被广泛地研究。利用 ATRP 法在碳纳米管表面接枝聚合，最早由 Adronov 研究小组报道。他们将羟基引入碳纳米管表面，并与酰溴反应制备了含溴的碳纳米管引发剂，进而引发甲基丙烯酸甲酯等聚合，制备了聚合物接枝碳纳米管(图 9.6)。

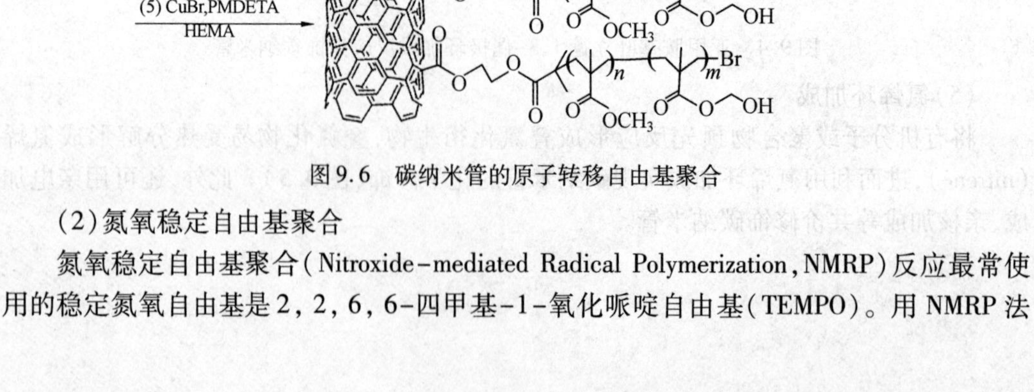

图 9.6 碳纳米管的原子转移自由基聚合

(2)氮氧稳定自由基聚合

氮氧稳定自由基聚合(Nitroxide-mediated Radical Polymerization, NMRP)反应最常使用的稳定氮氧自由基是 2, 2, 6, 6-四甲基-1-氧化哌啶自由基(TEMPO)。用 NMRP 法

预先合成了不同相对分子质量的 TEMPO 封端的聚乙烯基吡啶，TEMPO 端受热分解生成大分子链自由基加成在碳纳米管上，从而得到了可溶性的聚乙烯基吡啶接枝碳纳米管复合材料。

(3)可逆加成-断裂链转移聚合

可逆加成-断裂链转移(Reversible Addition Fragmentation Chain-transfer, RAFT)聚合是 Moad 等人在 1998 年提出的。在 RAFT 反应中，常加入双硫酯衍生物作为转移试剂，与增长链自由基形成休眠中间体，限制增长链自由基之间的不可逆双基终止副反应，使聚合反应得以有效控制。这种休眠中间体可自身裂解，从对应的硫原子上再释放出新的活性自由基，结合单体形成增长链。由于加成或断裂的速率要比链增长的速率快得多，双硫酯衍生物在活性自由基与休眠自由基之间迅速转移，使相对分子质量分布降低，从而使聚合体现活性/可控的特征(图 9.7)。

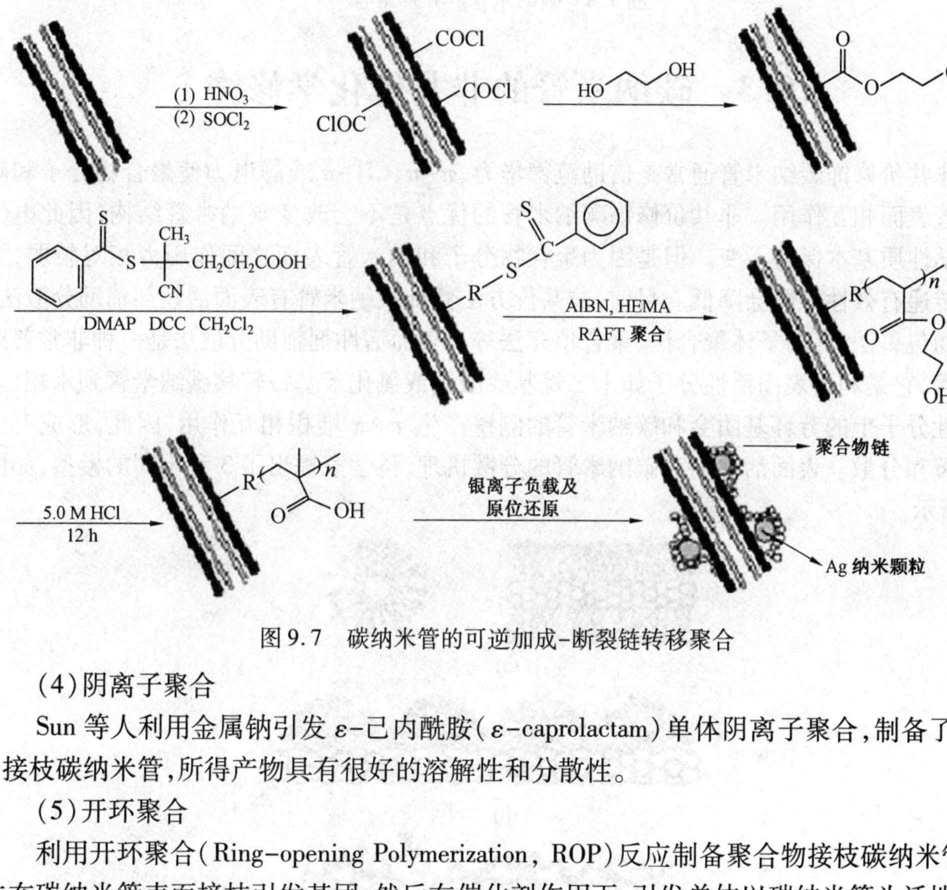

图 9.7　碳纳米管的可逆加成-断裂链转移聚合

(4)阴离子聚合

Sun 等人利用金属钠引发 ε-己内酰胺(ε-caprolactam)单体阴离子聚合，制备了尼龙 6 接枝碳纳米管，所得产物具有很好的溶解性和分散性。

(5)开环聚合

利用开环聚合(Ring-opening Polymerization, ROP)反应制备聚合物接枝碳纳米管，预先在碳纳米管表面接枝引发基团，然后在催化剂作用下，引发单体以碳纳米管为活性中心原位进行链增长(图 9.8)。

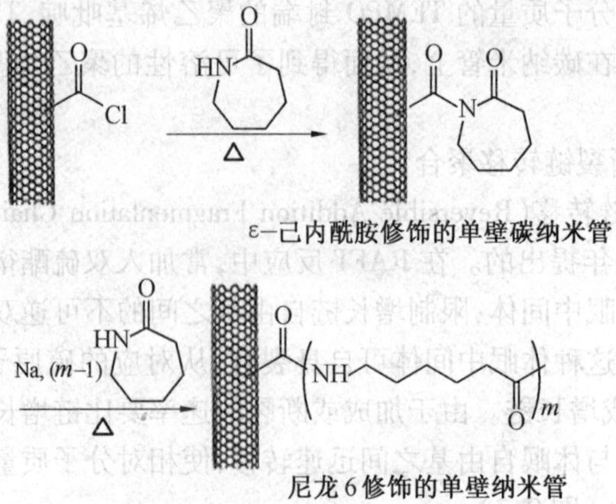

图9.8　碳纳米管的开环聚合

9.3　碳纳米管的非共价化学修饰

非共价修饰碳纳米管通常是借助范德华力、π-π、CH-π或静电力使聚合物分子和碳纳米管表面相互作用。非共价修饰碳纳米管的优点是不会改变碳纳米管结构,因此电学和力学性质基本保持不变。但是因为聚合物分子和纳米管表面之间作用力相对较弱,力载荷传递有效性可能会降低。目前,非共价方法修饰碳纳米管有表面活性剂辅助分散法、聚合物包裹法、等离子体聚合法、聚合填充法等。表面活性剂辅助分散法是一种非常普通的技术,它是利用表面活性分子如十二烷基硫酸钠或氯化苄基铵转移碳纳米管到水相,表面活性分子上的芳环基团会和碳纳米管的侧壁产生π-π堆积相互作用,因此,形成有效的涂覆和分散。表面活性剂对碳纳米管的分散机理,科学家提出了3种不同的模型,如图9.9所示。

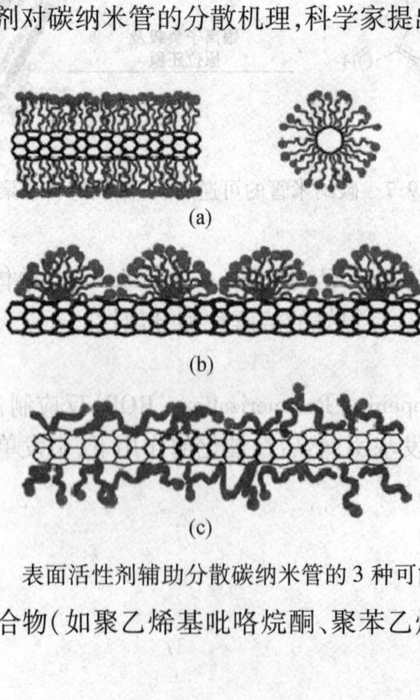

图9.9　表面活性剂辅助分散碳纳米管的3种可能机理

聚合物包裹法利用聚合物(如聚乙烯基吡咯烷酮、聚苯乙炔、聚乙二醇)共轭和芳环

基团通过 π-π 堆积和范德华力相互作用包裹碳纳米管。Coleman 等人从优化几何学的角度证明聚合物包裹能将能量最小化。利用非共价 CH-π 相互作用可制备聚二甲基硅氧烷作涂层的碳纳米管。近来有研究把凯夫拉(Kevlar)和 MWCNTs 加入到硫酸和硝酸混合溶液中回流而制备 Kevlar-功能化的碳纳米管。这个实验过程中会使碳纳米管部分氧化且带有功能化羧酸基团,这些羧酸基团会和氨基基团形成氢键,也就把 Kevlar 上的氨基基团封端。这种制备 Kevlar 涂覆碳纳米管技术已经被用来制备 MWCNTs-聚氯乙烯(PVC)复合物。等离子聚合法会使碳纳米管带有非常薄(约为 3 nm)的聚合物涂层。利用这种涂层纳米管制备的聚苯乙烯复合材料的界面能增强。聚合填充法通常包括原位共聚烯烃,直接催化甲基铝氧烷或高活性的茂金属配合物(如 Cp_2ZrCl_2)预处理的碳纳米管。这种做法打破碳纳米管集束,能获得被均匀包覆的碳纳米管。

9.4　碳纳米管/聚合物复合材料的制备

为了使碳纳米管在聚合物复合材料中作为增强体发挥有效的作用,除了对碳纳米管进行功能化处理,避免碳纳米管在聚合物基体中团聚,提高其在聚合物基体中的分散性,增强碳纳米管和基体界面的相互作用外,制备碳纳米管/聚合物复合材料的方法也非常重要。目前,制备碳纳米管/聚合物复合材料的方法主要有溶液共混法、熔融共混法、原位聚合法。虽然方法不同,但是最终的目的都是为了使碳纳米管束在聚合物基体中剥落分离,以单个管均匀分散在聚合物基体中,具有良好的取向性和界面结合性。

9.4.1　溶液共混法

溶液共混法是制备碳纳米管/聚合物复合材料最普通的方法,此方法就是将碳纳米管和聚合物混到合适的溶剂中,然后再将溶剂蒸发,形成碳纳米管/聚合物复合薄膜。一般溶液共混方法,首先把碳纳米管通过强力搅拌或超声分散到液体溶剂中。其次,把碳纳米管分散液和聚合物分散液混合。最后,在真空条件下蒸发掉溶剂。一般第一步最有效的分散碳纳米管的方法是利用水浴超声波或探头超声波。

Ajayan 等人最早报道了利用溶液混合制备碳纳米管/热固性环氧树脂基体复合材料。在这个研究中,首先把弧光放电法制备得到的 MWCNTs 分散到乙醇溶液中,通过机械强力搅拌把 MWCNTs 与环氧树脂单体和固化剂混合,待溶剂挥发后,把碳纳米管/环氧树脂混合物倾倒进蒴状的模具里固化。电子显微镜照片观察切成片的复合材料发现,碳纳米管在切开表面部分取向。

Jin 等人报道利用溶液混合法制备碳纳米管/热塑性基体复合材料。在这个研究中,首先把弧光放电法制备得到的碳纳米管放到氯仿溶剂中,然后把选择的聚合物聚胺醚通过超声波溶解在上述溶液中,把悬浮液倒于聚四氟乙烯模具中,在室温条件下干燥数小时。在 100 ℃下力学拉伸复合材料薄膜带,发现碳纳米管沿拉伸轴向方向取向。

随后,溶液共混法又有进一步发展。Shaffer 和 Windle 把化学氧化催化的 MWCNTs 分散到水中,然后和聚乙烯醇在溶液中混合均匀,利用悬滴滴模得到 MWCNTs 复合薄膜。Geng 等人利用滚动/铸轧技术合成带有氟化碳纳米管的聚环氧乙烷复合材料薄膜。滚动/铸轧系统包含两个对立相反的辊子，两个辊之间有一定距离且可以调节。慢慢滴加碳纳米管/聚合物混合物的悬浮液到其中的一个旋转的辊上，当溶剂蒸发后，薄膜慢慢形成。由于聚合物和功能化碳纳米管之间有效的力传递，使得复合材料力学强度增加。

Li 等人提出热凝固法制备碳纳米管/聚乙烯复合材料，利用聚合物结晶过程可控，定时功能化碳纳米管侧壁。首先，把聚合物溶解在有机溶剂中并使其达到熔点。随后，利用热浴超声把碳纳米管分散在溶剂中，把热的聚合物溶液加到碳纳米管悬浮液中。进一步超声后，混合液开始达到结晶化温度，在这个温度点，聚合物在碳纳米管表面结晶化，形成了类似包覆状结构的碳纳米管。

9.4.2　熔融共混法

由于热塑性半结晶聚合物加热到熔点以上会软化，所以熔融法对于合成这类碳纳米管聚合物复合材料具有非常实用的价值。熔融共混法是指在高剪切力下混合聚合物熔融物和碳纳米管。根据制备的复合材料的形状，可以通过挤出、模压或注射等方法成型。

Haggenmueller 等人最早报道了利用熔融共混法制备碳纳米管/聚甲基丙烯酸甲酯(PMMA)复合材料。在这个研究中，首先把 SWNT 和 PMMA 混合到 DMF 溶剂中，然后将得到的悬浮液浇铸到在四氟乙烯器皿上干燥。得到的薄膜切成几个小片，然后热压形成一个新的薄膜。反复破坏和热压重复 25 次。作者发现在每一个熔融过程中，碳纳米管的分散性提高。最后利用一个配有 600 μm 喷丝口的熔融纺丝设备把复合薄膜挤出，得到了复合纤维。在最后的步骤中，复合纤维在熔融纺丝过程中可牵伸比为 20 ~ 3 600。由于碳纳米管沿着纤维轴向排列，得到的复合纤维的弹性模量和强度随着碳纳米管的拉力和牵伸率增加。

不同于大量熔融共混方案，Jin 等人利用实验室混合设备在 120 rpm 和 200 ℃条件下熔融混合 MWCNTs 和 PMMA。在 210 ℃下，利用水压作用把上述得到的共混物压缩成复合薄膜。电子显微镜图表明碳纳米管很好地分散在聚合物基体中。Pötschke 等人已经利用熔融挤出和压膜法制备出 1 kg MWCNTs/ 聚碳酸酯复合材料。复合材料在 260 ℃下的流变学测试分析表明，复合物的黏度随着碳纳米管含量的增加而显著增加，尤其碳纳米管质量分数在 2% 以上更加明显。

9.4.3　原位聚合法

自从 1999 年，原位聚合碳纳米管和乙烯单体制备碳纳米管/聚乙烯复合材料以来，原位聚合法已经被广阔应用合成功能化复合材料。原位聚合法的主要优点是聚合物嫁接到碳纳米管上，并且碳纳米管还能和其他自由的聚合物链混合。此外，由于单体分子尺寸小，对比溶液共混碳纳米管和聚合物，这种方法制备的复合物均一性更好。此外，这种方法可以制备含有高含量碳纳米管的聚合物复合材料。

Jia 等人最初报道原位自由基引发聚合制备碳纳米管/PMMA 复合材料。在这个研究中，利用了原位引发剂偶氮二异丁腈(AIBN)。作者认为引发剂上的自由基打开了碳纳米管网络结构的 π 键，因此碳纳米结构能够参与到 PMMA 聚合中，同时碳纳米管也成为高效的自由基去除剂。如果同时混合所有反应物，聚合物链的生长会被抑制。因为许多引发剂分子被碳纳米管所消耗。改进的原位聚合物方法是混合引发剂和单体几个小时后再添加碳纳米管,这样可以在得到的复合材料中获得长的聚合物分子链,使复合材料力学性质更好。

1999年,几乎在Jia的研究工作同时,另外两个独立的课题组研究在碳纳米管存在下,原位自由基聚合吡咯和苯乙酰。通过分光镜观察复合材料,发现聚合物链没有通过化学相互作用连接碳纳米管侧壁上,而是以一种螺旋状的包裹模式。如此的非共价相互作用提高了碳纳米管/聚合物混合物的荧光量子效应。这种合成方法制备的复合材料,在各种有机溶剂中分散性增强,通过控制聚合物链,碳纳米管的电、磁和热性质也被改进。

利用原位电化学方法可以掺杂导电聚合物到碳纳米管的侧壁。从显微镜照片可以观察到聚合物均匀地包覆单根碳纳米管,为控制改性碳纳米管外表面使其选择性功能化铺出了一条新路。此外,导电聚合物改性的单根碳纳米管制备的复合薄膜,被认为具有潜在的应用价值如制备碳纳米管基光电器件等。

Liu等人报道了制备碳纳米管/硅树脂弹性体复合材料,通过机械研磨处理把碳纳米管分散进单体的黏性混合液中。机械研磨处理产生的热能引起了反应物的高效缩合。实验发现热传导性随着碳纳米管数量的增多而增加,当制备复合材料含有质量分数为3.8%碳纳米管时,热传导率增加了65%。

9.5 碳纳米管对聚合物性能的增强

一维结构的碳纳米管具有低密度、高长径比、优异的力学性能,使其成为聚合物复合材料增强体而受到广泛关注。到目前为止,有上百篇文献报道碳纳米管在不同聚合物基体中的增强作用。

9.5.1 力学性能增强

碳纳米管具有优异的力学性能,添加碳纳米管到聚合物基体中可以显著地提高结构性材料的模量和强度。例如,利用溶液蒸发方法添加质量分数为1% MWCNTs到PS基体中制备PS/MWCNTs复合薄膜,拉伸模量提高了36%~42%,断裂应力提高了25%。Biercuk等人观察到添加质量分数为2% SWNT到环氧树脂里,环氧树脂的抗压强度可以提高3.5倍。Cadek等人也发现添加质量分数为1% MWCNTs到聚乙烯醇中,模量和硬度分别增加了1.8倍和1.6倍。碳纳米管在聚合物基体中分散均匀和取向对于增强复合材料是非常重要的。例如,含有质量分数为1% MWCNTs的PMMA/MWCNTs复合材料,在90 ℃的储能模量增加了135%,这是由于碳纳米管在原位聚合过程中均匀分散的结果。对比PS薄膜,熔融牵伸得到的PS/MWCNTs复合薄膜的拉伸强度和模量分别提高了137%和49%。一般来说,由于碳纳米管的取向,添加碳纳米管在聚合物基体中将会降低复合材料的冲击韧性。然而相反韧性提高的影响也有报道过。例如,Ruan等人已经证明添加质量分数为1% MWCNTs到UHMWPE中,由于MWCNTs增强UHMWPE链移动性,得到的材料韧性提高了150%,柔顺性提高了104%。类似报道,Weisenberger等人发现添加体积分数为1.8% MWCNTs,取向完的聚丙烯腈/MWCNTs纤维的裂能增加了80%。

Assouline 等人发现添加质量分数为 1% MWCNTs 到聚丙烯(PP)基体中,由于 MWCNTs 诱导 PP 纤维结晶结构,增加了复合材料的坚韧度。近来,Blake 等人通过改性处理的丁基锂功能化的 MWCNTs 与氯化聚丙烯(CPP)制备共聚物。与纯 CPP 对比,当 MWCNTs 含量增加到 0.6%(体积分数)时,MWCNT/CPP 复合材料的模量从 0.22 GPa 增加到 0.68 GPa,拉伸强度和韧性分别增加了 3.8 倍(从 13 MPa 到 49 MPa)和 4 倍(从 27 J/g 到 108 J/g),这个研究结果证明共价功能化碳纳米管能够有效分散在基体中,并且形成了较好的界面应力传递。

制备"更强"的纤维一直是全世界科研工作者不懈努力的目标。PBO 是典型的刚棒形聚合物,而 PBO 纤维是现今已知的综合性能最为优异的有机纤维,其拉伸强度可达 5.8 GPa。佐治亚理工大学的印度籍教授 Satish Kumar 所率领的课题组在碳纳米管/聚合物复合纤维研究方面做了很多工作,特别是在利用 SWNT 来提高刚棒型聚合物纤维的力学性能方面做了较为深入的研究。2002 年,他们率先合成了 PBO/SWNT 共聚物,对该共聚物进行了较为全面的分析研究。并预测,当 SWNT 加入量为 10%(体积分数)时,由 PBO/SWNT 共聚物得到的纤维的拉伸强度可达到 8 GPa 左右,使得 PBO 纤维的力学性能得到显著的提高。2007 年,来自赖斯大学的研究人员进一步阐述了 PBO/SWNT 共聚物合成过程和机理。遗憾的是,为了便于研究,合成的共聚物在 PPA 中的浓度很低,只有 4%(体积分数)左右,无法制备复合纤维。图 9.10 为各种纤维的结构。

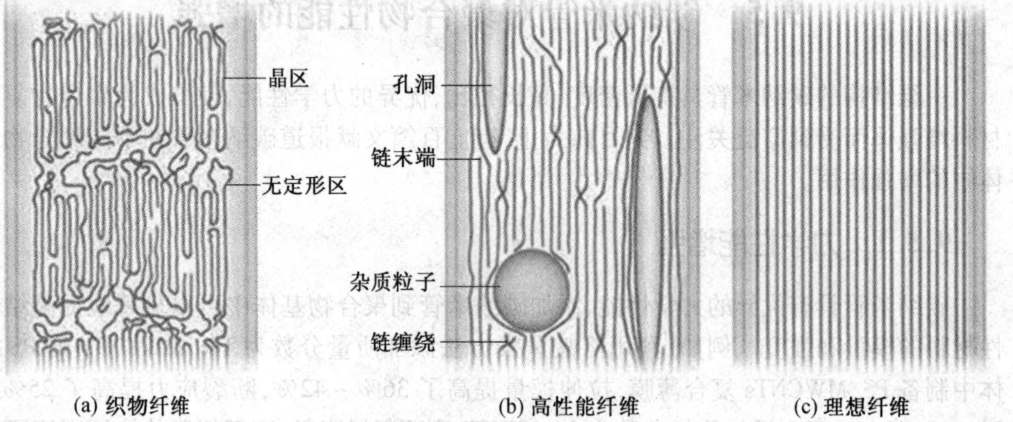

图 9.10 各种纤维的结构

在这些研究的基础上,S. Kumar 教授于 2008 年在 *Science* 上发表文章,展望了"更强的纤维"的发展方向。由图 9.10 可以看出,普通的织物纤维,由于晶区和非晶区交替出现,以及不可避免的杂质粒子的存在,使得其强度只有 0.5 GPa 左右;现今大多数的高性能纤维,由于孔隙、催化剂粒子、柔性链段以及少数缠结链的存在,其强度大约为5 GPa;理想纤维(指碳纳米管纤维)是没有这些"缺陷"的,这种结构纤维的拉伸强度可以达到 70 N/tex(PBO 纤维的拉伸强度是 3.7 N/tex),SWNT 的直径为 2 nm 左右,由它制得的纤维的拉伸强度可以达到 70 GPa。按照 S. Kumar 教授的预测,PBO/SWNT 复合纤维的拉伸强度可以达到 8 GPa,高于高性能纤维,向着理想纤维迈出了一小步。在这里,如果简单地将制备这种纤维的过程理解为"用 SWNT 增强 PBO 纤维"也许并不合适——用最短的PBO链段将更多更长的SWNT连接起来并规整地排列,更能接近理想纤维的要求。黄玉东课题组由于在PBO纤维的制备和性能方面有着深厚的研究基础,在国内较早地开展了PBO/碳纳米管复合纤维的制备研究,研究结果表明,添加碳纳米管后,复合纤维的拉伸强度和模量比PBO纤维提高了40%~70%。

9.5.2 热学性能增强

添加碳纳米管到聚合物基体中能提高聚合物基体的玻璃化转变温度、熔融温度和热分解温度,对提高聚合物复合材料的耐热性能非常重要。

添加质量分数为1% CNTs到环氧树脂中,玻璃化转变温度从63 ℃增加到88 ℃。类似的报道,添加质量分数为1%分散好的SWNT到PMMA中,PMMA玻璃化转变温度增加了约40 ℃。这是因为碳纳米管在聚合物基体中作为成核点,促进聚合物结晶和提高了熔融温度。Kashiwagi等人发现添加了体积分数为2% MWCNTs到聚丙烯(PP)基体后,在氮气气氛下热分解温度提高了约12 ℃,MWCNTs显著地降低了PP热释放率,使得它成为有效的阻燃材料。同样,添加碳纳米管能提高聚合物复合材料的热传递性,这是由于碳纳米管优异的导热性。这种性质使得碳纳米管聚合物复合材料可以做印制电路板、连接器、热界面材料、散热片及人造卫星的电子器件的高性能热控材料。Biercuk等人发现添加质量分数为1%未纯化SWNT到环氧树脂中,40 K时导热性增加了70%,在室温增加了125%。Choi等人观察到当添加质量分数为3% SWNT到环氧树脂中,其导热性增加300%。值得注意的是,取向的MWCNTs会进一步提高到复合材料导热性。

9.6 碳纳米管/PBO复合纤维的制备工艺

由于碳纳米管具有超高的力学性能,目前国际上许多研究工作都集中在得到宏观可见的连续碳纳米管纤维。目前已经发展的碳纳米管纤维的制备方法主要有溶液纺丝法及固相纺丝法。溶液纺丝法借鉴于传统纺丝工艺,以形成碳纳米管的稳定分散液为基础和关键。但这面临着一些关键的挑战,比如碳纳米管纤维的力学性能偏低、如何去除溶剂、如何避免碳纳米管之间的缠结使之高度取向以及优化纺丝工艺、减少缺陷等。碳纳米管纤维的固相纺丝法主要分为阵列抽丝技术及浮动化学气相沉积(CVD)直接纺丝。固相纺丝法同样存在一些亟待解决的关键问题,如碳纳米管的生长要求比较苛刻、制备的碳纳米管纤维的力学性能较之单根碳纳米管仍有较大差距等。

目前,碳纳米管纤维的研究与应用尚处于非常初期的阶段,但是一个值得关注的领域是发展其他宏观纤维材料与碳纳米管的复合纤维材料。近年来,碳纳米管已与Kevlar、尼龙-6、聚酰胺-12、聚丙烯腈、聚碳酸酯、聚乙烯醇等宏观纤维材料复合,得到的复合纤维材料的力学性能均得到较大程度的提高。可以预见,PBO与SWNT通过共价键结合,将能制备出力学性能优异的新型纳米复合纤维。PBO是材料学家从结构与性能关系出发进行分子设计的产物。它是一种全芳杂环聚合物,能够形成溶致型液晶,其拉伸强度可达5.8 GPa,热分解温度高达650 ℃,有“纤维之王”之称,是目前综合性能最好的一种有机纤维。国外PBO的合成研究始于20世纪60年代,1998年由日本实现商品化。国内对PBO纤维的认识始于20世纪80年代中后期,目前国内有多家研究机构,如上海交通大学、华东理工大学、东华大学、哈尔滨工业大学等进行了 PBO 聚合与纺制的研究。截至目前,对于碳纳米管增强改性 PBO 的研究还主要集中在物理共混上,而利用碳纳米管共价修饰 PBO 的研究鲜有报导。同时,将碳纳米管作为增强体添加到 PBO 纤维中不可避免存在着易于团聚、难以有效取向等结构控制问题,这也导致了 SWNT 增效的复杂性。

总之,利用碳纳米管增强改性高分子制备高性能有机纤维已迅速发展成该领域的研究热点,这也是今后制备高性能纤维的重要发展趋势。

9.6.1 碳纳米管与 PBO 反应性的验证

1. 不同长度碳纳米管的制备

碳纳米管的长度及功能化程度都将对其反应性造成影响。通过选择合适的氧化反应条件,可使 SWNT 的尺度及功能化程度表观可控。如采用浓 H_2SO_4/ HNO_3 氧化可得平均长度约为 100 nm 的 SWNT;采用 H_2O_2 及过硫酸铵与浓硫酸反应生成的卡罗酸(H_2SO_5)氧化 SWNT,可得到平均长度约为 100 ~ 200 nm 的 SWNT。本节中,将浓 H_2SO_4/ HNO_3 处理的 SWNT 记为 SWNT 1;H_2O_2/H_2SO_4 处理的 SWNT 记为 SWNT 2;$(NH_4)_2S_2O_8$/ H_2SO_4 处理的 SWNT 记为 SWNT 3,如图 9.11 所示。

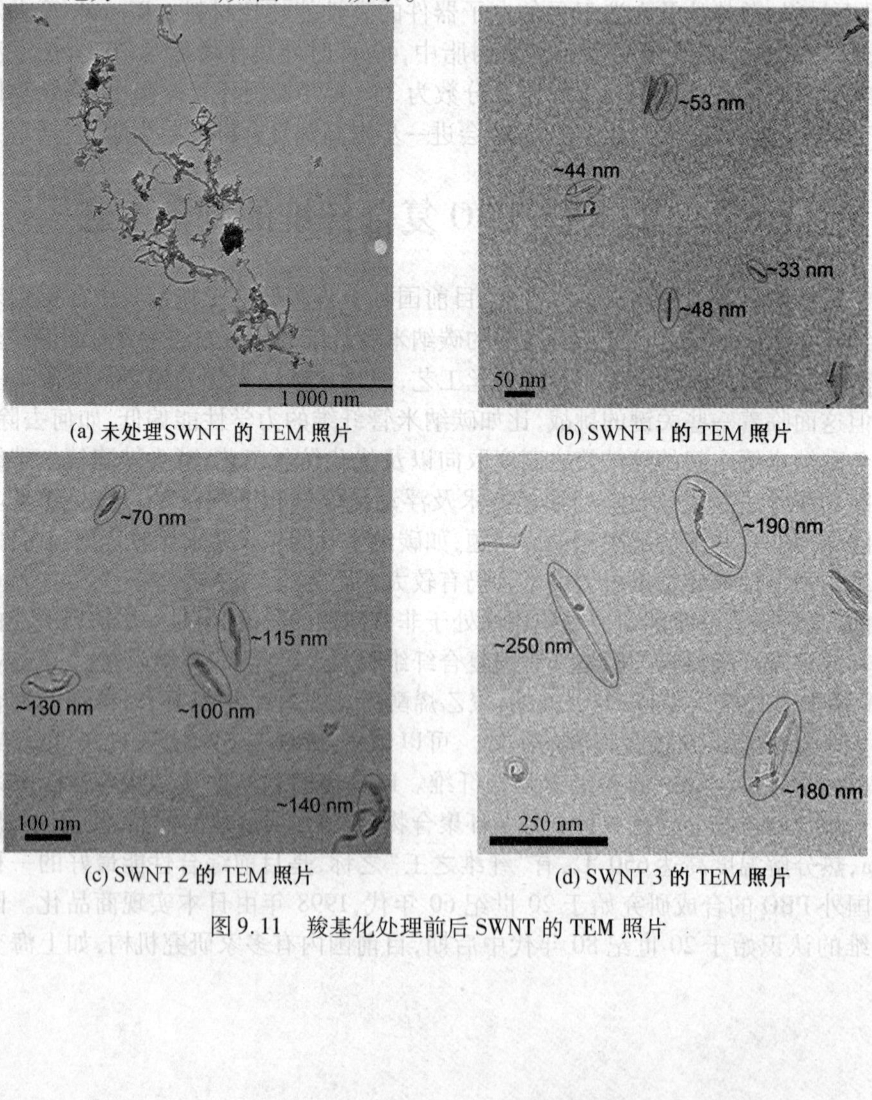

(a) 未处理SWNT 的 TEM 照片　(b) SWNT 1 的 TEM 照片

(c) SWNT 2 的 TEM 照片　(d) SWNT 3 的 TEM 照片

图 9.11　羧基化处理前后 SWNT 的 TEM 照片

同时,氧化反应还将使碳纳米管带上若干含氧功能基团,为进一步的功能化提供可反应位点。由羧基化处理前后 SWNT 的红外光谱图可以看出(图 9.12),SWNT 有两个较明显的吸收峰,一个是在 1 580 cm^{-1}附近,即 C ═C 伸缩振动;另一个是在 1 120 cm^{-1}附近,即 C—C 伸缩振动。此外,3 400 cm^{-1}处有也强特征吸收峰,是—OH 伸缩振动峰。配合在 1 720 cm^{-1}处也出现强吸收峰,即羧酸中—C ═O 的伸缩振动,表明 SWNT 在表面引入了羧基官能团。

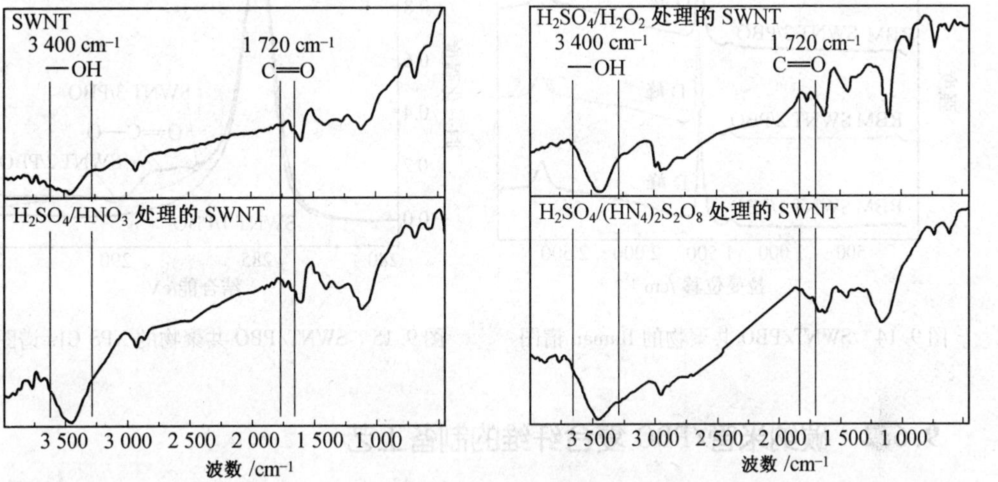

图 9.12 羧基化处理前后 SWNT 的 FTIR 谱图

2. 稀溶液条件下 SWNT 与 PBO 的反应性验证

由于 PBO 聚合物的末端仍残留有氨基、羟基等功能基团,故可利用 SWNT 上羧基功能基团与其发生酯化或酰胺化反应制备 SWNT/PBO 复合物。在稀溶液条件下,反应体系黏度低,可增大反应分子碰撞几率。同时,利用甲磺酸/多聚磷酸为溶剂,多聚磷酸为强脱水剂,可使反应顺利进行(图 9.13)。

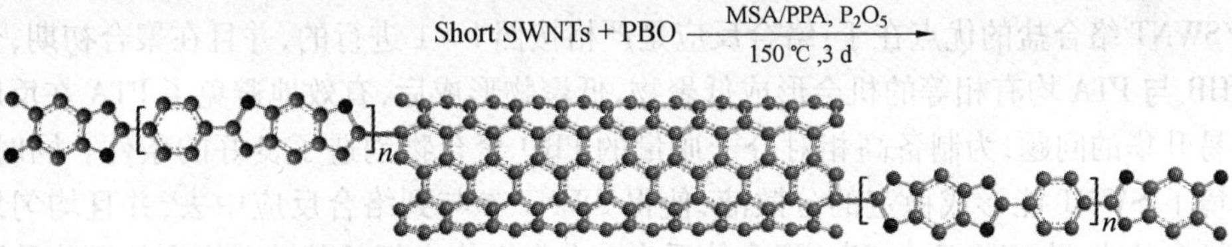

图 9.13 SWNT/PBO 共聚物制备示意图

将 SWNT/PBO 共聚产物涂膜,并检测薄膜各部位的拉曼光谱。在 SWNT/PBO 共聚物的薄膜中各个部位显示出 SWNT 的 D 峰、G 峰及 2D 峰。此结果说明,SWNT 在 PBO 聚合物基体中分散性良好,经 SWNT 与 PBO 酯化或酰胺化反应后,改善了 SWNT 在 PBO 基体中的分散性。图 9.14 显示了三种共聚物的代表性 Raman 光谱。

图 9.15 是 SWNT/PBO 共聚物的 XPS C1s 谱图。经共聚合反应后的 SWNT 1/PBO 共聚物及 SWNT 2/PBO 共聚物表面,288 eV 的O ═C—OH峰基本消失,说明了共聚合反应消耗了 SWNT 的表面的羧基官能团。同时,SWNT 3/PBO 共聚物仍显示了 288 eV 的

O ═C—OH峰。此结果表明,较长的 SWNT 尺度产生较大的空间位阻,使得羧基的反应活性降低。XPS 结果证明了 SWNT 与 PBO 的可反应性,且 SWNT 的长度将影响其反应活性,较短的 SWNT 其反应活性较高。

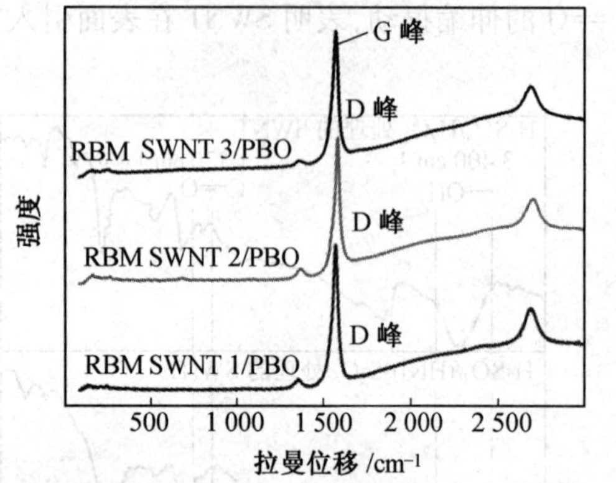

图 9.14 SWNT/PBO 共聚物的 Raman 谱图

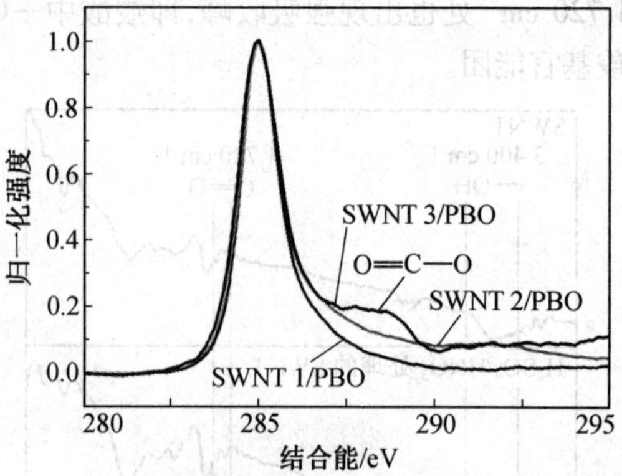

图 9.15 SWNT/PBO 共聚物的 XPS C1s 谱图

9.6.2 碳纳米管/PBO 复合纤维的制备工艺

1. 络合盐原位共聚法制备碳纳米管/PBO 复合纤维

合成 PBO 聚合物的反应是典型的缩聚反应,为得到高相对分子质量的聚合物,首先要求严格控制聚合单体等当量比投料,并且在整个聚合过程中保持聚合单体等当量比。等当量比投料很容易实现,但是 PTA 在 PPA 中的溶解度较低,而且在反应后期,由于聚合温度升高,PTA 易从反应体系中升华,破坏了等当量比,导致很难合成高相对分子质量聚合物。同时,在制备 SWNT/PBO 复合物过程中,SWNT 在 PBO 基体中的分散性是亟待解决的关键问题之一。络合盐原位共聚法可解决上述难题。在水相环境下合成了 DADHB/PTA/SWNT 络合盐的优点在于:络合反应是严格按照 1 : 1 进行的,并且在聚合初期,全部 DADHB 与 PTA 均有相等的机会形成低聚物,低聚物形成后,有效地避免了 PTA 在反应后期容易升华的问题,为制备高相对分子质量的 PBO 聚合物创造了良好的条件。同时,在水环境下 SWNT 能形成稳定的分散液,使得 SWNT 参与到络合反应中去,并且均匀地分散到络合盐中,为 SWNT 在 PBO 聚合体系中的分散奠定良好的基础。络合盐原位共聚法制备 SWNT/PBO 复合物的示意图如图 9.16 所示。

在此聚合过程中,SWNT 的加入可能对聚合物溶液的黏度产生较大影响,一些学者就此问题展开了研究。表 9.1 显示了添加不同比例 SWNT 后,聚合物体系的特性黏数数值。

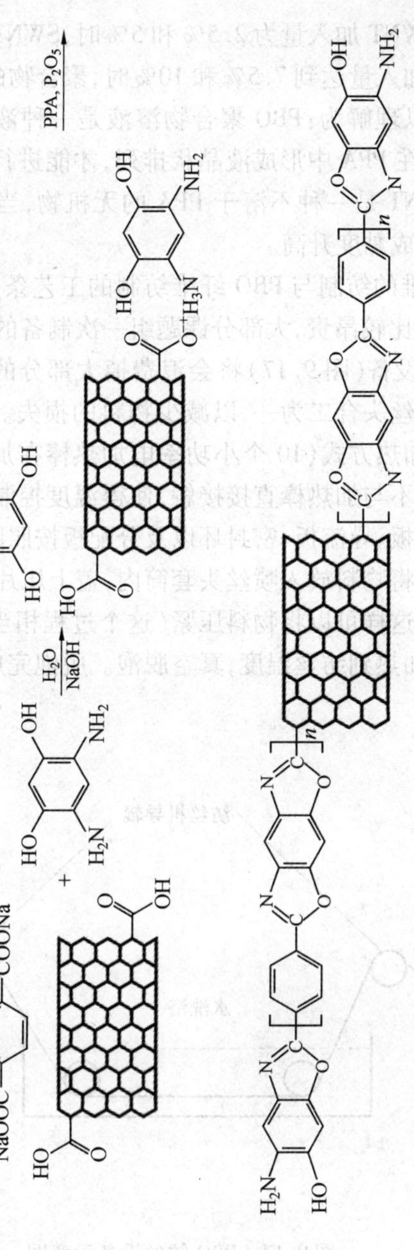

图 9.16　SWNT/PBO 络合盐原位聚合反应式

表 9.1　SWNT/PBO 复合物的特性黏数

SWNT 的质量分数	特性黏数/(dL · g^{-1})	实验现象
0	25.6	黏度适中
2.5%	23.8	黏度适中
5.0%	24.5	黏度适中
7.5%	28.9	黏度较高
10.0%	31.1	黏度较高，搅拌较困难

由表9.1看出，当SWNT加入量为2.5%和5%时，SWNT/PBO复合物的黏度与PBO聚合物相近。当SWNT加入量达到7.5%和10%时，聚合物的黏度变大，出现了搅拌困难的现象。这种现象是可以理解为：PBO聚合物溶液是一种液晶溶液，高相对分子质量的刚棒型PBO聚合物必须在PPA中形成液晶状排列，才能进行纺丝的操作，否则会因为黏度过高不能被利用。SWNT是一种不溶于PPA的无机物，当其加入量过高时，可能对这种液晶状态产生影响，造成黏度升高。

SWNT/PBO复合纤维的纺制与PBO纤维纺制的工艺条件基本一致。但由于目前碳纳米管，特别是SWNT仍比较昂贵，大部分课题组一次制备的SWNT/PBO复合物均很少，若采用传统的PBO纺丝设备（图9.17）将会浪费掉大部分的物料。因此，需要设计微型纺丝装置，将储料罐和喷丝头合二为一，以减少物料的损失。图9.18是一种微型纺丝装置的示意图。它采用电加热方式（10个小功率电加热棒在加热套筒上均匀排布，温度探头接触喷丝头套筒外壁，不与加热棒直接接触，使得温度控制更为准确），物料受热均匀。在使用过程中，先将喷丝板、导流板、密封环以及分配板按照图示位置关系装配好，将喷丝头套筒放入加热套筒中，将物料放入喷丝头套筒内，盖上压片，连接好加热系统，加热一段时间后用压盖适当压紧，这样可以将物料压紧（这个过程相当于以前的沉降过程）。然后去除压片，将压盖拧紧，加热到纺丝温度，真空脱泡。脱泡完成后，加压开始纺丝。

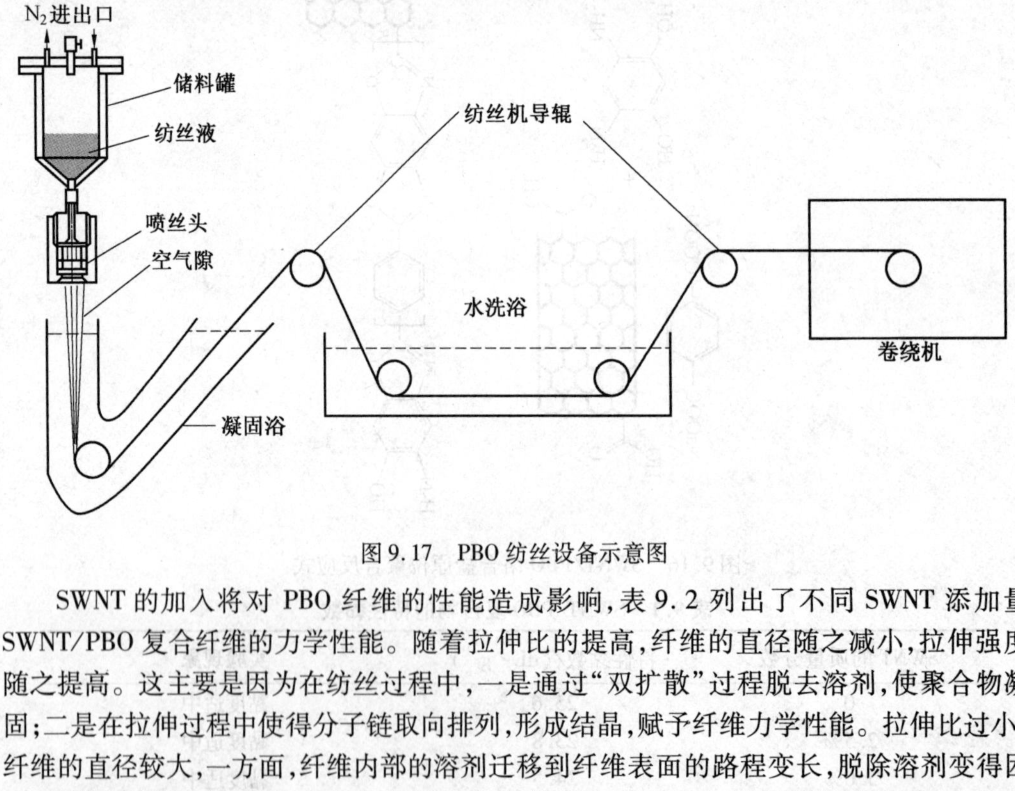

图9.17 PBO纺丝设备示意图

SWNT的加入将对PBO纤维的性能造成影响，表9.2列出了不同SWNT添加量SWNT/PBO复合纤维的力学性能。随着拉伸比的提高，纤维的直径随之减小，拉伸强度随之提高。这主要是因为在纺丝过程中，一是通过“双扩散”过程脱去溶剂，使聚合物凝固；二是在拉伸过程中使得分子链取向排列，形成结晶，赋予纤维力学性能。拉伸比过小，纤维的直径较大，一方面，纤维内部的溶剂迁移到纤维表面的路程变长，脱除溶剂变得困难，残余在纤维内部的溶剂，在拉力撤去后，将使得部分取向的分子链发生解取向运动，使纤维的力学性能大大降低；另一方面，纤维的直径较大，溶剂脱除后，将留下很多微小的空洞，纤维疏松，结晶度低，纤维性能下降。提高拉伸比后，纤维的直径变细，这就加快了纤维中溶剂向外扩散的速度,使得溶剂扩散距离缩短,有利于完善纤维的结构,提高纤维的力学性能。未添加 SWNT 的 PBO 纤维的拉伸强度最高达到 3.88 GPa,而质量分数为 2.5% 的 PBO/SWNT 复合纤维的最高拉伸强度达到 3.95 GPa,质量分数为 5% 的 PBO/SWNT复合纤维的最高拉伸强度达到4.19 GPa,而质量分数为 7.5% 的 PBO/SWNT 复合纤维和质量分数为10% 的 PBO/SWNT 复合纤维最高拉伸强度均未超过该值,甚至低于未添加 SWNT 的 PBO 纤维。这其中的机理目前尚不明确,还需要进一步的研究探索。

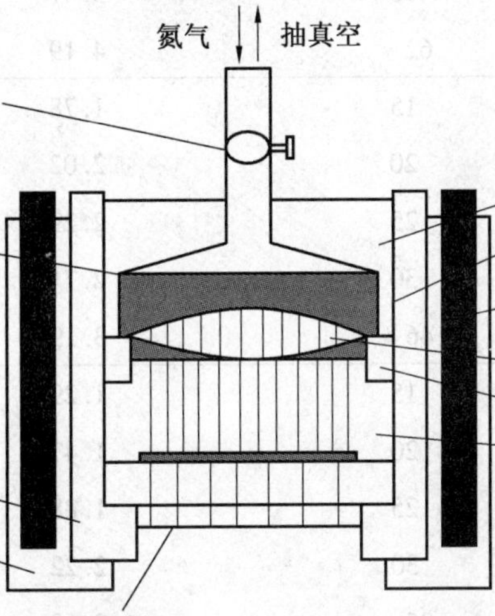

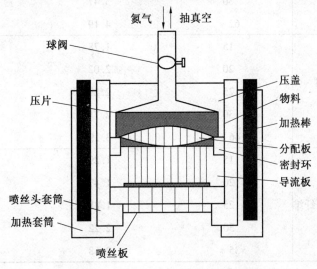

图 9.18　SWNT/PBO 复合纤维纺丝装置

表 9.2　SWNT/PBO 复合纤维的力学性能

纤维种类	拉伸比	拉伸强度/GPa	拉伸模量/GPa
初生 PBO 纤维	15	2.48	61.42
	20	2.82	70.25
	25	3.19	73.22
	30	3.35	85.47
	72 *	3.88	145.23
2.5% PBO/SWNT 复合纤维	15	2.73	77.36
	20	2.97	87.26
	25	3.32	95.33
	30	3.54	106.54
	67 *	3.95	160.23

续表 9.2

纤维种类	拉伸比	拉伸强度/GPa	拉伸模量/GPa
5% PBO/SWNT 复合纤维	15	2.88	85.36
	20	3.19	98.33
	25	3.58	107.96
	30	3.47	123.45
	62 *	4.19	189.21
7.5% PBO/SWNT 复合纤维	15	1.78	93.22
	20	2.02	120.24
	25	2.29	154.36
	30	2.71	169.14
	46 *	3.19	197.49
10% PBO/SWNT 复合纤维	15	1.29	102.55
	20	1.47	133.25
	25	1.88	156.33
	30	2.22	177.33
	35 *	2.68	205.11

注:标注“ * ”是每种 SWNT 含量的复合纤维中性能最优者

3. 碳纳米管/PBO 复合纤维的其他制备方法

SWNT/PBO 复合纤维的研究已经取得了一定进展,如哈尔滨工业大学黄玉东教授课题组和东华大学庄启昕教授课题组在制备 CNTs/PBO 复合纤维研究方面做了很多工作,其中包括将未处理碳纳米管、羧酸化碳纳米管、羟氨酸功能化的碳纳米管等与 PBO 进行原位共聚制备其复合物。这些方法从一定程度上解决了碳纳米管在聚合物中分散性差、反应活性低等问题,但是碳纳米管在 PBO 基体中是处于共聚状态还是共混状态、如何进一步提高碳纳米管的可反应性仍是需要解决的问题。因此,学者们通过对羧基化碳纳米管进行二次衍生化及改进聚合路线等手段,希望解决上述问题。

近期,哈工大黄玉东教授课题组提出了新的单壁碳纳米管(SWCNT)/PBO 复合纤维有效的制备方法。利用两种酸处理方法使 SWCNT 引进羧酸基团,然后从分子设计角度出发,通过功能化接枝处理分别在 SWCNT 表面引进柔性链小分子 L-天门冬氨酸(I)、L-谷氨酸(II)和刚性链小分子 5-氨基间苯二甲酸(III),合成路线如图 9.19 所示。利用上述功能化 SWCNT,采用脱氯化氢路线与 PBO 原位共聚,制备得到 SWCNT/PBO 复合物(图 9.20)。经过分析表征,初步证明采用此方法得到的复合物以共价键相连。

利用微型纺丝设备,参考 PBO 纤维干喷湿纺工艺,制备得到了 SWCNT/PBO 复合纤维。

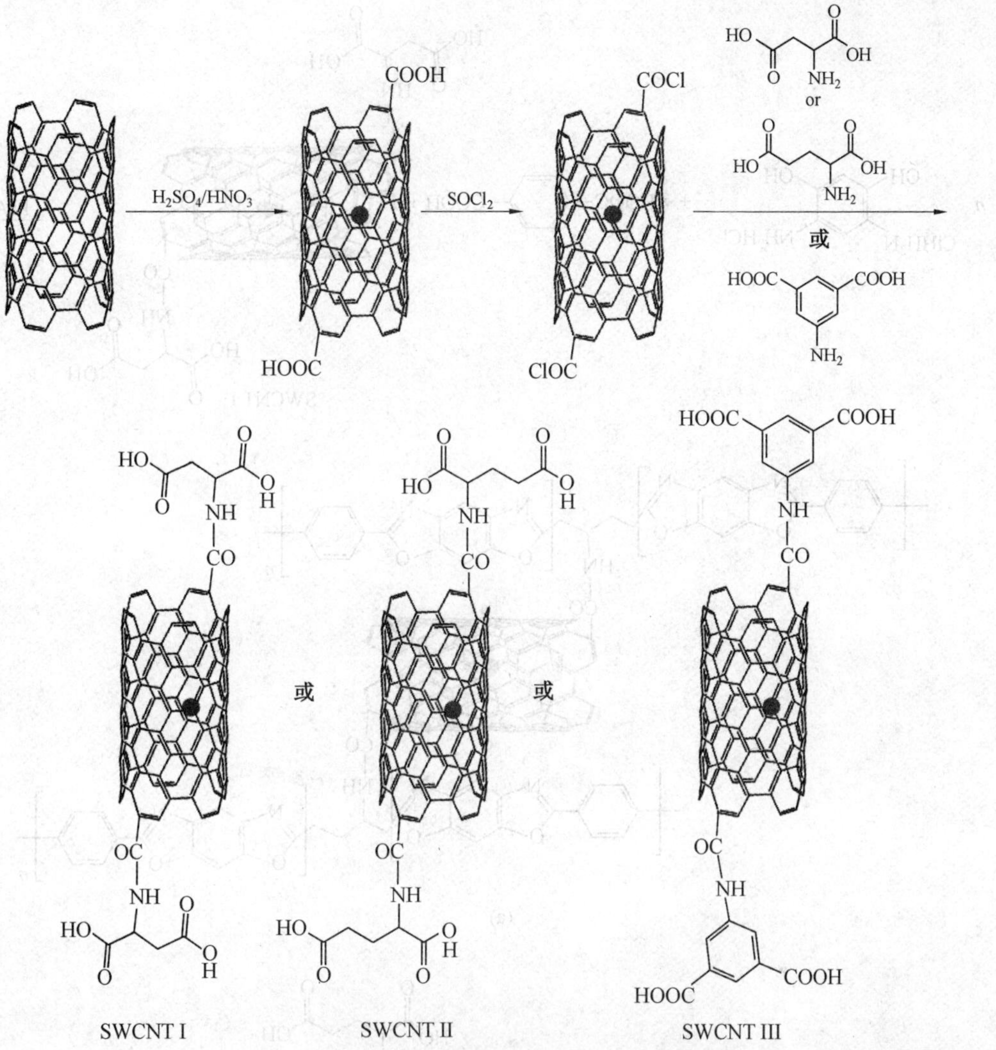

图 9.19　功能化单壁碳纳米管的合成路线示意图

对比 PBO 纤维，利用 3 种氨基二元羧酸接枝改性的 SWCNTs 制备 SWCNT I–III & PBO复合纤维有着更高的力学性能和热性能，这应该归因于下面几点：①利用 3 种氨基二元酸接枝改性处理 SWCNT，有效地阻止了 SWCNT 的重新团聚，并使其在高黏度的多聚磷酸溶液中获得了很好的分散性，提高了 SWCNT 和 PBO 的相容性；②在 SWCNT 的端口和表面缺陷点上的二元酸提供了活性基团就像对苯二甲酸一样和 PBO 单体 DAR 发生反应，然后通过原位聚合继续进一步嫁接至 PBO 分子。不同于一元羧酸功能化处理的 SWCNT，这种特殊氨基二元羧酸功能化处理的 SWCNT 不会在聚合过程中对 PBO 小分子链形成封端和阻止 PBO 分子链的增长，相反对于形成高相对分子质量的 PBO 长链是有利的；③功能化接枝的氨基二元羧酸通过共价键桥连 SWCNT 和 PBO 分子，在复合纤维内部形成了三维网状结构，增强 SWCNT 和 PBO 分子之间的界面相互作用和限制了 PBO 分子链的滑动。由于 SWCNT 的加入，形成的三维网状结构对 PBO 的微纤起到了加固作

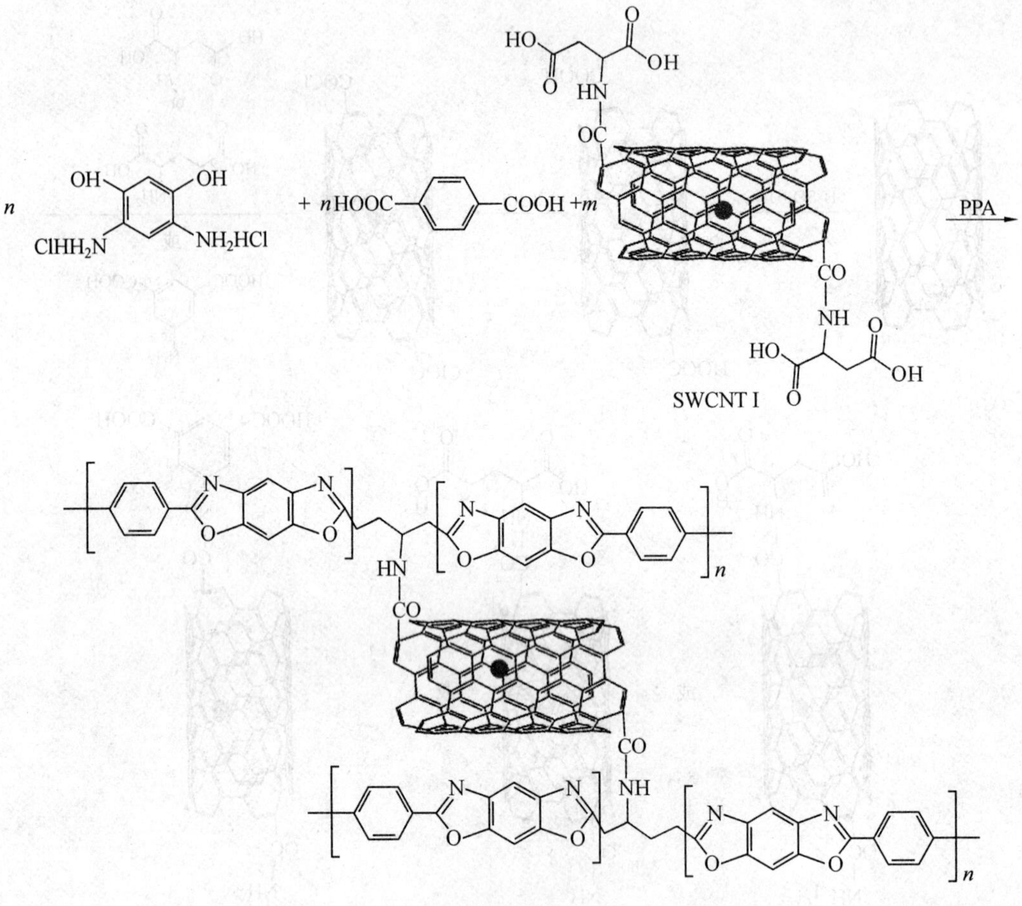
HO
OH
HN
OC
OH
OH
n
+ nHOOC
COOH +m
PPA
ClHH2N
NH2HCl
CO
NH
HO
OH
SWCNT I
N
O
HN
CO
NH
n

(a)

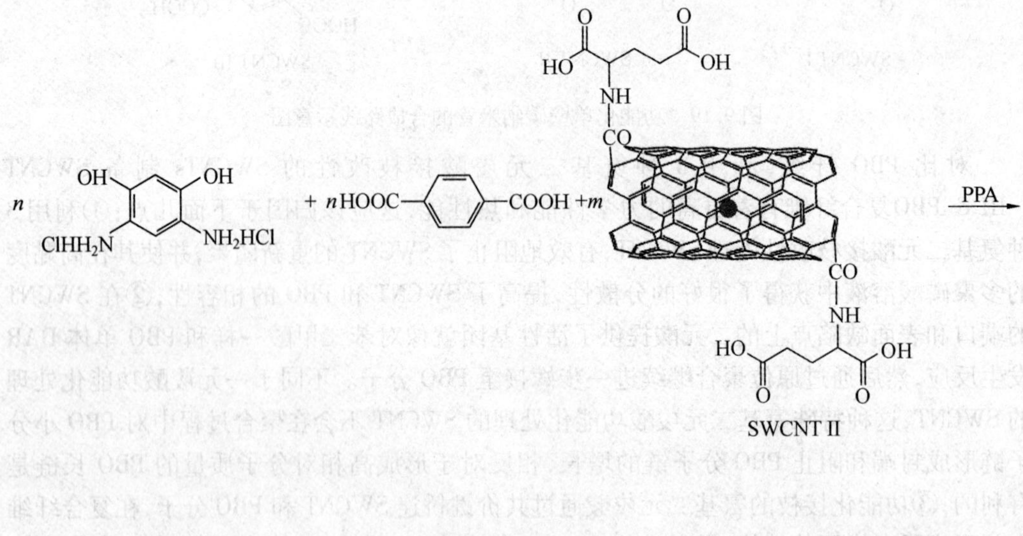
HO
OH
NH
CO
OH
OH
n
+ nHOOC
COOH +m
PPA
ClHH2N
NH2HCl
CO
NH
HO
OH
SWCNT II

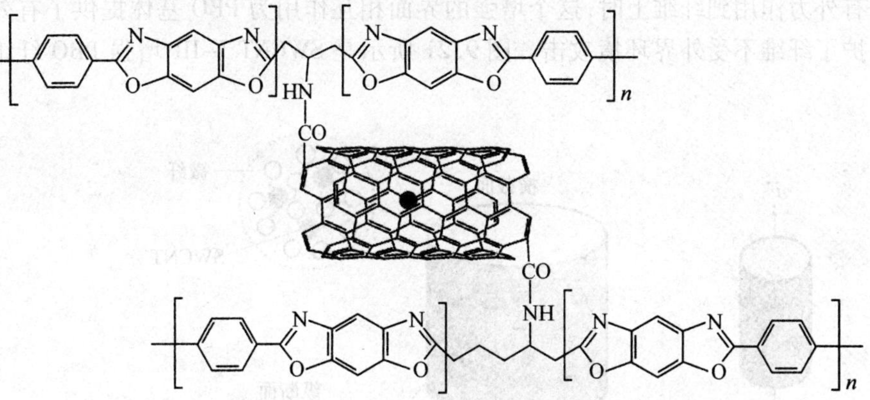

(b)

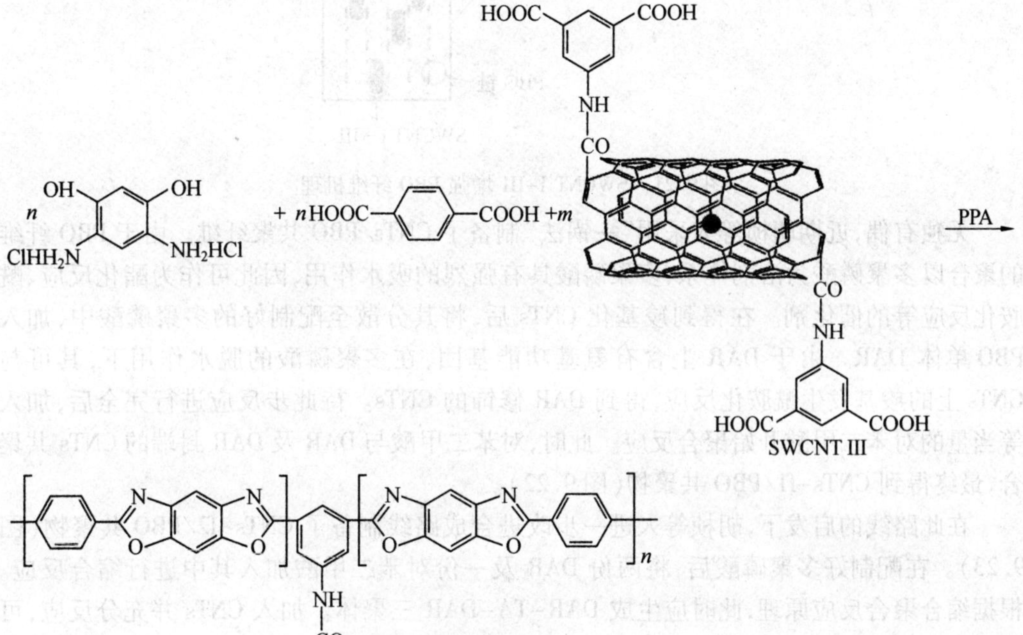

(c)

图 9.20　SWCNT I–III & PBO 复合物的合成路线

用,当有外力作用到纤维上时,这个增强的界面相互作用为 PBO 基体提供了有效的力传递,保护了纤维不受外界环境攻击。图 9.21 所示是 SWCNT I-III 增强 PBO 纤维机理示意图。

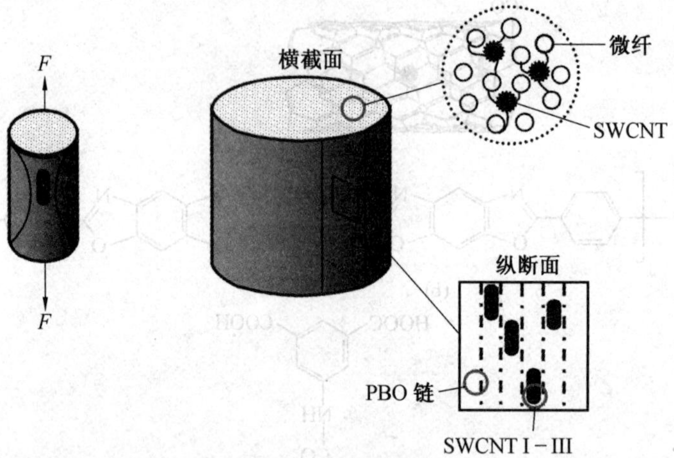

图 9.21 SWCNT I-III 增强 PBO 纤维机理

无独有偶,近期胡桢等人采用"一锅法"制备了 CNTs/PBO 共聚纤维。由于 PBO 纤维的聚合以多聚磷酸为溶剂体系,多聚磷酸具有强烈的吸水作用,因此可作为酯化反应、酰胺化反应等的催化剂。在得到羧基化 CNTs 后,将其分散至配制好的多聚磷酸中,加入 PBO 单体 DAR。由于 DAR 上含有氨基功能基团,在多聚磷酸的脱水作用下,其可与 CNTs 上的羧基发生酰胺化反应,得到 DAR 修饰的 CNTs。待此步反应进行完全后,加入等当量的对苯二甲酸开始聚合反应。此时,对苯二甲酸与 DAR 及 DAR 封端的 CNTs 共聚合,最终得到 CNTs-f1/PBO 共聚物(图 9.22)。

在此路线的启发下,胡桢等人进一步改进合成路线制备了 CNTs-f2/PBO 共聚物(图 9.23)。在配制好多聚磷酸后,将两份 DAR 及一份对苯二甲酸加入其中进行缩合反应。根据缩合聚合反应原理,此时应生成 DAR-TA-DAR 三聚体。加入 CNTs 并充分反应,可得到 DAR-TA-DAR 三聚体修饰的 CNTs。进一步,加入另一份对苯二甲酸,即可制得 CNTs-f2/PBO 共聚物。图 9.24 所示是 CNTs/PBO 共聚物的 TEM 图片。从图 9.24 可看出,CNTs 的管壁上有约 10 nm 的聚合物包裹,结合其他测试手段可确定 CNTs 与 PBO 聚合物的共价连接。

利用微型纺丝设备,参考 PBO 纤维干喷湿纺工艺,该制备工艺也得到了 CNTs/PBO 复合纤维。目前,碳纳米管增强改性聚合物仍是前沿的学术热点领域,仍需要许多创新性的工作与成果。

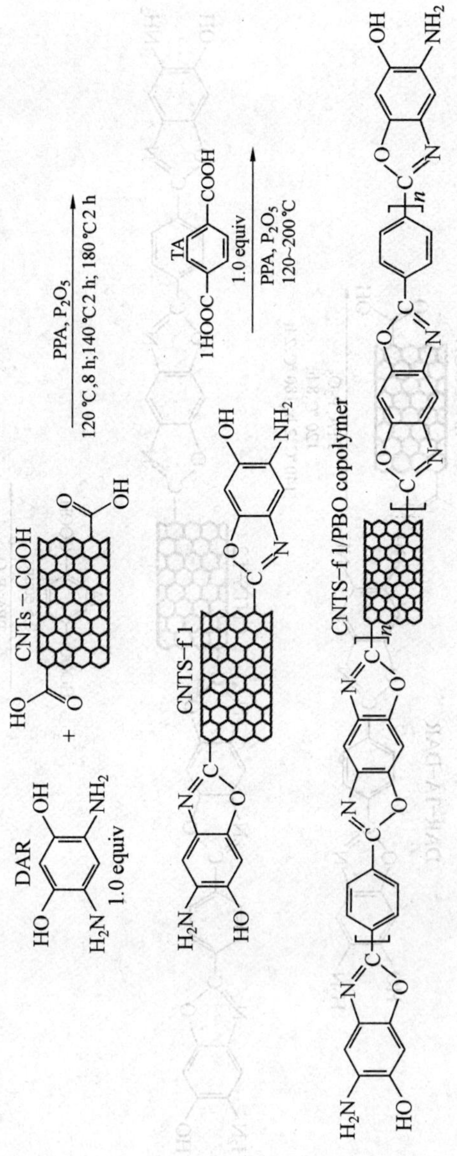

图 9.22　“一锅法”制备 CNTs-f1/PBO 共聚物示意图

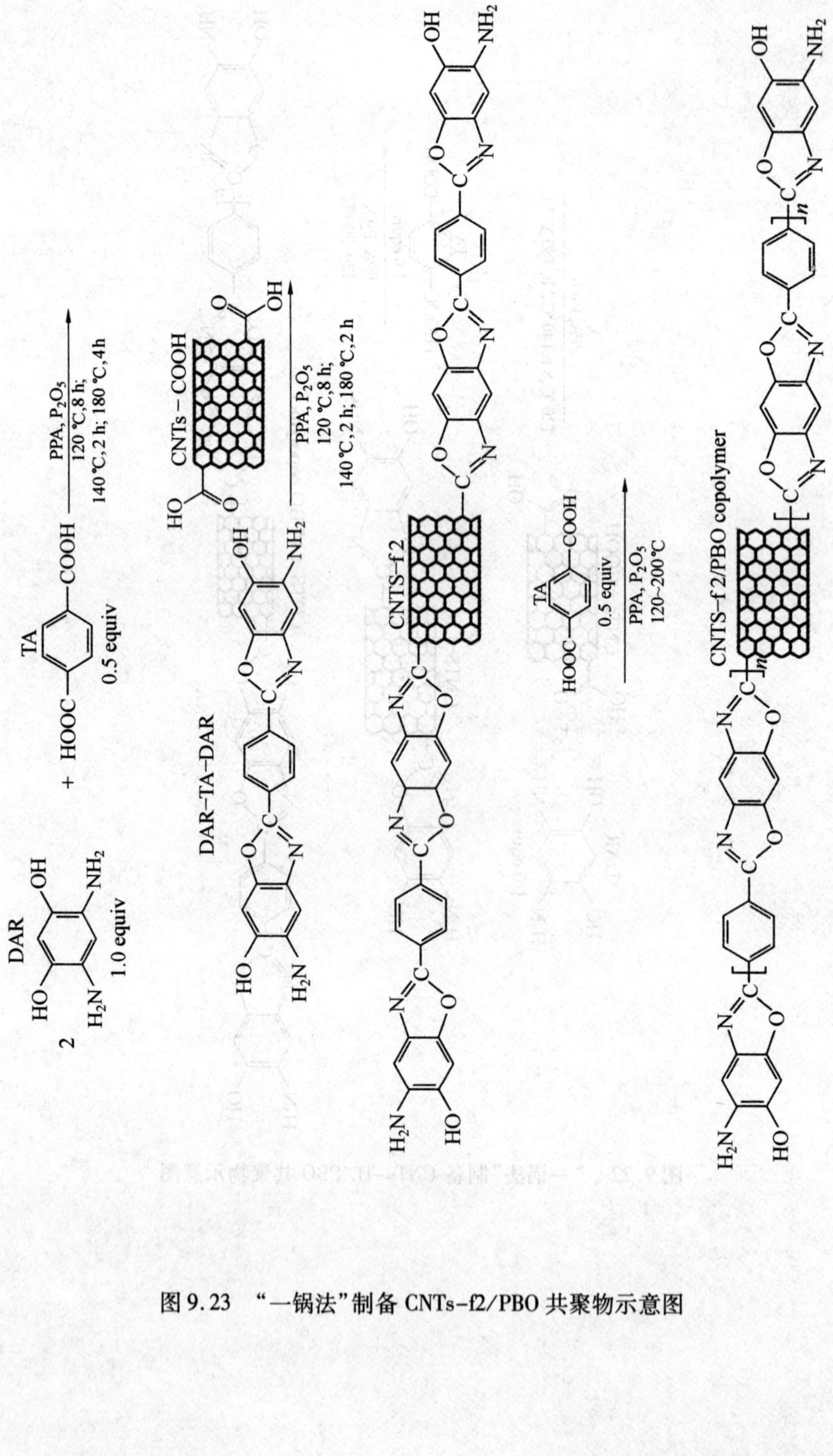

图 9.23 “一锅法”制备 CNTs-f2/PBO 共聚物示意图

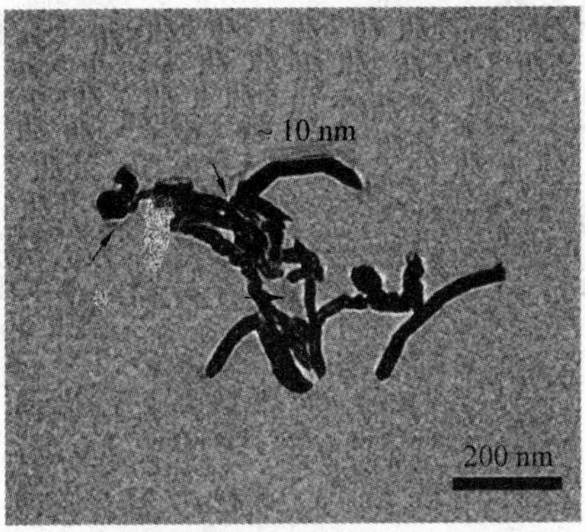

(a) CNTs-f1/PBO

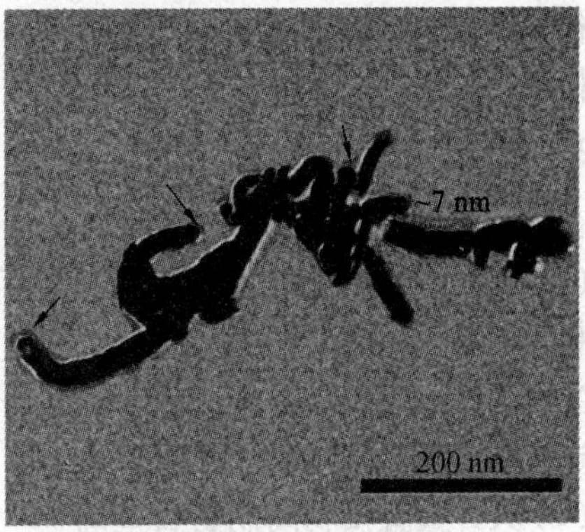

(b) CNTs-f2/PBO

图 9.24　CNTs-f1/PBO 的 TEM 图片

9.7　石墨烯/聚合物复合材料的制备

1970 年首次报道制备出纳米石墨烯片，但是真正通过微机械剥离方法从石墨中剥离出单层的石墨烯还是在 2004 年。石墨烯是一种具有原子级别厚度，由 sp^2 杂化碳原子有序排列而成，类似蜂窝结构的二维片状碳纳米材料（图 9.25）。

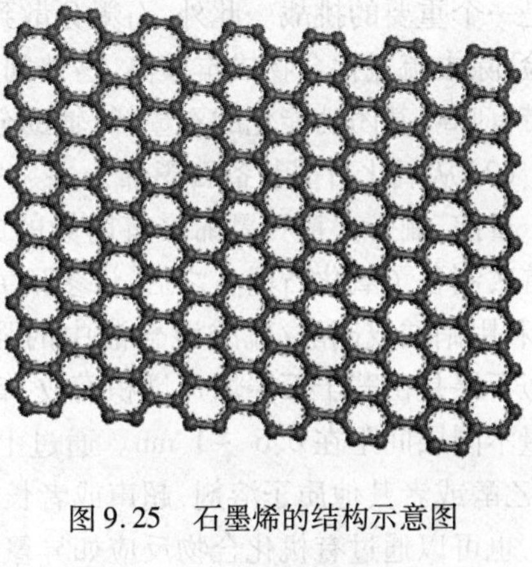

图 9.25　石墨烯的结构示意图

单层石墨烯是有史以来所测得的最强的材料，它具有 1 TPa 的弹性模量、130 GPa 的极限强度、热导率是 5 000 W/(m. K)、电导率达 6 000 S/cm。此外，单层石墨烯还具有非常高的比面积（理论值 2 630 m^2/g）和气密性。这些都使得石墨烯在提高聚合物的机械强度，电、热和气体阻隔性等方面具有巨大潜力。

9.7.1　石墨烯的制备

自从人们认识到石墨烯可以单独存在以后，科研工作者就开始大量探索制备石墨烯的方法。制备石墨烯的方法大体可以分为两种：“自下而上（Bottom-Up）”合成法和“自上而下（Top-Down）”合成法。

1.“自下而上”合成法

在“自下而上”合成石墨烯方法中，有各种各样方法，如化学气相沉积法（CVD）、弧光放电法、SiC 上外延生长法、化学转化法、CO 还原法、碳纳米管展开法、表面活性剂自组装法。CVD 和外延生长法常会制备很少的大尺寸、无缺陷的石墨烯片。这种方法比机械剥落法更吸引人，制得的石墨烯片可以用来作为基础研究或电子应用。但是这种方法不适合制备聚合物复合纳米材料，因为在制备复合纳米材料过程中，需要大量的石墨烯进行表面结构改性研究。

2."自上而下"合成法

在"自上而下"合成石墨烯方法中，石墨烯或者改性的石墨烯片是从石墨或者石墨衍生物（如氧化石墨和氟化石墨）分离或剥落得到的。一般来说，这种方法适合满足聚合物复合材料的应用而对石墨烯大规模生产的需要。同时，这种方法也具有经济优势，石墨是国民生活常用材料，全球每年产量超过1百万吨，而每吨的价格在825美元左右。以下详细阐述"自上而下"合成石墨烯方法。

（1）从石墨直接剥离制备石墨烯

微机械剥离石墨能制备大尺寸、高纯度的石墨烯，但是产量有限，这限制了其在基础研究和电学方面的应用。近来，通过在聚乙烯吡咯烷酮或N-甲基吡咯烷酮存在的条件下超声法、电化学功能化石墨辅助离子液体或分散在超酸中等方法直接把石墨剥离成单层或者多层石墨烯。这种直接超声的方法具有大规模生产单层和多层石墨烯的潜力，满足复合材料应用的需要。然而，超声后大量的石墨和剥离得到的石墨烯两者如何分离开可能是一个重要的挑战。此外，石墨分散到氯磺酸中可以大规模制备石墨烯，但是反应过程危险，除去硫氢化合物成本较高，这些问题限制了这种方法的应用。电化学剥落方法能制备带有咪唑基团功能化的石墨烯，辅助分散到去质子溶剂中。

（2）从氧化石墨制备石墨烯

目前，制备大量石墨烯最有前景的方法是剥离和还原氧化石墨。1859年，Brodie等人首次制备了氧化石墨。之后，许多研究对Staudenmaier或Hummers方法进行了很多改性，利用硝酸或硝酸/硫酸混合液中的强氧化剂如$KMnO_4$、$KClO_3$和$NaNO_2$等氧化石墨。类似石墨是由若干石墨烯片堆积而成，氧化石墨是有若干氧化石墨烯片堆积而成，根据含水量不同层间距在0.6 ~1 nm。通过上述方法制备的氧化石墨，需进一步剥离，利用如水、乙醇或者其他质子溶剂，超声或者长时间搅拌条件可以获得稳定的氧化石墨烯胶体溶液。也可以通过有机化合物反应如异氰酸盐和十八胺或利用表面活性剂在极性溶剂中剥离氧化石墨得到氧化石墨烯。氧化法制备得到的氧化石墨烯或有机化处理得到的石墨烯，可以利用肼、二甲肼、硼氢化钠、对苯二酚等还原剂还原。在惰性气体和高温条件下，快速加热干燥完的氧化石墨制备热还原氧化石墨烯。例如，在惰性气体、1 000 ℃条件下加热30 s，可以还原和剥离氧化石墨，得到热还原的氧化石墨烯片。由于氧化石墨上的环氧和羟基分解产生的二氧化碳气体超过了支撑石墨烯片聚集在一起的范德华力时，剥离就发生了。大约有30%质量的损失，这是由于含氧基团分解和水的蒸发。剥离导致体积膨胀100 ~300倍，因此产生了低密度的热膨胀石墨烯片。同时，由于CO_2气体的释放，这些石墨烯片高度褶皱。热剥离的石墨烯大约80%是单层且尺寸平均在500 nm，不受氧化石墨尺寸的影响。热还原法的优点是不需要分散在溶剂中就可以制备化学改性石墨烯。总之，这种从氧化石墨方法开始制备石墨烯的路线是最有前景的，满足石墨烯聚合物复合材料的需要。

9.7.2 石墨烯/聚合物复合材料的制备

聚合物纳米复合材料的性质主要取决于纳米粒子在聚合物基体中分散性好坏。关于碳纳米管复合材料的研究一直专注于寻找如何更好地分散碳纳米管到聚合物基体中。如通过氟化、酸化及自由基添加等表面功能化处理，来提高碳纳米管在溶剂和聚合物中的分散性。然而避免碳纳米管在聚合物基体中团聚，并且实现分散性好，是不容易的。因此，常需要先通过超声波或其他方法处理切断碳管。同样在制备石墨烯/聚合物复合材料时，由于石墨烯是扁平形状，虽不存在团聚现象，但是片状易重新堆积，尤其化学还原后的石墨烯更易堆积，极大地降低复合材料的性能，因此需要对石墨烯进行表面处理和修饰。为了防止重新堆积，可以使用表面活性剂稳定还原的悬浮颗粒或者在化学还原之前和聚合物混合。此外，从氧化石墨烯合成石墨烯的过程会在片层表面留下一些环氧基团和羟基基团，这些极大地方便石墨烯的功能化。

通过水或其他质子溶剂的氢键作用，氧化石墨烯很容易从氧化石墨中剥落得到。利用溶液共混方法，氧化石墨与水溶性聚合物如聚氧化乙烯（PEO）或聚乙烯醇（PVA）混合制备得到石墨烯/聚合物复合材料。利用异氰酸酯或胺化学修饰氧化石墨与疏水性聚合物如聚苯乙烯（PS）、聚氨基甲酸乙酯（PU）或聚甲基丙烯酸甲酯（PMMA）在非质子溶剂中制备石墨烯/聚合物复合材料。Stankovich 等人利用水合肼还原氧化石墨烯的同时加入磺化聚苯乙烯。如果没有磺化聚苯乙烯，还原的石墨烯片会迅速重叠。由化学还原和热还原制备的石墨烯，已经和许多聚合物通过有机溶剂混合随后除去溶剂的方法制备得到石墨烯聚合物复合材料。化学修饰的氧化石墨烯会保留一些多层结构，热膨胀石墨烯几乎完全脱落成单层。因此，热膨胀石墨烯分散更加容易，而化学还原的石墨烯必须通过施加机械应力使其开层，或者通过和聚合物分散在溶剂中分层。由于石墨烯的起皱结构，热还原的石墨烯比化学还原石墨烯在溶剂除去之后会少一些重新堆积。

石墨烯聚合物复合材料也可以通过原位插层聚合单体而制备。例如，利用原位插层聚合，氧化石墨烯与 PVA、聚甲基丙烯酸甲酯、环氧树脂和聚亚芳基二硫化物成功制备石墨烯/聚合物复合材料。此外，热膨胀的石墨烯与硅泡沫材料、PU 也成功制备出石墨烯/聚合物复合材料。尤其当制备石墨烯/聚亚芳基二硫化物复合材料时，氧化石墨烯作为氧化剂，转换硫醇盐成二硫化物。然而迄今为止，这种原位插层聚合方法，单体只能在溶剂中聚合。即使石墨分散液很稀，但由于高黏度使得大量聚合反应很困难。化学修饰的石墨烯的功能基团与单体反应，可以把聚合物链接枝到石墨烯表面。已经证明化学修饰的石墨烯已经与聚合物链接枝，制备石墨烯/聚（2 -（二甲基氨基）乙基甲基丙烯酸酯）、PVA 复合材料。

最具有经济吸引力和规模化分散石墨烯纳米粒子到聚合物的方法是通过熔融共混。但是，由于大多数化学改性石墨烯的热不稳定性，迄今为止，熔融共混石墨烯的使用仅有少数研究，利用的是具有热稳定性的热膨胀石墨烯。已经报道有成功熔融共混热膨胀石墨烯进入弹性体和玻璃化聚合物。把溶液共混和熔融共混作对比，溶液共混方法相比会使石墨烯在基体中分散性更好。熔融共混所面临的另一个挑战是类似热膨胀石墨烯的低密度，这会使送入熔融混合器很困难。Torkelson 等人试图绕过所有的石墨烯合成步骤剥离石墨直接进入聚丙烯，利用固态剪切粉碎机高剪切应力下反应。XRD 和 TEM 数据表明所得到的复合材料主要还是小部分重叠的石墨。

9.7.3 石墨烯对聚合物性能的增强

据报道无缺陷的石墨烯是目前自然界最硬的材料，弹性模量大约 1 TPa，内在强度大约 130 GPa。尽管结构有些畸变，但测得化学改性的石墨烯的弹性模量仍然高达 0.25 TPa。石墨烯在增强聚合物力学性能上优势超过其他碳填充材料如炭黑、膨胀石墨和碳纳米管。

1. 石墨烯增强聚合物复合材料力学性能

研究氧化石墨烯增强聚乙烯醇复合材料，观察到仅仅添加了 0.3% 的氧化石墨烯在应力 - 应变曲线上就有很大的影响，当含量增加到 3.0% 时，这种明显影响趋势减小。研究发现，随着氧化石墨烯的含量增加，聚合物的弹性模量和拉伸强度增加，断裂伸长率降低。这种行为是许多石墨烯/聚合物体系典型的行为，文献也有很多相关报道。例如，Song 等人研究氧化石墨烯增强聚丙烯的应力 - 应变曲线，发现仅添加质量分数为 0.1% 氧化石墨烯，弹性模量和拉伸强度就有显著地提高，断裂伸长率随着氧化石墨烯的添加量而降低。添加量为 0.5% ~1%（质量分数）时，弹性模量和拉伸强度提高最大。Khan 等人研究了石墨烯增强聚亚胺酯复合材料，石墨烯是利用溶剂剥离法获得的。从复合材料应力 - 应变曲线可以看出，聚亚胺酯的弹性模量仅仅增加了 10 MPa。研究发现低模量的聚合物和相对刚性的聚合物相比，石墨烯在前者中的增强效果较大。

目前，研究石墨烯聚合物复合材料已经开始更多的研究力学性能，而不是简单的应力 - 应变曲线。Bortz 等人详细地研究了添加氧化石墨烯到环氧树脂基体对其断裂韧度和疲劳行为的影响。他们发现即使添加的氧化石墨烯提高弹性模量很少，但是它使断裂能增加了两倍，耐疲劳性提高了几个数量级。研究也已经做了石墨烯和碳纳米管在增强聚合物力学性能的相关对比。熔融混合聚十二内酰胺和碳纳米粒子制备碳纳米材料增强复合材料，研究结果发现多壁碳纳米管在增强复合材料力学性能和电学性能方面比石墨烯好。这有很多因素，如制备的碳纳米管和石墨烯很多不同形式，很多不同的填充方式到不同的聚合物基体中，所以上述观察结果尚待分晓。目前，研究已经开始着眼于利用氧化石墨烯和碳纳米管制备杂化聚乙烯醇纳米复合纤维。制备的纳米复合纤维的力学性能显著提高，同时也发现两种增强体 50/50 混合到纤维中，可以提高纤维的韧性和刚度。这可能因为氧化石墨烯和碳纳米管部分取向形成了交联网状结构导致碳纳米粒子增强复合材料具有高的韧性。

2. 石墨烯增强聚合物复合材料热性能

科研工作者已经开展了很多关于石墨烯对聚合物基复合材料的热性能影响评估，例如热稳定性、玻璃化转变温度（T_g）、熔融温度（T_m）及聚合物结晶度。一般从以下 3 个方面分析评价聚合物的热稳定性：①起始分解温度，一般认为从这个温度起聚合物开始分解；②热分解温度，在这个温度点产生最大分解率；③分解率，随着温度变化的失重曲线。

实验研究已经证明，通过热或化学还原制备的氧化石墨烯能提高聚合物基体的热分解温度,而氧化石墨对聚合物基体的热稳定性不会有显著影响。石墨烯/聚合物纳米复合材料热稳定的提高应归因于高表面积、石墨烯在基体中具有良好的分散性及石墨烯和聚合物之间强的相互作用。非晶态高聚合物或部分结晶高聚合中非晶相会出现二次相变,称为玻璃化转变温度(T_g),在这个温度材料从脆性、结晶(半结晶)体转变成弹性、无定形体。研究已经报道通过热剥离得到的氧化石墨烯/PMMA,肼还原氧化石墨烯/PVA 和 PS 接枝的氧化石墨烯/PS 复合材料对比没有添加石墨烯反应之前的聚合物,这些复合材料的玻璃化转变温度显著提高。这种增强的差别性和其增强机理也有关,PVA 及 PS 能和化学改性的石墨烯片通过共价键连接,而在 PMMA 基体中,石墨烯褶皱结构会和 PMMA 基体产生的机械锁定和界面结合力,此外,在 PMMA 聚合物链和氧化石墨烯之间存在氢键作用。关于石墨烯/聚合物纳米复合材料的结晶变化也有截然相反的报道。热剥落石墨烯/PVA,结晶度提高。而 GO/PVA,结晶度没有影响。在化学还原氧化石墨烯/PVA 中,结晶度下降。我们认为,可能的原因是在于聚合物结晶本身与受热史,所使用的合成方法及填充物的界面相互作用影响关系很大。

9.8 石墨烯/PBO 复合纤维的制备工艺

石墨烯,碳材料家族的一位特殊成员,由 sp^2 杂化碳原子组成的二维片层结构。自从 2004 年被发现以来,石墨烯因其超高的强度和模量以及其他优异的性能受到广泛关注。氧化石墨烯(GO)是石墨烯的一种衍生物,具有许多反应活性基团,这些反应活性基团使其可以通过简单的化学反应进一步功能化。

近来,氧化石墨烯作为潜在的多功能性增强材料,已经被证实添加很少量氧化石墨烯就可以提高聚合物基复合材料的力学和耐热性能等。因此,用 GO 增强 PBO 纤维制备石墨烯/PBO 复合纤维,可提高 PBO 纤维的力学性能、耐热性能和复合材料界面性能。由于氧化石墨烯和 PBO 分子化学结构不同,相容性较差,加之聚合体系的黏性高,实现氧化石墨烯良好均匀地分散在 PBO 基体中,获得高性能的复合材料是很不容易的。因此,如何优化 GO 在 PBO 聚合物基体中的分散性,增强 GO 和 PBO 分子之间界面相互作用,有效地实现增强体和基体之间的力传递是制备高性能石墨烯增强 PBO 纤维复合材料的一个关键性挑战。

9.8.1 DADHB(GO/TPA)复合内盐的制备

为了实现氧化石墨烯良好均匀地分散在 PBO 基体中,制备 GO 与单体的复合盐是可取的手段之一。对比传统制备 PBO 复合纤维的聚合方法,在该方法中 GO 已经在复合内盐中保持良好的分散性,可实现 GO 在聚合物基体中的良好分散,优化了 GO-co-PBO 复合纤维界面,得到了高性能的 PBO 复合材料。复合内盐的制备过程是先把氧化石墨烯(其制备过程如图 9.26 所示)和对苯二甲酸(TPA)都制成羧酸钠,然后羧酸钠和 PBO 单体盐酸盐 DADHB 反应,脱下氯化钠,得到 DADHB(GO/TPA)复合内盐(图 9.27)。

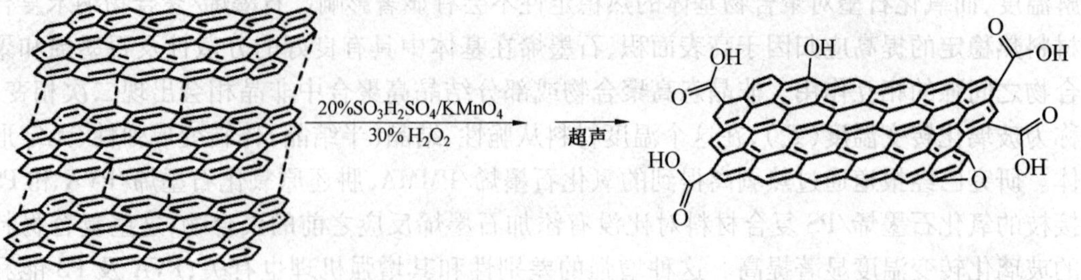

图 9.26　氧化石墨烯的合成路线

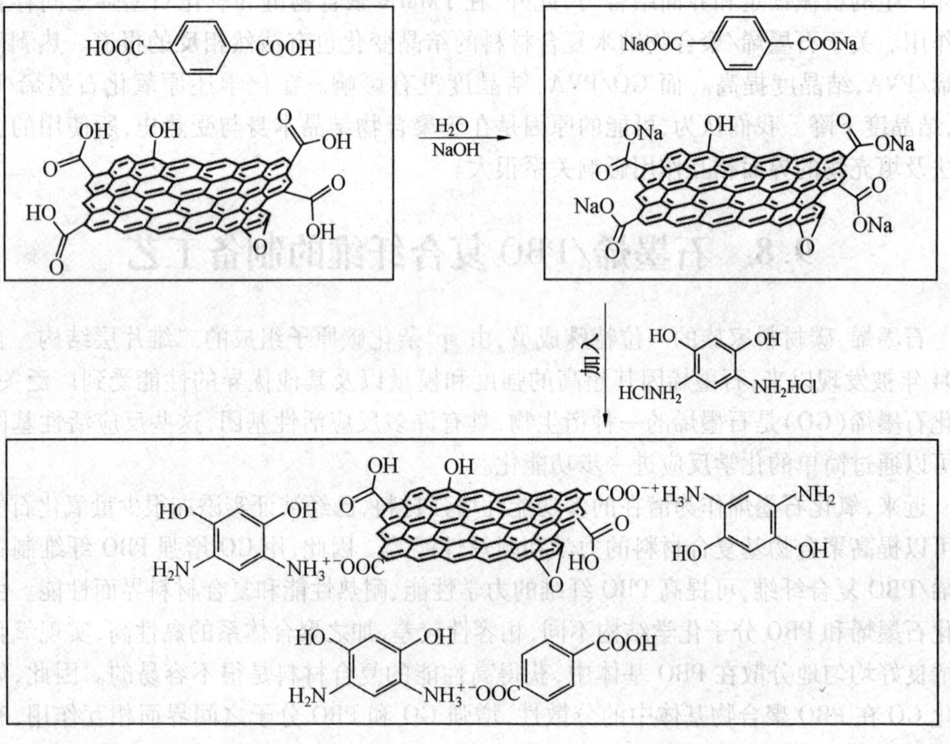

图 9.27　DADHB(GO/TPA)复合内盐的合成路线

图 9.28 为 DADHB(GO/TPA)(3%)复合内盐的透射电镜照片。从图 9.28 中可以看出,PBO 单体 DAR 在石墨烯侧边或者表面结晶,氧化石墨烯作为模板剂,避免了其互相重叠。同时由于石墨烯和 DADHB 之间化学键的形成,部分 GO 也作为几个晶体的桥联剂。正像从红外光谱、扫描电镜观察到的一样,石墨烯已经和 DADHB 通过化学键形成了复合内盐。这样新颖的复合内盐方法提高了石墨烯在 PPA 中分散性,避免了石墨烯在接下来聚合物过程中重新堆积的现象。

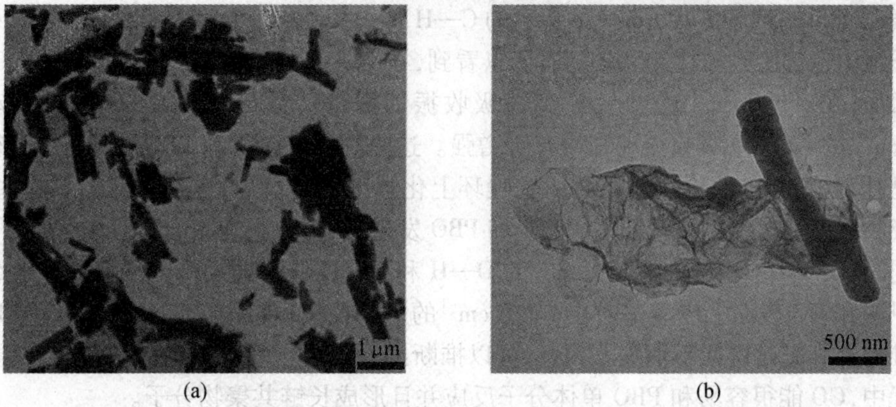

图 9.28　复合内盐的透射电镜图

9.8.2　石墨烯/PBO 复合物的合成

在得到 DADHB-is-(GO/TPA) 复合内盐后,以其为单体进行聚合反应,反应条件参照 PBO 聚合即可(图 9.29)。

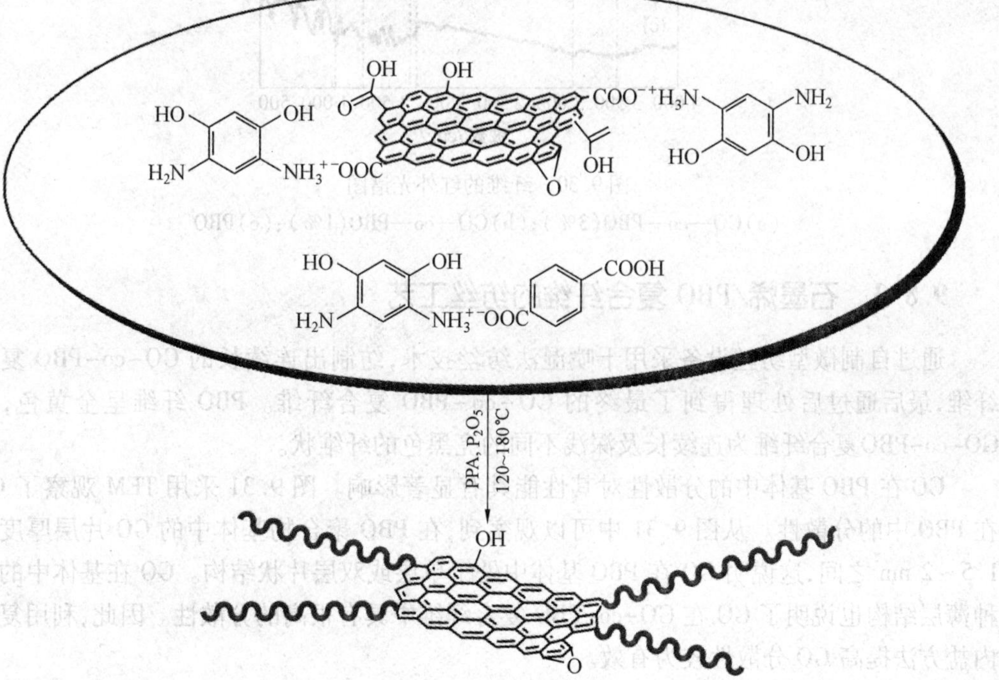

图 9.29　石墨烯/PBO 共聚物的原位聚合反应过程

利用傅里叶变换红外光谱对 PBO 纤维、GO-co-PBO(1%)和 GO-co-PBO(3%)复合纤维的化学组成进行对比分析,如图 9.30 所示。从图 9.30 中可以看出,PBO 纤维的特征吸收峰:1 636 cm^{-1} 处的噁唑环的 C—N 特征吸收峰,1 065 cm^{-1} 的噁唑环 C—O—C 的伸缩振动峰和3 000～3 100 cm^{-1}的芳环的C—H 伸缩振动峰。这些特征峰在GO-co-PBO复合纤维中也都已经被检测到。同时可以看到，在 GO-co-PBO 复合纤维中，随着 GO 含量的增加，在 1 690 cm^{-1}的 C ═N 弯曲吸收振动峰，1 279 cm^{-1}的 C—O 吸收振动峰，1 065 cm^{-1}的═C—O 吸收振动峰均有所增强。这是因为在 GO 和 PBO 之间已经形成了新的噁唑环。GO 的共价效果能增加噁唑环上化学键的偶极矩，进一步增加了这些峰的红外吸收强度。这些结果证明 GO 已经和 PBO 发生反应，并且在聚合过程中形成了噁唑环。同时，属于 DADHB 的 3 474 cm^{-1}的 O—H 和 N—H 伸缩振动峰几乎消失。此外，对苯二甲酸和 GO 表面上羧酸基团在 1 726 cm^{-1}的 O ═C—O 伸缩振动峰在 GO-co-PBO 复合纤维的红外光谱中几乎消失。因此，可以推断出采用由于复合内盐方法使得在原位缩聚过程中，GO 能很容易和 PBO 单体分子反应并且形成长链共聚物分子。

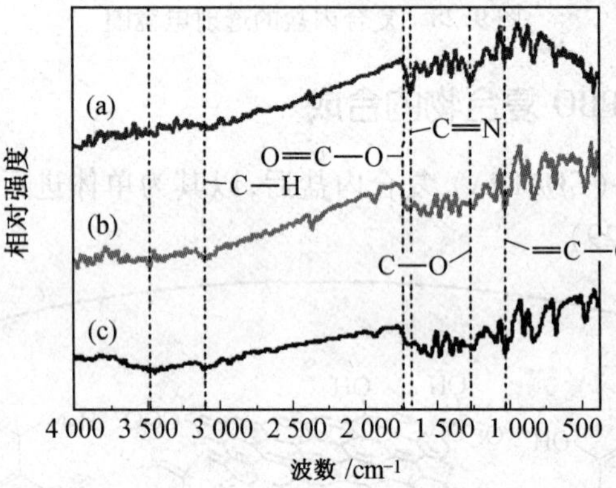

图 9.30　纤维的红外光谱图

(a)GO—co—PBO(3%)；(b)GO—co—PBO(1%)；(c)PBO

9.8.3　石墨烯/PBO 复合纤维的纺丝工艺

通过自制微型纺丝设备采用干喷湿法纺丝技术，纺制出连续长的 GO-co-PBO 复合纤维，最后通过后处理得到了最终的 GO-co-PBO 复合纤维。PBO 纤维呈金黄色，而GO-co-PBO复合纤维为连续长及深浅不同的亮黑色的纤维状。

GO 在 PBO 基体中的分散性对其性能具有显著影响。图 9.31 采用 TEM 观察了 GO 在 PBO 中的分散性。从图 9.31 中可以观察到，在 PBO 聚合物基体中的 GO 片层厚度在1.5～2 nm 之间，这说明 GO 在 PBO 基体中处于单层或双层片状结构。GO 在基体中的这种薄层结构也说明了 GO 在 GO-co-PBO 复合纤维中具有很高的分散性。因此，利用复合内盐方法提高 GO 分散性较为有效。

在 GO-co-PBO 共聚物中，由于 GO 和 PBO 聚合物分子链之间的化学键相互作用，纤维内部微纤被连接在一起。因此，当有外力作用在复合纤维上时，纤维不容易断裂成微纤束，因此，PBO 纤维的力学性能得以显著增强。图 9.32 所示是 PBO 纤维和 GO-co-PBO 复合纤维的尺寸和力学性能。添加 GO 后，PBO 纤维的拉伸强度和模量上有显著的提高。当 GO 添加量为 1%(质量分数)时，PBO 纤维拉伸强度和模量分别增加了 12% 和 29%。当 GO 添加量增加到3%时，PBO 纤维的拉伸强度和模量分别增加了 21% 和 41%。因此，可以看出 GO 添加到 PBO 基体中，对于增强 PBO 纤维的拉伸强度和模量效果非常明显。

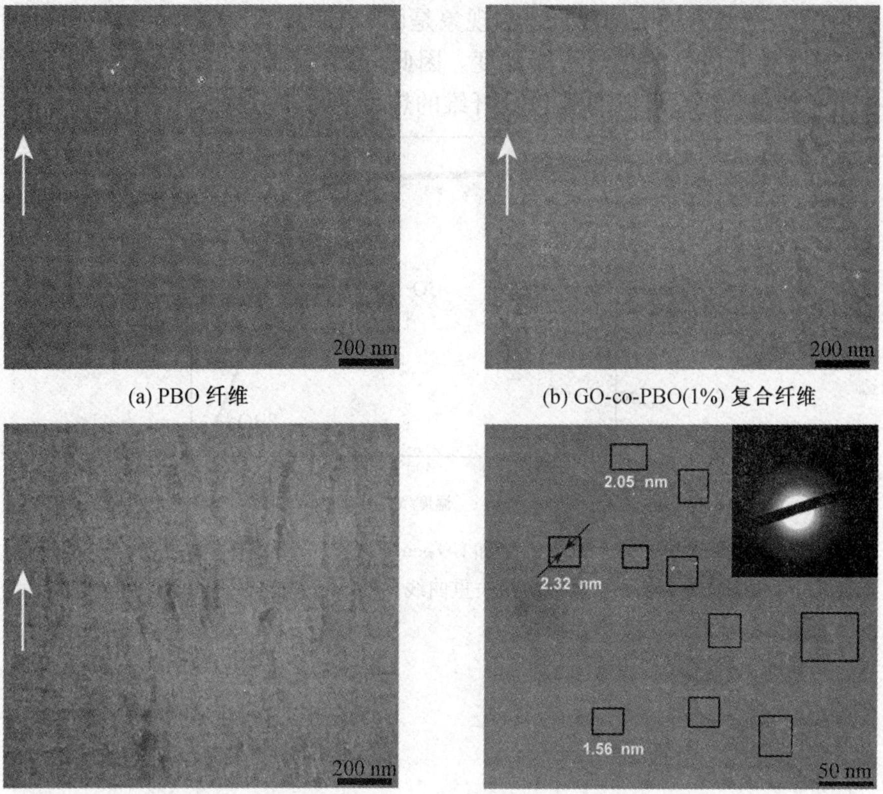

(a) PBO 纤维　(b) GO-co-PBO(1%) 复合纤维

(c) GO-co-PBO(3%) 复合纤维　(d) GO-co-PBO(3%) 复合纤维

图 9.31　纤维的 TEM 照片

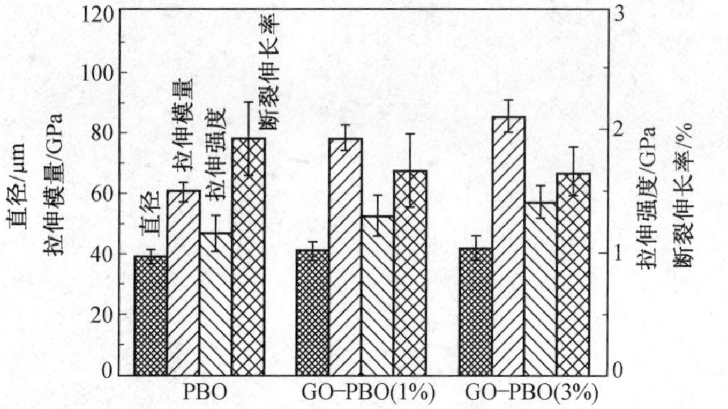

图 9.32　PBO 纤维和 GO-co-PBO 复合纤维的尺寸和力学性能

利用热失重曲线对空气气氛下的 PBO 纤维和 GO-co-PBO 复合纤维热稳定性进行研究分析，如图 9.33 所示。PBO 纤维度 GO-co-PBO(1%)和 GO-co-PBO(3%)复合纤维均展现了优异的耐热性能，起始分解温分别为 460.1 ℃、557.5 ℃ 和 562.5 ℃，这说明了 GO-co-PBO 比 PBO 纤维拥有更好的耐热性能。同时可以看出，在 750 ℃下，GO-co-PBO(1%)和 GO-co-PBO(3%)复合纤维比 PBO 纤维具有更高的残炭率，GO-co-PBO(3%)

复合纤维展示了高达 30% 的残炭率而这时的 PBO 纤维的残炭率仅为 2.4%。GO-co-PBO复合纤维这种高的残炭率的现象是由于 GO 和 PBO 噁唑环的交联网状结构形成引起的，增强了 PBO 的焦炭形成密度。因此，可以初步得出碳纳米材料 GO 作为增强材料加入 PBO 基体中，可以增强 PBO 纤维的热稳定性和阻燃性。

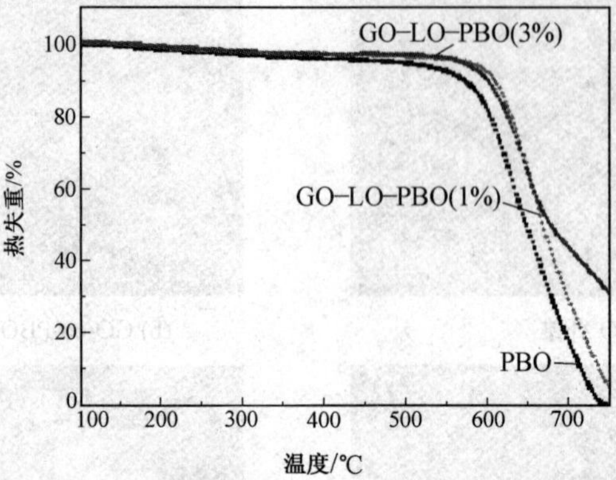

图 9.33　PBO 纤维和 GO-co-PBO 复合纤维在空气中的热失重曲线

第 10 章　具有生物功能的 C_{60} 大分子的制备工艺

10.1　概　述

作为碳元素的第三种同素异形体富勒烯家族的发现是本世纪自然科学发展史最重要的突破之一。Kroto 等三人也因为他们在富勒烯研究中开创性的工作而荣获 1996 年诺贝尔化学奖。自 1990 年克拉希姆（Kratschmer）等人发明了合成克量级 C_{60} 的方法以及 Takehara 等人报道可以获得吨量级 C_{60} 以来，在世界范围里掀起了研究 C_{60} 的热潮。一个分子能如此迅速地打开通向科学新领域的大门这是非常罕见的。由于 C_{60} 分子的巨大科学意义，它被美国 *Science* 杂志评为 1991 年的明星分子。到目前为止几乎每期 *Science* 杂志都能见到有关 C_{60} 方面的文章。C_{60} 独特的三维空间结构赋予了它特殊的物理及化学性质，并使它隐含了许多有待发现的新性质、新功能，这些为富勒烯科学的发展提供了广阔的空间。有关富勒烯的研究目前已涉及物理、化学、生命及医药科学、材料科学等众多学科及研究领域。

富勒烯的生物学特性为它在生物医学方面的应用提供了广阔的前景。C_{60} 生物活性材料的研究是近几年来兴起的研究方向，Friedman 和 Tokuyama 分别合成了二氨基二酸二苯基 C_{60} 衍生物、C_{60} 多肽衍生物，其生物功能研究表明其在抑制 HIV 蛋白酶方面具有潜在应用。近年来，对富勒烯物理及化学性质的研究发现其具有强大的与自由基反应的能力，曾报道过单一个富勒烯分子可加成 34 个甲基自由基，因此富勒烯被喻为“自由基海绵”。据报道，C_{60} 及其衍生物能促进软骨发生，抑制酶的活性，清除自由基。初步研究表明 C_{60} 及其衍生物在抑制细胞凋亡、抗癌抗艾滋病、酶活性抑制、切割 DNA、光动力疗法、免疫等方面具有独特的功效。但 C_{60} 的水溶性问题是富勒烯生物医药领域应用的前提和关键问题。C_{60} 的化学修饰，在 C_{60} 表面引入水溶性基团是解决这一问题的有效途径。将 C_{60} 与其他具有生物功能特性的分子或基团共价连接，合成具有生物学特性的 C_{60} 衍生物，研究其在生物学上的应用，也是富勒烯生物医学研究的创新性工作。本章将对功能化 C_{60} 大分子制备方法及其在生物学领域的应用做详细介绍。

10.2　功能化 C_{60} 大分子的制备方法

近十几年来，富勒烯化学的研究获得了迅速的发展，并逐渐成为有机化学中的新兴领域。C_{60} 作为一种缺电子的多烯，其相当定域的双键能参与各种各样的一元或多元加成反应。从反应类型上，富勒烯球外修饰的反应可分为还原反应、氧化反应、亲核加成反应、自由基加成反应、环加成反应；从富勒烯衍生物的组成上，富勒烯球外修饰可分为环丙烷类富勒烯衍生物的制备(methanofullerene)、吡咯烷类富勒烯衍生物的制备(fulleropyrrolidine)、氮杂环丙烷类富勒烯衍生物的制备(fullerenoaziridine)、异恶唑环类富勒烯衍生物的制备(fullerenoisoxazle)等。

10.2.1　C_{60}氮杂环丙烷类衍生物的制备

1. 反应的分类

在富勒烯化学中,C_{60}与叠氮化合物的反应是C_{60}衍生化的重要方法之一。根据叠氮化合物的不同,将反应分为3类:①与烷基叠氮化合物的反应;②与酰基叠氮化合物的反应;③与芳基叠氮化合物的反应(图10.1)。

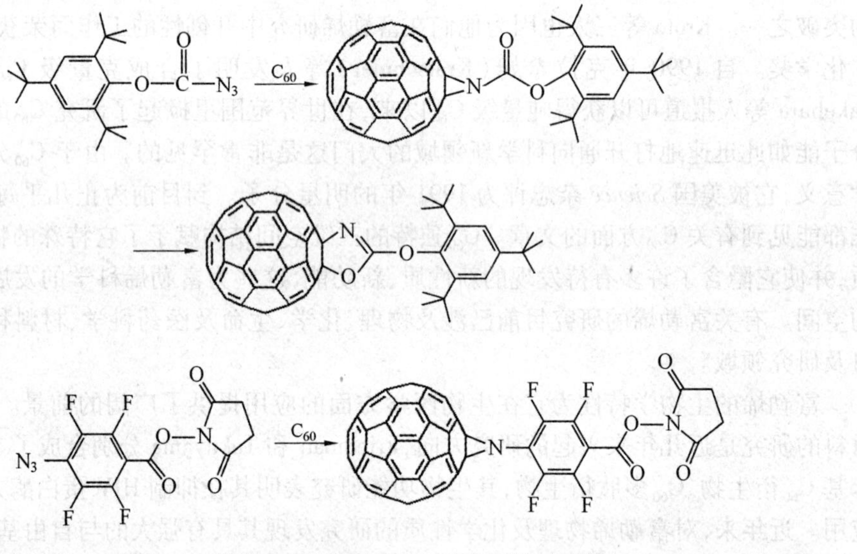

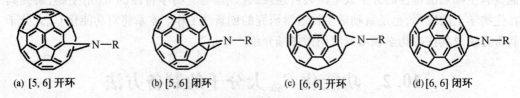

图10.1　芳基叠氮化合物与C_{60}反应机理示意图

2. 反应的一般规律

(1)亚氨基C_{60}单加成衍生物4种可能的结构

C_{60}亚氨基衍生物有4种可能的结构:[5, 6]开环、[5, 6]闭环、[6, 6]开环和[6, 6]闭环衍生物(图10.2)。

图10.2　C_{60}亚氨基衍生物结构示意图

理论计算与实验结果表明,C_{60}与叠氮化合物反应的稳定产物为[5, 6]开环和[6, 6]闭环两种结构。[5, 6]闭环和[6, 6]开环的衍生物不稳定,因为它们的C_{60}结构中的五元环分别引入2个和3个双键,根据理论计算可知,每引入一个双键,化合物的能量就要升高 8.6 kcal/mol,因此五元环中引入的双键越多,化合物就越不稳定,而[5, 6]开环和[6, 6]闭环两种衍生物避免了五元环中双键的引入,所以这两种结构的衍生物比较稳定。

(2)反应的一般规律

C_{60}与叠氮化合物反应,既可能生成[6, 6]闭环也可能生成[5, 6]开环的 C_{60} 亚氨基衍生物,[5, 6]开环衍生物可以转化为 C_{60} 亚氨基[6, 6]闭环衍生物。产物的结构与叠氮化合物的性质、反应条件等因素相关。

一般来说,烷基叠氮化合物与 C_{60} 反应主要形成 C_{60} 亚氨基[5, 6]开环衍生物。当烷基叠氮化合物的 β 位连有酰基时,主要产物为[6, 6]闭环衍生物。酰基叠氮化合物与 C_{60} 的反应一般比较容易进行,反应时间一般较短,约为几分钟,而且主要生成 C_{60} 的亚氨基[6, 6]闭环结构衍生物。该衍生物继续加热,可异构化为 C_{60} 恶唑衍生物。芳基叠氮化合物与 C_{60} 在浓溶液、室温下,较长时间的反应易形成五元环的中间产物([2+3]环加成),该中间产物在光照下,导致 C_{60} 亚氨基[6, 6]闭环衍生物的形成,在加热下,则导致 C_{60} 亚氨基[5, 6]开环衍生物的形成。[5, 6]开环的亚氨基 C_{60} 衍生物经紫外光照射,可以转化为[6, 6]闭环的亚氨基 C_{60} 衍生物。

3. 反应的机理

叠氮化合物与 C_{60} 反应具有不同的反应机理。对于烷基和芳基叠氮化合物的反应,一般认为 C_{60} 与叠氮化合物先经过[3+2] 环加成生成含五元环的中间体,然后中间体在热或光的作用下失去 N_2。在这个过程中,N_2 由中间体放出的时间决定了产物的结构,具体过程如图 10.3 所示。

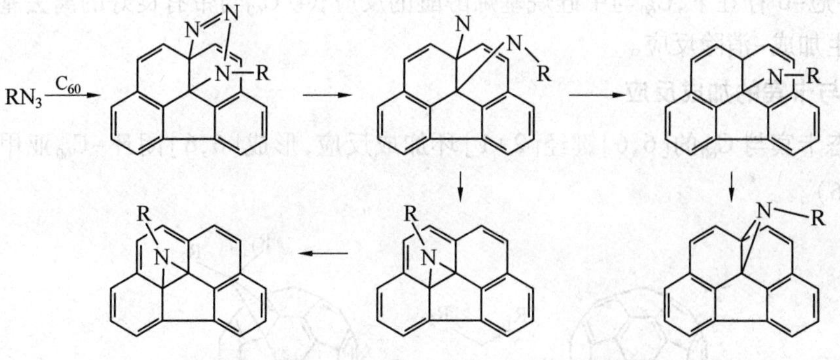

图 10.3　烷基叠氮化合物与 C_{60} 反应机理示意图

羰基叠氮化合物与 C_{60} 的反应则是通过氮宾中间体进行的。在加热条件下,羰基叠氮化合物首先生成氮宾中间体,该中间体与 C_{60} 上的双键发生[1+2] 环加成反应得到 C_{60} 的亚氨基[6, 6]闭环产物(图 10.4)。

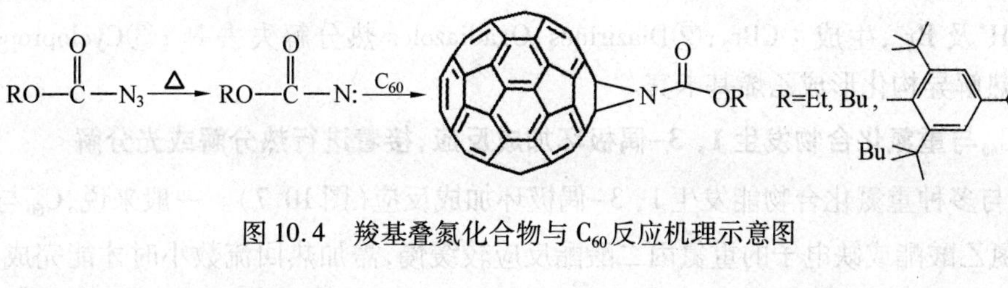

图 10.4　羰基叠氮化合物与 C_{60} 反应机理示意图

利用叠氮化合物与 C_{60} 反应机理，Yashiro 等人将一些低聚糖类转化为相应的叠氮化物，合成了相应的 C_{60}-低聚糖共轭物（图 10.5）。Yashiro 等人认为 C_{60}-低聚糖共轭物可能作为一类新型生物材料对病毒、病菌乃至对肿瘤细胞具有“捕捉与杀灭”功能。

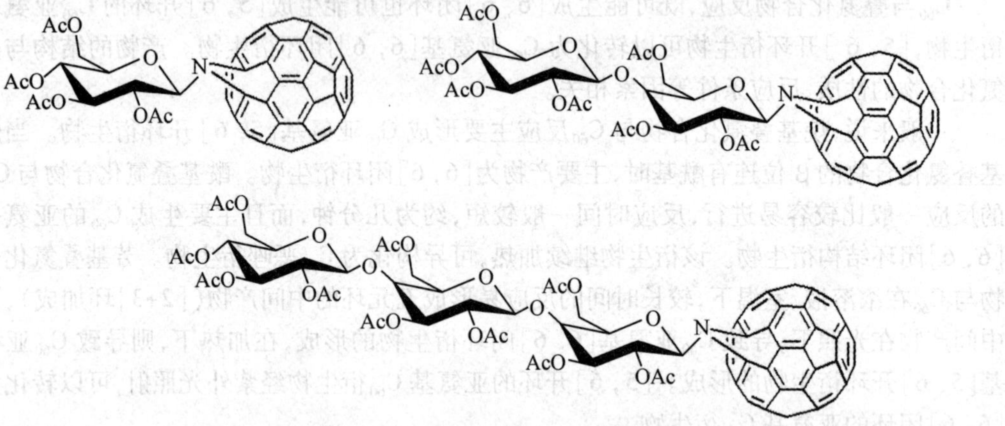

图 10.5 C_{60}-低聚糖衍生物结构示意图

10.2.2 C_{60}亚甲基衍生物及其制备

目前，用于 C_{60} 亚甲基衍生物制备的方法主要有：① C_{60} 与卡宾的加成反应；② C_{60} 与重氮化合物发生 1，3-偶极环加成反应，生成吡唑啉衍生物，后者进行热分解或光分解；③ KF/18-冠-6 存在下，C_{60} 与甲硅烷基烯醇醚的反应；④ C_{60} 与带有良好的离去基团的碳负离子发生加成-消除反应。

1. C_{60}与卡宾的加成反应

单线态卡宾与 C_{60} 的[6,6]键经[2+1]环加成反应，形成[6,6]闭环-C_{60} 亚甲基衍生物（图 10.6）。

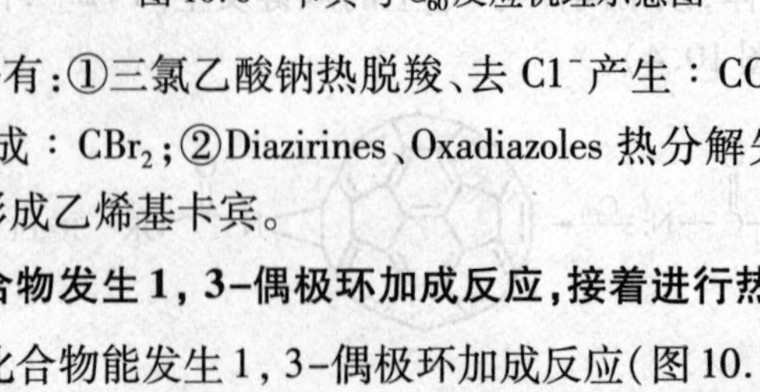

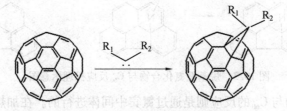

图 10.6 卡宾与 C_{60} 反应机理示意图

形成卡宾的方法有：①三氯乙酸钠热脱羧、去 Cl^- 产生 $:CCl_2$；溴仿在碱 LDA 的作用下失去 H^+ 及 Br^-，生成 $:CBr_2$；②Diazirines、Oxadiazoles 热分解失去 N_2；③Cyclopropenone Acetals 热解异构化形成乙烯基卡宾。

2. C_{60}与重氮化合物发生 1，3-偶极环加成反应，接着进行热分解或光分解

C_{60} 与多种重氮化合物能发生 1，3-偶极环加成反应（图 10.7）。一般来说，C_{60} 与缺电子的重氮乙酸酯或缺电子的重氮丙二酸酯反应较缓慢，需加热回流数小时才能完成。C_{60}

与重氮酰胺的反应更难发生。C_{60} 与二苯基或取代二苯基重氮甲烷的反应则较易发生，室温下反应很快完成。

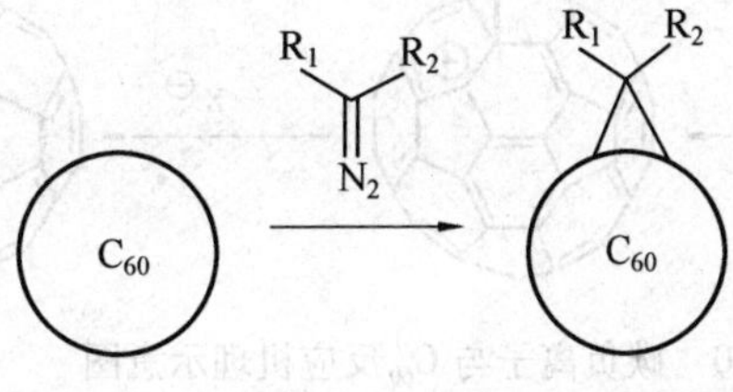

图 10.7　重氮化合物与 C_{60} 反应机理示意图

C_{60} 与重氮化合物发生 1，3-偶极环加成反应，生成吡唑啉衍生物。在光照或加热条件下，吡唑啉衍生物失去 N_2 生成稳定的 1，2-桥环化合物（[6，6]-Closed）和 1，6-桥环化合物（[6，5]-Open）。与 C_{60} 叠氮化反应类似，一般不会生成开环的 1，2-异构体（[6，6]-Open）和闭环的 1，6-异构体（[6，5]-Closed）（图 10.8）。

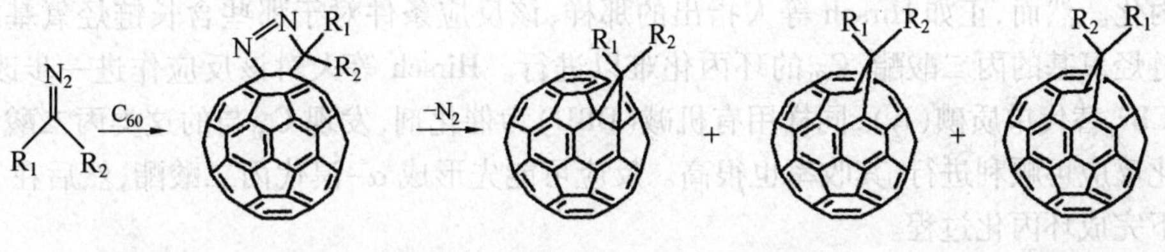

图 10.8　重氮化合物与 C_{60} 反应机理

[6，6]闭环化合物（[6，6]-Closed）为热力学稳定产物。[5，6]开环异构体（[6，5]-Open）可转化为更稳定的[6，6]闭环（[6，6]-Closed）异构体，这一重排过程可能经历价键异构化形成[5，6]闭环异构体和 1，5-迁移两个步骤。[6，6]闭环异构体比[5，6]开环异构体稳定可能与[5，6]开环异构体跨环结构的桥头碳引入了双键有关。

3. KF/18-冠-6 存在下，C_{60} 与甲硅烷基烯醇醚的反应

在 KF/18-冠-6 的存在下，C_{60} 与 1-（4-甲氧基苯基）-1-（三甲基甲硅烷氧基）乙烯反应，生成单加成[6，6]闭环结构的 C_{60} 亚甲基衍生物（图 10.9）。

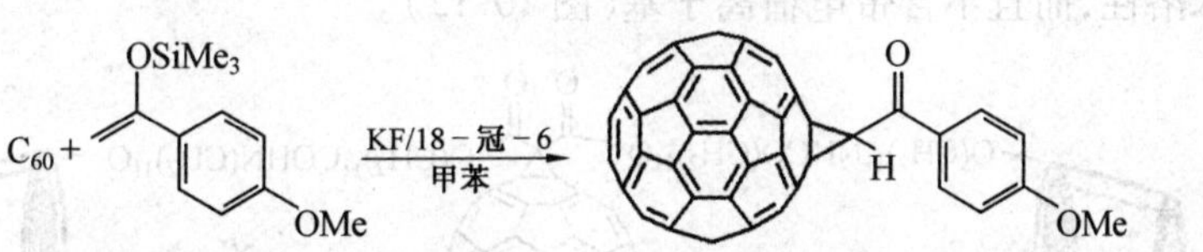

图 10.9　化合物 1-（4-甲氧基苯基）-1-（三甲基甲硅烷氧基）乙烯与 C_{60} 反应示意图

4. C_{60} 与带有良好的离去基团的碳负离子发生加成-消除反应

带有良好的离去基团且含活泼氢的一类化合物易与 C_{60} 发生加成-消除反应。反应过程为：在适当碱（NaH 或 NaOH）作用下，这类化合物会失去 H^+ 生成相应的碳负离子，碳负离子与 C_{60}[6，6]环稠合处的双键发生亲核加成反应，生成一个新的碳负离子（中心碳原子在 C_{60} 球壳上）。新的碳负离子紧接着发生亲核取代反应，离去基离去，同时生成[6，6]闭环-C_{60} 亚甲基衍生物（图 10.10）。

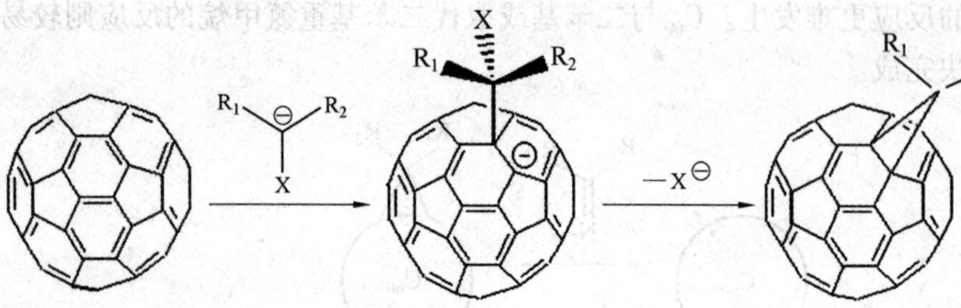

图 10.10 碳负离子与 C_{60}反应机理示意图

这类化合物包括:硫盐、磷盐、α-卤代腈、α-卤代丙二酸二乙酯、2-氯代乙酰乙酸乙酯、2-溴代苯乙酮、氯代二苯乙酮等。

C_{60}与 α-卤代丙二酸二乙酯在碱(NaH)作用下,生成 C_{60}亚甲基衍生物的反应是较早研究的 C_{60}环丙化反应,称为 Bingel 反应。Nierengarten 等人进一步研究这类反应,发现直接用丙二酸二乙酯,在单质碘(I_2)及有机碱(DBU)存在下,室温反应数小时也可实现 C_{60}的环丙化。然而,正如 Hirsch 等人指出的那样,该反应条件对于那些含长链烃氧基或树形支链烃氧基的丙二酸酯,C_{60}的环丙化难以进行。Hirsch 等人对该反应作进一步改进,即用 CBr_4替代单质碘(I_2),同样用有机碱(DBU)为催化剂,发现 C_{60}与的这类丙二酸酯的环丙化反应可顺利进行,其收率也很高。反应可能先形成 α-溴代丙二酸酯,然后在 DBU 催化下完成环丙化过程。

丙二酸酯类似物——亚甲基磷酸酯也可发生类似于 Bingel 的反应。

利用以上反应机理,Wharton 等人合成了非离子型的 C_{60}衍生物(图 10.11),该非离子型 C_{60}其溶解性不受 pH 值影响,在生物环境中(pH=7.4)仍然有良好的溶解。

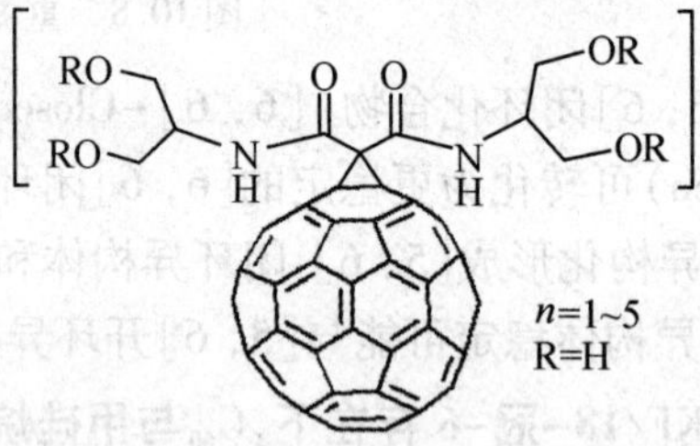

图 10.11 C_{60}丙二酸衍生物结构示意图

Yang 等人则利用非离子性的环糊精(CD)分子引入 C_{60}所制得的 C_{60}衍生物,不仅有良好的水溶性,而且不含带电荷离子基(图 10.12)。

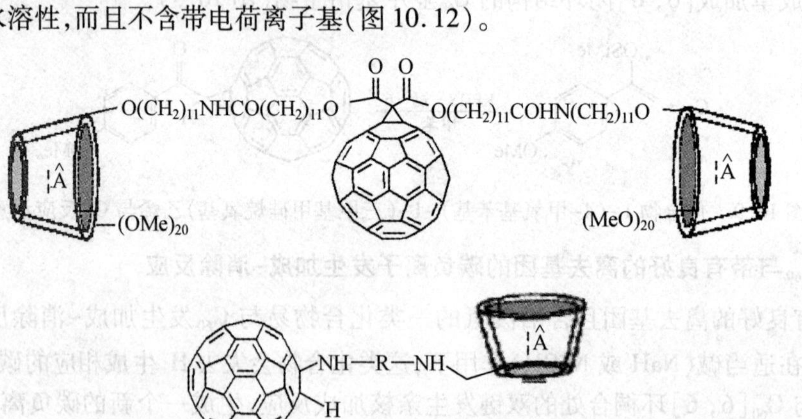

图 10.12 C_{60}环糊精衍生物结构示意图

10.2.3　吡咯烷类C_{60}衍生物及其制备

吡咯烷类富勒烯衍生物的制备可分为两类：① 亚氨基二乙酸酯类(氨基酸酯类)与C_{60}的光化学反应；② C_{60}与甲亚胺叶立德(azomethine ylide)的1，3-偶极环加成反应。

1. 光化学反应

(1)反应机理

C_{60}与氨基酸酯(CH_3NHCH_2COOR)反应机理：首先，单电子从氨基向C_{60}转移形成自由基阳离子$CH_3{}^{\cdot+}NH\ CH_2COOR$(aminium radical)和$C_{60}{}^{-\cdot}$自由基阴离子。$CH_3{}^{\cdot+}NHCH_2COOR$从另一氨基酸分子夺得质子使其成为碳自由基$^{\cdot}CH_2NHCH_2COOR$(α-Carbon-Centered radical)和$CH_3NH^{\cdot}CHCOOR$。随后，碳自由基与C_{60}发生自由基加成，中间体经C—N均裂，与自由基阳离子$CH_3{}^{\cdot+}NHCOOR$或$^{\cdot+}NH_2\ CH_2COOR$偶合、扩环等形成产物。

C_{60}与亚氨基二乙酸酯$HN(CH_2COOMe)_2$的光化学反应与上述过程类似，属于自由基加成机理。加成是逐步进行的，反应不涉及C—N键断裂，反应最终导致吡咯烷衍生物形成和丧失(图10.13)。

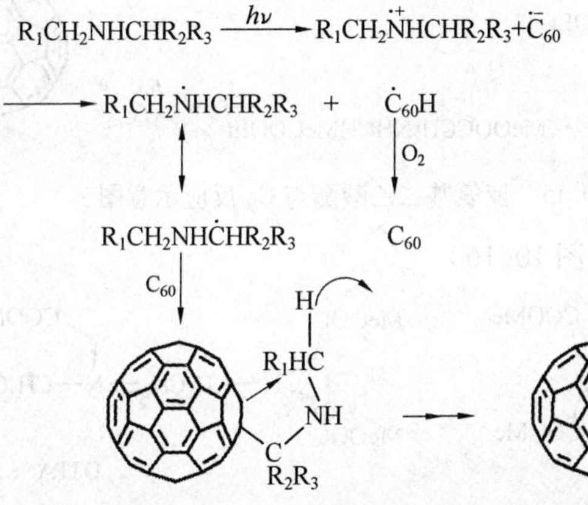

图10.13　氨基酸酯与C_{60}反应机理示意图

α-碳自由基(α-Carbon-centere radical)也可由$CH_3{}^{\cdot+}NH\ CH_2COOR$(aminium radical)直接转移质子(H)而产生，即$C_{60}^{-\cdot}$自由基阴离子从$CH_3{}^{\cdot+}NHCH_2COORC$中获得质子形成$^{\cdot}C_{60}H$。在$O_2$作用下，$^{\cdot}C_{60}H$回复到$C_{60}$(图10.13)，因此，少量$O_2$存在有助于碳自由基形成并加速光反应的进行。

(2)反应的特点

① α-氨基酸酯中，由于既有氨基的推电子作用，又有羧基的拉电子作用，这种“推-拉”作用有助于α-碳为中心的自由基的稳定。β-氨基酸由于没有这种“推-拉”作用，所以不发生这类光化学反应。

②C_{60}与α-氨基酸酯(glycine NH_2CH_2COOR)光化学反应容易进行，且形成单加成产物，收率较高。与α-氨基酸酯($NH_2CHMeCOOEt$)相比，亚氨基二乙酸酯($MeOOCCH_2NHCH(Me)COOEt$)和C_{60}的光化学反应能进一步提高fullerene(C_{60})吡咯烷衍生物的产率，加快反应的进行。

③由于光化学反应中涉及碳自基(sp^2),含手性碳的α-氨基酸酯与C_{60}光化学反应形成的吡咯烷衍生物是cis-,trans-异构体混合物。CD spectra能明显地观察到反应前后手性的变化,cis-, trans-异构体很难用常规柱层析方法分开。

(3)反应类型

①与α-氨基酸酯类的光化学反应(图10.14)。

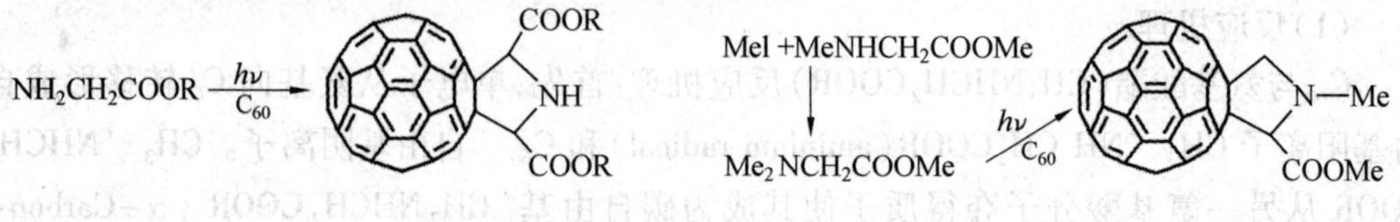

图10.14 α-氨基酸酯与C_{60}反应示意图

②与亚氨基二乙酸酯类反应(图10.15)。

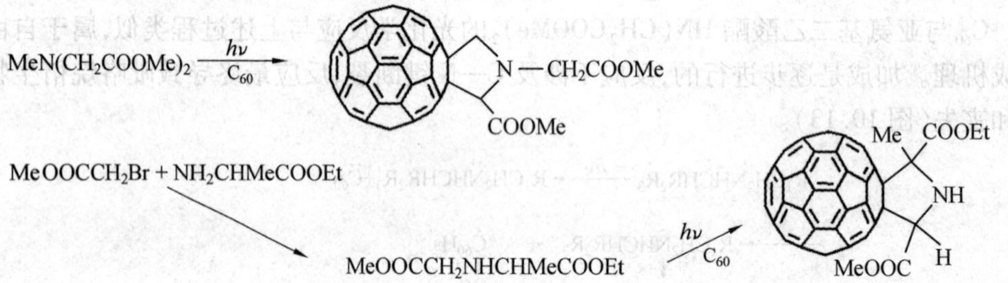

图10.15 亚氨基二乙酸酯与C_{60}反应示意图

③与EDTA,DTPA反应(图10.16)。

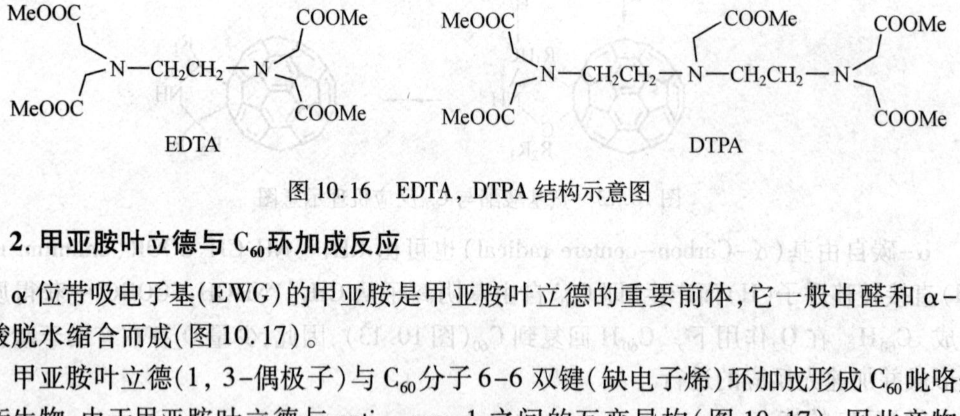

图10.16 EDTA, DTPA结构示意图

2. 甲亚胺叶立德与C_{60}环加成反应

α位带吸电子基(EWG)的甲亚胺是甲亚胺叶立德的重要前体,它一般由醛和α-氨基酸脱水缩合而成(图10.17)。

甲亚胺叶立德(1, 3-偶极子)与C_{60}分子6-6双键(缺电子烯)环加成形成C_{60}吡咯烷类衍生物,由于甲亚胺叶立德与anti-, syn-1之间的互变异构(图10.17),因此产物是tran-2 ,cis-2两种立体异构体的混合物,产物的立体化学被吡咯环上两个质子(2-H, 5-H)之间的Overhause(NOE)效应所证实。在anti-1中Ph基与α-氢原子之间有较大空间作用,这种作用导致anti-1中Ph基与α-氢共平面性差,与C_{60}环加成时,过渡态能垒较高,而syn-1中没有这种空间作用,所以在形成的立体异构产物中,cis-2是主要的异构产物。

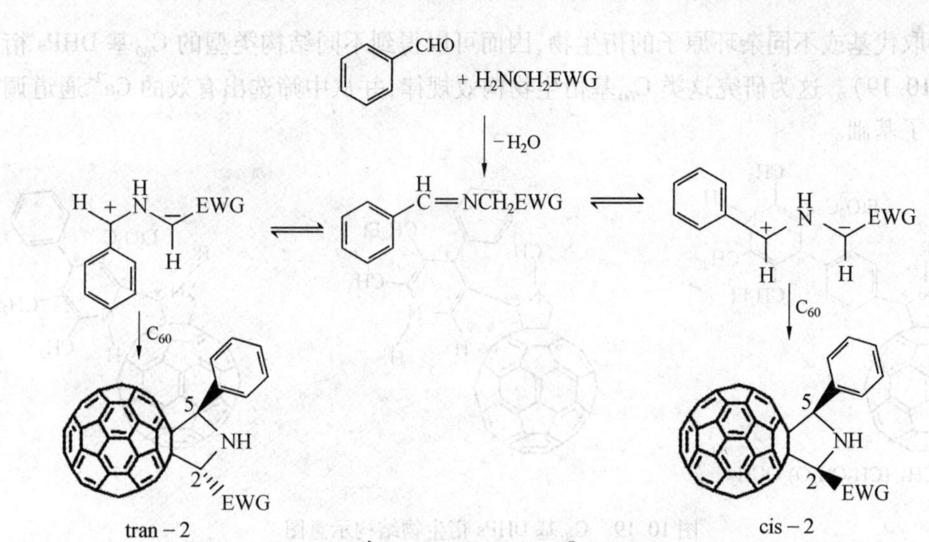

EWG 为 CO_2CH_2, $PO(OEt)_2$ 或 $CONHCH_2CO_2Et$

图 10.17　甲亚胺叶立德与 C_{60} 反应机理示意图

甲亚胺叶立德（$C=N^+—^-C$）是反应强、应用较广泛的一类 1, 3-偶极子，可以与多种亲偶极子（缺电子烯）反应，与 C_{60} 的环加成反应形成吡咯烷类衍生物。目前文献报道的产生甲亚胺叶立德的方法有：①氮丙啶（1-氮杂环丙烷）（aziridine）的热开环；②N-苄基-N-甲氧基甲基-N-三甲硅基甲基-胺在三氟乙酸催化下，脱去三甲硅基；③恶唑烷酮（oxazolidinone）受热脱羧；④氨基酸（N-methgl glycine）与多聚甲醛反应，经脱羧、脱水产生 azomethine ylide；⑤氨基酸酯与醛类缩合脱水得 α 位带吸电子基（EWG）的甲亚胺，它是甲亚胺叶立德的重要前体。

利用以上的反应机理，可以在 C_{60} 富勒烯碳笼上引入天然产物分子片段或化学合成的小分子物质，使其具有潜在的生物活性及生物学功能，这也是获得活性更佳、功能更全的 C_{60} 基生物活性物质的有效途径。

郭礼伟报道了一种可将含叔氨基的天然生物碱直接引入到 C_{60} 碳笼上的新颖而简单的方法。该方法可简单而有效地合成一些结构上新颖的 C_{60} 生物碱衍生物（图 10.18）。利用所合成的 C_{60} 生物碱衍生物，可以研究 C_{60} 碳笼对天然生物碱生理活性的影响。

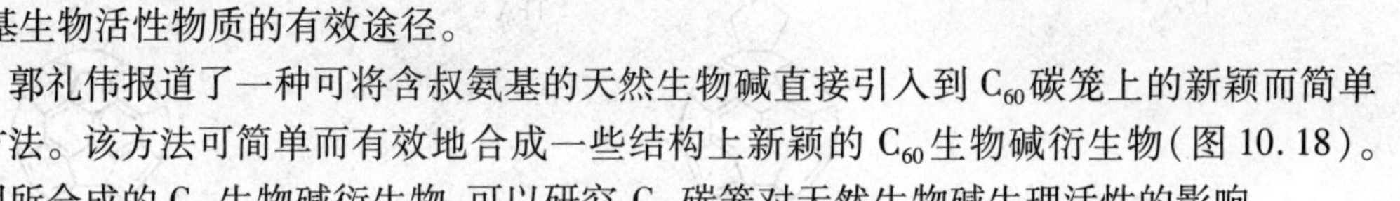

图 10.18　C_{60} 生物碱衍生物结构示意图

DHPs（4-aryl-1,4-dihydropyridines）具有良好的药理学活性，可作为 Ca^{2+} 通道调节剂。Beatriz 等人借助 C_{60} 与甲亚胺叶立德（azomethine ylide）的 1,3-偶极环加成反应，以 C_{60}、含甲酰基的 DHPs、肌氨酸为原料合成了 C_{60} 基 DHPs 衍生物。由于 DHPs 可以制备成

含不同取代基或不同杂环原子的衍生物,因而可以得到不同结构类型的 C_{60}基 DHPs 衍生物(图 10.19)。这为研究这类 C_{60}基衍生物构效规律,并从中筛选出有效的 Ca^{2+}通道调节剂提供了基础。

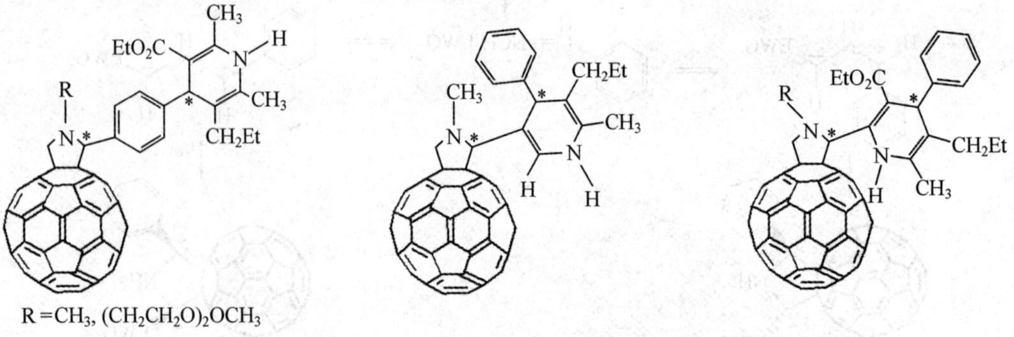

图 10.19　C_{60}基 DHPs 衍生物结构示意图

Sofou 等人利用 N-取代的甘氨酸与多聚甲醛原位产生的甲亚胺叶立德(azomethine ylide)与 C_{60}的 1,3-偶极环加成反应合含 N-取代次乙基乙二醇链的富勒烯吡咯烷衍生物,并以它为合成单体,经酯交换、去保护基等衍生化步骤,使具有生物活性的五肽 H-PPGMRPP-OH分子与 C_{60}相连(图 10.20)。已知 H-PPGMRPP-OH 不仅具有抗原特性,而且对抗-Ro/La 阳性血清等具有较强的识别能力。Panagiota 等人的实验发现,由于引入的五肽分子具有识别作用,C_{60}-H-PPGMRPP-OH 共轭物对自体免疫病人(SLE, MCTD)血清中抗-Sm /U1RNP 及抗-Ro/La 也显示出了很强的识别能力,这一结果将有助于人们设计和合成更有效、选择性更强的 C_{60}基生物活性的衍生物。

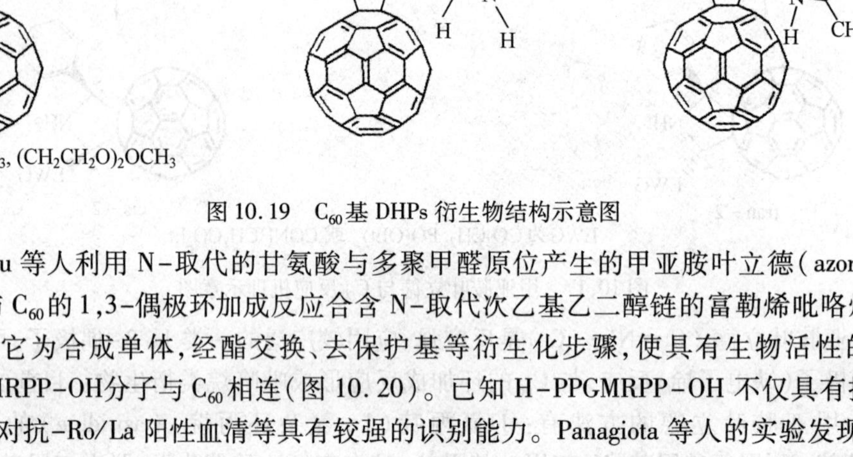

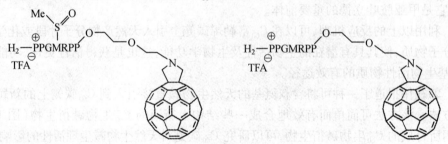

图 10.20　C_{60}基 H-PPGMRPP-OH 衍生物结构示意图

10.2.4　C_{60}与胺的反应

1. 反应的分类

C_{60}与胺类化合物的反应包括光化学反应和亲核加成反应。根据胺分子的种类不同,亲核加成反应可分为与伯胺和与仲胺的反应。

(1)与伯胺的反应

Ram 等人利用过量的甲胺(CH_3NH_2)在室温下与 C_{60}反应,得到不同加成度的产物(加成度 $n=1$、2、6 为主要加成产物),其最大加成度可达 $n=14$。过量的丙胺

$CH_3(CH_2)_2NH_2$与C_{60}反应,可得到加成度$n=12$的胺加成产物。正丁胺$CH_3(CH_2)_3NH_2$与C_{60}按2∶1的摩尔比在甲苯中回流反应30 h,可得到加成度$n=1$的胺加成产物。Gan等人报道了C_{60}与β-氨基丙酸的反应。Sun等人在类似条件下,通过控制反应配比,合成了3种具有不同加成数目的水溶性C_{60}-β-丙氨酸衍生物$C_{60}(NHCH_2CH_2COONa)_nH_n$($n=$1、5、9)。并且表征了这些衍生物对超氧阴离子$O_2^{-\cdot}$的清除活性。

最近,Peng等人将几种含极性基的伯胺类化合物与C_{60}的反应得到不同的C_{60}胺化产物,加成度为4~11,产率为32.4%~82.3%(图10.21)。

$$C_{60} + xNH_2R \xrightarrow[100^\circ C,\ 24\ h]{\text{nitrogen}} H_xC_{60}(NHR)_x$$

$R=(CH_2)_8OH$, cyclo$-C_6H_{11}$, $(CH_2CH_2O)H$; Yield:62.2%~82.3%

图10.21　伯胺与C_{60}反应示意图

Peng等人进一步利用这些多加成产物与TEOS反应(sol-gel reaction)制备含C_{60}的玻璃态物质,并研究它们的热学及电学性质。

(2)与仲胺的反应

仲胺(吗啉morpholine)与C_{60}反应得C_{60}-吗啉衍生物[$C_{60}H_6(morph)_6$]($n=6$),反应混合物中没有分离到加成度更高的($n\geqslant6$)C_{60}-吗啉衍生物。Hirsch认为,由于胺化产物[$C_{60}H_6(morph)_6$]($n=6$)不溶于反应介质,并从反应体系中沉淀出来,因而避免了进一步加成的发生。

Davey等人报道了C_{60}-氮杂冠醚单加成衍生物的合成。反应为氮杂冠醚(仲胺)对C_{60}的亲核加成,较大空间体积的亲核试剂使反应停留在单加成产物阶段,而且反应速率随氮杂冠醚环的增大而减小。产物用HPLC分离显示两个组分,Davey认为它们是两种不同的区域选择性单加成产物,1,4-和1,2-加成产物,ZINDO计算表明,1,2-加成产物在能量上更为有利。

利用富勒烯与胺类化合物的亲核加成反应机理,Hu等人陆续报道了C_{60}-氨基酸多加成产物的合成。通过控制反应条件,改变氨基酸种类,得到了一系列C_{60}-氨基酸衍生物。这些衍生物均具有良好的自由基清除活性,并且能从一定程度上抑制由H_2O_2诱导的神经细胞凋亡。同时,该研究还显示,C_{60}-氨基酸衍生物的聚集状态将对其生物活性产生较大影响(图10.22)。

2. 反应机理和反应的一般规律

C_{60}具有缺电子烯烃性质,它容易与胺(伯胺、仲胺)发生多加成反应形成胺加成产物。由于C_{60}表面平均分布着6个相对独立的pyracyclene单位,而且pyracyclene极易与胺分子加成,所以,C_{60}胺化反应的加成度主要为6($n=6$)。胺化反应的加成度也与加成基团的性质有关,加成基团的极性及由此而导致的C_{60}加成物溶解性的改变可能会引起C_{60}加成物从反应体系中沉析,并能避免进一步加成的发生。加成基团的空间体积也不利于反应的加成度,对于含较长碳氢链的胺类物质,与C_{60}胺化反应时,由于长的碳氢链包缠在C_{60}的周围,所形成的立体结构阻碍了进一步的加成,碳氢链越长,产物的加成度越小。C_{60}胺化反应的加成度还受反应物浓度,反应物配比的影响。在加成产物的区域选择性方面,反应一般为6-6 键上的1,2-加成,但是由于空间位阻的关系也可能生成1,4-加成产物。

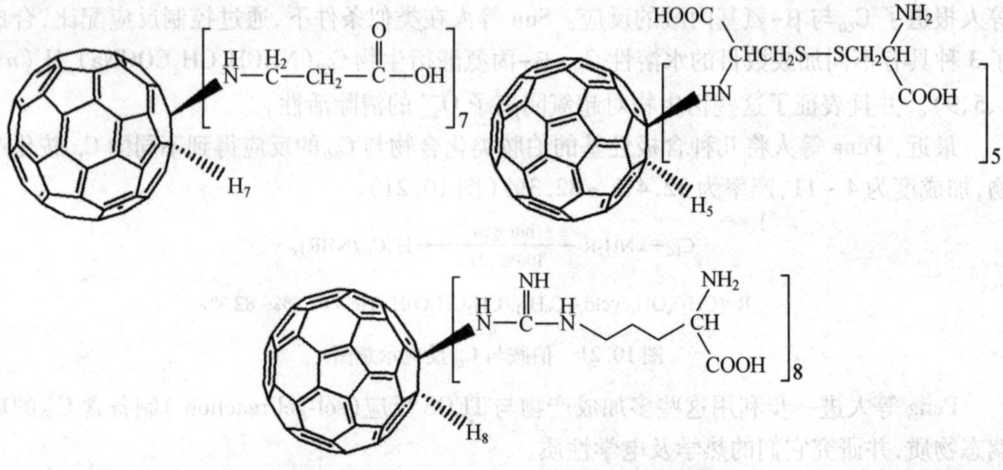

图10.22　C_{60}氨基酸衍生物结构示意图

关于C_{60}胺化反应的机理,一般认为C_{60}与胺之间先发生单子转移(SET),电子从胺转移到C_{60},形成C_{60}阴离子自由基$C_{60}^{-\cdot}$和胺阳离子自由基$R_2HN^{+\cdot}$,接着自由基$C_{60}^{-\cdot}$和$R_2HN^{+\cdot}$之间偶合形成两性离子(zwitterions)$R_2HN^{+}-C_{60}^{-}$,质子在两性离子$R_2HN^{+}-C_{60}^{-}$内转移,即从胺转移到C_{60},形成稳定的加成产物(图10.23)。

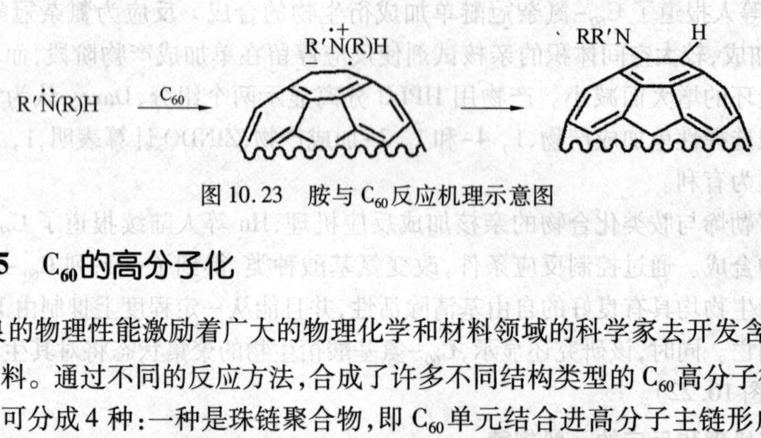

图10.23　胺与C_{60}反应机理示意图

10.2.5　C_{60}的高分子化

C_{60}优良的物理性能激励着广大的物理化学和材料领域的科学家去开发含有C_{60}的新型高分子材料。通过不同的反应方法,合成了许多不同结构类型的C_{60}高分子衍生物。其结构基本上可分成4 种:一种是珠链聚合物,即C_{60}单元结合进高分子主链形成类似珠链状的聚合物;第二种是C_{60}悬挂在高分子侧链形成手镯型聚合物;第三种是C_{60}连接在高分子链的末端;第四种是以C_{60}为部分或全部网络节点形成二维或三维的高分子网络星射线型C_{60}高分子衍生物(图10.24)。

如上所述,C_{60}作为一种特殊的功能基团可以分别引入聚合物主链、侧链;以C_{60}为核在一定的条件下将高分子聚合物连接到核上;同时,C_{60}也能以共价键键合到高分子聚合物等载体上;此外,C_{60}与高分子聚合物共混可形成掺杂的聚合物。

目前,已知可有多种途径将C_{60}键合于高分子链的官能团上,或用特定的单体,通过一定的聚合反应合成含C_{60}的高分子衍生物。按所用的化学反应可有下列类型:阴离子或阳离子聚合反应、自由基反应、缩合反应、氨氢化反应、叠氮化反应等。

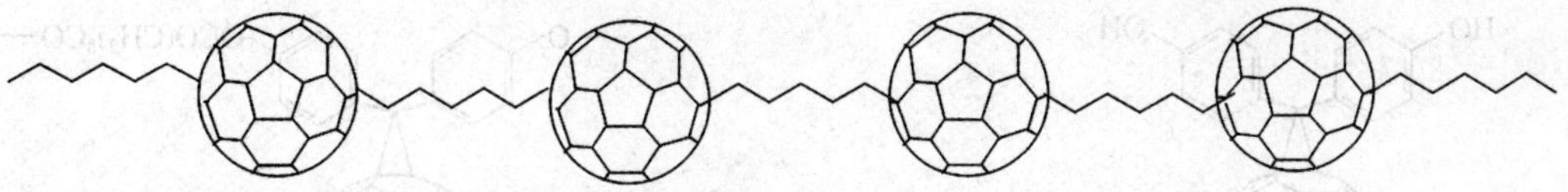

(a) 珠链状的聚合物

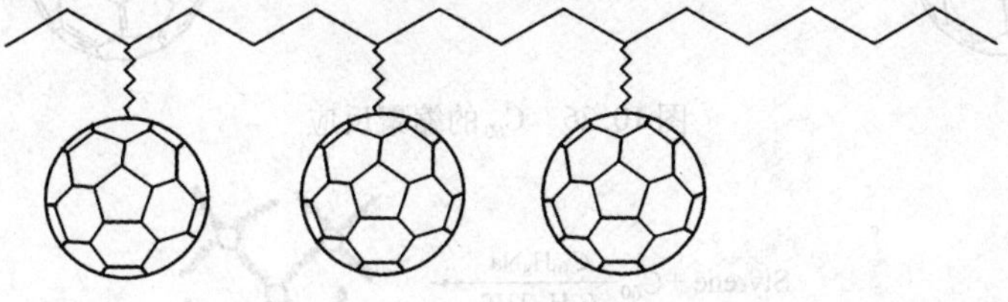

(b) 手镯型聚合物

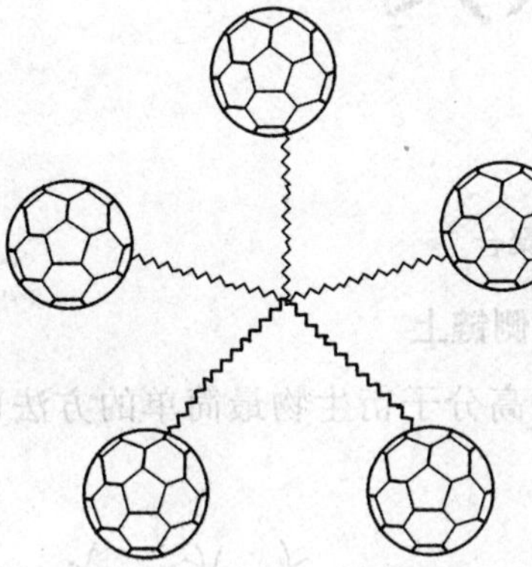

(c) C_{60} 链结在高分子链的末端

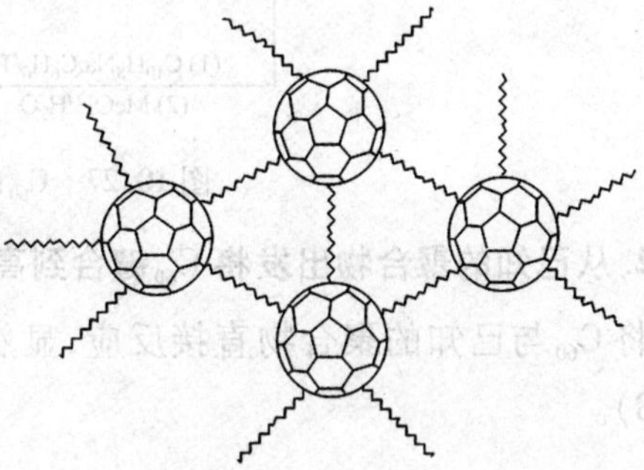

(d) 星射线型 C_{60} 高分子衍生物

图 10.24　C_{60}高分子衍生物的可能结构

从合成起始原料的不同，将 C_{60}高分子衍生物的合成方法分为以下三大类，下面分别简要介绍。

1. 从单体或其他小分子物种出发合成 C_{60}高分子衍生物

由于 C_{60}本身是含有多个双键的分子，所以它作为共聚单体或嵌段和其他单体采用自由基聚合、阴离子聚合等化学方法直接参与聚合反应，得到珠链形或端接或网状交联聚合物，C_{60}位于高分子链的主链（图 10.25 ~ 10.27）。

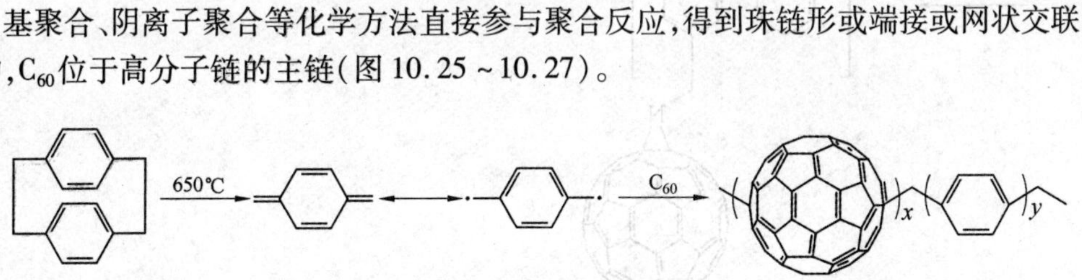

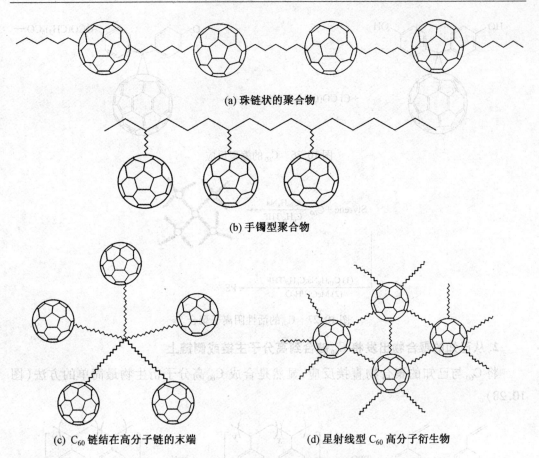

图 10.25　C_{60}的自由基聚合

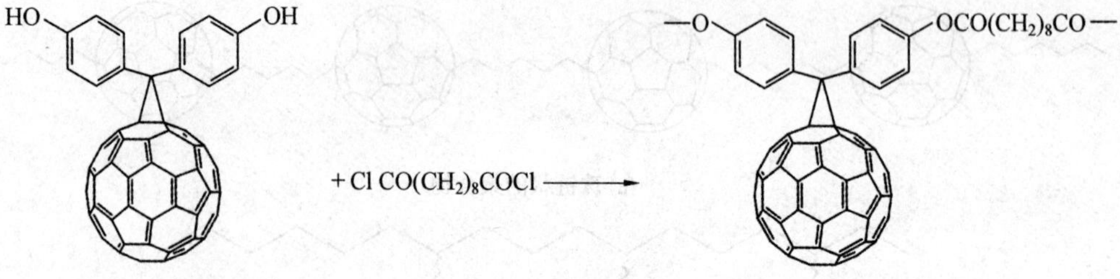

图 10.26 C_{60}的缩聚反应

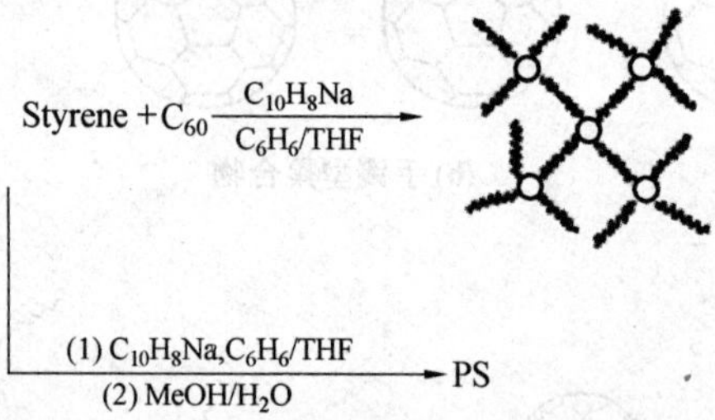

图 10.27 C_{60}的活性阴离子聚合

2. 从已知的聚合物出发将 C_{60}键合到高分子主链或侧链上

将 C_{60}与已知的聚合物直接反应，显然是合成 C_{60}高分子衍生物最简单的方法(图 10.28)。

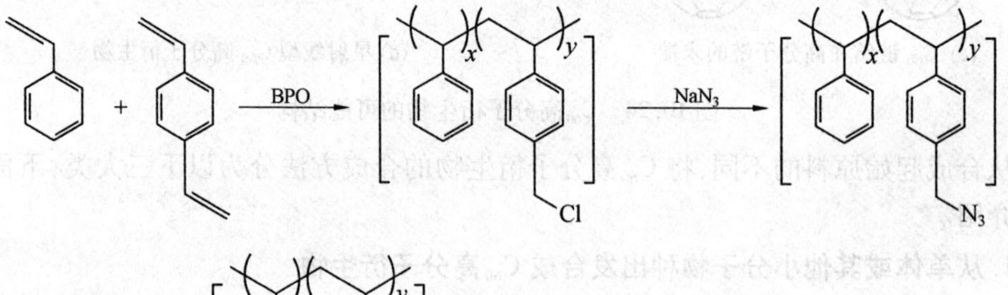

图 10.28 C_{60}与叠氮基取代的聚苯乙烯进行环加成反应示意图

3. 其他类型的合成方法

如 C_{60}在混合溶剂体系中或在固态可经光化学处理而形成聚富勒烯(图 10.29)。其结构可能类似于[2+2]环加成高聚物，具有极高的相对分子质量，但可以溶于 DMSO。

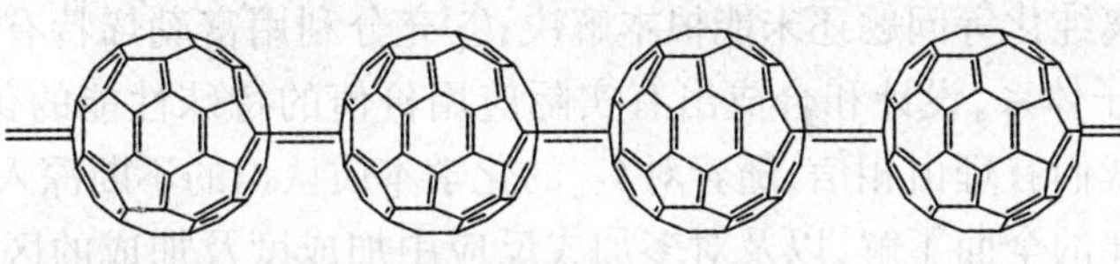

图10.29 聚富勒烯的结构图

10.2.6 C_{60}衍生物聚集态研究进展

近年来,含C_{60}球两亲分子水相中有序聚集体、有序聚集体的结构演变规律以及含C_{60}球两亲分子与生物大分子(如DNA)的相互作用研究十分活跃。一些研究组在C_{60}衍生物合成、含C_{60}球两亲分子水相中有序聚集体及C_{60}球两亲分子与生物大分子的作用方面的研究代表了富勒烯化学研究的方向。我国朱道本、王官武等人的研究都引起了国际同行的关注。

富勒烯几乎不溶于水中,从而限制了对富勒烯的进一步研究,特别是阻碍了C_{60}在生物学和材料科学中的实际应用。因此,含C_{60}新颖奇特两亲分子化合物的合成、水相中有序聚集体的形成、性质、结构及聚集体结构的演变规律,解释含C_{60}球两亲分子有序高级聚集体的形成机理,是目前合成化学家、生物学家和材料科学家,尤其是胶体与界面科学家极感兴趣的前沿课题。这方面的研究对拓宽富勒烯的实际应用有重要的意义。

最近,Chu等人研究了五烷基连接到C_{60}球上的3个阴离子富勒烯两亲分子衍生物在水中的聚集体结构。Georgakilas等人对4个季铵盐阳离子表面活性剂在水相中聚集体结构进行的电子显微镜(TEM)测定表明,其结构主要取决于连接到C_{60}球上的基团性质(基团大小和极性等),从而使4个季铵盐阳离子表面活性剂在水相中可分别形成球状(胶束和囊泡)、棒状和管状聚集体。

他们还对聚集体中C_{60}衍生物空间排列进行了计算机拟合。另外,Shinkai等人对Bola型两亲C_{60}衍生物水相中聚集体的研究,应用TEM直接观察到了该Bola型两亲C_{60}衍生物水相中囊泡聚集体的形成。Hirsch等人合成了六加合树枝状C_{60}衍生物,给出了其结构图(图10.30)。该衍生物有18个羧酸基团,极易溶解于水中,在pH=7.4的缓冲液中形成橘黄色溶液,冷冻刻蚀电子显微镜(FF-TEM)观察表明,其聚集体结构是单双层囊泡。

借助上述富勒烯化学修饰的多种方法和手段,将生物活性基团或具有特殊物理和电学性质的分子引入C_{60},合成具有特定性能的C_{60}衍生物是富勒烯化学继前期发现各种化学反应并制备其衍生物(特别是单加成衍生物)之后的发展方向之一,研究这些衍生物的各种功能特性及其可能的应用也是富勒烯化学的目的之所在。

富勒烯化学在发现富勒烯的各种化学反应并制备其衍生物,特别是单加成衍生物上,已进行得相当成功,利用已有的这些反应,几乎可以将所有的各种基团、分子与富勒烯用共价键的方式连接起来。从富勒烯化学发展的趋势来看,目前富勒烯化学现存的问题及尚待深入的方面仍然有相当多的工作要做,包括:①对各类反应机理的深入认识;②发现新的反应类型,扩展已知反应类型的反应范围、寻找新的反应试剂;③用特殊有机合成技术改进C_{60}某些热化学反应,并继续开发热化学条件下难以发生的新型反应;④富勒烯的化学反应无一例外地会生成多加成产物,加成度控制、多加成的区域选择和立体选择性、多加成产物的分离纯化等问题还未能根本解决；⑤充分利用富勒烯特有的三维空间结构及其特殊的 π 电子体系，设计和合成出有实际应用价值的特殊性能的化合物，努力开发它的实际应用。我们有理由相信，随着对 C_{60} 的化学本质认识的不断深入，对各类的 C_{60} 的化学反应及其规律的全面了解，以及对多加成反应中加成度及加成的区域选择和立体选择性控制技术的掌握，C_{60} 将会在合成和制备富勒烯为基础的新型功能材料的方面取得巨大的成功。

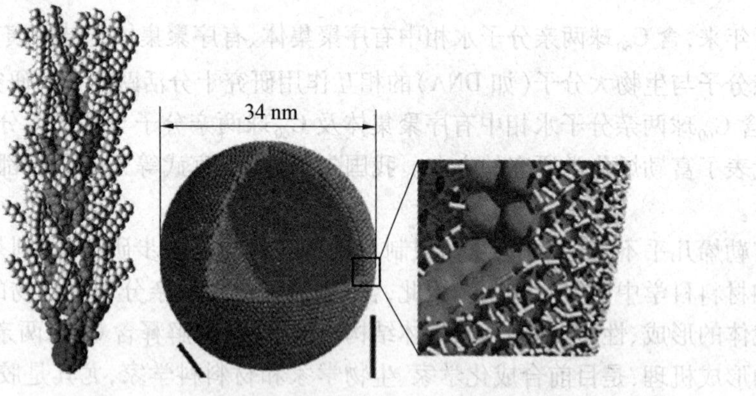

图 10.30　C_{60} 衍生物聚集态示意图

10.3　功能化 C_{60} 大分子的生物活性

富勒烯在生物医药方面的应用一直是热门研究课题之一，C_{60} 是一种十分理想的药效团载体，它可以与大量试剂反应，具有独特的三维拓扑结构，并与已知的药物分子具有相似的尺寸，大量研究表面，C_{60} 及其衍生物在酶抑制、抗病毒、DNA 切割、光动力疗法等方面均有广阔的应用前景。

C_{60} 独特的结构赋予它许多特殊的物理、化学性质。如 C_{60} 通过光诱导产生单重态氧高达 100%，被喻为“单重态的发生器”；C_{60} 极易与游离基反应，被喻为“吸收游离基的海绵”；C_{60} 的体积与 HIV 病毒活性中心的孔穴大小相匹配，又可能堵住洞口，切断病毒的营养供给；C_{60} 有 30 个双键，可以发生多种化学反应，是药物设计的理想基体，可以根据需要接上多种基团，人们把 C_{60} 喻为药物设计中的“化学针插”。C_{60} 的这些特性引起了生物化学家、药物学家的浓厚兴趣，并已在富勒烯及其衍生物的生物活性方面取得了一些令人振奋的结果。

10.3.1　抑制细胞凋亡

细胞凋亡与自由基大量产生密切相关。C_{60} 是极好的电子受体，良好的自由基捕获剂，能抑制细胞的凋亡。研究表明，C_{60} 衍生物 1、2（图 10.31）能抑制由 $A\beta_{1\sim42}$ 引起的凋亡，Hsu 等人比较了三加成物 1、2 对由神经酰胺引起的细胞凋亡的影响，发现 2 具有更强的抑制活性。Huang 的实验发现，在几种抗氧化剂中，只有 C_{60} 衍生物 1、2 能抑制由 TGFβ引起的人体肝癌细胞 Hep3B 的凋亡。

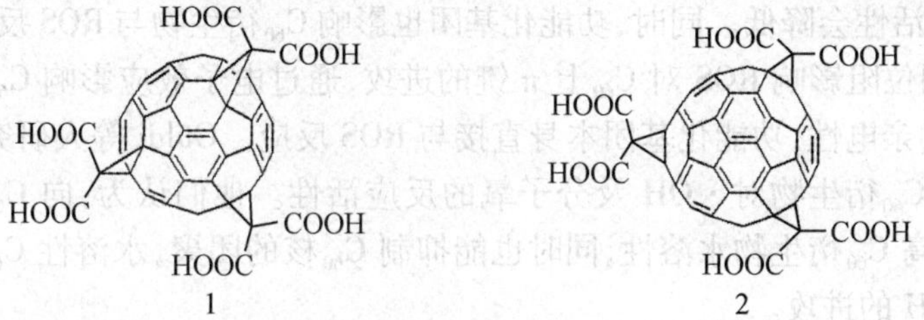

图10.31　C_{60}衍生物1、2结构示意图

10.3.2　清除活性氧自由基活性

自 Chiang 等人发现富勒醇可以清除·OH以来，C_{60}衍生物作为自由基清除剂的研究备受关注。围绕C_{60}及其衍生物对活性氧自由基(ROS)的清除作用、清除机理及各种影响因素，人们做了大量的研究工作。

最早研究对ROS有清除作用C_{60}衍生物是富勒醇，研究者认为，富勒醇对自由基的清除有两种可能的机理：①富勒醇上保留的C═C双键接受自由基的进攻，一个C═C双键加成两个·OH；②由于大多数羟基化合物具有抗氧化性，因此，富勒醇上的烯丙基羟基对ROS自由基的清除也发挥着重要的作用。Cheng 等人认为：由于富勒醇中C_{60}骨架上的C═C双键被严重破坏，C_{60}亲电性大大减弱，因此，C_{60}母体本身对自由基加成并不敏感，富勒醇清除自由基主要是由于富勒醇上多羟基的作用。

C_{60}丙二酸衍生物$C_{60}[C(COOH)_2]_n$也表现出对·OH、O_2^{-}·的淬灭活性，C_{60}丙二酸衍生物$C_{60}[C(COOH)_2]_n$的清除作用主要源于自由基对C_{60}母体部分C═C双键的加成。Cheng 等人采用自旋捕集和ESR技术考察了不同加成度的C_{60}丙二酸衍生物对 Fenten 体系中产生的·OH的清除情况，发现单加成、双加成产物有明显的清除·OH活性，三加成产物有较弱的清除活性，而四加成产物没有明显的清除活性。可见，C_{60}丙二酸衍生物的清除活性与加成度有关，随着丙二酸加成数的增加，C_{60}上C═C双键的减少，对进攻的自由基空间阻碍的增大，丙二酸衍生物从单加成到四加成物，其清除自由基·OH的活性也明显减小。

Sun 等人采用鲁米诺增强的化学发光技术，在邻苯三酚自氧化体系中，考察了3种不同加成数目的水溶性C_{60}-β-丙氨酸衍生物$C_{60}(NHCH_2CH_2COONa)_nH_n$($n$=1、5、9)对超氧阴离子$O_2^{-\cdot}$清除作用，并讨论了影响$C_{60}$衍生物清除自由基的各种因素。就$C_{60}$-β-丙氨酸衍生物而言。其侧链β-丙氨酸对$O_2^{-\cdot}$并无反应活性。因此，随着加成基团数量的增加，$C_{60}$分子的π键数目减少，空间位阻的增大，$C_{60}$-β-丙氨酸衍生物对$O_2^{-\cdot}$加成的反应活性会逐渐降低。然而$C_{60}$与β-丙氨酸以—NH基相连，—NH基强的供电子效应可能会使具有不饱和烯烃性质的C_{60}上π键的电荷密度增大，并有利于亲电试剂$O_2^{-\cdot}$的进攻。3种衍生物对$O_2^{-\cdot}$反应的活性顺序为n=9>5>1，说明在这一体系中，—NH基的供电效应的影响超过了剩余π键数目及空间位阻的影响而占据主导地位。

总之，C_{60}衍生物清除自由基ROS活性受各种因素的影响，是比较复杂的综合效应。

首先,它与母体C_{60}上剩余π键数目有关,加成基团增加,C_{60}分子的π键数目减少,C_{60}衍生物与ROS反应活性会降低。同时,功能化基团也影响C_{60}衍生物与ROS反应活性,具体表现为:通过空间位阻影响ROS对C_{60}上π键的进攻,通过电子效应影响C_{60}上π键电荷密度并影响C_{60}的亲电性,功能化基团本身直接与ROS反应。Guldi等人研究了几种不同加成度的水溶性C_{60}衍生物对·OH及分子氧的反应活性。他们认为,向C_{60}表面引入多个极性基不仅提高C_{60}衍生物水溶性,同时也能抑制C_{60}核的团聚,水溶性C_{60}单加成物易团聚,不利于·OH的进攻。

除此之外,C_{60}衍生物对自由基ROS的清除还表现出明显的剂量效应。随着C_{60}衍生物浓度的增加,对自由基ROS的清除效率也随之提高。

10.3.3 抗菌活性

在发现富勒烯能够嵌入生物膜后,许多研究组开始研究富勒烯衍生物潜在的抗菌活性,并在很多细菌中得到证实。Da Ros的实验发现水溶性C_{60}衍生物3(图10.32)对各种微生物具有一定的灭杀作用。研究表明,当浓度为26 μg/mL时,3对抗药性的病原体Mycobacterium avium抑制率达70%。若浓度增加10倍,则抑制率可达100%。

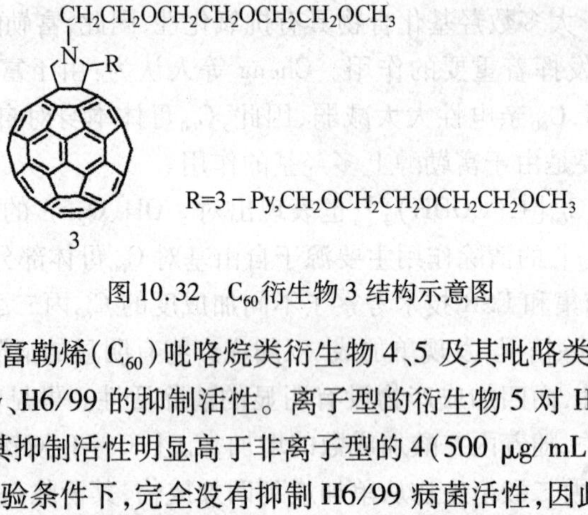

图10.32 C_{60}衍生物3结构示意图

Bosi等人合成了富勒烯(C_{60})吡咯烷类衍生物4、5及其吡咯类物质6、7(图10.33),研究了它们对H37Rv、H6/99的抑制活性。离子型的衍生物5对H6/99病菌有良好的抑制作用(5 μg/mL),其抑制活性明显高于非离子型的4(500 μg/mL)。由于相应的吡咯类物质6、7在同样的实验条件下,完全没有抑制H6/99病菌活性,因此4、5抑制作用归因于C_{60}核的作用,C_{60}核嵌入细菌的细胞壁,破坏膜壁的完整性,从而导致细菌的死亡。离子型衍生物5借助其疏水的C_{60}核及所带的电荷更有助于它与带电荷双层膜的疏水结合,因此与非离子型衍生物4相比,它表现出更强的抑制活性。

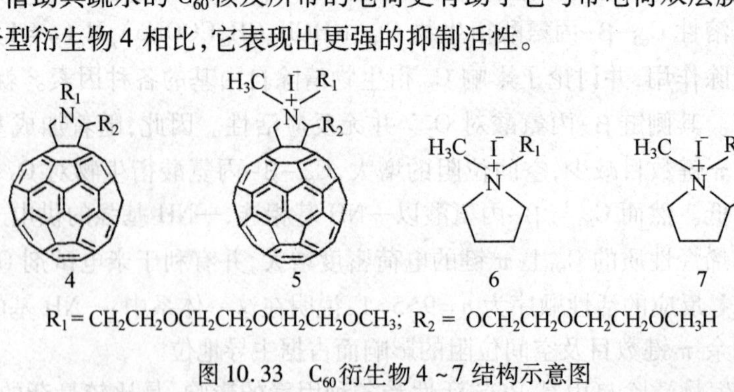

图10.33 C_{60}衍生物4~7结构示意图

10.3.4　DNA 裂解

富勒烯（C_{60}）衍生物具有裂解生物分子 DNA、RNA 的活性，对其裂解机理的认识一般认为有两种：单线态氧 $^1O_2$ 作用机理和单电子转移机理。单线态氧 $^1O_2$ 机理认为，C_{60} 核在光激发下形成三线态 $^3C_{60}$，三线态 $^3C_{60}$ 具有较高的能量和较强的氧化性，其光敏化作用使基态 O_2 分子变成单线态氧 $^1O_2$，单线态氧 $^1O_2$ 通过［4+2］或［2+2］环加成，加成到 DNA、RNA 嘌呤碱的五元咪唑环上修饰鸟嘌呤，并极大地促进了 DNA 中磷酸二酯键的碱水解。单电子转移机理认为，C_{60} 核与 DNA 分子非选择性疏水结合，光激发下形成的三线态 $^3C_{60}$ 直接从 DNA 夺得电子，致使 DNA 氧化裂解。

Takcnaka 合成了含吡啶盐阳离子的水溶性富勒烯衍生物，富勒烯衍生物能与双螺旋 DNA 结合，在光照下能有效地裂解 PBR322DNA。当向 DNA/8（图 10.34）体系中加入γ-CD或 PVP，其裂解活性减弱。这是由于 γ-CD 对 C_{60} 核的包合影响了核与 DNA 的相互作用。裂解过程也涉及 C_{60} 核的光敏化作用产生的高活性的单线态氧 $^1O_2$。

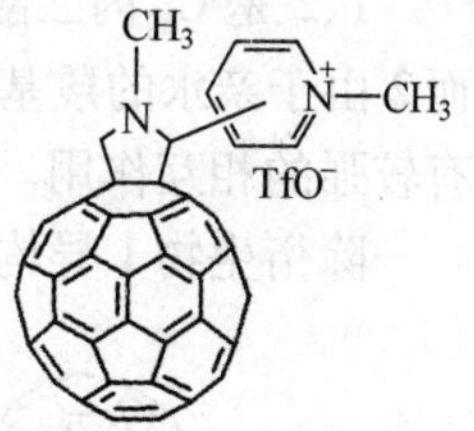

8

图 10.34　C_{60} 衍生物 8 结构示意图

10.3.5　细胞毒性

光照射下，富勒烯（C_{60}）衍生物具有明显的细胞毒性（cytotxicity）。其机理通常认为是：光激发产生激发态 $^3C_{60}$，$^3C_{60}$ 光敏化作用使分子氧 O_2 转变为单线态氧 $^1O_2$，单线态氧 $^1O_2$ 进一步氧化生物分子如 DNA、脂质、蛋白质导致有毒物质的产生，膜流动性丧失，离子通透性增加，并导致了细胞毒性（cytotxicity）及肿瘤细胞的死亡。这一过程如果发生在正常的细胞中，必然造成对机体健康的损害。

Yang 等人用采用 MTT 方法研究了 C_{60} 丙二酸衍生物 9（图 10.35）在光照条件下对 HeLa 细胞毒性。结果表明，C_{60} 丙二酸衍生物细胞毒性不仅存在剂量效应，而且与丙二酸的加成度有关，其光敏化细胞毒性（Photosensetive Cytotoxicity）随加成度的增加而减少，即 DMA C_{60} >TMA C_{60}>QMA C_{60}。Yang 等人据此认为，控制加成基团数目，维持 C_{60} 核双键的完整性，将有利于 C_{60} 衍生物的光敏化作用，这一构效关系在与光动力学相关的药物分子设计中具有指导意义。

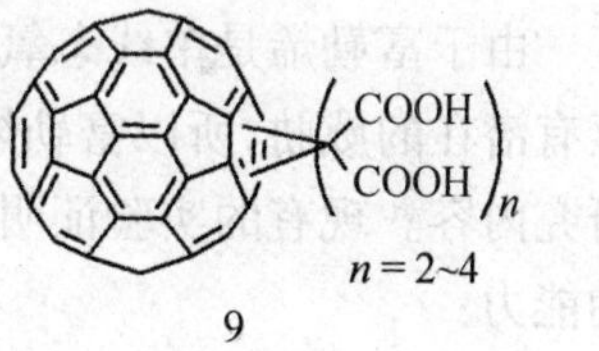

9

图 10.35　C_{60} 衍生物 9 结构示意图

10.3.6　抗病毒活性

艾滋病毒（HIV）主要侵犯人的 T 淋巴细胞，引起大量 T 细胞死亡，从而导致严重的细胞免疫缺陷。人体免疫缺陷病毒酶的活性部位是一个周围排列着疏水氨基酸的无底圆形。而 C_{60} 是一个球形分子，分子尺度与 HIV 病毒活性中心的孔道大小相匹配。如果用 C_{60} 分子堵住病毒活性中心的洞口，切断病毒赖以生存的营养供给，就可以杀死病毒，这是有科学依据的，因为 C_{60} 及其衍生物主要是疏水的，同病毒有一个强烈的疏水相互作用，动力学分析也支持了 HIVP 和 C_{60}衍生物结合的驱动力是病毒酶中非极性活性表面和 C_{60}表面的疏水相互作用。除此,通过引入独特的静电相互作用,可以增加两者的结合能。除此之外,在光照下,C_{60}通过光敏化作用产生单线态氧$^1O_2$能使 SFV(Semliki Forest Virus)、VSV(Vesicular Stomatitis Virus)病毒失去活性。为了进一步阐明富勒烯(C_{60})衍生物的抗病毒机理,Lin 等人选择 1(C_{60}丙二酸三加成物的区域选择性异构体)分别在光照和无光照条件下进行抗病毒比较实验。他们用被 dengue-2 病毒感染的 HuH-7 细胞研究 1 对 dengue-2 病毒的抑制作用,结果显示,在光照条件下,10 μm 的 1 异构体能抑制病毒的复制,同时在无光照条件下,1 也能抑制病毒的复制。Lin 等人认为,在无光照条件下,1 异构体与病毒脂质被膜之间的疏水结合作用是导致病毒失活的直接原因。

1、2 是 C_{60}丙二酸三加成物的两种典型的区域选择性异构体。1 具有两亲结构特征,而 2 由于亲水的羧基都位于 C_{60}球的 e 位而不具有两亲特性。因此,与 2 相比,1 与脂膜具有较强的相互作用。

除衍生物 1 异构体之外,下列衍生物(图 10.36)也显示出良好的抗 HIV 活性。

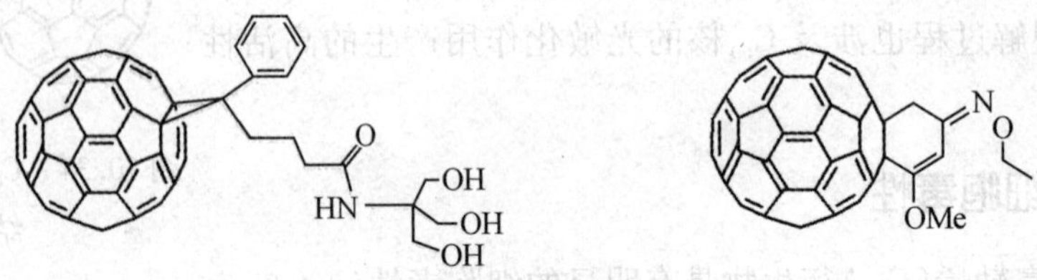

图 10.36 C_{60}衍生物结构示意图

10.3.7 富勒烯衍生物的生理活性

1. 富勒烯在动物体内吸收代谢

由于富勒烯是单线态氧的发生器,并且具有切割 DNA 和损伤细胞的功能,对人体健康有潜在的威胁,所以富勒烯衍生物在体内的传送、分布、代谢和排泄等成为非常重要的研究内容。现有的实验证明富勒烯衍生物的毒性是较低的,并且富勒烯具有穿透细胞膜的能力。

1995 年,Yamago 等人在美国化学生物学杂志上报道了^{14}C 标记的羧酸富勒烯衍生物标记物口服给小鼠,富勒烯衍生物好像不能被动物的胃肠道吸收,但是采用静脉注射或腹腔注射则可以被很快转移到各种组织中。羧酸富勒烯在静脉注射 7 d 后,除部分被肝脏摄取外,大部分分布在老鼠的骨骼肌和毛发中,且有逾越血脑屏障的能力。

Moussa 等人通过电镜观察,富勒烯进入老鼠体内 14 d 后,主要沉积在肝细胞以及脾、肺等内脏组织的网状内皮细胞中,大脑中几乎不存在。另外,富勒烯及富勒烯衍生物在体内非常稳定,而不像大多数有机物一样容易被氧化。Tabata 等人发现富勒烯-聚乙二醇衍生物绝大部分在 24 h 就可排出。Cagle 等人发现富勒烯衍生物主要分布在骨、肝脏和脾中,肌肉和皮毛中较少,且不能通过血脑屏障。Nelson 等人在老鼠皮肤上涂覆富勒烯以观察其致癌性研究结果。表明在所用的剂量下涂覆 72 h 后,老鼠表皮 DNA 的合成或鸟氨酸脱羧酶的活性没有产生有害的影响。涂覆 24 周后没有引起皮肤癌变。Zakharenho等人研究发现富勒烯和富勒烯醇没有遗传毒性。Scrivens 等人研究了富勒烯悬浮液与人角质化细胞的相互作用，发现富勒烯被细胞迅速吸收并且没有导致急性中毒。1997 年，Chen 等人研究发现富勒烯磺酸衍生物 $C_{60}[(CH_2)_4SO_3Na]_{4\sim6}$ 具有一定的毒性。当老鼠腹腔注射量大于 500 mg/kg 时，即可导致死亡。组织学检查表明，受损老鼠的肾小管被严重破坏。这些研究结果表明，富勒烯衍生物的毒性可能与富勒烯球上加成的官能团的性质有关系。

2. 体内光动力学作用

1997 年，Tabata 等人研究发现将富勒烯-聚乙二醇衍生物注射到接种皮肤癌的老鼠中，该衍生物在肿瘤部位的积累比正常皮肤多 2 倍左右，光照后肿瘤生长速度明显减慢直至最后消失，其作用随光照强度与富勒烯-聚乙二醇衍生物浓度增大而增强，比光敏剂 photofrin 的效果好得多。而且该衍生物对正常皮肤、小鼠体重及血液中一些酶含量无影响。

富勒烯衍生物在体内作用的文献报道较少。富勒烯衍生物的体内分布与富勒烯所连接基团有关，所以可在富勒烯上接上不同的基团合成出不同的靶向药物或药物载体。另外我们可以利用某些富勒烯衍生物具有逾越血脑屏障的功能开发出抗脑肿瘤药物。

10.3.8　其他应用

富勒烯衍生物可以用作医学显影剂，如碘化的富勒烯衍生物在血管照相术中的应用，笼内金属富勒烯衍生物，如 Gd@ $C_{60}[C(COOH_2CH3)_2]$ 可用作核磁共振成像显影剂，笼内放射性金属标记富勒烯衍生物，如 ^{99m}TC@ $C_{60}(OH)_x$ 也可在医学或生物学研究中用作示踪剂。由于其结构的特异性，富勒烯可作为药物载体将药物运转至特定的组织，如用于骨质疏松症的治疗。C_{60} 母体在光辐射作用下可以杀死病毒。研究发现，富勒烯衍生物抑制氮氧化物合成酶(NOS)，NO 是一个反应性很强的分子，在细胞生理信息传递中有重要的界导作用，但是高浓度的 NO 会对机体造成毒害。富勒烯衍生物可以降低 NOS 紊乱造成的生理伤害。

10.3.9　功能化 C_{60} 大分子的生物活性作用机制

C_{60} 分子及其衍生物的生物活性与 C_{60} 独特的分子结构及其固有的疏水性、电负性(亲电)、氧化性、光物理特性等密切相关。

分子轨道计算和循环伏安法研究表明，分子具有低能的 LUMO 轨道($3t_{1g}$)，能接受 6 个电子，是一温和的氧化剂。此外，C_{60} 分子有自由基的海绵之称，C_{60} 分子表面分布着的 30 个缺电子 6-6 烯键，很容易与自由基发生多加成反应。C_{60} 分子还是一个光敏剂，其光物理光化学行为很有特色。

(1) C_{60} 光物理特性

在紫外及可见光下，C_{60} 被光激发形成短寿命的单线态 $^1C_{60}$(生命周期为 1.3 ns)，单线态 $^1C_{60}$ 随即转化为长寿命的三线态 $^3C_{60}$(生命周期为 50 ~ 100 ms)，$^3C_{60}$ 将能量转移给分子氧，回到基态。分子氧获得能量转化为化学活性高的单线态氧 $^1O_2$(Photoexcitation)(图

10.37)。单线态氧$^1O_2$进攻生物分子的DNA、脂质、蛋白质造成细胞的损伤、死亡。

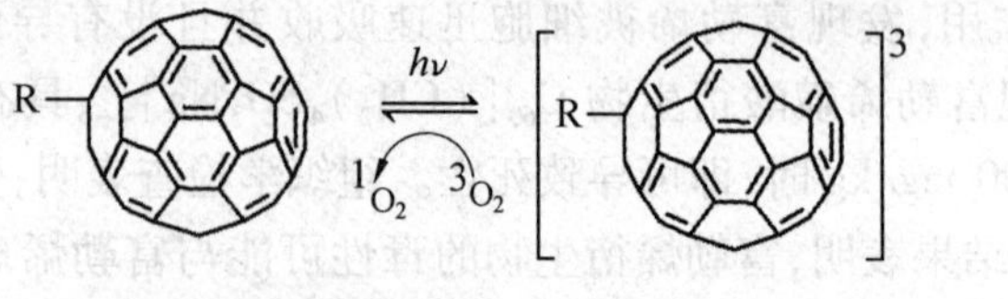

图10.37 C_{60}衍生物光物理特性示意图

C_{60}及其衍生物抗病毒、裂解DNA、细胞毒性(抗肿瘤)与这一光动力学过程有关。C_{60}光物理特性在光动力学治疗方面具有潜在的应用价值。

(2) C_{60}核的疏水作用

具有双亲特性C_{60}的衍生物,其C_{60}疏水部分与病毒的疏水作用,使其在无光照条件下也能灭杀Denguc-1病毒。C_{60}核与HIV-1病毒酶的疏水结合,使C_{60}具有抗HIV病毒的活性。C_{60}衍生物对H6/99的抑制活性也是借助于这种疏水作用。

(3)抗氧化性及良好的自由基清除活性

C_{60}及其衍生物易与自由基加成,对ROS有良好的清除活性(抗氧化性)。因此,C_{60}及其衍生物对于氧化损伤而引起的细胞凋亡,神经细胞的退行性疾病具有良好的抑制和保护作用。

10.4 水溶性C_{60}大分子对细胞凋亡的抑制作用

自1990年克拉希姆Kratschmer等人发明了合成克量级C_{60}的方法以及Takehara等人报道可以获得吨量级C_{60}以来,在世界范围里掀起了研究C_{60}的热潮。富勒烯的生物学特性为它在生物医学方面的应用提供了广阔的前景。近年来,对富勒烯物理及化学性质的研究发现其具有强大的与自由基反应的能力,曾报道过单一个富勒烯分子可加成34个甲基自由基,因此富勒烯被喻为“自由基海绵”。同时,富勒烯分子在受到可见及紫外光照射下,能产生单线态氧及超氧阴离子,这些活性氧自由基能有效地杀灭肿瘤细胞,故富勒烯有光动力学疗法应用潜力。但C_{60}的水溶性问题是富勒烯生物医药领域应用的前提和关键问题。C_{60}的化学修饰,在C_{60}表面引入水溶性基团是解决这一问题的有效途径。将C_{60}与其他具有生物功能特性的分子或基团共价连接,合成具有生物学特性的C_{60}大分子,研究其在生物学上的应用,也是富勒烯生物医学研究的创新性工作。本节以水溶性氨基酸C_{60}大分子为例,讲解水溶性C_{60}大分子对细胞凋亡的抑制作用。

10.4.1 水溶性C_{60}氨基酸大分子的合成

1. 合成条件的选择

富勒烯是缺电子型的大π共轭体系,C_{60}可以从-1价逐级还原到-6价,许多不同种类的亲核试剂均可以与C_{60}发生加成反应。胺类的氮上含有未成对电子,有很强的亲核能力,它也能与C_{60}发生加成反应。

然而,氨基酸为强极性物质,不溶于非极性溶剂,而富勒烯仅能溶于一些非极性及弱极性溶剂中,故选择两种物质都能溶解的溶剂较为困难。曾使用水为溶剂结果发现氨基酸极易溶于水中,但因富勒烯不能溶于水而在溶液中悬浮团聚,在这种非均相体系下反应难以进行。由于乙醇与甲苯及水都能互溶,所以富勒烯与氨基酸在上述混合溶液中均有一定溶解度。溶解于混合溶液中的那部分富勒烯与氨基酸可在溶液中发生反应,反应产物在混合溶液中因溶解度较差而析出。这样,反应产物的析出又促进未溶解的富勒烯与氨基酸进入混合溶液中反应,最终所有的富勒烯与氨基酸反应完全。反应温度选择室温,既可降低能耗,又可防止富勒烯在高温时被氧化。同时,考虑到在甲苯、乙醇、水的混合溶液中,难免产生相分离,故可通过加入相转移催化剂(如四丁基氢氧化胺)进一步提高氨基酸与 C_{60} 的反应产率及反应效率。产物用水/乙醇对其进行溶解再沉淀进行初提纯,进而用凝胶色谱法对产物进行进一步提纯。所得的 C_{60} 氨基酸大分子均在水中有着良好的水溶性,其水溶液均呈浅棕色透明均相溶液。上层有机相为甲苯相,下层为水相。

2. 反应机理探讨

氨基酸具有双功能基因除羧基外它也有氨基,所以氨基酸以何种功能基团与 C_{60} 相连接是需要解答的问题。用 HCl 对 C_{60} 氨基酸大分子水溶液做酸化处理,当 pH 值约为 5 时,体系出现少量沉淀;当 pH 值约为 3 时,体系沉淀量达到最大。进一步用 HCl 对 C_{60} 氨基酸大分子水溶液做酸化处理,部分沉淀溶解。溶解性的变化表明,氨基酸是以氨基与 C_{60} 连接,而非羧基。若氨基酸以羧基与 C_{60} 相连,那么在酸化处理后,氨基将能形成铵盐,其在水中的溶解度将增大,而不是析出沉淀。根据文献的相关报道,推测 C_{60} 与氨基酸的反应可认为是以下过程:第一步是形成氨基酸盐;第二步是形成氨基氮自由基,它可通过 H 的直接转移形成。已经证明 C_{60} 能非常有效地生成单重态 O_2,而单重态 O_2 可捕获 H 原子。实验中发现少量 O_2 的存在对反应有加速作用。另外,该自由基也可通过电子转移反应以及随后的质子解离来形成。第三步是自由基加成到 C_{60} 球的双键上,打开一个 C ═C 双键,然后得到氢,最终形成稳定的 C_{60} 氨基酸大分子。其具体机理如图 10.38 所示。

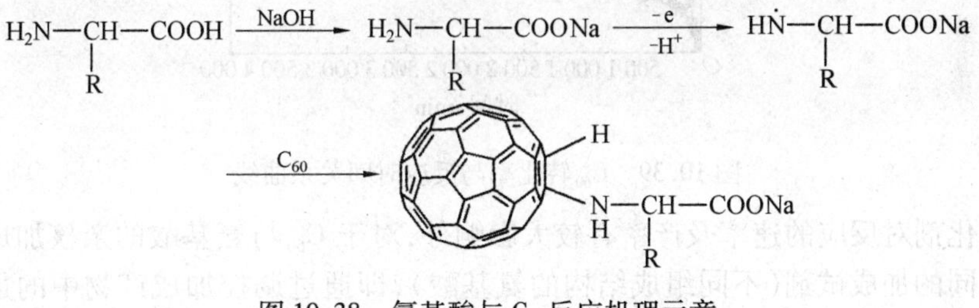

图 10.38　氨基酸与 C_{60} 反应机理示意

3. 影响反应的因素

考虑到在甲苯、乙醇、水的混合溶液中,难免产生相分离,故为了进一步提高氨基酸与 C_{60} 的反应产率及反应效率,在该反应中加入水溶性的相转移催化剂四丁基氢氧化胺(TBAH)。添加 TBAH,将在更大的程度上增强分子碰撞,因此它可以提高反应的效率及产率。由于在反应过程的全程,反应体系均是相分离的状态,即 C_{60} 溶解于上层的甲苯相中,而氨基酸等其他水溶性反应物溶解于水相中。所以能够通过检测上层甲苯相中的 C_{60} 含量来检测反应的进度。C_{60} 在 335 nm 处有紫外特征吸收峰,根据 C_{60} 在 335 nm 紫外光

谱吸收强度,可以得到在一定的反应时间 C_{60} 转化率。C_{60} 转化率计算公式为

$$S=(A_0-A_t)/A_0\times 100\%$$

式中,A_0、A_t 分别表示反应 C_{60} 甲苯溶液在开始时及反应 t min 后的紫外吸收强度值。

以 C_{60} 胱氨酸大分子的合成实验为例说明催化剂 TBAH 对于反应的影响。图 10.39 所示为 C_{60} 胱氨酸大分子合成实验中 C_{60} 的转化率随反应时间变化曲线。其中 A、B 分别表示加入催化剂及无催化剂条件下 C_{60} 转化率曲线,实验结果显示 TBAH 可显著提高反应速度和 C_{60} 转化率。通过加入 5 滴 10% TBAH,C_{60} 的转化率显著提高,由 14.64 % 提升至 50.31 %。同时,由于胱氨酸的量远远大于 C_{60},且除 C_{60} 外,其他反应物及产物全部溶解于水,故该反应为准一级反应。据 $\log A_t=-Kt/2.303+\log A_0$,准一级反应速率常数 A 和 B 可以求得。反应 8 h 内,反应速率常数 A、B 分别为 5.17×10^{-4}、1.81×10^{-4};在反应 8 h 后,反应速率常数 A、B 分别是 1.48×10^{-4}、2.38×10^{-5}。从以上的数据可以看出,添加表面活性剂 TBAH 可以提高反应的效率及产率。进一步比较反应 8 h 内及 8 h 后速率常数可以看出,随时间的推移,反应速率常数明显降低。这种实验现象可以解释如下:随着反应的进行,C_{60} 氨基酸加成产物中多个氨基酸片段的碳氢链包裹在 C_{60} 的周围,所形成的立体阻碍抑制了进一步的加成反应,从而使反应的速率降低、加成度不再增加。同时,C_{60} 氨基酸加成产物生成并达到一定加成度后,很快从反应体系中沉淀析出,失去了进一步加成使产物加成度得以增加的机会。再者,C_{60} 浓度的减少,也将使反应速度明显降低。

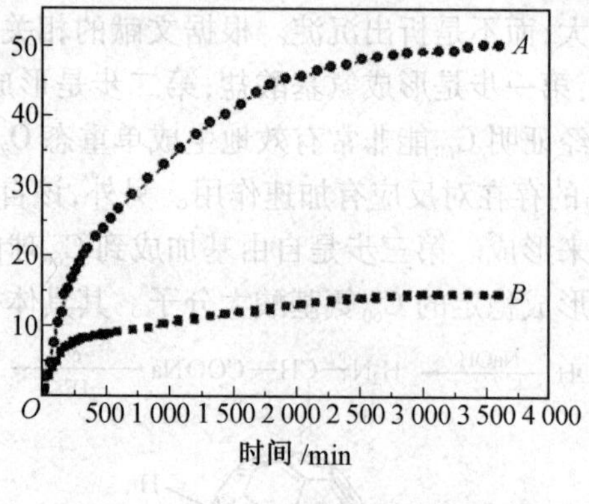

图 10.39 C_{60} 转化率与反应时间关系曲线

除催化剂对反应的速率及产率有较大影响外,对于 C_{60} 与氨基酸的亲核加成反应,通过选择不同的加成试剂(不同组成结构的氨基酸),即通过调控加成产物中的加成基团、加成基团的极性和加成基团的大小,便可影响和控制 C_{60} 加成物的加成度。同时,C_{60} 与加成试剂配比也是影响产物加成度的一个重要因素。

4. C_{60} 氨基酸大分子的聚集态结构

水溶性 C_{60} 氨基酸大分子是不是真的溶解于水中,这个问题一直困扰着从事此方面研究的科学家们。随着研究的深入,人们逐渐发现,绝大部分的水溶性 C_{60} 氨基酸大分子在其水溶液中存在各式各样的聚集态结构,如棒状、囊泡状等结构。同时,C_{60} 氨基酸大分子在水溶液中的聚集态结构将影响其生物学性能。

C_{60} 氨基酸几乎不溶于水,由于相似相容,其只溶解于甲苯、邻二氯苯等少数几种有机

溶剂。在 C_{60} 球上共价连接水溶性的氨基酸分子后，其在水溶液中具备了一定的溶解性。由于亲水疏水相互作用，C_{60} 氨基酸大分子在水溶液中势必会形成以疏水性的 C_{60} 为中心，氨基酸分子为壳的聚集态结构。氨基酸上亲水的羧基、氨基等靠近水相，而将疏水性的 C_{60} 包裹在聚集体中央，从而使得 C_{60} 氨基酸能在水中均匀分布，形成稳定的均相溶液。

图 10.40 是典型的 C_{60} 氨基酸大分子聚集态 TEM 照片。学者们比较了 C_{60} 胱氨酸大分子、C_{60}-β-丙氨酸大分子、C_{60} 精氨酸大分子的聚集状态。结果显示，在水溶液中的平均粒径从大到小顺序为：C_{60} 精氨酸大分子 > C_{60} 胱氨酸大分子 > C_{60}-β-丙氨酸大分子。观察

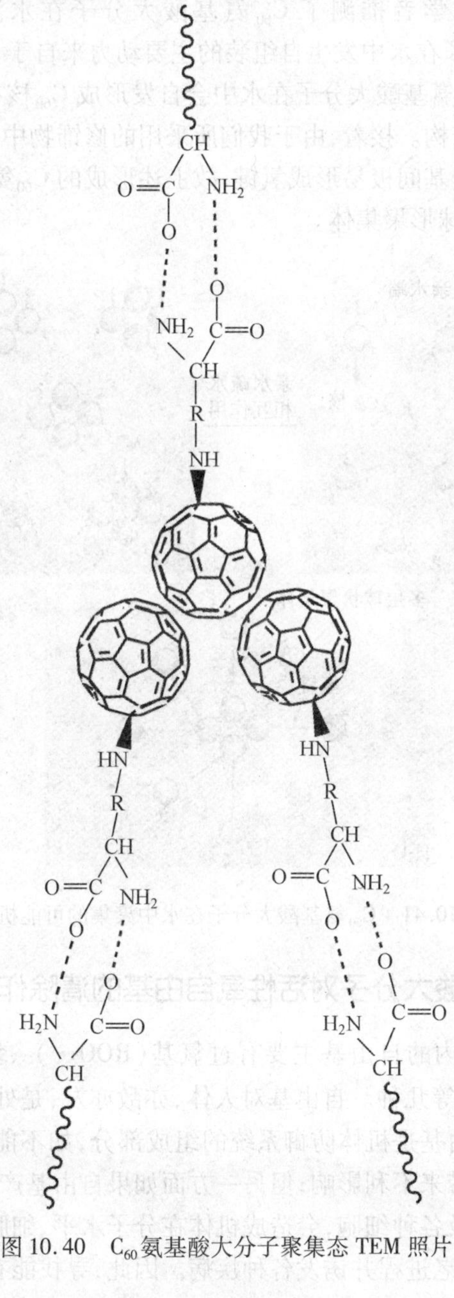

图 10.40　C_{60} 氨基酸大分子聚集态 TEM 照片

以上3种氨基酸的结构后，我们发现，精氨酸较之其他两种氨基酸有着更多的氨基及羧基。氨基、羧基是容易形成氢键的基团，C_{60}氨基酸大分子上拥有的氨基、羧基数量越多意味着能够形成更多、更大的三维氢键网络，导致的结果使得聚集体的平均粒径增大。

进一步，学者们考察了3种不同加成数(2、6、8)C_{60}精氨酸大分子在水溶液中的聚集状态。结果显示在水溶液中的平均粒径从大到小顺序为:8加成>6加成>2加成。明显地，8加成产物较之其他两种C_{60}精氨酸大分子拥有更多的氨基及羧基。与上述结果相似，8加成产物将形成更大的三维氢键网络，导致的结果其聚集体的平均粒径增大。

鉴于以上研究结果，学者推测了C_{60}氨基酸大分子在水溶液中聚集的机理(图10.41)。C_{60}氨基酸大分子在水中发生自组装的主要动力来自于C_{60}的极度疏水性。由于亲水疏水相互作用力，C_{60}氨基酸大分子在水中会自发形成C_{60}核在中心，而亲水的氨基酸基团伸向水相的聚集态结构。接着，由于我们所采用的修饰物中，部分氨基酸分子拥有多个氨基及羧基。氨基与羧基间极易形成氢键，故上述形成的C_{60}氨基酸大分子聚集体进一步组装，形成层状结构的球形聚集体。

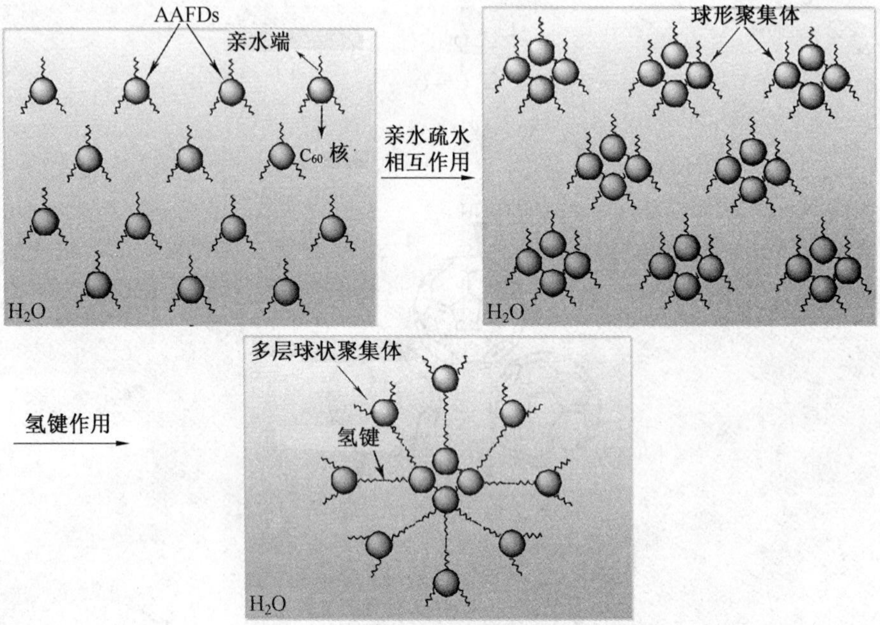

图10.41 C_{60}氨基酸大分子在水中聚集的可能机理

10.4.2 C_{60}氨基酸大分子对活性氧自由基的清除作用

在正常情况下，人体内的自由基主要有过氧基(ROO·)、氢氧基(OH·)、高氧基(O_2·)、氮氧基(NO·)等几种。自由基对人体，亦敌亦友，是处于不断产生与清除的动态平衡之中。一方面自由基是机体防御系统的组成部分，如不能维持一定水平的自由基则会对机体的生命活动带来不利影响；但另一方面如果自由基产生过多或清除过慢，它通过攻击生命大分子物质及各种细胞，会造成机体在分子水平、细胞水平及组织器官水平的各种损伤，加速机体的衰老进程并诱发各种疾病。因此，寻找能有效清除活性氧自由基的抗氧化剂具有十分重要的意义。C_{60} 及其大分子由于具有缺电子多烯的结构特点，容易与自由基发生多加成反应，是活性氧自由基的良好捕获剂，也是导致 C_{60} 氨基酸大分子具有良好生物活性的直接原因。

1. C_{60} 氨基酸大分子对超氧阴离子的清除作用

利用化学发光技术，可检测 C_{60} 氨基酸大分子对活性氧自由基的清除作用。邻苯三酚在碱性条件下，能迅速自氧化生成一系列中间产物，同时释放出 $O_2^-\cdot$，超氧阴离子 $O_2^-\cdot$ 能使鲁米诺产生稳定的化学发光。当 C_{60} 氨基酸大分子存在时，能清除体系中的 $O_2^-\cdot$，并抑制发光。C_{60} 氨基酸大分子对超氧阴离子自由基 $O_2^-\cdot$ 的清除效率 S 为

$$S=(CL_0-CL_1)/CL_0\times 100\%$$

式中，CL_0、CL_1 分别为加入生物相容性 C_{60} 大分子前后体系的化学发光值。

C_{60} 氨基酸大分子对超氧阴离子的清除率与其相应的质量浓度关系如图 10.42 所示。由图 10.42 可见，C_{60} 氨基酸大分子具有清除 $O_2^-\cdot$ 的能力，其清除效率随着加入浓度的提高而逐渐升高，显示了明显的剂量效应，3 种大分子对超氧阴离子的反应活性有一定的差别，这种清除活性的差异与 C_{60} 氨基酸大分子的化学结构及聚集态结构密切相关。

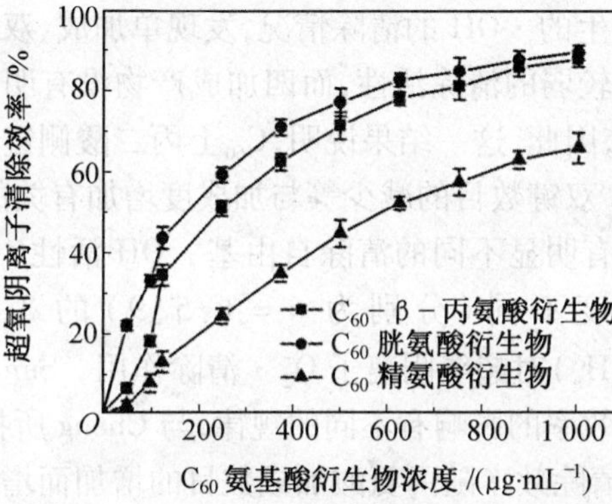

图 10.42　C_{60} 氨基酸大分子对超氧阴离子的清除效率

2. C_{60} 氨基酸大分子对羟自由基的清除作用

·OH 是最主要的氧自由基之一，它是一个氧化能力很强的自由基，可以发生电子转移，夺取氢原子和羟原子和羟基化等反应，可以使糖类、氨基酸、蛋白质、核酸和脂质发生氧化，遭受损伤与损坏。因此建立·OH 的测定体系有现实意义。测定·OH 的方法已有多种，如气相色谱法、电子自旋共振法、化学发光法、比色法等，其中化学发光法具有精确度、灵敏度高和测定快速等优点而被广泛应用。

羟基自由基(·OH)发光体系采用抗坏血酸-$CuSO_4$-邻菲罗啉-H_2O_2系统。由Fenton 反应产生·OH，·OH 攻击邻菲罗啉，使其激发，退激时产生化学发光。

在一定的浓度范围内，发光强度与·OH 的产生呈线性关系。生物相容性 C_{60} 氨基酸大分子能清除体系中的·OH，并抑制发光，使 CL 下降，CL 下降程度可以表示其清除自由基的能力。

C_{60} 氨基酸大分子对羟基自由基·OH 的清除作用与 $O_2^-\cdot$ 极为相似(图 10.43)。由

图 10.43 可见，C_{60} 氨基酸大分子具有清除·OH 的能力，且显示了明显的剂量效应。

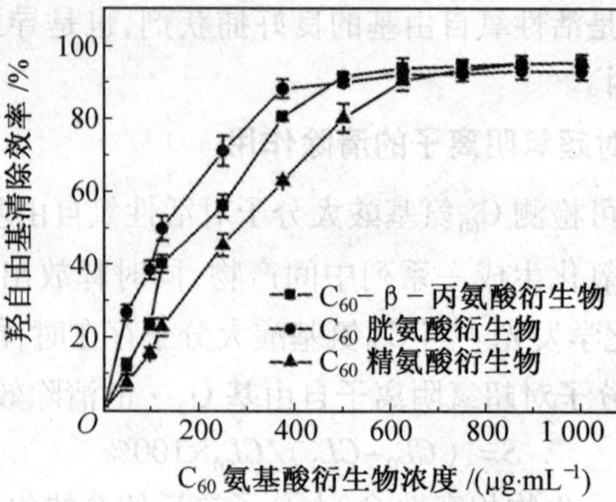

图 10.43 C_{60} 氨基酸大分子对羟自由基的清除效率

3. C_{60} 大分子清除活性氧自由基活性影响因素

迄今为止，已有许多关于水溶性 C_{60} 加成物清除活性氧自由基（ROS）、清除机理及其影响因素的探讨。Cheng 等人采用自旋捕集和 ESR 技术考察了不同加成度的 C_{60} 丙二酸大分子对 Fenton 体系中产生的·OH 的清除情况，发现单加成、双加成产物有明显的清除·OH 活性，三加成产物有较弱的清除活性，而四加成产物没有明显的清除活性。由于羧基对自由基并无捕获活性，因此，这一结果说明，C_{60} 上丙二酸侧链对进攻的自由基的空间阻碍的增加及 C_{60} 上 C ═C 双键数目的减少等与加成度增加有关的变化导致了 C_{60} 丙二酸大分子从单加成到四加成有明显不同的清除自由基·OH 活性。Sun 等人考察和比较了加成基团相同，而加成度不同（分别为 $n = 1$、5、9）的 3 种 C_{60} 丙氨酸大分子（$C_{60}(NHCH_2CH_2COONa)_nH_n$）对超氧阴离子 O_2^-·清除作用。Sun 等人发现，加成度对 C_{60} 丙氨酸加成物自由基清除效率的影响有不同的规律，与 Cheng 所报道的 C_{60} 丙二酸加成物相反，C_{60} 丙氨酸加成物的清除效率随丙氨酸加成数目的增加而增加。这一结果进一步说明，在诸多影响 C_{60} 加成物清除自由基的内在因素中，加成基团的电子效应不容忽略。正是由于连接 C_{60} 与丙氨酸的—NH 基强的供电子效应，使得加成基团增加带来 π 键数目减少、空间位阻增大的同时，也带来了多个—NH 基的强供电子效应、C_{60} 上 π 键的电荷密度的增大以及与亲电性的 O_2^-·反应活性的增加。显然，在 C_{60} 丙氨酸加成物中，加成基的供电效应占据了主导地位，超过了剩余 π 键数目及空间位阻效应的影响，并使得它的清除效率随加成基团加成数目的增加而增加。富勒醇是所研究的 C_{60} 加成物中加成基团（—OH 基）对 ROS 自由基的清除也发挥作用的水溶性 C_{60} 大分子。富勒醇对自由基的清除不仅通过富勒醇上保留的 C ═C 双键接受自由基的进攻，而且富勒醇上的烯丙基羟基也具有抗氧化性，能直接清除 ROS 自由基。Cheng 等人甚至认为：由于富勒醇中 C_{60} 骨架上的 C ═C 双键被严重破坏，C_{60} 亲电性大大减弱，因此，C_{60} 母体本身对自由基加成并不敏感，富勒醇清除自由基主要是由于富勒醇上多羟基的作用。

C_{60} 大分子清除自由基 ROS 的活性受各种因素的影响，是比较复杂的综合效应。首先，它与母体 C_{60} 上剩余 π 键数目有关，加成基团增加，C_{60} 分子的 π 键数目减少，C_{60} 大分子与 ROS 反应活性会降低。同时，加成基团也影响 C_{60} 大分子与 ROS 反应活性，具体表现为:通过空间位阻影响 ROS 对 C_{60}上 π 键的进攻,这将降低 C_{60}大分子与 ROS 反应活性;通过电子效应影响 C_{60}上 π 键电荷密度并影响 C_{60}的亲电性,这将提高 C_{60}大分子与 ROS 反应活性。其次,如加成基团本身含有能与活性氧自由基反应的基团,也将提高 C_{60}大分子与 ROS 反应活性。最后,C_{60}大分子在溶液中的聚集状态也将极大的影响其与活性氧自由基反应的活性。含极性基的 C_{60}大分子,特别是单加成大分子具有双亲特性,溶于水或极性溶剂时容易聚集,即非极性的 C_{60}部分因疏水作用相互靠拢、黏结,而亲水的极性基部分分布在其周围并伸入水相。研究 C_{60}大分子的聚集行为及聚集体的形成与解决 C_{60}的水溶性(生物相溶性)问题一样,对 C_{60}及其大分子在生物学领域的应用具有十分重要的意义。一方面,通过合成 C_{60}基的双亲物质,使其成膜或形成一定大小的膜泡系统,用作脂膜和脂质体的替代品,或用作非极性药物在体内转运的载体。另一方面,C_{60}大分子的聚集行为会直接影响 C_{60}的生物活性,研究表明,聚集不仅使 C_{60}三线激发态的寿命降低 2 ~ 3 个数量级,而且使具有多烯特征的 C_{60}核得以屏蔽,使 C_{60}对活性氧自由基(ROS)的反应与吸收受阻,从而不利于 C_{60}在生物医学领域的应用。C_{60}大分子清除自由基 ROS 活性的规律和特点则由以上因素综合作用所决定。

10.4.3　C_{60}氨基酸大分子对活性氧自由基诱导细胞凋亡的抑制作用

1. C_{60}氨基酸大分子对活性氧自由基所致细胞活力降低的防护作用

MTT 比色法是一种检测细胞存活和增殖的方法,所用的显色剂是一种能接受氢原子的化合物 MTT,原理是,活细胞内线粒体琥珀酸脱氢酶能将淡黄色的 MTT 还原为蓝紫色的结晶 formazan,后者的产量与活细胞数成正相关。Formazan 可用 DMSO、无水乙醇或酸化异丙醇等溶解,用酶联免疫检测仪测定 570 nm/630 nm 处的光密度值。所检测的 OD 值的大小可反应细胞活力的强弱。

通过体外培养的 PC12 细胞建立 H_2O_2损伤的模型,即可采用 MTT 法测试 C_{60}氨基酸大分子对神经细胞损伤的保护作用。由 MTT 法测定结果看出(图 10.44),经 800 μM H_2O_2处理 24 h 后的 PC12 细胞对 MTT 的还原能力下降,细胞活力值明显低于正常对照组,仅有 33.8%,表明 PC12 细胞因受损伤或死亡而导致细胞活力明显下降。通过 5 μg/mL的 C_{60}胱氨酸大分子、C_{60}-β-丙氨酸大分子和 C_{60}精氨酸大分子预处理 1 h 后,细胞活力较之 H_2O_2对照组有较大提高,分别为 88.9%、65.0% 和 71.5%,表明 C_{60}氨基酸大分子可以显著提高细胞活力。单独用 50 μg/mL 的 C_{60}氨基酸大分子作用于 PC12 细胞,细胞活力未见明显降低,仍接近 100%。这说明,C_{60}氨基酸大分子生物相容性良好,没有明显的细胞毒性。

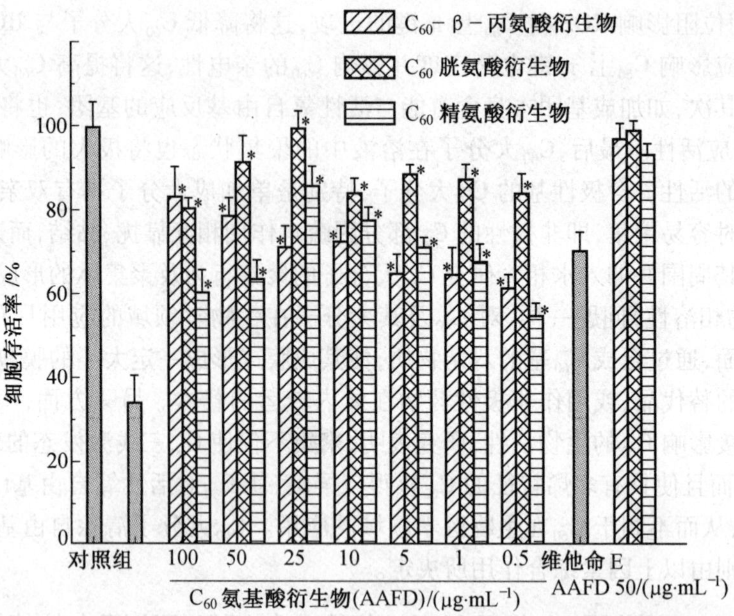

图 10.44 C_{60} 氨基酸大分子对 H_2O_2 造成的 PC12 细胞毒性的防护作用

2. C_{60} 氨基酸大分子对细胞凋亡的抑制作用

进一步,还可使用先进的细胞实验技术验证水溶性 C_{60} 大分子对于细胞凋亡的抑制作用。流式细胞术是 20 世纪 70 年代发展起来的一种利用流式细胞仪对细胞等生物粒子的理化及生物学特性(细胞大小、DNA/RNA 含量、细胞表面抗原表达等)进行定量、快速、客观多参数相关检测分析的新技术。它借鉴了荧光显微镜技术与血球计数原理,同时利用荧光染料,激光技术,单抗技术以及计算机技术的发展大大提高了检测速度与统计精确性,而且从同一个细胞中可以同时测得多种参数,为生物医学与临床检验学发展提供了一个全新的视角和强有力的手段。流式细胞术在生命科学中的应用,标志着细胞生物学、肿瘤学、免疫学等进入了细胞和分子水平的研究。为从微观认识细胞及横向比较特征提供了精密、准确的方法和仪器。

碘化丙啶(Propidium Iodide,PI)是一种核酸染料,它不能透过完整的细胞膜,但在凋亡中晚期的细胞和死细胞,PI 能够透过细胞膜而使细胞核红染。当用荧光激活细胞分检器(Fluorescence Activated Cell Sorter, FACS)检测时,着染 PI 的凋亡细胞在一定压力下,通过壳液包围的进样管进入流动室,排成单列细胞,经流动室的喷嘴喷出形成细胞液流。在波长为 340 nm 紫外光激发下产生波长为 620 nm 的红色荧光信号,经过计算机处理形成荧光直方图。通过此荧光直方图,就可得出细胞凋亡的百分比数据。

随着科技的发展,人们逐渐发现采用 PI 单染并不能完整地展现细胞凋亡的细节。因为 PI 只可染色坏死细胞或凋亡晚期丧失细胞膜完整性的细胞而发出红色荧光,其对于凋亡早期的细胞无能为力。因此,要想获得细胞凋亡的完整数据,通常采用双染的方式来进行观察。Annexin V 即是常与 PI 配合使用的凋亡染色剂之一。Annexin V 可选择性结合磷酯酰丝氨酸(phosphatidylserine,PS)。磷酯酰丝氨酸主要分布在细胞膜内侧,即与细胞浆相邻的一侧。在细胞发生凋亡的早期,不同类型的细胞都会把磷酯酰丝氨酸外翻到细胞表面,即细胞膜外侧。磷酯酰丝氨酸暴露到细胞表面后会促进凝血和炎症反应。而Annexin V和外翻到细胞表面的磷酯酰丝氨酸结合后可以阻断磷酯酰丝氨酸的促凝血和促炎症反应活性。用带有绿色荧光的荧光探针FITC标记的Annexin V,即Annexin V-FITC,就可以用流式细胞仪非常简单而直接地检测到磷酯酰丝氨酸的外翻这一细胞凋亡的重要特征。综上所述,用Annexin V-FITC和碘化丙啶染色后,正常的活细胞不被Annexin V-FITC和碘化丙啶染色;凋亡早期的细胞仅被Annexin VFITC染色,碘化丙啶染色呈阴性;坏死细胞和凋亡晚期的细胞可以同时被Annexin V-FITC和碘化丙啶染色。

除采用流式细胞计检测细胞凋亡外,还可采用荧光显微的方法更加直接地监测细胞的凋亡情况。活细胞染料Hoechst 33342能少许进入正常细胞膜而对细胞没有太大的细胞毒作用。Hoechst 33342在凋亡细胞中的荧光强度要比正常细胞中要高,Hoechst 33342在凋亡细胞中的荧光强度增高的机制与凋亡细胞膜通透性发生改变有关,凋亡细胞早期细胞膜的完整性没有明显性改变,但细胞膜的通透性已有增强,因此进入凋亡细胞中的Hoechst 33342比正常细胞的多。既然Hoechst 33342进入凋亡细胞中比正常细胞更容易,而PI染料是不能进入细胞膜完整的活细胞中,即正常细胞和凋亡细胞在不经固定的情况下对这些染料是拒染,坏死细胞由于膜完整性在早期即已破损,可被这些染料染色。根据这些特性,用Hoechst 33342结合PI染料对凋亡细胞进行双染色,就可在荧光显微镜上将正常细胞、凋亡细胞和坏死细胞区别开来。在荧光显微镜图片上,这三群细胞表现分别为:正常细胞为低蓝色/低红色(Hoechst 33342+/PI+),凋亡细胞为高蓝色/低红色(Hoechst 33342++/PI+),坏死细胞为高蓝色/高红色(Hoechst 33342++/PI++)。

PC12细胞在六孔板中培养,如图4.15所示,(a)、(g)为control组;(b)、(h)为800 μM双氧水作用细胞24 h;(c)、(i),(d)、(j),(e)、(k)分别为用5 μg/mL C_{60}-β-丙氨酸衍生、C_{60}胱氨酸大分子和C_{60}精氨酸大分子预处理1 h,后用800 μM双氧水作用24 h;(f)、(l)为用1 mM维他命E预处理1 h,后用800 μM双氧水作用24 h(当作阳性对照)。图10.45所示图片为3个平行实验所得荧光照片的代表,(a)~(f)为Hoechst 33342染色组,(g)~(l)为PI染色组。

PC12细胞被Hoechst 33342/PI染色后,就可利用荧光显微镜观察由H_2O_2诱导所致细胞凋亡的形态变化,并且可以在荧光显微镜上将正常细胞、凋亡细胞和坏死细胞区别开来。以PC12细胞在H_2O_2处理后凋亡及死亡情况观察为例,如图10.45所示,在Control组细胞中,只有少量的细胞发生凋亡(Hoechst 33342 staining)或死亡(PI staining)。与之对应的,在H_2O_2组中,由于H_2O_2所产生的氧化压力,致使大量细胞表现出凋亡或死亡的特征,在荧光显微镜的视野上,出现了大量高蓝色亮点(Hoechst 33342 staining)及高红色亮点(PI staining)。将PC12细胞用5 μg/mL C_{60}氨基酸大分子预处理1 h后,荧光显微镜视野上中的高蓝色亮点(Hoechst 33342 staining)及高红色亮点(PI staining)的数量较之H_2O_2组大大降低。

对许多体外神经细胞培养及中枢神经系统损伤或疾病的动物模型的研究表明,C_{60}大分子具有抗氧化及自由基捕获活性,因而在神经细胞氧化损伤及其保护方面具有潜在的应用价值。C_{60}大分子的抗氧化及神经细胞的保护活性与富勒烯较强的电负性、缺电子多

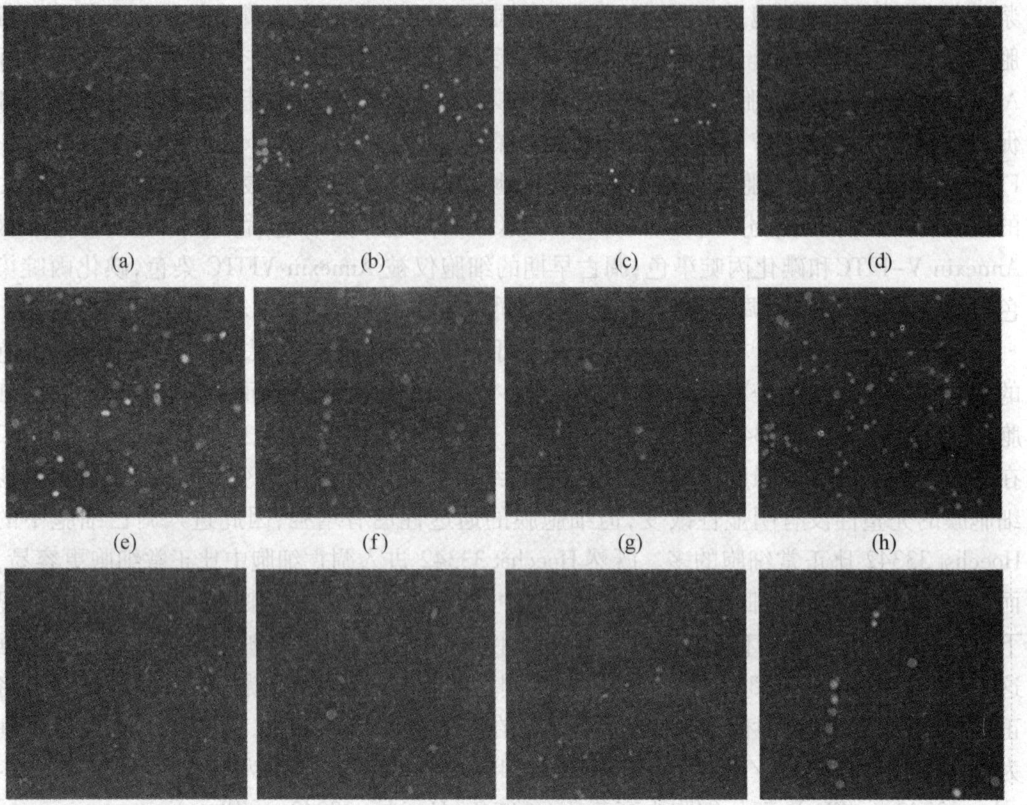

图 10.45 PC12 细胞的 Hoechst 33342/ PI 双染

烯的结构特征及易于与各种有机自由基反应等密切相关。

将 C_{60} 与氨基酸拼合起来，使得到的 C_{60} 氨基酸大分子在水中有良好的溶解性，适宜于生物学研究；同时，更重要的是使得合成得到的 C_{60} 氨基酸大分子具备良好的生物相容性。依据这一拼合原理，利用富勒烯化学发展起来的多种官能化方法，将生物活性物质与富勒烯相连，研究其生化作用及其生物活性，是设计富勒烯生物活性分子，扩展富勒烯在生物学领域应用的有效方法和途径。

第 11 章　聚合反应器

合成高分子材料生产工业,通常由原料的准备与精制、引发剂(或催化剂)配制、聚合、分离、后处理及回收等6个工艺过程所组成。聚合物品种不一样,生产工艺条件不同,辅助过程的重要性会有所差异,但聚合过程总是整个工艺过程的核心,而聚合反应器则是核心中的核心。采用不同的聚合反应器会对聚合产物的结构和性能产生显著的影响。另一方面,不同的聚合反应机理对于单体、引发剂(或催化剂)和反应介质的要求各不一致,所以实现这些聚合过程要采用不同的聚合方法,因而聚合操作方式和聚合反应器的选定又和聚合方法密切相关。

聚合反应器按其形式可分为釜式、塔式、管式、流化床反应器和特殊型5种,据统计在聚合物生产中釜式反应器应用最广,而塔式、管式、流化床反应器和特殊型聚合反应器则主要用于高黏度聚合体系中。

11.1　釜式反应器

在反应器中,釜式反应器(或称为反应釜)使用最为广泛,占聚合反应器的80%～90%。聚氯乙烯、乳液丁苯、溶液丁苯、乙丙橡胶、顺丁橡胶等聚合物的合成均用釜式聚合反应器。由于设置有搅拌装置,釜式聚合反应器也常称为搅拌聚合釜。图11.1为釜式反应器实物图。

图11.1　釜式反应器

聚合釜是聚合物生产的关键设备,其设计合理与否影响到聚合过程的成败,如生产能力、产品质量、经济效益乃至安全事故。聚合釜的设计首先需了解混合对聚合过程的影响,即聚合速率等于或快于混匀速度,或伴有传质的聚合反应时要求加快混匀,即要求快速混匀。传热、互溶液体的混合、固体悬浮以及慢反应等对搅拌混合要求则可以低些。

11.1.1 釜式聚合反应器的基本构造及釜体形式

釜式聚合反应器的总体结构由以下 5 部分组成(图 11.2):

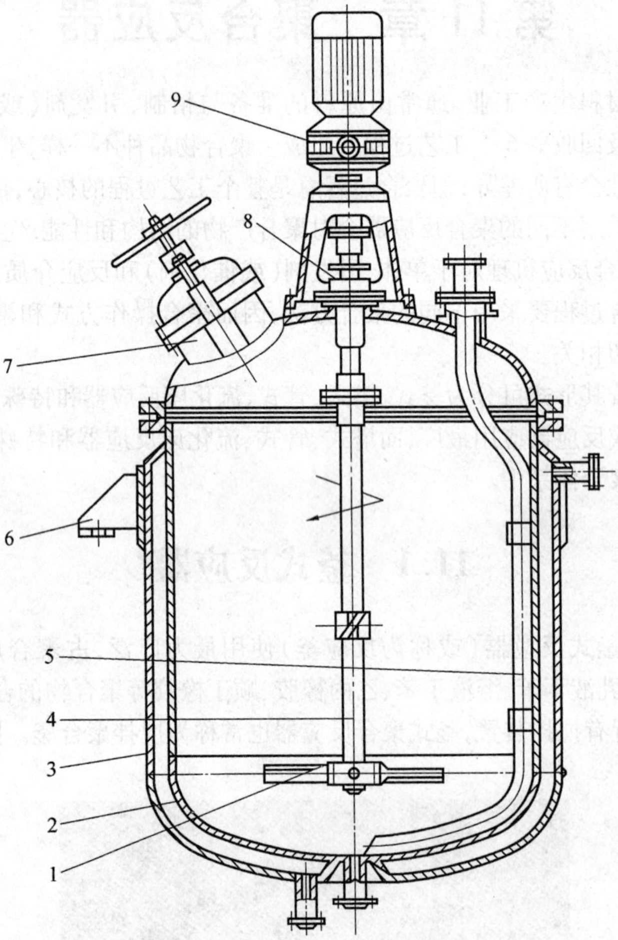

图 11.2 釜式聚合反应器的总体结构

1—搅拌器;2—罐体;3—夹套;4—搅拌轴;5—压出管;6—支座;7—人孔;8—轴封;9—传动装置

(1)容器部分(釜体)

为物料提供反应空间,由圆柱形筒体和上下封头组成。

(2)换热装置

釜内由于有吸热或放热反应,所以需设置换热装置来供给或带走热量。换热装置主要有夹套传热、内冷件传热及釜外循环传热等。

(3)搅拌装置

该装置为釜内物料的流动、混合等提供能量,由搅拌器及搅拌轴组成。搅拌器主要由搅拌桨及其附件构成,搅拌轴的转动通过传动装置的传动来实现。传动装置由电机、减速器、支架等组成。釜式聚合反应器内的搅拌装置一般还包括搅拌附件(如挡板、导流筒等)。

(4)密封装置

密封的作用一是保证釜内的物质不泄漏;二是防止外部杂质侵入,包括在搅拌轴与筒体间的动密封和在釜体法兰与各接管处法兰间的静密封,动密封有机械密封和填料密封两种。

(5)其他结构

与釜体连接的各种用途的接管、人(手)孔、支座等。

釜式聚合反应器的材质多采用搪瓷、不锈钢和复合钢板,规格有 7 m^3、13.5 m^3、130 m^3、33 m^3等,最大可达 250 m^3。根据长径比,釜体形式可分为“瘦长型”和“矮胖型”。

搪瓷釜表面用含硅量高的玻璃釉喷涂在钢制容器上,经 900 ℃左右的高温烧制,使其密着于胎上,在釜内壁形成耐腐蚀性很强的衬里,此种组合具有玻璃的化学稳定性和钢制容器的承压能力。釜内壁上由于有玻璃釉覆盖,故形成光滑的表面,这使物料不易粘釜,特别适用于易粘连高聚物的合成,如聚氯乙烯、合成橡胶等。

采用复合不锈钢(不锈钢和碳钢)制作的聚合釜,具有较高的传热系数,应用广泛。

聚合反应釜的搅拌装置结构随着聚合体系不同而不同,如图 11.3 所示。如对低黏度

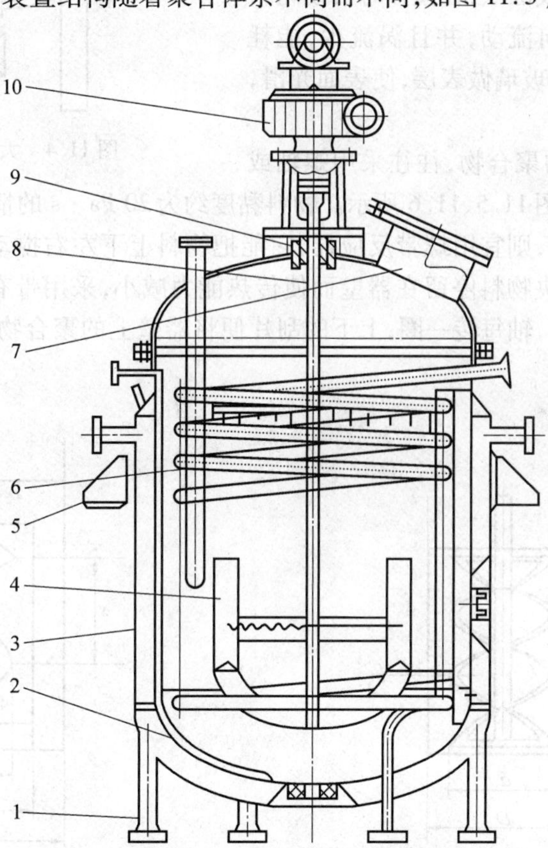

图 11.3　电加热搅拌釜式聚合反应器结构

1—电热棒插管;2—罐体;3—夹套;4—搅拌器;5—支座;6—盘管;7—人口;8—搅拌轴;9—轴土封;10—传动装置

的物料，常使用平桨、涡轮桨及螺旋桨。它们的主要区别是：平桨用于桨端速度在 3 m/s 以下的情况，螺旋桨用于桨端速度为 5 ~ 15 m/s 的情况，涡轮桨则介于二者之间。这种搅拌釜既可用于均相体系，也可以用于非均相体系，需注意在悬浮聚合及乳液聚合中，桨的搅拌速度对粒子的分散和反应都有影响，因此比较复杂一些。另外，釜深与釜径之比大于 1∶3 的瘦长釜型，为使上下层物料均匀混合，可根据需要使用二级或多级搅拌桨，根据物料黏度不同，级间距离取值不同，对黏度低的此值可取得大一些。

最为常见的聚合反应器为立式釜式，一般反应器的搅拌装置从釜的顶部伸入，但随着聚合反应器的大型化，例如，容积已达 200 m^3 的大型悬浮聚合制聚氯乙烯的釜，为了减少搅拌轴的振动和提高其密封性能，可用底伸式搅拌装置代替顶伸式搅拌装置，如图 11.4 所示。此装置采用了三叶后掠式搅拌桨，桨面外形曲线圆顺，在搅拌时可使物料同时做径向和轴向流动，并且涡流少，能耗低。桨面上可用搪玻璃做表层，使表面光滑，不易粘料。

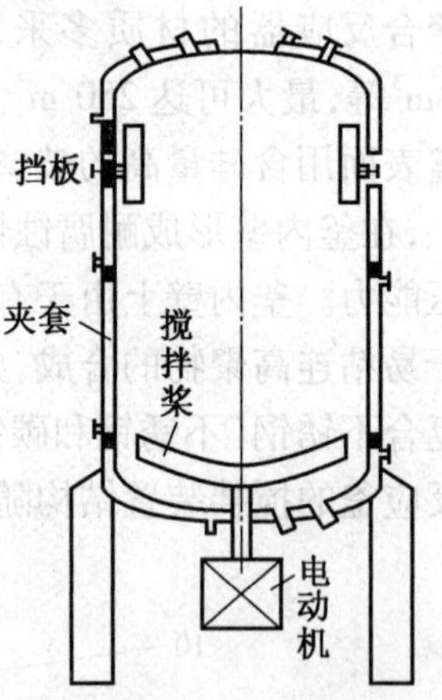

图 11.4 大型聚合釜示意

对于高黏度的聚合物，往往采用螺轴或螺带型反应器，如图 11.5、11.6 所示。物料黏度约为 20 Pa · s 的情况下，可用到螺轴型反应器。黏度更高时，则宜用螺带反应器，它能把物料上下左右搅动起来而得到良好的混合。此外，为了解决物料停留在器壁而使传热能力减小，采用带有刮片的所谓刮壁反应器，如图 11.7 所示，轴每转一圈，上下的刮片便将器壁上的聚合物刮掉一次，这样传热效率就大大提高了。

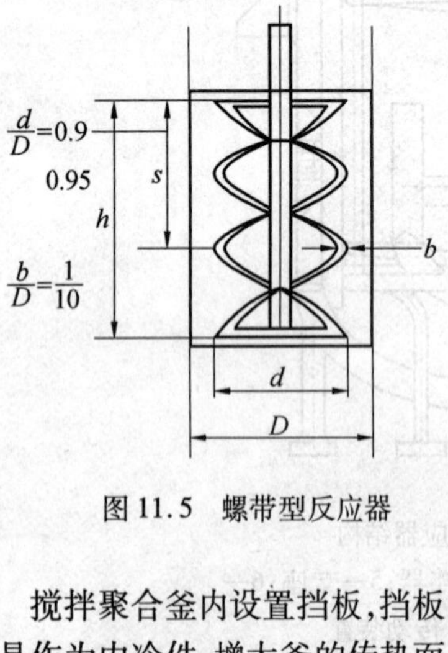

图 11.5 螺带型反应器

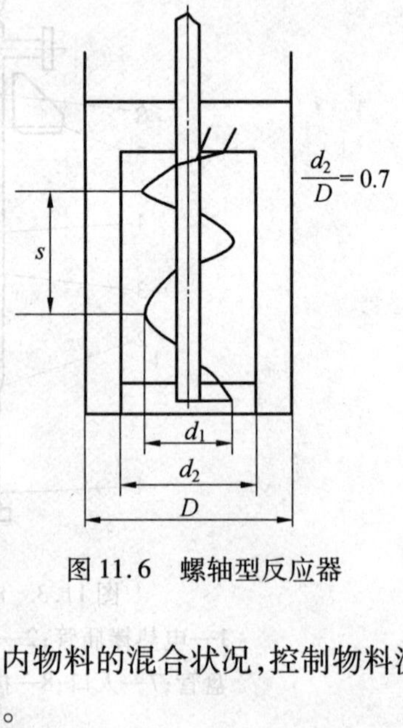

图 11.6 螺轴型反应器

搅拌聚合釜内设置挡板，挡板的作用：一是改善釜内物料的混合状况，控制物料流型；二是作为内冷件，增大釜的传热面，改善物料传热效果。

间歇缩聚反应器结构如图 11.8 所示，该反应器结构具有如下特点：

①缩聚反应体系由常压经低真空过渡到高真空，为防止冲料和抽空气体夹带物料，反应器留有足够的分离空间，通常加料在 1/3 左右，通常选用低长径比的聚合釜以加大蒸发面。

②缩聚过程生成的小分子气体，为使其及时从熔体中逸出，必须设计适应于高黏度熔体径向轴向两向流动的特种搅拌结构；搅拌桨叶与釜体间距离应尽量小，以防止高黏

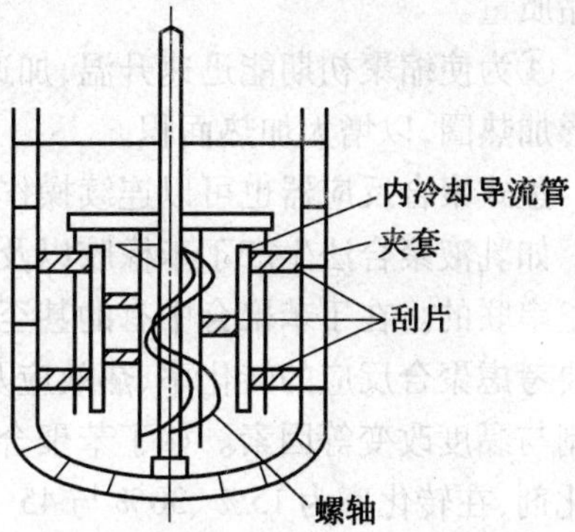

图 11.7　刮壁式桨搅拌反应釜

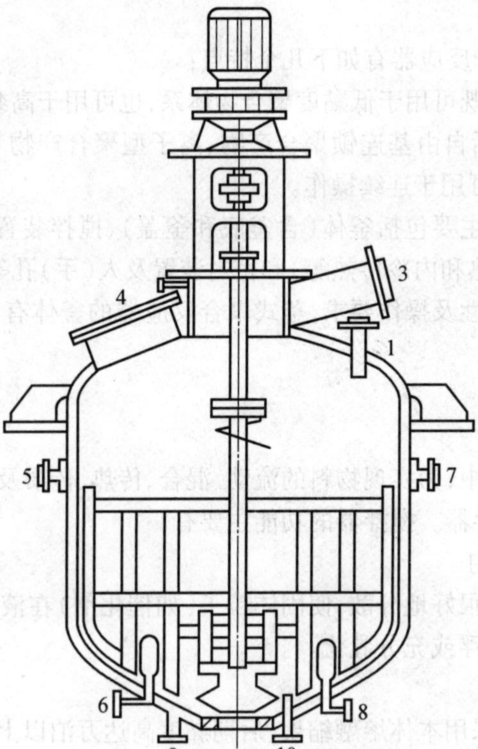

图 11.8　间歇缩聚反应器结构示意图

1—进料口；2—出料口；3—气体出口；4—人孔；5—测温孔；5、6—载热体入口；8、9、10—载热体出口

物料粘壁导致降解及避免搅拌死区，使高黏物料表面不断更新；为了适应缩聚过程各阶段物料黏度变化和防止反应后期高黏熔体搅拌摩擦发热使高聚物降解，通常选用双速或变速可调搅拌器，在高真空阶段后期转入低速搅拌；为保证釜内高真空，搅拌采用双端面机械轴封。

③为防止物料结垢，釜加工中需进行表面抛光处理以确保缩聚釜内表面光洁，以保证

产品质量。

④为使缩聚初期能迅速升温,加速反应,缩短反应周期,除夹套加热外,釜内通常设有环形加热圈,以增大加热面积。

釜式聚合反应器也可以连续操作,在连续操作时,有用单釜或多釜串联的,视情况而定。如乳液聚合法生产丁苯橡胶以及溶液聚合法生产顺丁二烯橡胶或聚醋酸乙烯等都是多釜串联的。在丁苯聚合中有的甚至串联 12 个釜。选择一釜或多釜串联操作的原则,不仅要考虑聚合反应的转化率、热效应及小分子的脱除,还要考虑聚合物的相对分子质量的控制与黏度改变等因素。如丁苯聚合中是根据反应的进程而分别在第一釜加入引发剂与活化剂,在转化率为 15%、30% 与 45% 的各釜中加入适量的相对分子质量调节剂,而在聚合到 60% 时加入终止剂以结束反应。又如溶液聚合制高聚物,由于聚合度增大时,物料的黏度也大幅增高,故用多釜串联操作,前后各釜包括搅拌器在内的结构形式和操作条件等都有很大的不同。

综上所述,釜式聚合反应器有如下几个特点:

①釜式聚合反应器既可用于低黏度聚合物体系,也可用于高黏度聚合物体系;可用于多种聚合物的生产(包括自由基连锁聚合产物、离子型聚合产物和缩聚产物等);既可用于间歇(分批)操作,又可用于连续操作。

②釜式聚合反应器主要包括釜体(含釜底和釜盖)、搅拌装置、搅拌附件(挡板、导流筒)、传热装置(夹套传热和内冷传热等)和密封装置及人(手)孔等。

③根据反应物料特性及操作要求,釜式聚合反应器的釜体有多种长径比不同的釜体形式。

11.1.2 搅拌器

在釜式聚合反应器中,为实现物料的流动、混合、传热、传质及表面更新和分散等各种作用,一般均设置有搅拌器。搅拌器的功能主要有:

(1)使物料混合均匀

如使气体在液相中很好地分散,使固体粒子(如催化剂)在液相中均匀地悬浮及使不相溶的另一液相均匀悬浮或充分乳化。

(2)强化传热、传质

如生产涤纶树脂,采用本体熔融缩聚,后期黏度高达万泊以上,搅拌不但改善传热,而且强化传质,使缩聚生成的水排出。

搅拌器主要由搅拌轴、搅拌桨叶和连接件构成,几种主要搅拌桨叶的形状如图 11.9 所示。搅拌器材质一般采用不锈钢或搪玻璃。搅拌器的搅拌作用由运动的搅拌桨叶所产生,其搅拌特性、搅拌效果主要取决于桨叶形式和桨叶尺寸。

按搅拌器的运动方向与桨叶表面的角度不同,搅拌器桨叶形状分为 3 类,即平叶、折叶和螺旋面叶。如平直透平式、锚式等搅拌器的桨叶是平叶,斜桨和折叶透平等搅拌器的桨叶是斜叶,而推进式、螺轴式、螺带式等搅拌器的桨叶则为螺旋面叶。

流体在釜中由搅拌器的作用产生的循环流动存在三种典型的流况:径向流动、轴向流动和水平环向流动(图 11.10)。径向流动是指流体的流动方向垂直搅拌轴,沿径向流动,碰到釜壁转向上、下两股,再回到桨叶端,不穿过桨叶片而形成上、下两个循环流动。轴向流动是指流体的流动方向平行于搅拌轴,流体由桨叶推动,使流体向下流动,碰到釜底再翻上,形成上下循环流动。水平环向流动是指流体绕轴做旋转运动,也称切线流动,当搅拌转速较高时,液体表面会形成漩涡。轴向流动及径向流动对混合有利,能起混合搅动及悬浮作用,而水平环向流动则对混合不利,需要设法消除。

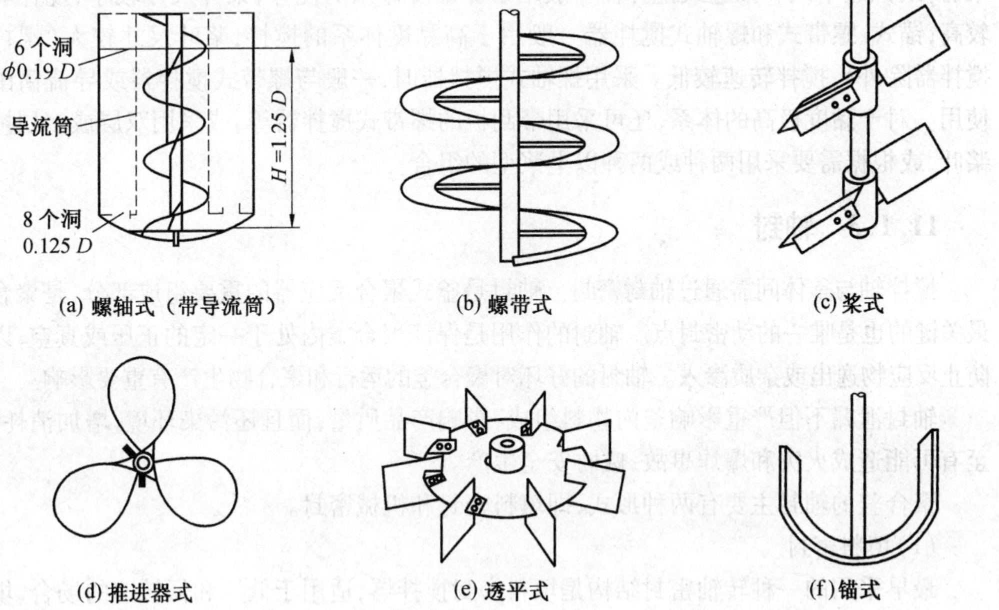

图 11.9 几种主要桨叶的开头

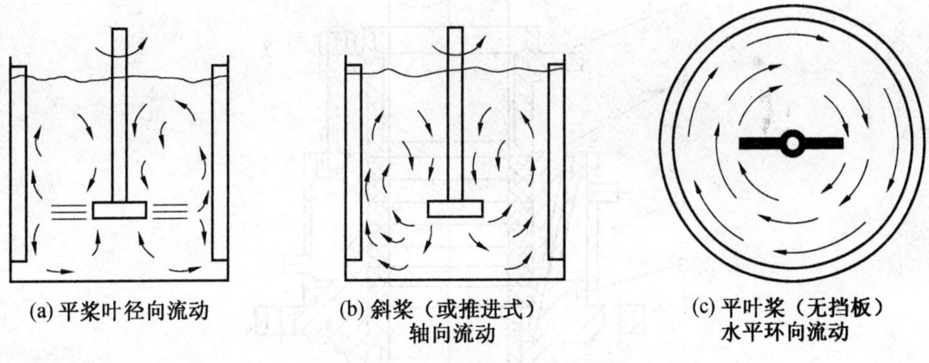

图 11.10 三种典型的循环流动

平叶的桨面与搅拌器运动方向垂直。折叶的桨面与搅拌器运动方向有一个倾斜角 θ,θ 一般为 45°或 60°。螺旋面叶是连续的螺旋面或其一部分,桨叶曲面与搅拌器运动方向的角度逐渐变化,如推进式搅拌器桨叶的根部曲面与搅拌轴运动方向一般为 40° ~ 70°,而其桨叶前端曲面与运动方向的角度较小,一般为 17°左右。由于平叶的运动方向与桨面垂直,所以当桨叶低速运转时,液体的主要流动为水平环向流动。当桨叶转速增大时,液体的径向流动逐渐增大。桨叶转速越高,由平叶排出的径向流越大,但平叶造成的轴向流动很弱。折叶由于桨面与运动方向成一定倾斜角 θ,所以在桨叶运动时,除有水平环流外,还有轴向分流,在桨叶转速增大时,还有渐渐增大的径向流;螺旋面叶可以看成是许多折叶的组合,这些折叶的角度逐渐变化,所以螺旋面叶排出液体的流向也有水平环向流、径向流和轴向流,其中以轴向流量最大。

不同搅拌器适用于不同的搅拌体系,需选用不同的桨叶结构形式及尺寸。桨式(平桨、斜桨)、透平式和推进式搅拌器一般用于低黏度体系的搅拌,桨叶尺寸较小,搅拌转速较高;锚式、螺带式和螺轴式搅拌器一般用于高黏度体系的搅拌,桨叶尺寸较大(螺杆式搅拌器除外),搅拌转速较低。采用螺轴式搅拌器时,一般与螺带式搅拌器或导流筒配合使用。对于黏度极高的体系,还可采用带刮板的螺带式搅拌器等,或采用双层或多层搅拌桨叶,或根据需要采用两种或两种以上桨型的组合。

11.1.3 轴封

搅拌轴与釜体间需通过轴封密封。轴封是釜式聚合反应器的重要组成部分,是聚合釜最关键的也是唯一的动密封点。轴封的作用是保证聚合釜内处于一定的正压或真空,以及防止反应物逸出或杂质渗入。轴封的好坏对聚合釜的运行和聚合物生产有重要影响。

轴封泄漏不但严重影响釜内物料组成,影响产品质量,而且还污染环境,增加消耗,甚至有可能造成火灾和爆炸事故,威胁安全生产。

聚合釜的轴封主要有两种形式,即填料密封和机械密封。

(1)填料密封

最早采用的一种转轴密封结构是填料密封搅拌器,适用于低压和低转速的场合,填料密封由衬套、填料箱体、填料环、压盖、压紧螺栓等组成,其结构如图 11.11 所示。

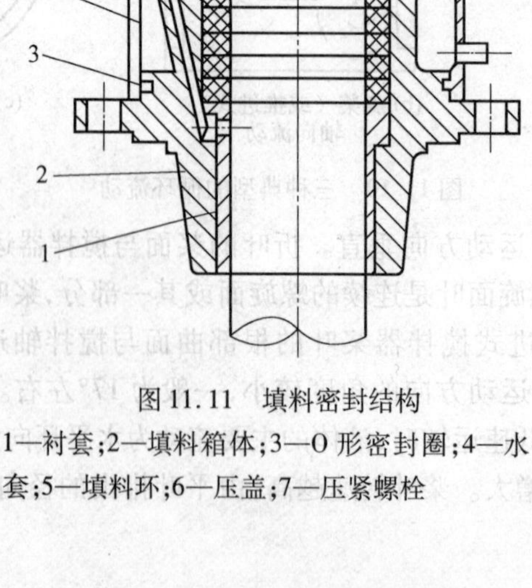

图 11.11 填料密封结构

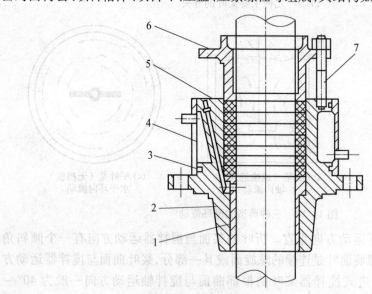

1—衬套;2—填料箱体;3—O 形密封圈;4—水夹套;5—填料环;6—压盖;7—压紧螺栓

填料密封结构简单,填料装卸方便,但使用寿命短,密封效果不太好。

填料密封的作用原理是:在压盖压力的作用下,被装填在搅拌轴和填料环之间环形间隙中的填料对搅拌轴表面产生径向的压紧力。由于填料中含有润滑剂(此润滑剂是在制造填料时加进去的),因此,在对搅拌轴产生径向压紧力的同时也产生一层极薄的液膜,这层液膜一方面使搅拌轴得到润滑,另一方面还起到阻止设备内流体流出或外部流体渗入的作用。虽然制造填料时在填料中加入一些润滑剂,但加入的量有限。由于搅拌轴运转时还要不断地消耗润滑剂,因此,单靠填料本身所含的润滑剂是不够的,还需在填料箱上设置添加润滑剂的装置,以满足不断润滑的需要。当填料中缺乏润滑剂时,润滑情况即刻变坏,边界摩擦状态不能维持,使轴和填料之间产生局部固体摩擦,造成发热,使填料和轴急剧磨损,密封面间隙扩大,泄漏增加。实际上,要使填料密封点滴不漏是不可能的。因为要达到点滴不漏,势必要加大填料环压盖的压紧力,使填料紧压于搅拌轴表面。因此,从延长轴及填料的使用寿命出发,应允许填料密封有适当的泄漏量。由于密封填料在使用过程中有磨损,故需经常调整填料压盖的压紧力。

(2)机械密封

用垂直于轴的平面来密封转轴的装置称为机械密封,又称端面密封。它是一种功耗小、泄漏率低、密封性能可靠、使用寿命较长的转轴密封。搅拌轴运转时摆动大,搅拌速度低,搅拌间歇操作等均利于机械密封。机械密封主要由密封套、密封圈、弹簧及压紧圈等组成,其结构如图11.12所示。

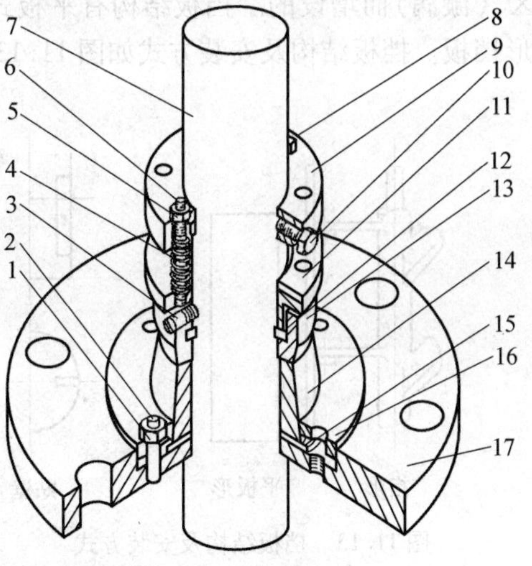

图11.12　机械密封结构

1—螺母;2—双头螺栓;3—固定螺钉;4—弹簧;5—螺母;6—双头螺栓;7—搅拌轴;8—弹簧固定螺丝;9—弹簧座;10—坚定螺钉;11—弹簧压板;12—密封圈;13—动环;14—静环;15—密封垫;16—静环压板;17—静环座

机械密封的作用原理是:当轴旋转时,设置在垂直于转轴的两个密封面(其中一个安装在轴上随轴转动,另一个安装在静止的机壳上)。通过弹簧力的作用,始终保持接触,并做相对运动,使泄漏不致发生。机械密封常因轴的尺寸和使用压力增加而使结构趋于复杂。

机械密封与填料密封的比较如下:

①二者密封面接触面积不同,填料密封中轴和填料的接触是圆柱形表面,而机械密封中动环与静环接触是环形面,接触面小,阻力小。

②其密封力的产生机理不同于填料密封,密封力是靠拧紧螺栓后,使填料在径向胀出而产生的,且在轴的运转过程中,伴随着填料与轴的摩擦,发生了磨损,从而减小了密封力,因此介质容易泄漏。而在机械密封中,密封力是依靠弹簧压紧动环与静环而产生的,即使这两环有微小磨损,密封力(弹簧力)仍可保持不变,因此介质不易泄漏。

11.1.4 搅拌附件

搅拌附件主要是挡板、导流筒、内盘管等。搅拌附件的作用主要是:改变釜内物料流型,增大物料湍动程度,增强搅拌效果,提高桨叶的剪切性能,增大传热面积等。釜式聚合反应器一般均设置有搅拌附件,但采用何种搅拌附件要与被搅拌体系特性以及搅拌器的选型结合起来综合考虑,以达到预期的搅拌流动状态。聚合釜内增设搅拌附件一般会使物料流动阻力增大,导致搅拌功率增加。

(1)挡板

挡板一般是指长条形的、竖向固定在反应器壁上的板,主要是在湍流状态时为了消除釜中央的"圆柱状回转区"(漩涡)而增设的。挡板结构有平板式挡板、圆管形挡板、扁管式挡板、指形挡板和D形挡板。挡板结构及安装方式如图11.13所示。

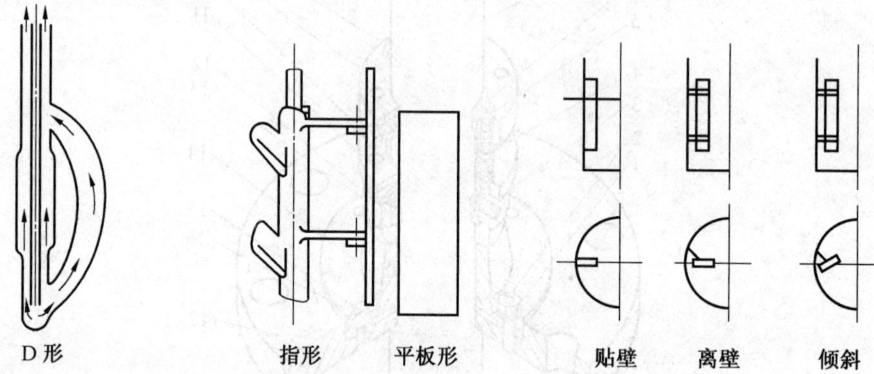

图11.13 挡板结构及安装方式

(2)导流筒

导流筒主要用于推进式、螺杆式搅拌器的导流,一般是一个圆筒体,透平式搅拌器有时也用导流筒。

导流筒的作用主要是:①严格控制物料流型;②为流体限定一个流动路线,防止短路;③获得高速湍流和高倍循环;④使流体均通过强烈搅拌区域,增强搅拌效果;⑤迫使流体高速流过传热面,有利于传热。

导流筒的安装位置一般视搅拌器形式而定。采用推进式和螺杆式等轴向流型(或螺旋面叶)搅拌器时,导流筒一般套在搅拌器叶轮之外,而采用平桨式或平直透平式等径向流型(或平叶面)搅拌器时,导流筒一般装在叶片上方(图 11.14)。

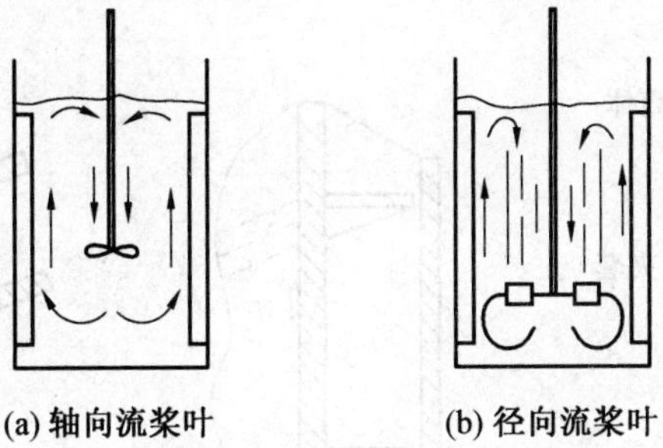

图 11.14　导流筒与叶轮相对位置

(3)内冷件

内冷件主要起增大釜内传热面作用,包括蛇管、列管等,同时又可起到挡板作用。内冷件结构示意图如图 11.15 所示。

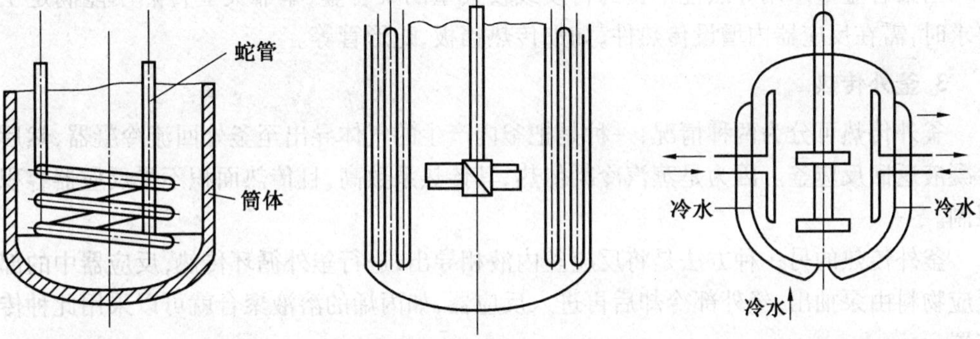

图 11.15　内冷件结构示意图

11.1.5　传热装置

1. 夹套

在釜体外侧,以焊接连接或法兰连接的方法装设各种形状的钢结构,使其与釜体的外表面形成密闭的空间,在此空间内通入流体,以加热或冷却物料,维持釜内物料的温度在规定的范围内,这种钢结构件统称为夹套(图 11.16)。夹套是聚合釜的重要组成部分,夹套传热是聚合釜的主要传热方式,其比传热面积与釜的长径比有关。釜的长径比一般是指釜体直筒部分长度与釜内径之比。为提高夹套传热能力,一般可在夹套内安装螺旋导流板(图 11.17),或在夹套的不同高度等距安装挠流喷嘴(图 11.18),或是采用切线进水。

根据工艺要求,夹套内可通入传热介质(水、水蒸气或热载体等)。为了提高夹套的传热系数,可通过提高夹套传热介质的流速来实现,为此,常在夹套内安装导流挡板。

当反应器直径较大或采用传热介质的压力较高时,也可采用焊接半管式夹套、型钢夹套等。这不但能提高传热介质的流速,改善传热效果,而且能提高筒体承受外压的强度和刚度。

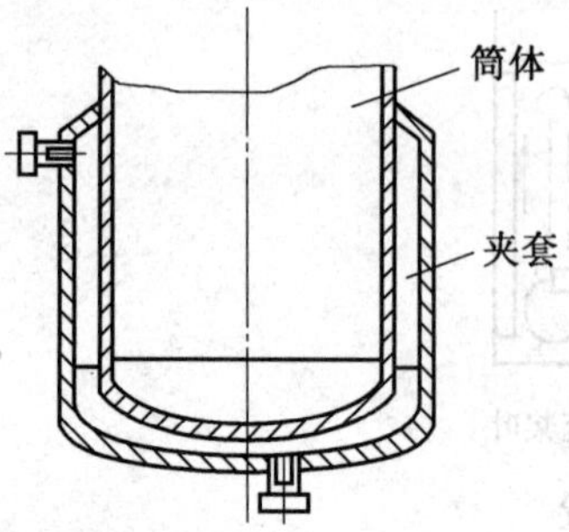

图 11.16 夹套传热

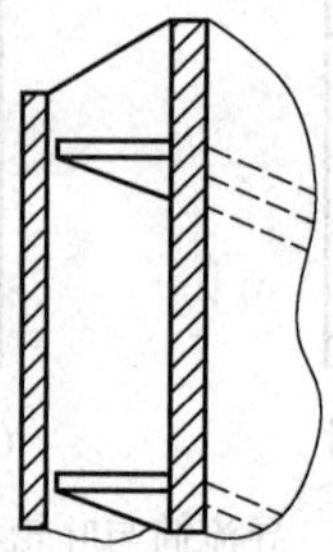

图 11.17 螺旋导流板

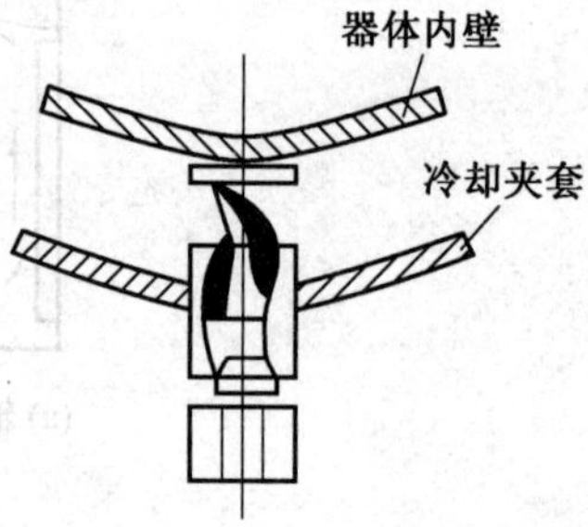

图 11.18 挠流喷嘴

2. 釜内传热件

当聚合釜壁采用导热性不良的材质或较大型的聚合釜,单靠夹套传热不能满足工艺要求时,需在反应器内增设传热件,如加传热挡板、蛇形管等。

3. 釜外传热

釜外传热可分为两种情况,一种是把釜内产生的气体导出至釜外回流冷凝器,然后使冷凝液返回反应釜。因为是蒸汽冷凝传热,其传热系数高,且传热面积不受反应器容积的限制。

釜外传热的另一种方法是将反应釜内液相导出,进行釜外循环传热,反应器中的部分反应物料由泵抽出,经外部冷却后再进入反应器,如丙烯的溶液聚合就可以采用此种传热装置。

11.1.6 传动装置

根据工艺要求,聚合反应器的搅拌器在一定的转速下运行,由于搅拌的转速通常小于电动机的转速,因而需设置传动装置。

传动装置包括电动机、减速器、联轴器及机座。

11.1.7 其他形式的搅拌反应器

1. 偏心式搅拌反应器

对于偏心式搅拌反应器,其搅拌器中心偏离容器中心。由于其搅拌轴偏离容器的中心轴线,使流体在各点所受的压力不同,液层间的相对运动加强,从而增加液层的湍动,明显提高搅拌效果。但容易引起振动,故一般多用于较小型设备。

2. 底部传动搅拌反应器

底部传动搅拌反应器的搅拌装置设在反应器的底部。其优点是当设备较大时,搅拌轴可做成短而细,稳定性好,且可降低安装高度。同时由于把笨重的传动装置安装在地面基础上,从而改善了釜体上封头的受力状态,也便于维护与检修。其缺点是轴密封较困难,而且搅拌器下部至轴封处常有固体物料黏附积聚,影响产品的质量,检修时需将釜内物料全部排净。该形式搅拌反应器较常用于大型搅拌设备。

3. 卧式搅拌反应器

在聚合过程中,有时前后不同阶段物料的特性差异很大,对反应条件的要求也不尽相同,如聚合前期物料体系黏度低、放热多、流动较容易,而在聚合后期则往往相反,且希望在反应进行的同时能去除生成的低分子物,此时在生产中往往采用卧式反应器。

卧式反应器除需满足一般反应器的要求外,还有以下特殊要求:

①物料在反应器内能沿径向充分返混,轴向无返混,尽量接近平推流。

②根据聚合动力学理论,为达到预定的聚合度,要尽量去除体系中生成的小分子,故应在反应器内将反应物料尽可能展开,形成大面积的薄膜,增加蒸发表面积,且蒸发表面积能不断更新。

卧式反应器的筒体呈卧式圆柱形,多为不锈钢制,筒体外侧及两端均设置碳钢制加热夹套。联苯汽上进下出,作为热载体进行热交换。在筒体上端开有进料口和抽气口。物料从进料口连续进入,反应器中生成的小分子蒸汽由抽气口抽出,反应完毕的物料从筒体下部的出料口排出。

可单轴搅拌,也可双轴搅拌。单轴搅拌结构简单,但对料液的剪切作用难以达到轴附近,聚合物易黏附在轴上,适用于制备体系中黏度不太高的聚合物。双轴搅拌结构较复杂,但聚合物在轴上黏附现象减少,且能将料液撕裂成薄膜,有助于增大蒸发面积,促进自由表面更新,适用于高黏度物料的聚合。

单轴式搅拌装置其轴心相对筒体有一定的偏心距,以使轴的振动稳定性提高。装有双轴搅拌装置的反应器,其筒体内底呈马鞍形,以避免料液聚积在釜底形成死角。

搅拌翼的主要作用是加强物料在卧式反应器内的径向混合,防止物料粘壁。生产中根据物料在卧式反应器中的黏度变化,常将多种搅拌翼组合使用。

通常采用夹套式加热,以联苯作为热载体,由电热棒封闭式加热或采用联苯锅炉循环加热。

卧式反应器的料位控制十分重要,料位的上下波动除影响反应时间外,还会产生“凝胶粒子”,直接影响高聚物的质量。生产中通常控制出料量以稳定卧式反应器中的料位,反应器中物料黏度高,有时反应器内还呈真空状,故必须采取特殊方法才能将料排出。

出料方式常见有两种:①当反应器内物料黏度不太大、真空度不高时,可利用位差及压差将物料排出;②当体系中物料黏度大、真空度高时,一般采用螺杆排料。出料螺杆与挤出机螺杆结构相似,只是没有加料段,而是没有伸进釜内的引料螺旋带。

卧式反应器的搅拌轴转速不宜过高,因为过高的转速不仅功率消耗大,而且摩擦热量也大。在高黏度介质中热量不易散发,会导致产品质量恶化。另外,当搅拌过快时,反而会造成料液来不及表面更新,对小分子物料排除不利。但搅拌速度过慢,也不利于反应正常进行,一般搅拌轴转速为4～28 r/min,这就需有一套减速传动装置。

用填料和抽气相结合的密封方式,为三级密封。自釜内端起,第一级为聚四氟乙烯石棉方绳;第二级(中间)为氟橡胶O形圈;第三级(外侧)为聚四氟乙烯V形环。经过三级密封,基本可达到密封效果。

由于反应器连续运转时间长,为保证密封的可靠性,在第二级与第三级密封件之间引一根真空管,此管与釜内抽真空系统相连,而使釜内与轴端压力平衡。这样,即使填料使用时间长久造成密封性能下降时,对釜内反应也不致发生影响。

对非传动端的密封,只采用一、二两级密封,外端用轴承盖封闭。为了防止填料过热磨损和轴承发热烧毁,在轴壳上设有冷却夹套,用水冷却,同时轴端打一深孔,通入冷却水,以降低填料和轴承处的温度。

11.1.8 釜式聚合反应器的选型

釜式聚合反应器在聚合物生产和化工生产中占有极为重要的地位,这类反应器的制造一般已定型化。根据聚合反应特性及具体产物的生产工艺,可选择定型产品,这为新产品、新聚合过程开发提供了极大方便。当然,如果已有的定型反应器不能满足聚合物生产的要求,则可按需要设计反应器。釜式聚合反应器的选型内容主要包括:

(1)釜的选型

釜的选型包括釜径、釜高、长径比、釜容积、夹套传热面积、允许工作压力和工作温度、材质等,搪玻璃反应釜在我国已系列化、定型化。

(2)搅拌器的选型

搅拌器的选型包括桨叶结构、形式、桨叶尺寸(桨叶直径、叶片宽度、叶径与釜径之比)、叶轮个数即桨叶层数、材质等。

(3)搅拌附件的选型

搅拌附件的选型包括挡板结构、形式、挡板宽度和数目,导流筒结构、形式、尺寸等。

(4)搅拌电机

反应釜用的搅拌电机一般与减速机配套使用,因此电机的选用一般需与减速机的选用互相配合考虑。

搅拌电机的选用主要包括电机型号、额定功率、输出功率、输出转速、允许搅拌转速等。

11.2 管式聚合反应器

管式反应器是一种连续式反应器。物料从管道的一端连续输入,产物从管道的另一端连续输出,直至达到某一转化率,并在流动中完成化学反应,随着管道中物料的移动,浓度逐渐降低,反应速率逐渐减小。

在管式反应器中物料呈平推流运动,沿管轴方向每一微积单元,其物料的组成、浓度、温度不随时间而改变,属稳态操作。这和连续操作搅拌釜式反应器相同,而无数的微积单元又可视为无数个连续操作搅拌釜式反应器的串联,因此管式反应器兼具间歇操作和连续操作搅拌釜式反应器的特点,有利于大型化、连续化生产,设备结构简单,单位体积所具有的传热面积大,适用于高温高压的聚合反应器。

设计中的要点有两个:

①保证物料在管式反应器中呈平推流运动。

②尽量减小管式反应器管内的径向温差,保证反应条件一致。

例如,高压聚乙烯的生产和尼龙-66 的熔融缩聚的前期就是采用这种形式的反应器。据统计,目前全世界高压法聚乙烯中,55% 是用管式反应器生产的,其反应装置是采用内径为 2. 5 ~ 5 cm,长径比为 250 ~ 12 000 的细长的装有夹套的管子构成的,且管子卷成螺旋状形式。整个反应管由预热、反应、冷却三部分组成,实际上反应器仅占很短一部分,管长中的大部分用作预热与冷却。图 11. 19 为水平管式聚合反应器结构示意图。

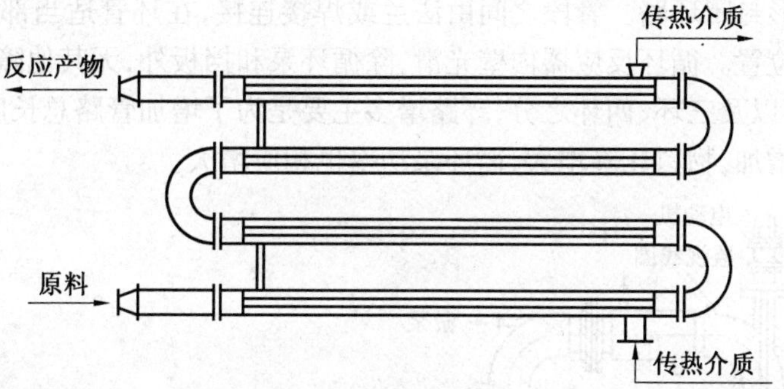

图 11. 19　水平管式聚合反应器

管式聚合反应器采用的操作方式为连续操作,反应物料从反应器的一端进入,产物则从反应器的另一端取出,物料组成沿管程递变,但某一截面上物料组成在时间进程中变化较小。这种反应器中,物料返混很小,物料停留时间分布窄。与釜式聚合反应器相比,达到一定转化率,采用管式聚合反应器所需反应器容积较小,可用平推流模型模拟、设计、计算这类反应器。这类反应器比传热面大,但对慢速反应,管子需很长,压力降也大。此外,采用这类反应器生产聚合物时易发生聚合物粘壁现象,造成管子堵塞;当物料的黏度很大时,压力损失也大。由于在管子长度方向上温度、压力、组分浓度等反应参数不能保持一致,故此类反应器在流动方向上产生参数分布。

管体是带有夹套的长直圆管,为便于制造安装,常制成若干段(每段 3 ~ 5 m),各段间用法兰连接。管体顶部可采用凸形或平板封头,为便于高黏度物料流出,底部多采用锥形封头。管外装有夹套,内通载热体,管体多采用不锈钢,夹套可采用普通钢。

管体直径是影响聚合过程的重要因素,在同样聚合温度和聚合时间下,管径越小,越易制取质量均匀、相对黏度较高的聚合物。这是因为当管径较大时,反应物量增多,引发剂加入量增多,温度相应增加,低分子物排除困难,并且随管径增加,径向温差增大、管内物料加热不均匀所致,故管式反应器直径通常小于 800 mm。

由于聚合管内物料停留时间长、流速低、黏度大,呈层流状流动,存在径向速度梯度,在管中心处流速大、停留时间短,而靠近管壁处流速低、停留时间长,造成聚合体质量不均匀。为改变这种状况,使物料流动状态尽量接近平推流,可在管内沿轴向设置若干挡液板,使物料在管内流速趋于一致。

管式反应器多采用联苯混合物作为热载体,加热方式有两种:

①采用联苯锅炉产生联苯蒸汽进入夹套,冷凝后返回联苯锅炉,加热汽化后循环使

用。该种加热方式具有传热均匀的优点,但设备管线较复杂。

②将电热棒直接安装在夹套内,加热夹套内的联苯混合物。此种加热方式结构简单、费用低、操作简便、联苯渗漏及热损失小。

与管式反应器相似,另一种反应器是环管式反应器,也称循环反应器,它在中压法聚乙烯生产中得到应用。图 11.20 为一种环管式聚合反应器,它是美国菲利浦石油公司最早于1959 年发明,其后由比利时索尔维公司进一步改进而发展起来的。这种反应器在结构上由两个垂直管段和两个水平管段构成短形封闭环路,或者由两个垂直管段和两个弧形管段构成椭圆形封闭环路。管段之间由法兰或焊接连接,在环管适当部位有各种物料的进出口及控制位置。循环反应器内壁光滑,除循环泵和挡板外,无其他障碍物。循环反应器有单环、双环以及三环、四环之分,环路增多主要是为了增加管路总长度,即增加反应器体积。总环路增加,物料压降增大,循环泵功率也相应增大。

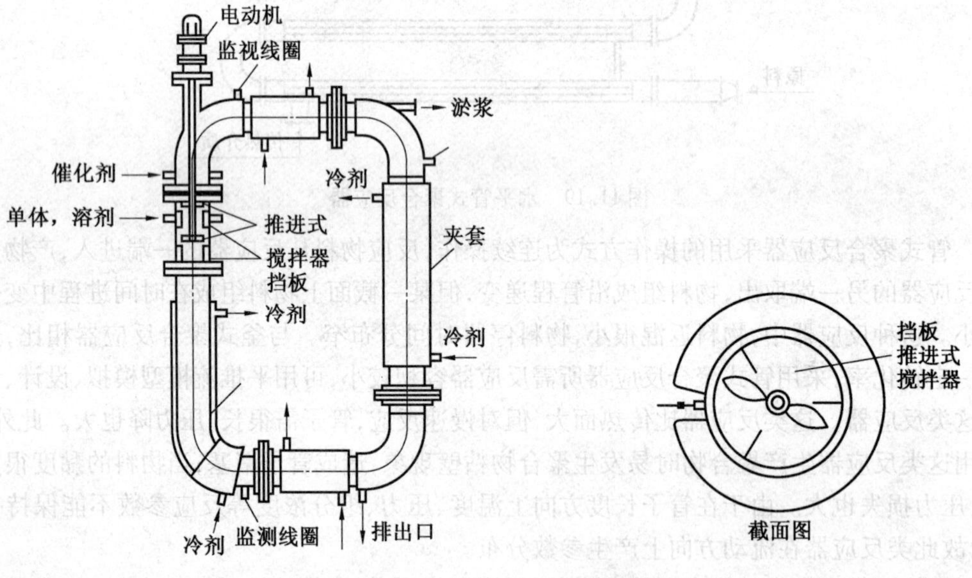

图 11.20 环管式聚合反应器结构

循环反应器可用于悬浮(淤浆)聚合、乳液聚合和溶液聚合。在工业生产中,已实际用于乙烯的淤浆聚合、丙烯的悬浮聚合、乙丙橡胶的悬浮法生产和溶液聚合法生产以及乙烯与 1-丁烯的共聚合等。图 11.21 即为采用循环反应器进行乙烯-丙烯悬浮聚合流程示意图。

图 11.22 是典型的用于丙烯聚合的双环式反应器,它由垂直和水平两部分管子组成,保持垂直平面,反应器内壁很光滑。反应器由内径为 50 cm 的管子组成,环形管道的总长度约 15 m,反应器体积约 13.7 m^3。

环形反应器设计中,温度控制是一个重要因素,管径也有一定限制,管径增大,温度不易控制,易造成聚合物的沉积。在聚丙烯的生产中,环形反应器在 49 ℃、2.5 MPa 下操作,反应器中物料流动的速度为 6 m/s,以防止聚丙烯固体在器壁上沉积。如何从环形反应器中取出聚合物,是生产中的又一个关键,通常使用沉降腿和螺杆输送器,以减少聚丙烯沉积堵塞。

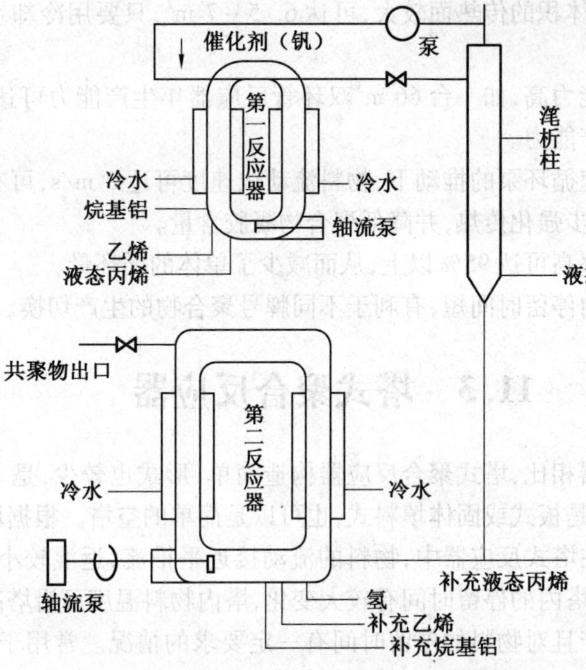

图 11.21 采用循环反应器进行乙烯-丙烯悬浮聚合流程示意图

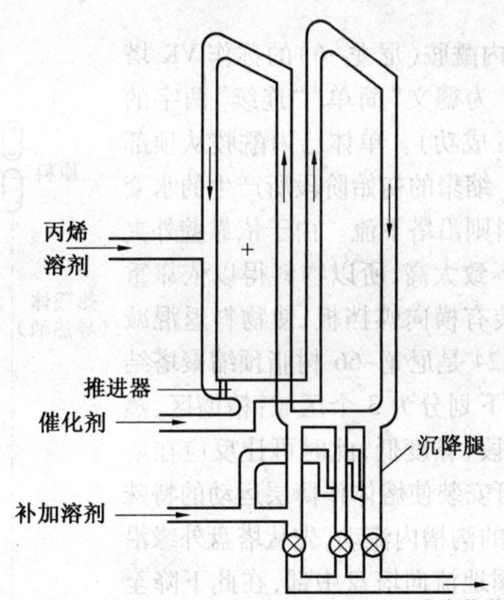

图 11.22 双环式反应器结构

此外，管式环形连续乳液聚合反应器是连续乳液聚合过程的新技术，英国 Reed 公司已工业化，并用于乙酸乙烯酯均聚物和共聚物乳液的制备，采用循环 2 ~ 3 次的方法可制备具有核壳结构的聚合物乳液，能抑制多级串联搅拌釜式反应器（CSTR ）流程所存在的聚合反应速率和聚合转化率振荡以及多稳态等不稳定过程。

采用环管式反应器具有如下优点：

①能耗较低、单位体积的传热面较大,可达 6. 5 ~ 7 m^2,只要用冷却水夹套即可满足传热要求。

②单位体积生产能力高,如一台 66 m^3 双环管反应器年生产能力可达 4.5 万 t 左右,高于釜式反应器的生产能力。

③反应物料在高速循环泵的推动下,物料流动线速度可达 8 m/s,可有效地防止聚合物在管壁的沉积,进一步强化传热,并降低聚合物凝胶含量。

④反应单程转化率高可达 95% 以上,从而减少了单体的循环量。

⑤物料在反应器内停留时间短,有利于不同牌号聚合物的生产切换。

11.3 塔式聚合反应器

与釜式聚合反应器相比,塔式聚合反应器构造简单,形式也较少,是一种长径比较大的垂直圆筒结构,可以是板式或固体填料式,也可以是简单的空塔。根据塔内结构的不同而具有不同的特点。在塔式反应器中,物料的流动接近平推流,返混较小。同时,根据加料速度的快慢,物料在塔内的停留时间有较大变化,塔内物料温度可沿塔高分段控制。塔式装置多用于连续生产且对物料的停留时间有一定要求的情况。常用于一些缩聚反应,对于本体聚合和溶液聚合也有应用。在合成纤维工业中,塔式聚合反应器所占的比例在 30% 左右。

图 11.23 是生产聚己内酰胺(尼龙-6)的称作 VK 塔的多种形式中的一种(VK 为德文"简单""连续"两字的字头,该塔最早由德国开发成功)。单体己内酰胺从顶部加入,这时物料黏度较小。缩聚的初始阶段所产生的水变成蒸汽从顶部逸出,而物料则沿塔下流。由于依靠壁外夹套中的加热,使物料温度不致太高,所以物料得以依靠重力而流动。此外,塔内还装有横向蝶挡板,使物料返混减少,停留时间均一。图 11.24 是尼龙-66 树脂预缩聚塔结构示意图。整个塔从上到下划分为 3 个区域:精馏区、蒸发区及预聚区。初缩聚阶段,黏度低,此时可让反应在塔式装置内进行,塔设备内可安装使熔体作薄层运动的特殊结构的塔盘。熔体在塔盘的沟槽内流动,先从塔盘外缘沿沟槽做圆周运动,一圈一圈地流向塔盘中部,在此下降至另一塔盘,在最后一个塔盘内,熔体则沿沟槽一圈一圈地流向塔盘外缘,如此交替地进行,熔体也可沿某些垂直管自上而下做薄层运动,这样可大大提高蒸发表面积。在塔的上部安装一段分馏装置,使易挥发的尚未反应的原料(如乙二醇、己二胺等)与小分子副产物(如水等)进行分离,前者又可回流至反应体系内继续反应。

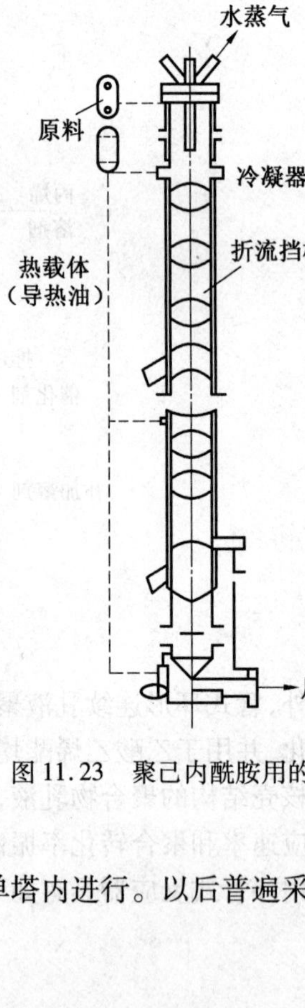

图 11.23 聚己内酰胺用的 VK 塔

世界上最早的苯乙烯连续本体聚合在一个 8 m 高的单塔内进行。以后普遍采用的工业化的方式则是在塔上再加一预聚釜,如图 11.25 所示。预聚釜内装有通循环水的蛇管调节温度,并装有桨式搅拌器。每一座聚合塔装有两个预聚合釜。聚合塔高 6 m,直径 60 cm,每隔 1 m 为 1 节,共分 6 节,每节外有夹套,最下一段外部装有电加热器。除最上一节外,各节中心都装有 12 ~ 15 圈内径为 20 ~ 25 cm 的蛇管。塔底装有螺旋挤出机,从机口挤出的带状物放在输送带上,经冷却后,进入切粒装置造粒。

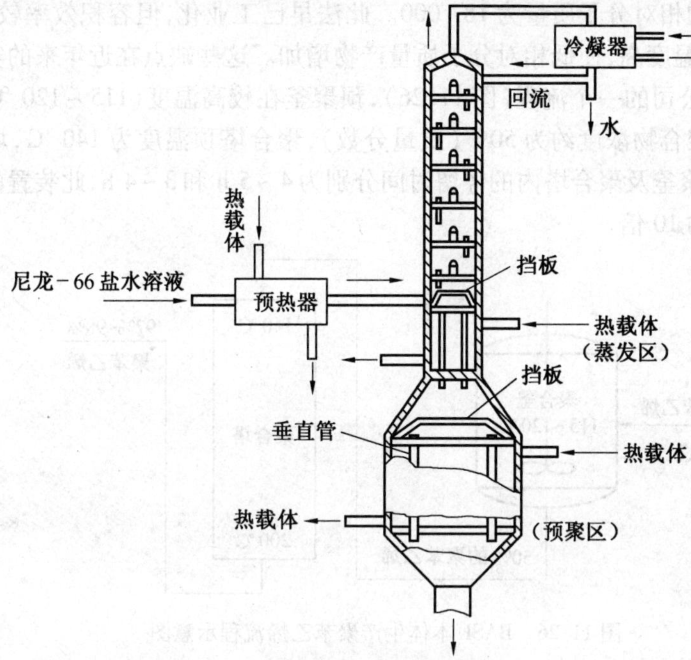

图 11.24　尼龙-66 树脂预聚塔结构

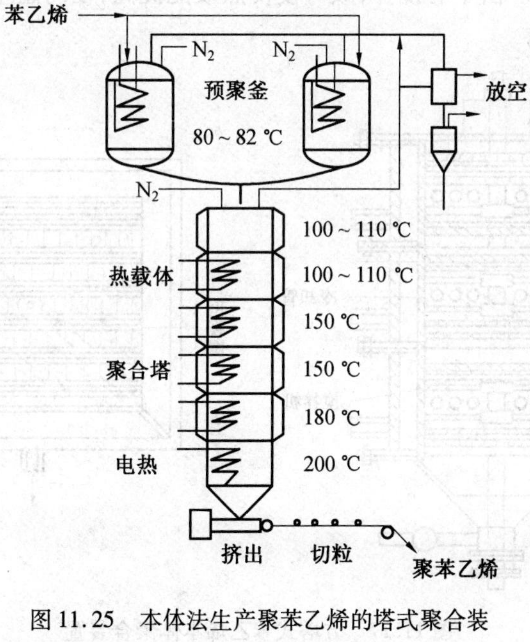

图 11.25　本体法生产聚苯乙烯的塔式聚合装

向预聚釜内输入氮气,一是防止聚合物黏轴;二是使聚合装置形成氮气封。预聚合釜内保持反应温度为80±2 ℃,釜内物料停留时间平均为64 h。从预聚釜流出的反应液中,聚合物质量分数为33% ~35% ,由预聚釜底部进入聚合塔。聚合塔由夹套及内部蛇管控制反应温度,塔的各节保持不同温度,从最上节的100 ℃开始,越向下温度越高,最后一节外部用电加热到200 ℃。物料在塔内平均停留时间为61 h。最终转化率可达98%以上,所得聚合物的平均相对分子质量为187 000。此法早已工业化,但容积效率较低,总的反应时间很长,后期温度高,使低相对分子质量产物增加。这些缺点在近年来的实践中已有改进,如按BASF公司的一个流程(图11.26),预聚釜在较高温度(115 ~120 ℃)下操作,离开预聚釜时的聚合物浓度约为50%(质量分数),聚合塔顶温度为140 ℃,塔底温度为200 ℃,物料在预聚釜及聚合塔内的停留时间分别为4 ~5 h和3 ~4 h,此装置的容积效率约为前述小装置的10倍。

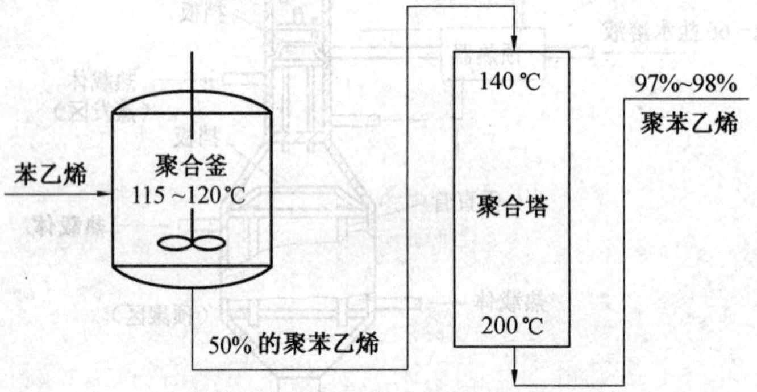

图11.26　BASF本体生产聚苯乙烯流程示意图

图11.27是进行苯乙烯连续本体聚合所采用的另一种方塔式设备,内有多层搅拌桨以及冷却管和加热管。由于有搅拌,故可使传热效能提高,径向温差减小。在生产中使用3个塔进行串联操作。

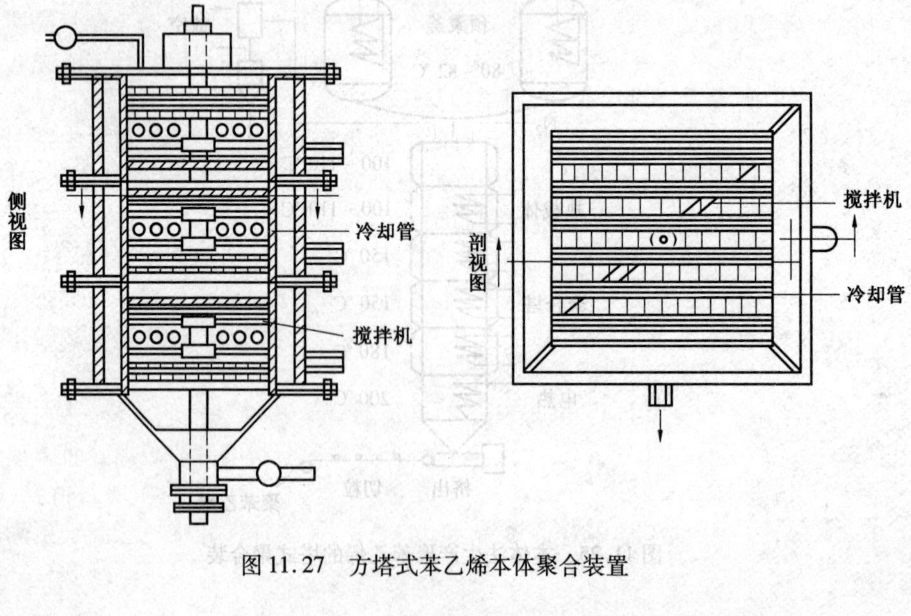

图11.27　方塔式苯乙烯本体聚合装置

乙酸乙烯酯的溶液法连续聚合也在两个串联的塔中进行(图11.28),前一个塔装有搅拌器,后一个塔因物料黏度已增大,放热率减小,故采用了无搅拌的空塔。

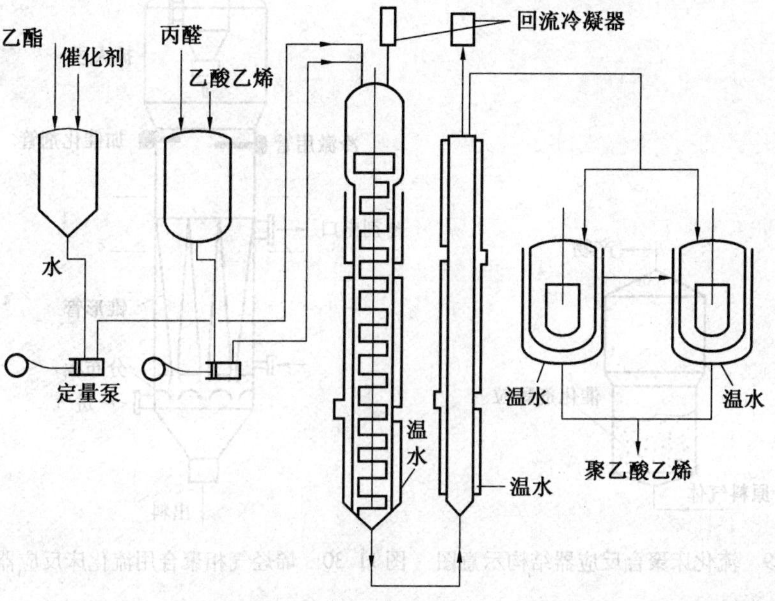

图11.28　乙酸乙烯的连续溶液聚合装置

11.4　流化床聚合反应器

流化床聚合反应器是一种垂直圆筒形或圆锥形容器,内装催化剂或参与反应的细小固体颗粒,反应流体从反应器底部进入,而反应产物则从顶部引出(图11.29)。流体在反应器内的流速要控制到固体颗粒在流动中浮动而不致从系统中带出,在此状态下,颗粒床层有如液体沸腾一样。这种反应器传热好,温度均匀且容易控制,但催化剂的磨损大,床内物料返混大,对要求高转化率的反应不利。由于具有流程简单的优势,使用日益普遍。国内建成的流化床反应器,有引进美国UCC技术用以线型低密度聚乙烯(LLDPE)生产的,也有引进美国-意大利Himont丙烯液相本体聚合技术用以生产共聚物的,此外,德国BASF公司带搅拌器的pp流化床也是成功的技术。

图11.30为烯烃气相聚合用的流化床反应器形式之一。循环的丙烯气体从进气管进入,经过格子分布板进入锥形扩散管,从上部加入含催化剂的预聚物,并与从下部加入的原料气体进行流化接触,生成的聚合物在格子分布板中落下并从底部排出。各锥形管外面是公共的冷却室,通入沸腾的丙烷以除去热量。

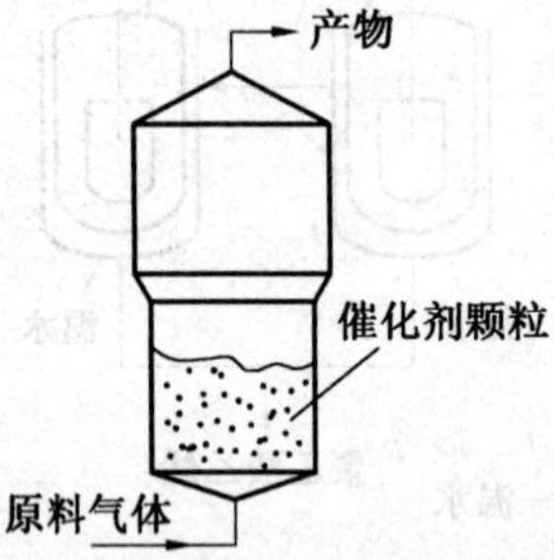

图 11.29　流化床聚合反应器结构示意图

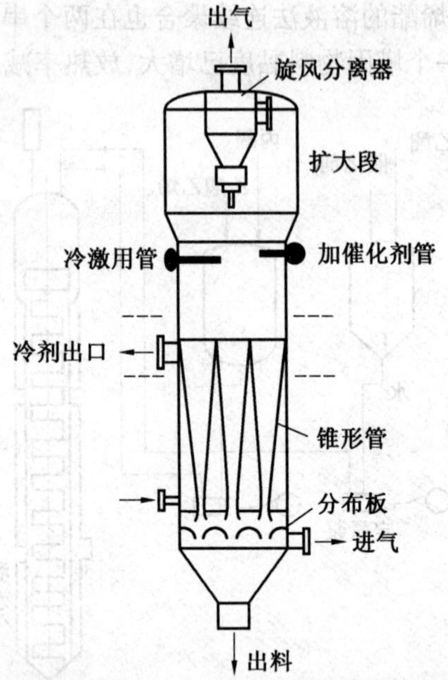

图 11.30　烯烃气相聚合用流化床反应器

图 11.31 所示为能适应床层压差变化的反应装置——出光流化床气相聚合反应器，其分布器由活动分布板和固定分布板组成。当床层压差变化时，活动分布板能相对于固定分布板按一定的角度旋转，从而改变分布板压差，使床层物料混合均匀，避免粘釜等问题发生。当两分布板不重叠时，分布板上的小孔被完全堵住。只有两分布板相对转动后，才有部分小孔被堵住，从而使气体得以通过分布器。该分布器的特点是不改变开孔数而改变开孔率。两分布板为同心圆形，活动分布板与搅拌轴不连接，当压差变化时，通过液压或电动装置，两重齿轮使分布板慢慢转动，最后被固定在某一合适位置，从而达到控制床层流化的效果。

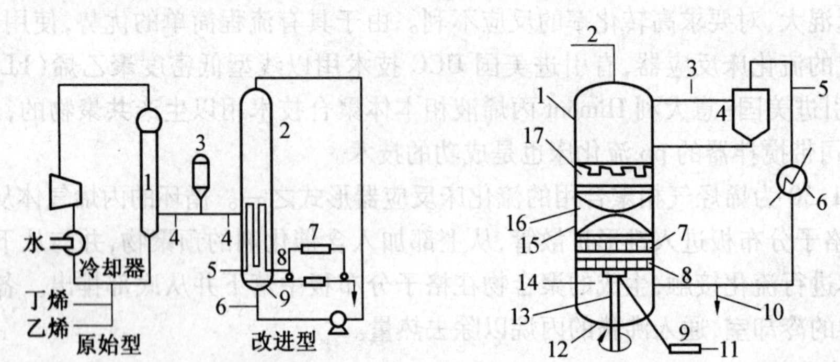

图 11.31　出光流化床气相聚合反应器

1—流化床；2—催化剂导入管；3—气体排出管；4—旋风分离器；5—气体运回管；6—冷却器；7—固定分布板；8—活动分布板；9—原料气导管；10—原料气管；11—控制器；12—储气室；13—搅拌轴；14—转动传递夹具；15—排出管；16—搅拌叶；17—聚合室

图 11.32 是 BASF 流化床气相聚合反应器——一种立式流化床，其气速只有 0.3 m/s，且带有锚式搅拌装置。主要利用搅拌使松散的聚合物粒子保持运动状态。液体丙烯喷入床层，利用其汽化移走反应热。催化剂注入前涂上一层蜡，或以惰性物质的溶液、悬浮液形式注入反应器。

图 11.33 为用于丙烯气相聚合的 AMOCO 流化床气相聚合反应器示意图，采用卧式搅拌流化。催化剂通过有液体丙烯冲洗的加料管进入反应器。沿反应器底部有 3 个循环气喷嘴，沿反应器顶部有等距离的 3 个液体丙烯急冷管口。反应器上部装有一排气孔，使反应气体经过冷凝器循环使用。由于反应器中的桨叶使反应器的下部隔成几个区，故通过改变各区的温度、催化剂浓度、氢浓度等，即可获得不同相对分子质量分布的聚合物。反应热利用液体丙烯的汽化潜热除去。

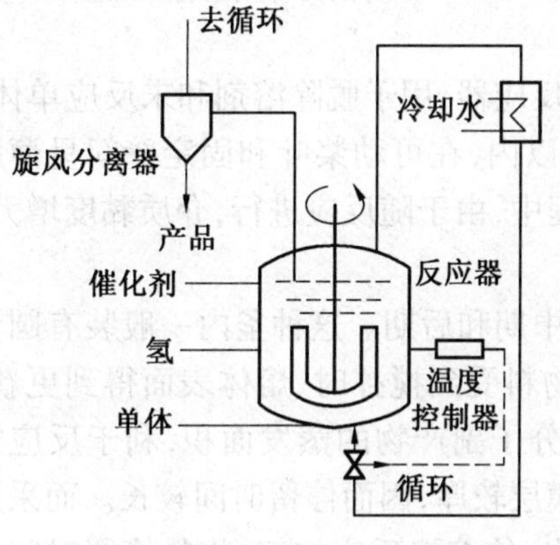

图 11.32　BASF 流化床气相聚合

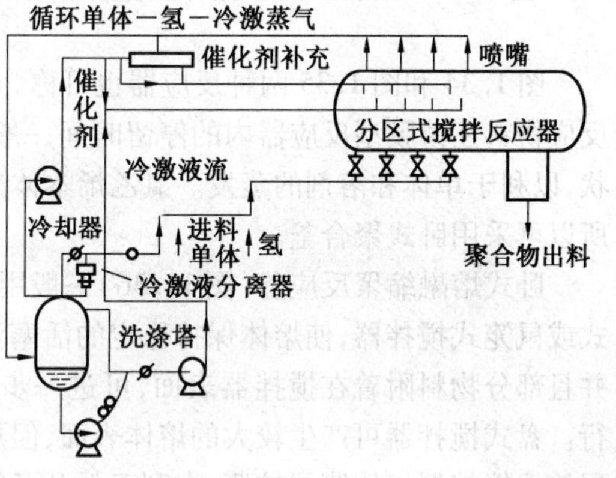

图 11.33　AMOCO 流化床气相聚合反应装置示意图

11.5　其他聚合反应器

由于各聚合体系的特殊性和对聚合物的不同要求，除常见的一些聚合装置形式以外，还有许多特殊的形式，主要有下列一些类型。

11.5.1　卧式聚合反应器

卧式聚合釜常用于物料黏度高和需将小分子物（如缩聚生成的小分子物及未反应的单体）驱出的情况，主要用于聚合反应的中后期。这时常常需要提高温度，且在真空下操作。卧式釜内，料层浅，又有回转部件可使曝露表面不断更新，因此特别有利于高黏度体系及需不断排出小分子物的场合。

图 11.34 所示是水平螺带式卧式聚合反应釜。依靠回转螺带，一方面使物料推进，另一方面也起到刮壁的作用。PSG（Pechiney-SainrGobain）法生产 PVC 时，每一生产线有一台 8 m^3 的带快速搅拌的预聚釜，3～4 台分批操作的水平螺带釜。通常将一半氯乙烯送入预聚釜，在 1 h 内转化 7%，产生的聚合物粒就成为后续聚合时的种子；另一半氯乙烯直接加入卧式釜中，在 5～9 h 内完成聚合。

图 11.35 是有回转刮板的卧式聚合反应釜。由于在刮板和釜壁之间空隙较小，故物料呈薄膜形式运动。这类装置可用于 500 ~ 1 000 Pa · s 高黏度的情况。

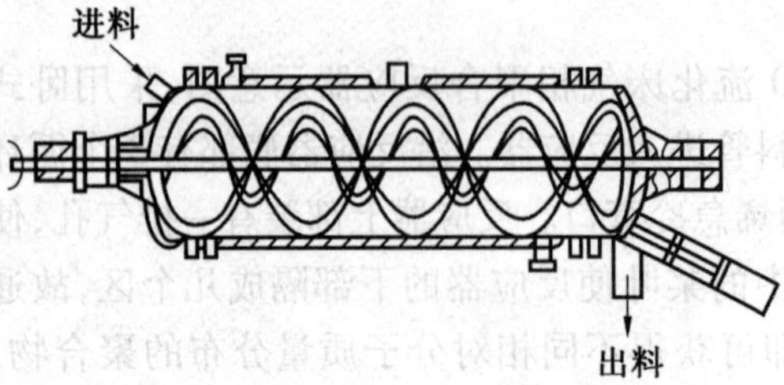

图 11.34　有螺带的卧式聚合反应釜圈

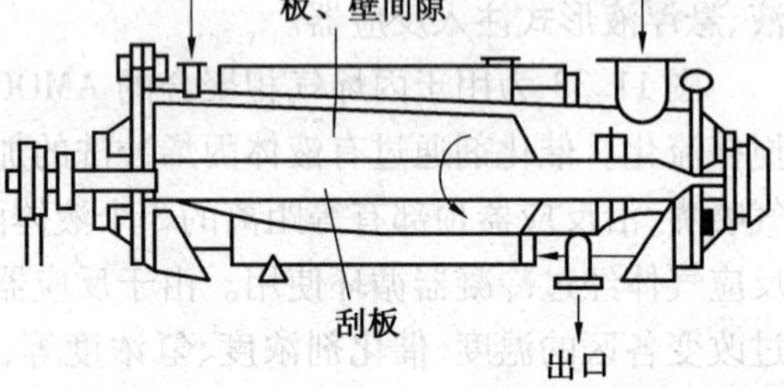

图 11.35　带刮板的卧式聚合反应釜

图 1.34 和图 1.35 两种反应器也可称为薄膜型反应器，用于脱除溶剂和未反应单体，反应物料在薄膜型反应器内的停留时间一般在 1 h 以内，在可动桨叶和固定壁间呈薄膜状，以利于单体和溶剂的蒸发。氯乙烯本体聚合过程中，由于随反应进行，介质黏度增大，所以可采用卧式聚合釜。

卧式熔融缩聚反应釜（图 11.36）一般用于缩聚中期和后期。这种釜内一般装有圆盘式或鼠笼式搅拌器，使熔体保持稳定的活塞流动。物料受到搅拌时，熔体表面得到更新，并且部分物料附着在搅拌器表面，可进一步扩大小分子副产物的蒸发面积，利于反应进行。盘式搅拌器可产生较大的熔体表面，但形成的膜层较厚，因而停留时间较长。而采用鼠笼式搅拌器熔体膜层较薄，有利于低分子物质逸出，使缩聚反应加速，物料停留时间较短，此类搅拌器质量较轻，又无中轴，不会出现熔体落在轴上产生黏附的现象。

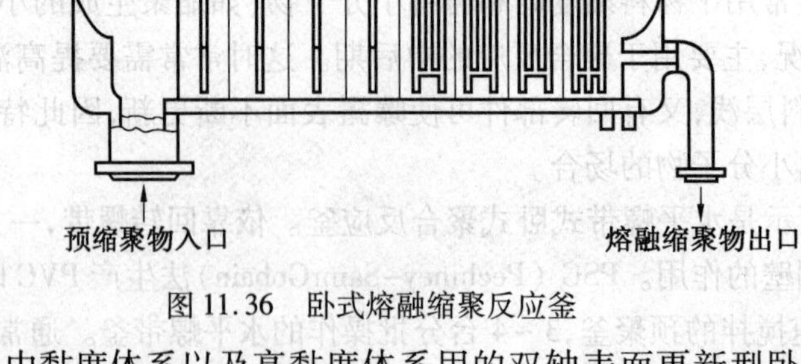

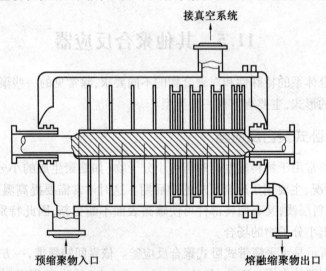

图 11.36　卧式熔融缩聚反应釜

图 11.37 是低、中黏度体系以及高黏度体系用的双轴表面更新型卧式聚合反应釜。依靠装在回转轴上的各种形式的构件，使物料表面不断更新。也曾有单轴式的装置，但高

黏度流体只在回转部件和壁之间产生运动,在回转部件以内的范围则是跟着回转而已,形同死区。当用双轴结构时,这一缺点便得以消除。

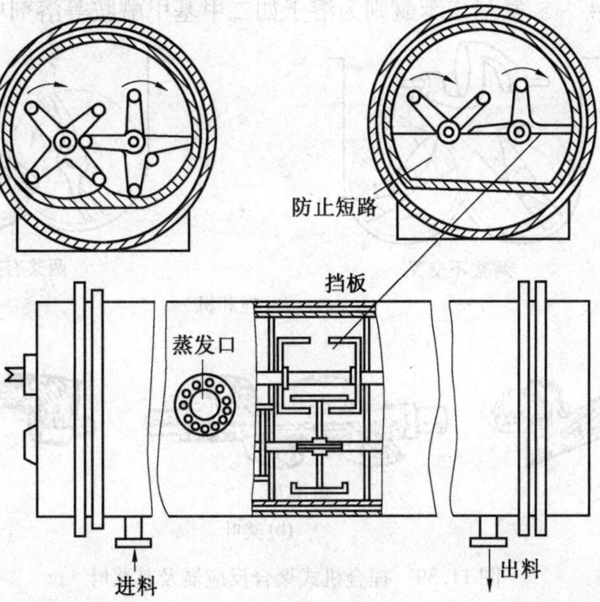

图 11.37　低、中黏度体系用的双轴表面更新型卧式聚合反应釜

在聚酯生产中,常使用两台卧式釜串联操作,前一釜中压力为 5 mmHg,后一釜中压力更低,为 2.5 ~ 3 mmHg。

图 11.38 为本体法氯乙烯聚合流程的示意图,其后聚合采用卧式釜。釜中的温度靠水平夹套中的热载体来维持。

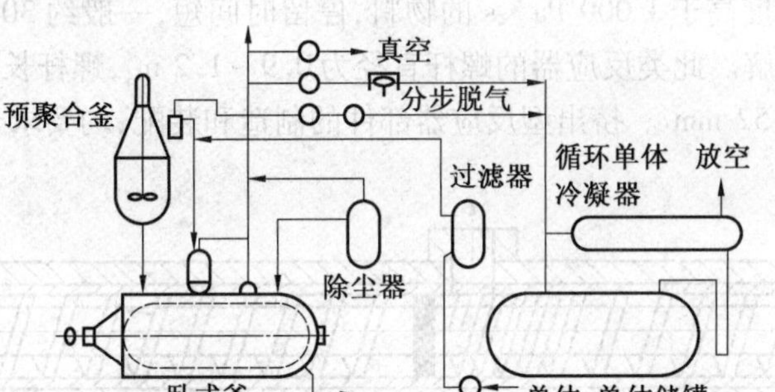

图 11.38　氯乙烯本体聚合流程示意图

11.5.2　捏和机式聚合反应器

捏和机具有强的剪切作用,用作聚合反应器,可以达到物料捏和及混炼的目的。

图 11.39(a)即为两种类型的捏和机,一类两翼回转时是相切的;另一类两者有一定的重叠。对于前者,两翼的转速可以独立设定,而后者则不能。翼的形式有多种,图 11.39(b)中举出了常见的 3 种,其中尤以 Σ 形的最为普遍。如黏度特别高,则以鱼尾形

的较为合适。如果聚合前期是固-液系统，而后期为均一的高黏度物系，则捏和机可发挥其特长。例如，制造耐热性聚合物芳香族聚酰亚胺时，原料之一的均苯四酸二酐为固体粉末，而另一原料4，4'-二氨基二苯醚则为溶于如二甲基甲酰胺等溶剂中的溶液。

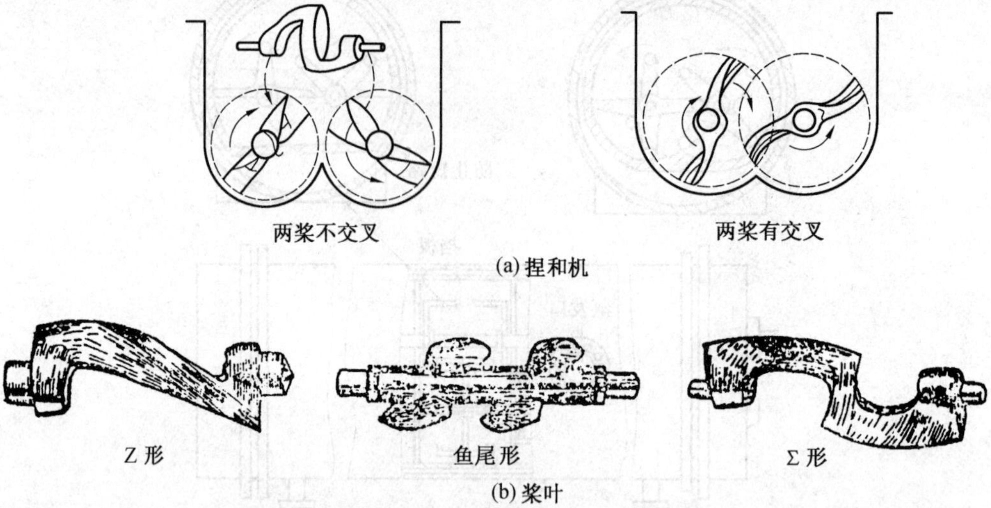

图 11.39　捏合机式聚合反应器及其桨叶

11.5.3　挤出型反应器

挤出型反应器早在20世纪20年代初即用于合成橡胶生产，20世纪30年代出现于专利文献。挤出型反应器有单螺杆和双螺杆之分。单螺杆挤出型反应器（图11.40）可处理黏度低于100 Pa·s的物料，停留时间较长，传热效率低。双螺杆挤出型反应器（图11.41）则可处理黏度高于1 000 Pa·s的物料，停留时间短，一般约30 min，传热效率高，可防止聚合物热降解。此类反应器的螺杆直径为0.9～1.2 m，螺杆长度为12～15 m，螺杆间隙为0.15～1.52 mm。挤出型反应器部件的制造和装配，均要求十分精确。

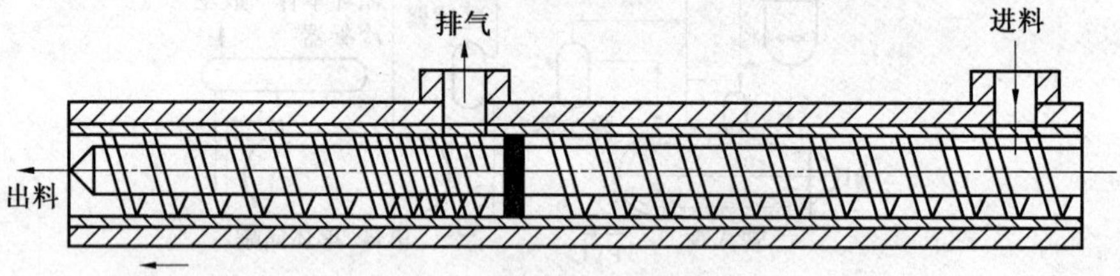

图 11.40　单螺杆挤出型聚合反应器

螺杆式挤压机的螺杆上的螺距是分段不相同的。挤压效能较好一些的即是双螺杆式挤压机。由于两螺杆的螺纹相互啮合，可以更有效地消除死区和返混，使物料均匀性更好。聚碳酸酯的生产就使用了双螺杆式的挤压机作为聚合反应器。近年来有报道用双螺杆式的聚合反应器来进行对苯二甲酸（粉末）与乙二醇（液体）进行直接聚合。

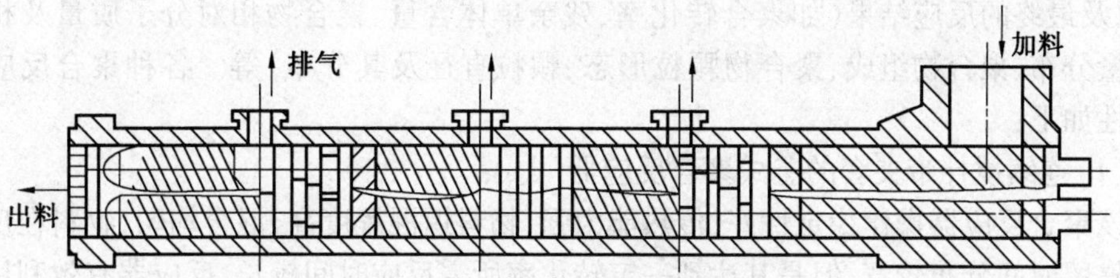

图 11.41　双螺杆挤出型聚合反应器

11.5.4　履带式聚合反应器

履带式聚合反应器是成功地应用于生产聚异丁烯橡胶的一种特殊装置，如图 11.42 所示。聚异丁烯橡胶的合成反应是以 BF_3 为催化剂的阳离子聚合，反应温度约 -98 ℃，而且在一瞬间即可反应完毕。为除去如此集中的聚合热，采用了履带式聚合装置。这时，单体及催化剂均以溶于液态乙烯的溶液分别在不锈钢制的凹槽形履带的起点和其后的某一位置处加入。在反应的一瞬间，大量的聚合热被汽化的乙烯所带走，而乙烯的汽化温度正好使聚合温度得以恒定在 -98 ℃。聚合生成的薄层状聚异丁烯在履带的尽头用刮刀连续刮落，再经螺杆挤压机输出，而履带则循环回去，从而实现了连续生产。

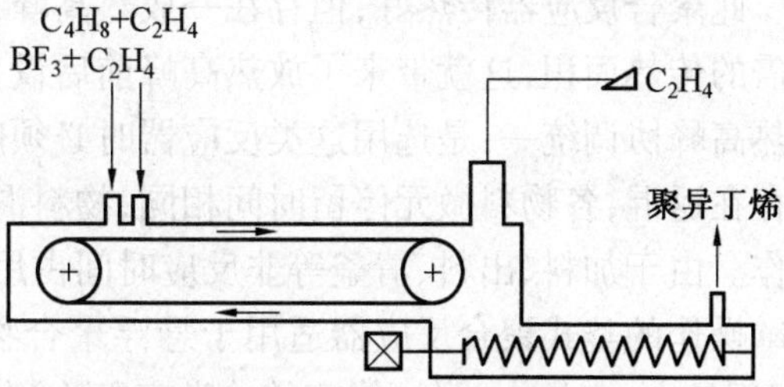

图 11.42　履带式聚合反应器示意图

利用类似的传动带的方式，聚氨基甲酸酯的泡沫体也可以实现连续生产。

11.6　聚合反应器的选用

聚合反应器主要有釜式聚合反应器、管式聚合反应器、塔式聚合反应器、流化床聚合反应器以及其他特殊形式的或新型的聚合反应器等。根据聚合反应器的结构特点及操作特性，不同形式的聚合反应器可适用于不同类型聚合物的生产；同一类型聚合物，当生产工艺和对聚合物质量指标要求不同时，可采用不同形式的聚合反应器。无论从设备角度（如反应器设计、制造的难易、反应器费用、反应器有效利用率、传热效果及生产能力、反应器的稳定性等），还是从聚合物生产及聚合物质量的角度（如生产工艺控制难易、聚合过程及操作的稳定性、聚合物相对分子质量及相对分子质量分布等），正确选用聚合反应器都是十分必要和极为重要的。

选用适合的聚合反应器，可从以下 4 方面考虑。

11.6.1　聚合反应器的操作特性

聚合反应器的操作特性主要包括聚合反应器的稳定性和传热效能，反应器有效利用率及生产能力，物料在反应器中的停留时间及停留时间分布，物料在反应器中的混合状况,以及最终的反应结果(如聚合转化率、残余单体含量、聚合物相对分子质量及相对分子质量分布、聚合物组成、聚合物颗粒形态、颗粒直径及其分布)等。各种聚合反应器操作特性如下:

(1)连续搅拌带夹套的釜式聚合反应器

该聚合反应器操作稳定性好,传热能力强,物料返混程度高,混合均匀,物料在反应器中的停留时间分布较宽;但是其达到一定转化率所需反应时间较长,反应器有效利用率较低,生产能力较小;聚合物的连续生产采用多釜串联,可改善物料返混程度,提高利用率,增大生产能力。

(2)间歇操作带夹套搅拌釜式聚合反应器

此聚合反应器传热好,但存在一放热高峰,所选用的这类反应器必须能满足放热高峰所需的传热面积,这就带来了放热高峰前后设备利用率降低的问题,如何将设备利用率与放热高峰协调统一,是选用这类反应器时必须解决的问题。间歇操作釜式聚合反应器中,不存在返混,各物料微元停留时间相同,物料混合均匀,物料浓度随时间改变,属于非稳态操作。由于加料、出料、清釜等非反应时间占用了设备,这类反应器的生产能力有所降低。间歇操作的釜式聚合反应器适用于悬浮聚合物(如氯乙烯悬浮聚合产物)及精细高分子(即用量少、产量小、附加值高的一类高聚物)的生产。

(3)管式聚合反应器

管式聚合反应器稳定性好,单位体积传热面大,适用作高温、高压的聚合反应器。物料在反应器中逐段向前移动,返混小,物料组成沿管程递变,但在时间的进程中,反应器某一截面上的物料组成是恒定的。体系黏度较高时,易发生物料粘壁现象,造成管子堵塞,且压力损失也较大。管式聚合反应器有效利用率高,生产能力大。管式聚合反应器一般用于聚烯烃及尼龙-66 的生产。

(4)塔式聚合反应器

塔式聚合反应器可以认为是一种改型的管式聚合反应器,与管式反应器类似,物料在塔式反应器中的流动形态接近于平推流,返混小,可通过控制加料速度来控制物料在塔内的停留时间,并可按工艺要求分段控制温度。塔式聚合反应器生产能力较大,一般为连续操作,目前主要用于苯乙烯连续本体聚合,尼龙-6 及尼龙-66 的预缩聚以及乙酸乙烯的连续溶液聚合等。

(5)流化床聚合反应器

流化床聚合反应器主要用于气-固相反应,例如采用固体催化剂的烯烃配位聚合反应即可在流化床反应器中进行。

11.6.2 聚合反应器聚合过程的特性

同一种聚合物可以用不同的聚合方法生产,而不同的聚合方法对聚合反应器的要求不同。如对于悬浮聚合、乳液聚合等低黏度体系,采用一般带夹套的搅拌釜式聚合反应器即可满足工艺要求;而对本体聚合和溶液聚合体系,由于黏度较高,常采用特殊形式的聚合反应器。例如,氯乙烯的悬浮聚合和乳液聚合采用的是一般釜式聚合反应器,而氯乙烯的本体聚合却采用卧式聚合釜,有时甚至采用球形釜。考虑到聚合过程中的黏度变化,可将本体聚合过程分作几段，通过采用不同形式反应器的组合以适应不同的操作要求。

11.6.3 聚合反应器操作特性对聚合物结构和性能的影响

平均相对分子质量、相对分子质量分布、支化度等是决定聚合物性能的重要因素，由于各聚合反应器操作特性不同，对于同一类聚合物，采用不同形式的聚合反应器时可获得不同的聚合物结构和性能。例如，高压聚乙烯的生产可分为管式法和釜式法两类。釜式法得到的产物支化度较管式法得到的产物支化度大，主要原因是釜式反应器中单体浓度较低，聚合物浓度较高，易发生活性链向聚合物链的链转移反应；管式反应器中单体浓度较高(与釜式反应器相比)，聚合物浓度较低，产物的支化度也就较小。对于自由基聚合反应，连续操作的釜式聚合反应器所得产物的相对分子质量分布较窄，而采用管式聚合反应器所得产物的相对分子质量分布较宽。但对于缩聚反应，则是采用停留时间分布很窄的管式聚合反应器所得产物相对分子质量分布较窄，而采用停留时间分布较宽的连续釜式聚合反应器所得产物的相对分子质量分布较宽。

11.6.4 生产成本

生产成本是聚合物生产工程化必须考虑的问题，主要包括操作方式、设备容积效率、操作弹性、生产能力、开停车难易程度、设备能否大型化及设备的操作维修费用和产品的分离回收费用等。

总之，聚合反应器的选择应满足高效、低耗的原则。在满足聚合物质量指标及传热要求的前提下，所选择的聚合反应器设备结构应尽量简单，操作容易，稳定性尽量好，容积效率尽量高，生产能力尽量大，操作维修及产品的分离回收费用应尽量低。

不同的聚合反应，其聚合反应的特性和反应过程控制的关键因素各不相同，可按下列原则选择聚合反应器。

(1)反应浓度

反应浓度为控制反应的关键因素时，在原料配方一定的情况下，当反应物浓度高对目标聚合物生成有利时，可选用管式聚合反应器或间歇操作的釜式聚合反应器；当反应物浓度低对目标聚合物的生成有利时，可选用连续操作的釜式聚合反应器或多级串联釜式聚合反应器。

(2)反应时间

反应时间为控制反应的关键因素时，选用塔式或管式聚合反应器，可控制聚合反应时间，确保反应按要求进行。

(3)聚合热

及时移出聚合热为控制反应的关键因素时，可选用搅拌釜式反应器，或用几个搅拌釜式反应器串联使用。

(4)体系黏度

当体系黏度过高难以使聚合反应正常进行时，应尽可能选用相应特殊形式的聚合反应器。

(5)低分子物

去除低分子物为控制反应的关键因素时,可选用搅拌釜式聚合反应器、薄膜型聚合反应器或表面更新聚合反应器。

11.7 对开发聚合反应生产技术的认识与建议

围绕全流程开展节能型工艺及工程设备的研究开发。降低建设投资以及减少化学助剂与能量的消耗是降低生产成本的关键。节能型工艺的开发应包括绝热聚合工艺及其设备、聚合反应器生产能力的强化、闪蒸及干法脱除溶剂技术、余热利用、各种节能型设备以及探索降低反应体系黏度、提高单体浓度的措施等。

在进一步完善间歇式聚合工艺的基础上积极开发连续聚合工艺。连续聚合是适应大规模生产、提高生产效率、降低生产成本的重要途径。连续聚合的开发应采取工艺与工程设备并重的方针;聚合设备应以双釜系列为主;搅拌器可优选带刮刀的螺带式的等,以减少釜内物料上下返混的几率;釜的高径比应大一些。可考虑采用能达到破杂目的、可切换操作的预混釜;静态混合器也可考虑作为预混釜的一种形式。双釜系列除恒温聚合外,还可采用不高于110 ℃的绝热聚合以及利用蒸发冷凝回流技术控制聚合温度的技术。确定凝胶抑制剂和结构调节剂的同时要注意研究各种添加剂之间的协同效应。除釜式聚合外,可借鉴苯乙烯负离子聚合的工业化开发经验,探索研究环管式聚合工艺。

环管式工艺集湍流的微观混合与接近层流的宏观混合于一身,是一种有希望的工艺。此外,建议积极开发橡胶后处理干法工艺。

第12章 聚合物分离过程及设备

聚合反应得到的物料,多数情况下含有未反应的单体、催化剂残渣、反应介质(水或有机溶剂)等。杂质的存在将严重影响聚合物的质量和聚合物的加工、使用性能。为提高产品纯度,降低原材料消耗,必须将聚合物与这些杂质分离,并将溶剂和残留单体进行脱除和回收,另外,从聚合物中分离未反应的单体还具有消除环境污染的意义。

合成高聚物的分离主要包括:未反应单体(即残留单体)的脱除和回收,溶剂的脱除和回收,引发剂(或催化剂)及其他助剂和低聚物的脱除等。分离过程分为两类,即挥发分(如残留单体、低沸点有机溶剂等)的脱除和将聚合物从液体介质中分离(后者又包括化学破坏(凝聚)分离和离心分离)。

不同的分离目的和分离要求依据不同的分离原理。如脱除未反应单体、低沸点有机溶剂等的脱挥发分的分离操作是把挥发分从液相转变为气相的操作,其分离效率是由液相和气相在界面的浓度差和扩散系数决定的,最终可达到的浓度由气液平衡所决定。化学凝聚分离原理是利用合成高聚物混合体系中的某些组分与酸、碱、盐或溶剂(沉淀剂)作用,破坏原有的混合状态,使固体聚合物析出,进而将聚合物分离。离心分离方法的原理则是借助于重力、离心力以及流体流动所产生的动力等机械-物理的力作用于粒子上、液体上,或液体与粒子的混合物上,由于这些作用力对作用对象产生的效果不同,可使聚合物粒子与流体分离。

①本体聚合与熔融缩聚得到的高黏度熔体不含有反应介质,如果单体几乎全部转化为聚合物,通常不需要经过分离过程。但如果要求生产高纯度聚合物,应当采用真空脱除单体法。

②乳液聚合得到的浓乳液或溶液聚合得到的聚合物溶液如果直接用作涂料、黏合剂,通常也不需要经过分离过程。

③自由基悬浮聚合得到固体珠状树脂在水中的分散体系。一般含有少量反应单体和分散剂。脱除未反应单体用闪蒸(快速减压)的方法,对于沸点较高的单体则进行水蒸气蒸馏,使单体与水共沸以脱除。

④离子聚合与配位聚合反应得到的如果是固体聚合物在有机溶剂中的淤浆液,通常都含有较多的未反应单体和催化剂残渣。因此要首先进行闪蒸以脱除未反应单体。注意到应当脱除低效催化剂。用醇破坏金属有机化合物,然后用水洗涤以溶解金属盐和卤化物。

根据不同的分离过程和分离原理,采用分离设备也不同。合成高聚物生产过程用分离设备主要包括:脱挥发分分离设备、化学凝聚分离设备和离心分离设备。

12.1 脱挥发分分离过程及设备

聚合物生产过程中,脱挥发分分离主要是指分离未反应单体和低沸点溶剂。挥发分的脱除和回收在工业上主要有闪蒸法和汽提法两种方法,所谓闪蒸就是在减压的情况下除去物料中的挥发性组分过程。闪蒸法脱除单体即是将处于聚合压力的聚合物溶液(或常压下的聚合物溶液),通过降低压力和提高温度改变体系平衡关系,使溶于胶液中的单体析出。由于从黏稠的胶液中解析出单体要比在纯溶剂中困难得多,因此,闪蒸操作需在闪蒸器中进行。闪蒸器为一种传质和传热的设备,一般为带搅拌的釜式结构,所以也可称为闪蒸釜。考虑到防止设备腐蚀,闪蒸釜的材质一般采用不锈钢或碳钢内涂防腐层。闪蒸釜的热量供给一般通过夹套和内部直接过热溶剂蒸汽加热来实现。为强化闪蒸过程,须使胶液在闪蒸釜中有良好的流体力学状态,以利于过程有较高的效率。此外,为使闪蒸达到良好的效果,闪蒸釜的装料系数要比一般设备选得小一些,以保证有较大的空间。在闪蒸釜设计中,一般装料系数应小于0.6。聚丙烯脱挥发分用的闪蒸釜如图12.1所示,其结构为带搅拌的大型搪瓷设备。釜内搅拌器的形式为三叶后掠式,此搅拌器能作用的有效高度不能超过釜体直径的1.5倍。釜的长径比一般以在0.8~1.3为宜,设计为1:2时效果较好。若釜的长径比较大,则搅拌桨应设计为多层桨。该闪蒸釜的搅拌轴为空心,搅拌桨叶为扁圆形空心,升角为15°,后角为50°。为强化搅拌效果,闪蒸釜内装有两块指形挡板,一根指向上,另一根指向下,挡板的位置可随时调整。

汽提法系将聚合物胶液用专门的喷射器分散于带机械搅拌并以直接蒸汽为加热介质的内盛热水的汽提器中。胶液细流与热水接触,溶剂及低沸点单体被汽化。聚合物经搅拌,成为悬浮于水中的颗粒,或聚集为疏松碎屑。溶剂及单体蒸汽由汽提器顶部逸出,冷凝后收集。固体聚合物颗粒或絮状物借循环热水的推动由汽提器侧部或底部导出,经过滤振动筛分离,得到具有一定含水量的粗产品。

汽提器结构有塔式结构和釜式结构两种。图12.2和图12.3分别为乳液丁苯胶的生产中苯乙烯汽提塔和氯乙烯悬浮聚合中氯乙烯汽提塔的结构示意图。

苯乙烯汽提塔塔径为2.5~3.0 m,塔高为16~20 m,容积约为100~120 m^3,碳钢材质,内壁涂层为酚醛树脂或硅树脂提高耐腐蚀性,设计压力为0.3 MPa(表压)。塔内一般设12块筛板,材质为不锈钢或生铁复合搪瓷。筛板开ϕ7 mm直孔或12.5 mm锥孔,呈正三角形排列,也有开332 mm×6 mm长条孔。每块塔板可由几部分拼成,以便于拆卸检修。塔板上的溢流堰板可以调节高度,以维持操作要求的液面高度。每两块塔板间的塔体上设有人孔以方便操作,在塔顶上部出口部分有三块相错倾斜的挡板,可以阻挡泡沫上升,但也有不设挡板而只增大这部分空间的设计。

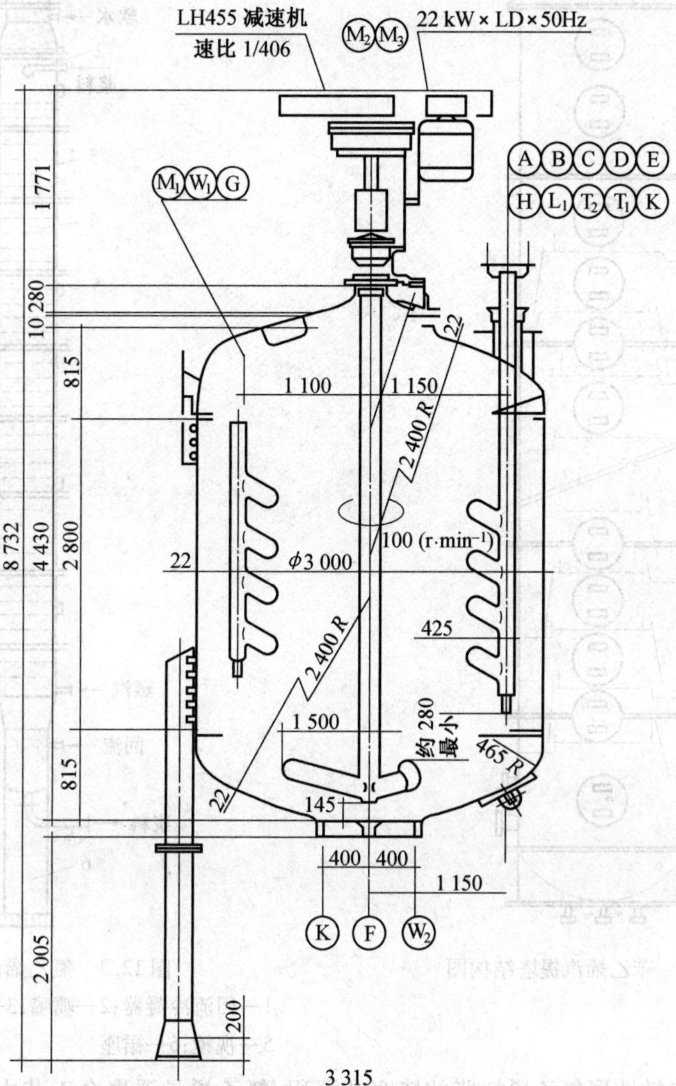

图 12.1　聚丙烯脱挥发分用的闪蒸釜

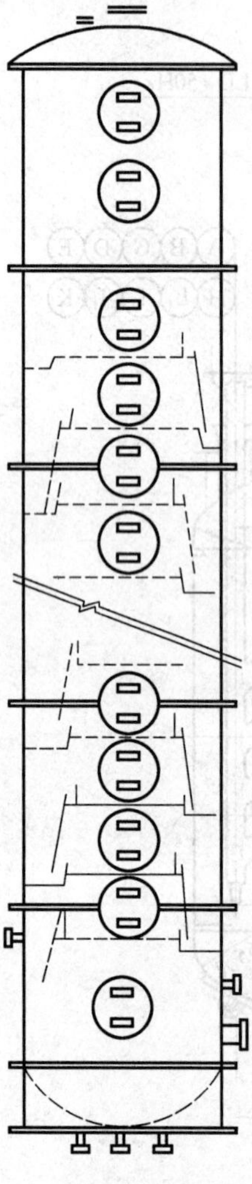

图 12.2 苯乙烯汽提塔结构图

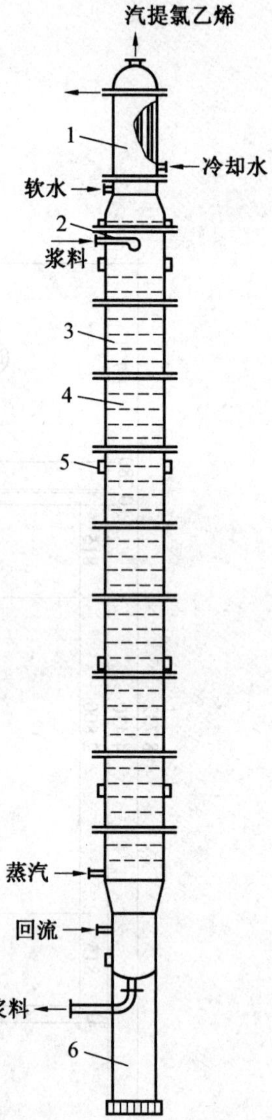

图 12.3 氯乙烯汽提塔结构

1—回流冷凝器;2—喷嘴;3—塔节;4—筛板;5—视镜;6—裙座

为防止热敏性聚氯乙烯树脂的堵塞和沉积,氯乙烯悬浮聚合工艺中则采用了无溢流管的筛板汽提塔结构(图 12.3)。这种汽提塔采用大孔径筛板,筛孔直径一般为 15 ~ 20 mm,筛板有效开孔率选为 8% ~11%,汽提塔内一般设置有 20 ~40 块筛板。筛板之间采用若干拉杆螺栓和定位管固定,保持板间距为 300 ~550 mm。在汽提塔的设计及制作中,应严格控制筛板与塔节内壁的间隙允许公差,以防止塔底上升的蒸汽与塔顶下流的浆料在该环隙部位发生偏流或短路,不利于传热和传质过程。塔顶设置了管式回流冷凝器,可使塔顶抽逸的单体气流内含水量降低不致堵塞回收管线,又能将含有溶解单体的冷凝水回收淋入塔内再进行汽提处理,同时还节省了塔顶为稀释浆料、防止堵塞而连续喷入的软水量。

釜式汽提器可分为单台和多台，但一般不超过 3 ~ 4 台。如在乙丙橡胶生产中，单台适用于不含重组分的乙丙二元共聚物胶液的分离，而含未反应第三单体的乙丙三元共聚物溶液的分离，则需用多台串联汽提器，以便完全脱除未反应重组分。对三台串联汽提器，其典型温度条件为：第一台 80 ~ 90 ℃，第二台 90 ~ 100 ℃，第三台 100 ~ 110 ℃；操作压力为 9.8 ~ 49 kPa（0.1 ~ 0.5 kgf/cm^2）（表压）。聚合物在汽提器中总停留时间一般为 0.5 ~ 1 h。

各种形式的蒸发器也是脱挥发分用得很好的设备，主要包括薄膜型蒸发器，流下液滴、液柱型蒸发器及表面更新型蒸发装置。

（1）薄膜型蒸发器

薄膜型蒸发器分为立式流下液膜式蒸发器和搅拌成膜式蒸发器两种。

①立式流下液膜式蒸发器（图 12.4）。

原液沿垂直面或垂直管流下的同时被加热并有部分被蒸发，然后进入下部的闪蒸室进行气液分离。此法不必考虑由液深带来的沸点上升问题。加热面上的液体滞留量少，传热系数可高达 1.5 ~ 3.0 kJ /（m · s · ℃），故多用于易受影响的液体的蒸发和浓缩。此法适用的最高黏度为 1 000 mPa · s。对于聚合液的脱挥，它可用作前级脱挥器，其后再配以高黏液的脱挥设备。

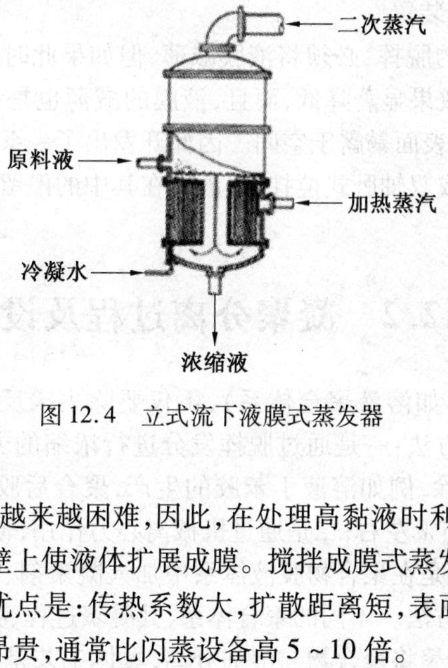

图 12.4　立式流下液膜式蒸发器

②搅拌成膜式蒸发器。

随液体黏度增加，成膜越来越困难，因此，在处理高黏液时利用搅拌叶片的离心力作用在立式或卧式容器的内壁上使液体扩展成膜。搅拌成膜式蒸发器的叶片形式随操作液的黏度而异。这类装置的优点是：传热系数大，扩散距离短，表面更新效率高，无局部过热；但因其结构复杂，价格昂贵，通常比闪蒸设备高 5 ~ 10 倍。

在卧式搅拌成膜式蒸发器中，供给液由离心力的作用在叶端和筒体的间隙中形成薄膜，通过搅拌使液体在受挤压的同时在传热面上移动，并被夹套中的载热体加热，使挥发分得以蒸发分离。蒸汽通过叶片之间从出口排出，浓缩液在下方导出。该设备的最大特征是：具有锥形的筒体，在背压作用下能形成稳定的液膜，可防止液膜断裂和过热。借搅拌桨叶的左右移动，可调节液膜厚度，其大型设备的传热面积可达 10 m^2。在立式搅拌成膜式蒸发器中,搅拌桨叶的叶端与立式圆筒内壁仅有很小的间隙,搅拌叶轮的上部或下部应有支撑物,其蒸发分离机理与卧式的相同。

(2)流下液滴、液柱型蒸发器

这类蒸发器的结构示意图如图12.5所示。聚合物的熔融原液通过0.5~3 mm的喷嘴或狭缝,在减压系统的上部挤出,呈现液滴或液柱、液膜状落下,使气液接触面积增大,挥发分在液体中的扩散距离缩短,从而加速脱挥、浓缩过程。液体高速通过喷嘴则被液滴化。

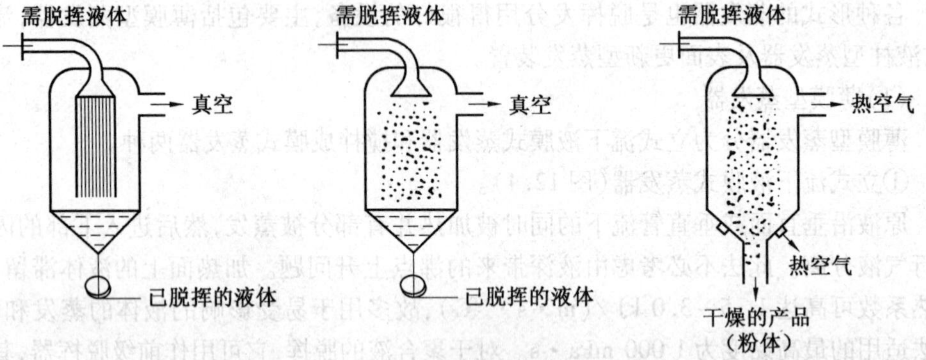

图12.5 流下液滴和液柱型蒸发器示意图

(3)表面更新型蒸发装置

为了促进高黏液体的脱挥,必须将液膜减薄,但如果此时体系处于100 Pa以下的高真空,再进一步减压,则效果显著降低,而且,液膜的减薄也是有限的。为此,需要将表面不断更新,即常将新鲜的表面暴露于空间。因此开发出了一系列表面更新型蒸发器,所采用的搅拌器通常为单轴或双轴卧式搅拌器,液体在其中的停留时间较长,这类设备常用于聚酯后聚反应。

12.2 凝聚分离过程及设备

对有些聚合物体系(如溶液聚合体系),不仅要除去未反应单体,还需将溶剂脱除。溶剂的脱除可采取三种方法:一是通过脱挥发分进行浓缩的方法(类似于单体的脱除),适用于低沸点溶剂的脱除,例如溶液丁苯胶的生产,聚合后胶液经闪蒸单元蒸出部分溶剂,使胶液浓度增高至25%左右;二是通过机械离心力作用,使聚合物沉淀、分层,进而与溶剂分离的物理方法;三是在聚合物胶液体系中加人凝聚剂、沉淀剂等,使固体聚合物从胶液中析出的化学凝聚方法。不同的聚合体系,其凝聚过程、凝聚方法有所不同。对于溶液聚合体系,主要通过凝聚将聚合物与溶剂分离,具体工艺是加入沉淀剂,使聚合物呈粉状或絮状固体析出,再通过过滤将聚合物与溶剂分离。例如乙丙橡胶生产过程中,胶液中溶剂的脱除即是采用凝聚法进行的。凝聚方法又分干法和湿法两种,前者即胶液闪蒸法,将胶液中的溶剂及未反应单体通过间接加热脱除,得到无水分的橡胶半成品,溶剂蒸汽经冷凝后直接使用;后者则是将胶液注入热水中,用水蒸气汽提,即利用高于溶剂沸点的热水或过热蒸汽直接加热胶液,使溶剂及未反应单体蒸发,橡胶则凝聚成小颗粒,得到含水的橡胶粗产品,溶剂经冷凝、精制后循环使用。图 12.6 是一般凝聚釜结构示意图,图12.7则是美国尤里罗伊尔公司用于高固含量、高黏度的乙丙橡胶己烷溶液的闪蒸法凝聚流程。

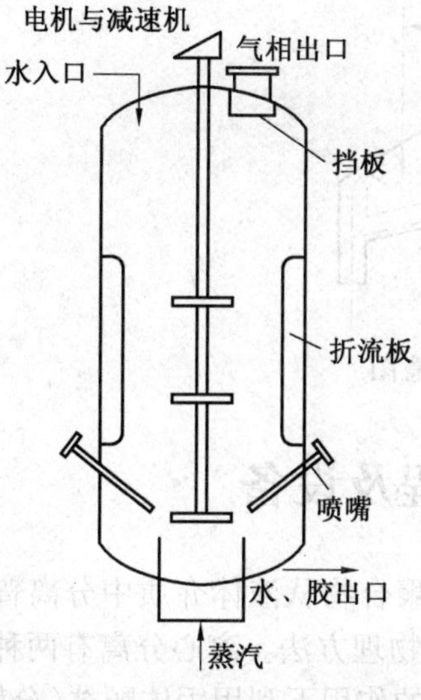

图 12.6　凝聚釜结构示意图

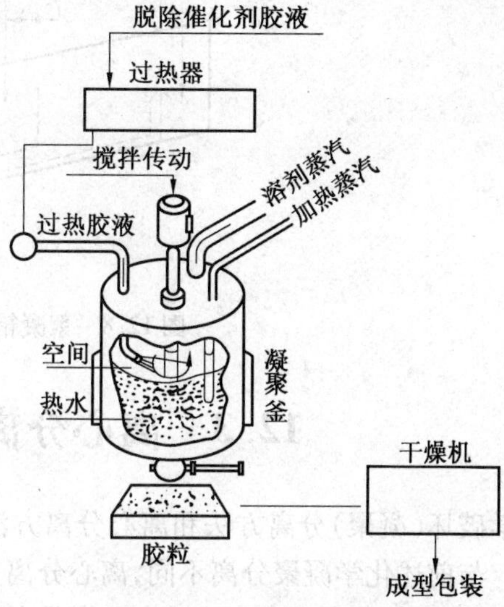

图 12.7　闪蒸法凝聚流程

如图 12.7 所示,凝聚釜配有高速搅拌,水由蒸汽直接加热,过热胶液由喷嘴成切线方向喷入水面,溶剂立即闪蒸,聚合物则呈疏松颗粒由釜底部排出。凝聚釜釜体一般由铜板、不锈钢板焊接而成,釜体从上至下形成 ϕ160 mm 视孔 9 个,50 m^3 釜的直径为 3 200 mm,釜整体高度为 13 368 mm(包括裙座、电机及减速机),釜筒体高度为8 116 mm。釜壁上焊有折流板四块,对称焊接。折流板宽 200 mm、长 2 500 mm,折流板的作用是使按一个方向运动的水经受对折流板的阻力,改变水流的流动状态,改善凝聚效果。釜中的喷嘴管用 3 m 管制成,管与釜壁呈 60°,喷嘴与蒸汽进口、搅拌器叶轮三者对在一点上,这样安装,有利于搅拌,可避免釜内挂胶。

对于乳液聚合体系,聚合物胶粒由于表面皂分子层的保护作用而得到稳定,这类聚合物体系的凝聚过程即是破坏皂类保护层的过程,即通过加入酸、碱、盐等,使这些酸、碱或盐与胶乳中某些组分发生作用,破坏原有的混合状态,使聚合物与水分离。例如,乳液聚合丁苯橡胶胶乳的分离即是通过凝聚胶乳而分离出橡胶。

在胶乳凝聚分离过程中,胶乳与凝聚剂的混合设备是凝聚箱,有圆筒式和箱式两种结构。絮凝箱是长 1.6 m、宽 0.5 m 的长方箱体,内设辅助箱及挡板,如图 12.8 所示。加入絮凝箱的胶乳及絮凝剂做与箱体等宽的层面流动、混合,接触面大而均匀。

除通过加入化学药品破坏胶乳结构,使胶乳凝聚外,也可采用冷冻凝聚的,例如氯丁橡胶的生产即是采用冷冻凝聚方法凝聚胶乳。

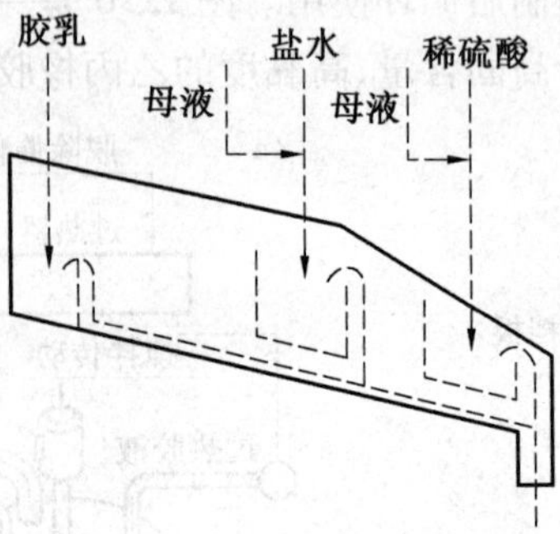

图 12.8　絮凝箱结构示意图

12.3　离心分离过程及设备

化学破坏(凝聚)分离方法和离心分离方法是将聚合物从液体介质中分离普遍采用的方法。与前述化学凝聚分离不同,离心分离是一种物理方法。离心分离有两种不同的过程,即沉降离心分离和离心过滤。前者是在离心力的作用下利用固体颗粒(分散相)在液体介质(连续相)中的沉降作用而将固液分离或利用非均相体系各组分的比重不同而将其分离,适用于分离含固量较少,固体颗粒较小,并且固、液两相比重差较大的悬浮物料,也适用于液-液系统,用以分离两种互不相溶且比重不同的液体组成的乳浊液;后者是在离心力的作用下使液体介质从固体颗粒中分出。离心过滤适用于分离含固量较多,固体颗粒较大的悬浮液物料,是工业上使用最多的一种分离类型。对于悬浮聚合和乳液聚合体系可采用离心分离方法将聚合物从连续相介质(一般为水相介质)中分离出来。例如,在悬浮聚合法生产聚氯乙烯的过程中,PVC 与水的分离即是通过离心分离方法进行分离的。

离心分离过程所用设备是离心机,是利用离心力来实现分离过程的。根据作用方式,离心机有间歇式离心机和连续式离心机之分;根据离心机的结构,离心机又可分为卧式刮刀卸料离心机和螺旋沉降式离心机等。

(1)卧式刮刀卸料离心机

卧式刮刀卸料离心机如图 12.9 所示,其为周期性循环操作,每个周期分加料、洗涤、分离、刮料、洗网 5 个程序。主机可连续运行,靠时间继电器控制电磁阀,实现油压回路换向,以达到自动或半自动控制,每一周期结束后又自动开始下一个操作周期的循环。

这类离心机适用于分离含固相颗粒大于等于 0.01 mm 的悬浮液,固相物料可得到较好的脱水和洗涤,但由于用刮刀卸料,部分固相颗粒会被破碎。该类离心机处理量大,分离效果较好,对悬浮液浓度变化适应性强,广泛应用于化工、化肥、农药、制盐等工业部门,目前在国内 PVC 树脂生产中应用较多。这类产品制造技术较为成熟,型号规格也较多,经常使用的规格有 WG-800、WG-I000 和 WG-12000, WG 表示卧式刮刀卸料离心机,800、1000 和 1200 均表示转鼓直径。

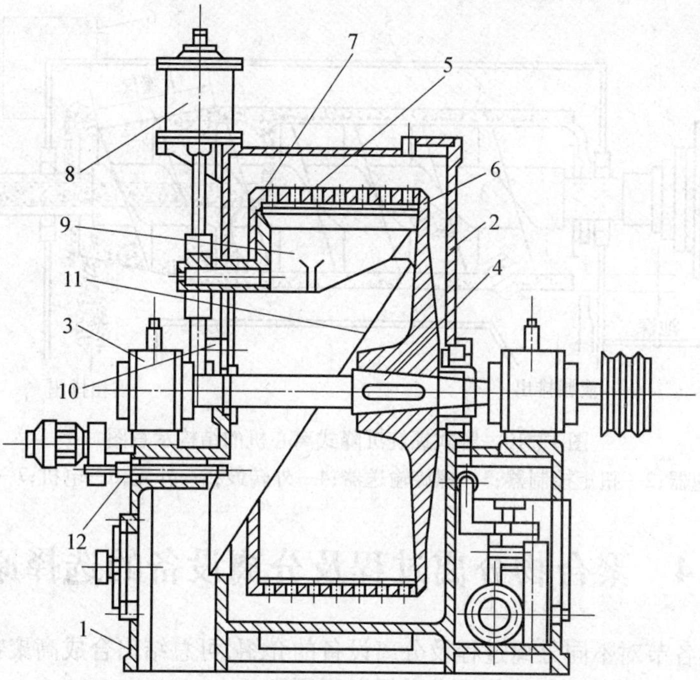

图 12.9　卧式刮刀卸料离心机

1—机座;2—机壳;3—轴承;4—轴;5—转鼓体;6—底板;7—拦液板;
8—油缸;9—刮刀;10—加料管;11—斜槽;12—振动器

(2)螺旋沉降式离心机(WL 型离心机)

这类离心机又可分为卧式离心机和立式离心机两类。图 12.10 为卧式螺旋沉降式离心机的结构示意图,其中的螺旋输送器主要起推卸沉渣的作用。沉降区和干燥区的长度通过溢流挡板进行调节,机器转鼓由电机通过三角皮带驱动旋转,内部的螺旋输送器由与转鼓同步旋转的差速器的输出轴驱动,转鼓与螺旋的速度差一般为转鼓速度的 2% ~ 3%,在转鼓上设有滤网孔,物料从螺旋的空心轴进入转鼓内离心场后,由于固液相相对密度不同,因此离心力大小不同,相对密度较小的液相处于固相环层的上面,又形成一个液体环层。聚合物固体料由螺旋输送器输送到转鼓的锥形段干燥区,从锥形体小端尾部排出,液相则通过转鼓大端盖上的溢流口溢流排出。溢流口均布在大端盖上,每个溢流孔都带有一个可调溢池深度的小堰板,以调节离心转鼓内物料的沉降区与干燥区段的长度。在一定流量下,浆料可连续不断地从进料管口进入,在转鼓内达到固液两相分层,又连续不断地分离排出。WL 型离心机适用于分离含固相颗粒大于等于 0.005 mm 的悬浮液,也可用于澄清含少量固相的液体,特别适用于分离浓度和固相粒度变化范围较大的悬浮液,但不适用于液相比重大于固相比重及固、液比重差很小的悬浮液的分离。这类离心机具有连续操作、处理量较大、单位产量耗电量较少、机器结构紧凑等优点。在化工、食品、轻工、采矿等工业部门,在 PVC、低压聚乙烯、聚丙烯等聚合物生产中均获得广泛应用。

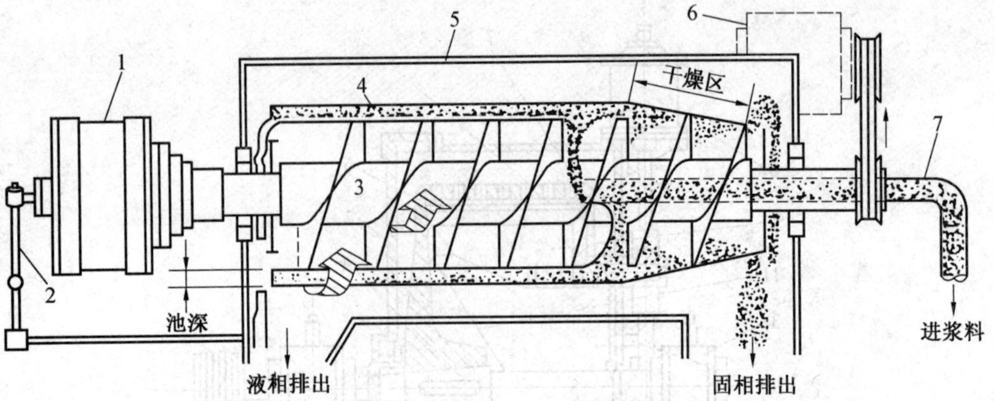

图 12.10 卧式螺旋沉降式离心机的结构示意图

1—差速器;2—扭矩控制器;3—螺旋输送器;4—外转鼓;5—外壳;6—电机;7—进料管

12.4 聚合物分离过程及分离设备的选择原则

根据上述各节对不同分离过程及分离设备的介绍,可总结出合成高聚物生产过程中,聚合物分离过程及分离设备的选择应遵循以下原则:

(1)明确分离目的

是分离未反应单体,还是分离溶剂,或是分离低聚物或其他杂质,分离目的不同,所采用的分离方法、过程及设备就有所不同。分离未反应单体和低沸点溶剂主要采用脱挥发分分离操作,包括闪蒸、汽提及蒸发器蒸发,用到的设备有闪蒸釜、汽提塔及蒸发器等;分离高沸点溶剂、低聚物等,可采用化学凝聚、沉淀的方法,通过聚合物凝聚,使聚合物与溶剂和低聚物分离,相应的分离设备可采用凝聚釜;若分离具有一定粒度的聚合杂质,则可采用离心分离方法,通过离心机的作用,将聚合物与杂质分离。

(2)明确被分离体系的性状

根据高聚物生产原理,一般可采用本体聚合、溶液聚合、乳液聚合和悬浮聚合四种聚合实施方法和聚合过程合成聚合物。本体聚合体系中主要有聚合物、未反应单体及极少量的引发剂残基,其分离目的主要是分离未反应单体,应采用脱挥发分操作进行分离。溶液聚合体系中主要有聚合物、未反应单体、溶剂、引发剂残基等,若分离目的是分离未反应单体,则应采用脱挥发分操作及相应的脱挥发分设备进行分离;若分离目的是将聚合物从溶液体系中分离纯化,则可采用凝聚沉淀方法进行分离。乳液聚合体系中则主要有聚合物、未反应单体、分散介质(一般为水)、引发剂及乳化剂残渣等,其分离过程和分离设备的选择原则类似于溶液聚合体系。由于乳液聚合体系是非均相体系,因此,还可利用乳胶粒子与水的密度差,通过采用离心沉降的方法将聚合物乳胶粒子与水分离。悬浮聚合体系中,主要有聚合物、未反应单体、引发剂残基、分散剂等,其分离操作过程及分离设备与乳液聚合体系的分离类似。对于具体的分离体系,有时可以同时或依次采用脱挥、凝聚及离心分离 3 种分离过程和 3 类分离设备进行分离。

(3)经济性原则

在满足分离过程要求的前提下,所选择的分离设备费用应尽量少。

第 13 章　聚合物脱水及干燥设备

经分离、水洗得到的聚合物粗产品中一般含有 40% ~70% 的水分和少量其他有机挥发分，作为成品，这些水分和挥发分在聚合物之前必须除去。

工业上脱水的定义为将水分从初始含量脱除到 5% ~15%（质量分数）的过程，而干燥的定义为进一步将剩余水分和少量其他挥发分脱除至 0.5% 以下。根据具体情况，脱水和干燥可以分为两个步骤，也可联合成为一个连续的过程。

13.1　脱水过程与脱水设备

聚合物经水洗后含有大量的水分，聚合物中的水分在干燥之前应尽可能脱除。聚合物类型不同，可采用不同的脱水设备、脱水过程和脱水方式进行脱水。对于粉状、块状的树脂产品，可采用离心机，利用离心原理进行脱水。离心脱水的原理、方法及所用设备类似于离心分离。而对于自身黏附性较强的橡胶类产品，一般可采用长网机脱水和挤压脱水，长网机适于热敏性较大的橡胶如氯丁橡胶等，挤压脱水适于热敏性较小的橡胶如顺丁橡胶、异戊橡胶、乙丙橡胶、丁基橡胶和 SBS 弹性体等，也可采用振动筛脱水（如乳液丁苯胶的脱水）和真空转鼓吸滤脱水等。

（1）振动筛脱水

脱水振动筛的结构如图 13.1 所示，它由机座、筛体、螺旋弹簧、板簧和偏心连杆等部件所组成。

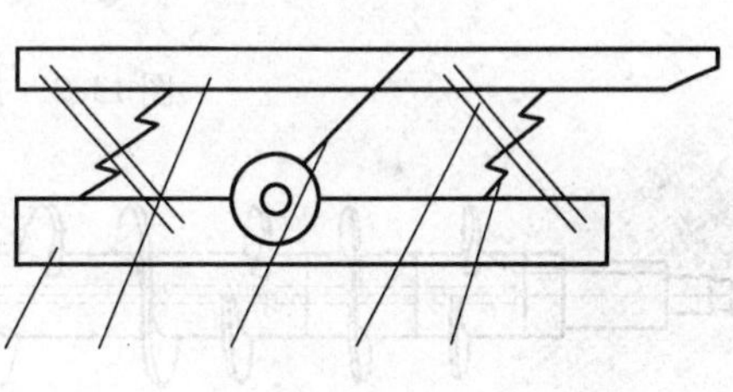

图 13.1　脱水振动筛结构示意图
1—机座；2—筛体；3—螺旋弹簧；
4—板簧；5—偏心连杆

脱水振动筛筛体用相互成 90°安装的螺旋弹簧和板簧安装在机座上，通过滚珠轴承套将连杆安装在偏心轴上，端部则通过弹簧和筛体相连，连杆中心线向前倾，与筛体成 45°夹角。电机通过皮带轮减速，偏心轴带动连杆时，连杆推动筛体在弹簧上来回振动，在振动力的作用下，物料沿着筛体向前跳跃，物料表面的水逐渐被甩掉，经筛孔流入集水槽，而物料则镶嵌前进。在操作时要注意脱水筛的脱水效果，观察热水循环量是否过大，热水罐的蒸汽阀门是否忘了关闭，筛板孔是否被胶沫所堵塞等。如发生这些故障，则应采取减少热水循环量、关闭加热汽阀或清理筛板等相应措施以解决。

（2）挤压脱水

挤压脱水是目前最常用的脱水方法。随着合成橡胶工业技术的发展，在合成橡胶生产中，先进的螺旋挤压技术在脱水和干燥操作方面已广泛被采用。挤压脱水在挤压脱水机内进行。挤压脱水机结构示意图如图 13.2 所示，它是由主电机、机座、减速箱、进料斗、机体、机头、辅助润滑系统以及集水槽等部件所组成。机体是由带有加热夹套的机筒和有螺纹的螺杆配合而成。筒体是骨架和笼条所组成的两个半圆筒,用螺钉固定,分为4段,各段的笼条间间距依次减小,而且在两半圆筒体之间的合拢部位装有刮刀,它伸入螺杆和螺叶的断开部位。螺杆由轴、螺套、键所组成(图13.3),它与一般螺杆不同,由若干节等深不等距的断开式螺旋叶所构成,且沿前进方向,螺距逐渐减小,即螺杆的螺纹槽可以变深或变距或两者皆用。从加料口到机头,螺纹槽的体积逐渐减小,从而形成对胶料的压缩,进而将胶料中的水挤出。螺杆沿机体的轴线方向分为加料段和挤压段。由高功率的电动机带动,经螺杆的挤压作用,橡胶中的水分沿螺杆切线方向逐渐被挤压,挤压出的水沿分布于机筒内壁的沟槽,逆流至加料口底部的小孔排出,经机头孔板,机体内脱水的胶料被挤出。利用此法挤压一次可使胶料中的水含量(质量分数)从50%下降为10%左右。通常机头备有切刀,挤出的胶条被切成直径为10~20 mm的圆柱形颗粒,以便于下一步干燥时物料的输送和装填。乙丙橡胶、顺丁橡胶、异戊橡胶、丁基橡胶等的脱水均可使用螺旋挤压脱水机进行脱水。挤压脱水机的结构多为单螺杆式,型号主要有Anderson型和Welding型挤压脱水机。

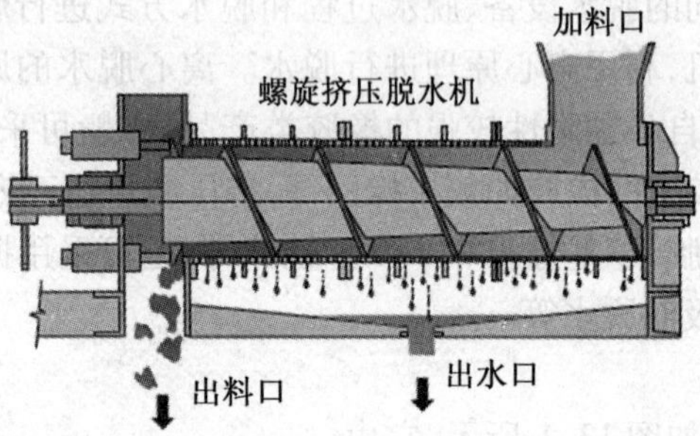

图13.2 挤压脱水机结构示意图

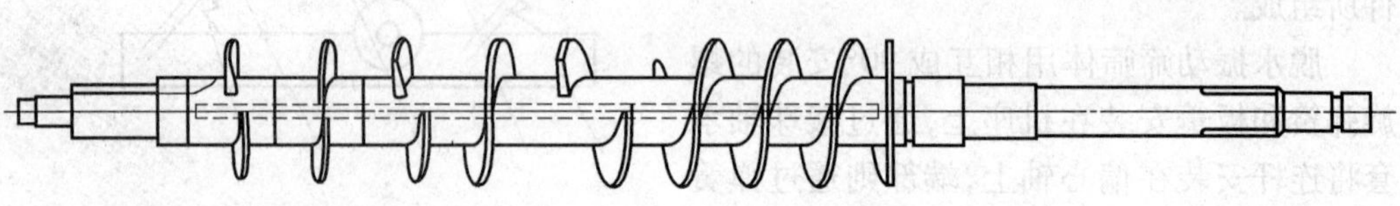

图13.3 挤压脱水机螺杆示意图

①Anderson型挤压脱水机。

Anderson型挤压脱水机机体由排水筒和螺杆组成。在进料区,螺杆的螺纹是连续的,其余部分为断开式拼合轮缘。在圆筒上有固定刀具伸入轴环,其目的是改变物料方向,达到疏松橡胶,同时也可增加母炼胶填充料的分散均匀性。出料端为一锥形体,出口端为小端,从而限制出料速度,增加物料的压缩程度。该机可使橡胶中的水分的质量分数由50%~65%降至10%~15%。

②Welding型挤压脱水机。

Welding型挤压脱水机机体由圆筒形料筒和有螺纹刮板的单螺杆组成。料筒主要由排水段、进料段、压缩量和挤出段构成。料筒下部设有排水口,上部有加料口和顶端出料口,料筒内壁有排水用的纵槽,外壁有夹套,用以控制物料温度。螺杆上的螺纹除挤出段外均与轴间有一定间隙,以便排出被挤出的水分,经挤压脱水后的物料含水质量分数为 15% 左右。

通过机械挤压脱水,物料中大部分水分在进入干燥器前即被除去,含水量降到 10% ~20%,含水量的减少,降低了干燥器的负荷,相应提高了生产能力。而且,由于大量水分在蒸发干燥前被挤出,使物料中的凝聚剂及其他可溶性杂质含量降低,有利于提高产品质量。

13.2　干燥过程及干燥设备

干燥的基本原理是:固体物料在与具有一定温度和湿度的空气接触时,由于水分含量的不一致,物料将会排出水分或吸收水分而使含水量达到一定值,此值称为物料在此情况下的平衡水分或平衡湿度。当含水量大于平衡水分的固体物料与干燥介质(如热空气)接触时,由于湿物料表面水分的汽化,物料中水分的平衡状态被打破,逐步形成物料内部与表面间的湿度差,即内部湿度大于表面湿度。于是,物料内部的水分便借扩散作用向其表面移动,并在表面汽化。此过程连续不断地进行,干燥介质连续不断地将此汽化的水分带走,最终,可使固体物料达到干燥。可见,干燥过程是由内部扩散和表面汽化两个过程组成的。并流、逆流和混合流是干燥介质与湿物料之间的三种流向。根据物料性质和最终含水量决定物料与干燥介质的流向,如湿度较高的快速干燥适合于并流,这种快速干燥使物料不致发生裂纹、焦化;不允许快速干燥适用于逆流,在干燥过程中可经受高温而不变质的物料。

干燥技术在工业上被广泛采用,干燥是聚合物生产的重要环节。一般而言,由于水分蒸发吸收热量,因此分离干燥操作是采用某种方式将热量传给含水物料,干燥中最为重要的是使热量最有效地传给物料;其次是设法使水分与物料分离,使被干燥物料的蒸发水分最有效地进入干燥介质。在聚合物生产中,干燥技术主要有气流干燥、沸腾干燥、闪蒸膨胀干燥和喷雾干燥,干燥设备主要有气流干燥器、沸腾床干燥器(也称为流态化干燥和流化床干燥器)、喷雾干燥器和螺旋挤压膨胀干燥机等。不同物料具有不同操作特点和不同结构,因此干燥应采用不同干燥方法和干燥设备。

干燥要求一般为:

①适应被干燥物料的多样性和不同产品规格要求。

②设备的生产能力要高。

③能耗的经济性。

④便于操作、控制等。

13.2.1　气流干燥和气流干燥器

气流干燥是把润湿状态的泥状、块状、粉粒状等物料,采用适当的加料方式,将其加至干燥管内,使该物料分散在高速流动的热气流中,在此气流输送过程中,湿物料中的水分被蒸发,得到粉状或粒状干燥产品。气流干燥是一种在常压下进行的连续急剧的干燥过程。潮湿的物料由螺旋输送机送入气流干燥管的底部，被蒸发流夹带在干燥管内上升，干燥好的物料被吹入旋风分离器。

气流干燥器适宜于处理含非结合水及结块不严重又不怕磨损的粒状物料，尤其适用于干燥热敏性物料或临界含水量低的细粒或粉末物料。对黏性和膏状物料，采用干料返混方法和适当的加料装置，如螺旋加料器等，也可正常操作。

旋风分离器主要由内筒（也称排气管）、外筒和倒锥体3部分组成，如图13.4所示。含有固体粒子的气体以很大的流速从旋风分离器上端切向矩形入口沿切线方向进入旋风分离器的内外筒之间，由上向下做螺旋旋转运动，形成外涡旋，逐渐到达锥体底部，在离心力的作用下，气流中的固体粒子被甩向器壁，由于重力和气流带动而滑落到底部集尘斗，向下的气流到达底部后，绕分离器的轴线旋转并螺旋上升而形成内涡旋，由分离器的出口管排出。粉料沉降于旋风分离器底部，气体夹带不能沉降的物料自旋风分离器进入袋式过滤器，以捕集气流中带出的物料，干燥的物料再被转入下一道工序。气流干燥中，呈泥状、粉粒状或块状的湿物料送入热气流中，并与热气流并流，进而得到干燥的分散或粒状产品。气流干燥具有如下特点：

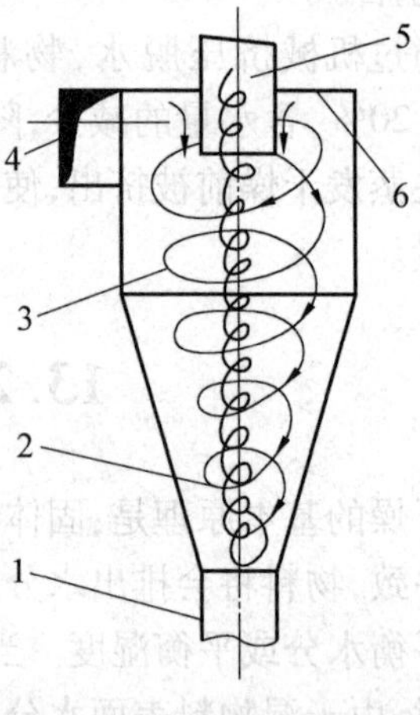

图13.4 旋风分离器结构示意图
1—集成器；2—内螺旋气流；3—外螺旋气流；4—入口；5—旋涡形出口；6—外筒

①干燥强度大。

可在瞬间得到干燥的粉末状产品。干燥管内具有较高的气速（气流速度是湿物料产生搅动的必要条件），一般为10～20 m/s，通常使用15 m/s。这样剧烈的气流湍动不仅使悬浮于气流中的湿物料分散均匀，质点变小，大大地增加湿物料与热气流的接触表面，增大了有效的干燥面积，而且，剧烈湍动有利于除去湿物料颗粒周围的水蒸气膜，使汽化表面不断更新，利于传热和水分的汽化，从而使干燥速度加快，得到较大的干燥强度。气流干燥器中，体积传热系数很大，一般为2.33～6.98 kJ/(m^3·s·℃)，气固相间的传热系数可达0.233～1.16 kJ/(m^2·s·℃)。

②干燥时间短。

由于气流速度大，使气固两相接触时间（即干燥时间）短，一般为0.5～2 s，最长的不超过5 s。因此，为提高干燥速度，允许采用较高的干燥温度。由于干燥时间短，解决了热敏性物料或低熔点物料过热或分解的问题，提高了产品质量，此种方法特别适用于热敏性物料的干燥。

③热效率高。

气固两相并流操作是气流干燥的主要特点。在表面汽化阶段，物料始终处于气流的湿球温度，一般不超过60～65 ℃。在干燥末期，水分减少，物料温度升高，而气流温度已经由于物料中水分蒸发吸收而大大下降，所以产品的温度不会超过70～90 ℃，若保温良好，热气流的进口温度在450 ℃以上时，其热效率为60%～75%。在干燥非结合水分的情况下，热效率可达60%，但若采用间接蒸汽加热空气系统，热效率则仅为30%左右。

④适用范围广。

气流干燥可适用于各种粉、粒料。不经任何粉碎装置，往干燥管内直接加料的情况下，产品粒子直径可达10 mm，水含量为10%～40%（质量分数）。对于粒子尺寸较小的物料，如聚氯乙烯，一般采用气流干燥。由于气流速度高，粒子在气流输送中将产生一定的磨损和破碎。另外，对于易黏壁的、非常黏稠的物料，不宜采用气流干燥；对于在干燥过程中产生有毒气体的物料，由于干燥尾气处理设备庞大，设备投资大等原因，也不宜采用气流干燥。

⑤设备简单。

气流干燥器结构简单，将粉碎、筛分、输送等单元联合在一起操作，占地少，投资省，流程简单，易于实现操作自动化。

气流干燥中，要求既要有大的干燥速度（即单位时间内被干燥物料在单位面积上所能汽化的水分量），又要有大的干燥深度。大的干燥速度使干燥器的生产能力大，大的干燥深度使产品干燥程度高。气流干燥的特点决定影响气流干燥的因素很多，主要有以下几点：

①物料的粒度和多孔性不同。

粒度小，比表面大，含水量就高；反之，含水量就低。因此，前者干燥时干燥速度快，但干燥深度小，后者则反之。

②湿料的预脱水的程度。

较低的最初含水量可有较高的干燥深度。

③热空气的温度不同。

热空气的温度越高，则干燥速度越大，但应以不损坏被干燥物料的质量为原则；另外，热空气在干燥器进出口的温差越小，则平均温度越高，因而干燥速度也越大。

④热空气的速度与流动速度。

热空气的相对湿度越小，吸湿能力就越大，物料中水分的汽化速度也就越快。由于汽化速度与空气的流动速度有关，并且还取决于湿物料在空气中的湍动程度（湍动越剧烈，水分汽化越快），而该湍动程度与气流速度有关，因此，增加空气的流动速度可以加快物料的干燥速度。在气流干燥器中，物料的干燥速度在气流速度为15～20 m/s时要比在5 m/s时提高2～3倍。

⑤物料在悬浮体系中的浓度。

其他条件一定时，在热空气-物料悬浮体系中，物料浓度大，则水分含量高，干燥就困难，但单位热空气的物料处理量大，热效率高。因此，在浓度达到干燥要求的前提下，物料在悬浮体系中的浓度仍以大一些为好，根据鼓风机的风量和物料的加料量决定其浓度值，在数值上等于单位热空气的物料处理量。

气流干燥的缺点：

①结构形式造成系统阻力较大，因而动力消耗较大。

②由于气速较高，难以保持干燥前的结晶形状和光泽。

③产生的灰尘大，对除尘系统要求较高。

④因停留时间短,对含非结合水分较多的物料适用,对含结合水分较多的物料干燥不好,效率显著降低(注:结合水分包括物料细胞、纤维管壁、毛细管中所含的水分,它产生不正常的低蒸汽压,难于除去;非结合水分包括物料表面的润湿水分及空隙水分,它不产生低蒸汽压,极易去除)。PP 、PVC 等的干燥均可采用气流干燥方式进行。

气流干燥装置的组成主要有空气加热器、加料器、干燥器、旋风分离器、风机等主要设备。图 13.5 是两段式气流干燥装置图。干燥管是气流干燥器的主要设备,通常由长1 m,两端带法兰的铜管或铝管连接而成。管径一般为 150 mm 至数百毫米,视处理量的大小而定,但不超过 1 m ,其总高度由有关工艺条件确定。干燥管内设有温度和压力测量装置,7 m 以下开有适量的长方形手操作孔,外部一般需设蒸汽管保温并包有绝热保温层。为了强化干燥过程,干燥管也可用直径不同(直径比为 1 : 0.8)的铜管或铝管交替连接成脉冲管形式,以提高干燥效果。气流干燥装置中所用加料器一般为螺旋加料器,也称为螺旋输送器,主要由螺杆及料筒组成,适用于粉料和易流动软性物料的加料,螺杆为一绕有螺旋形叶片的转轴,料筒为套在螺杆外面的圆柱形碳钢壳体,料筒两端带有法兰,筒体上设有料斗接口及排水管,当螺杆转动时,螺旋形叶片便推动物料沿料筒纵向前进。为提高干燥效率,一般采用两个气流干燥器串联,或一个气流干燥器与一个沸腾床干燥器串联的形式进行聚合物的干燥,经干燥后的物料的含水质量分数约为0.1%。

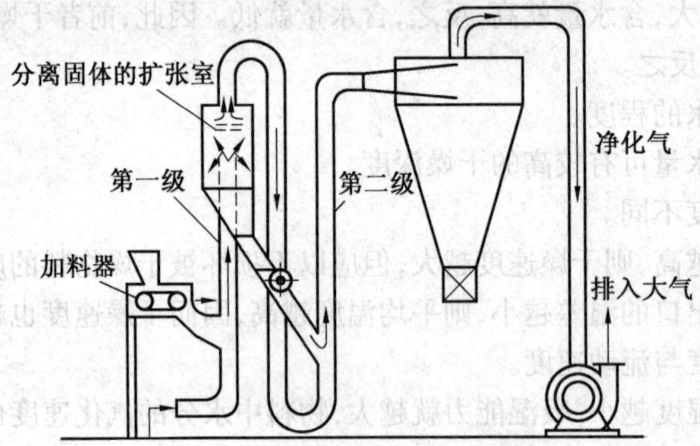

图 13.5 两段式气流干燥器

13.2.2 流态化干燥与流化床干燥器

流态化干燥(也称沸腾干燥)的工艺过程是将空气加热到 70 ~ 90 ℃,从干燥器底部吹入,当气流速度达到一定值时,床内湿物料粒子开始流态化,物料被吹起悬浮于热空气中呈沸腾状态,这一湍动状态可增大传热效率,即由加热器来的气体从干燥器下部进入,经过气体分布装置后与器内颗粒物料接触。气流以足够引起物料流化的速度与颗粒之间形成流化状态,使颗粒悬浮,由于颗粒在热气流中上下翻动,彼此之间碰撞和混合,气、固间进行传热、传质,以达到干燥目的。

流化床的结构通常是一圆形立柱及安装在其下端的分布板组成,如图 13.6 所示。在床中装有一定量的固体物料,流体从床底给入,通过分布板及颗粒床层向上流动,当流速达到某一值后,原静止不动的颗粒开始振动和流动,整个床层显示出某种液体属性的特征，即流态化现象。流态化即指固体颗粒在流体（气体或液体）的作用下，由相对静止的状态转变为具有液体属性的流动状态。

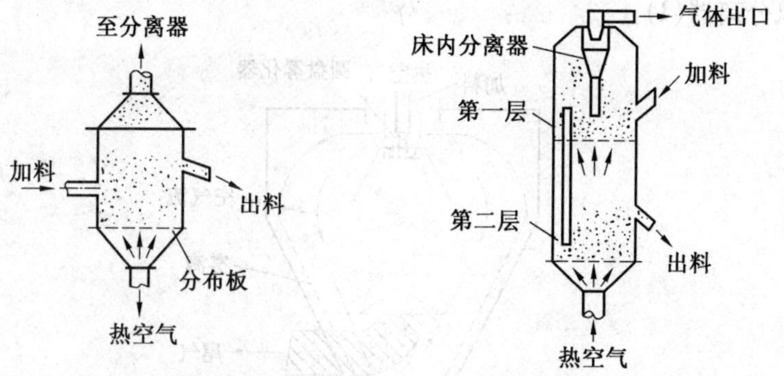

(a) 单层流化床干燥器　　(b) 多层流化床干燥器

图 13.6　流化床干燥器结构示意图

流态化干燥具有以下特点：

①用于干燥易于流动，粒度范围在 0.05 ~ 15 mm的粉料，如聚苯乙烯粒子，或者是由溶液干燥成该粒度范围的产品。若被干燥物料粒度过大，物料将聚集在床层而不易干燥，若粒度过小，则物料易为气流带走而散射。

②床层中，由于固体物料与气体充分接触，使颗粒表面无停滞膜，气固相间的传热和传质系数较大，气流离开床层时的温度接近于湿球温度，传热效率很高。

③对于降速干燥阶段较长的粒料，可以串联数台沸腾床干燥器以延长控料在床层内的停留时间。在处理湿料量或汽化量相同的条件下，单位时间内蒸发量相同时，沸腾床（即流化床）干燥器比其他类型干燥器占地面积小，其设备投资费用也较低。

④用流化床干燥聚合物时，由于多数聚合物的热稳定性小、密度小、粒度细，因而限制了干燥器的许用流速与温度，致使干燥器的生产能力受到限制。

流化床干燥的物料主要是粉状料。凡能使物料聚集成团的湿组分必须先部分除去或掺入半干物料使物料在床层的气流中一粒一粒地分散开。对于干燥期长的物料，可采取气流管或喷雾床先行恒速干燥，然后再在流化床中进行降速干燥。

13.2.3　喷雾干燥与喷雾干燥器

喷雾干燥的原理是将悬浮液、溶液、乳浊液或水分散的糊状物料，通过雾化器雾化成为极细小的雾状液滴，由干燥介质同雾状液滴均匀混合，进行传热和传质，使水分（或溶剂）蒸发，以得到粉状、颗粒状的干燥产品的过程。喷雾干燥的两个要素是喷雾与干燥，其结合程度往往直接影响产品的质量。喷雾干燥器的工作过程如图 13.7 所示，从干燥器顶部导入热风，同时将物料浆液用泵送至塔顶，经雾化器雾化成雾状液滴，这些表面积很大的液滴群与高温热风接触后在极短的时间内进行传热、传质，液滴中的水分迅速蒸发，成为干燥的产品，从塔底排出。热风与液滴接触后失去热量，湿度增大，温度显著降低，由排风机排出。同时，废气中夹带的微粉可由分离回收装置回收。

图 13.8 是喷雾干燥流程示意图。原料液由泵送至雾化器，雾化后的液滴与热空气在

塔中接触,变成干燥产品。废气经旋风分离器(Ⅰ)分离后排放,塔底部的产品和旋风分离器(Ⅰ)的产品经气流输送系统送至旋风分离器(Ⅱ),其下部出料为产品。输送气经循环风机送至旋风分离器(Ⅰ)。

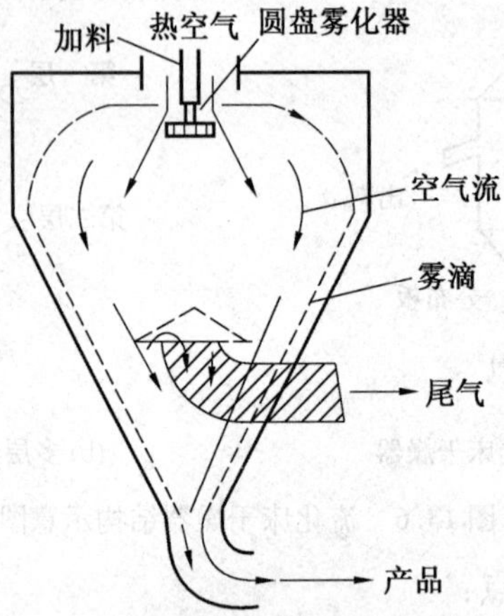

图 13.7　并流转盘喷雾干燥示意图

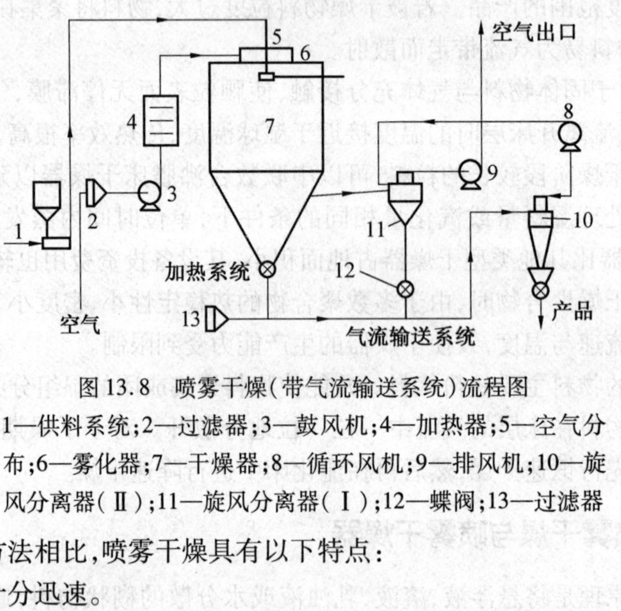

图 13.8　喷雾干燥(带气流输送系统)流程图

1—供料系统;2—过滤器;3—鼓风机;4—加热器;5—空气分布;6—雾化器;7—干燥器;8—循环风机;9—排风机;10—旋风分离器(Ⅱ);11—旋风分离器(Ⅰ);12—蝶阀;13—过滤器

与其他干燥方法相比,喷雾干燥具有以下特点:

①干燥速度十分迅速。

料液经雾化后,表面积增大(例如 1 L 料液雾化成直径为 50 μm 的液滴时,其表面积可达 120 m^2),在高温气流中,干燥时间一般仅需 5~40 s,瞬间就可蒸发 95%~98% 的水分。

②干燥过程中,尽管采用高温(80~800 ℃)空气,其物料温度仍不会超过周围热空气的湿球温度,因此,有利于保证产品质量。

③干燥后的产品具有良好的分散性、流动性和溶解性。

④生产过程简化,操作控制方便。喷雾干燥通常用于处理水含量为 40%~90%(质量分数)的溶液,不经浓缩,同样能一次干燥成粉状产品。大部分产品干燥后不需要再粉

碎和筛选，减少了生产工序，提高了生产效率。产品的粒径、松密度和水分等可在一定范围内进行调整，控制管理极为方便。

⑤可防止污染，改善生产环境。由于喷雾干燥是在密闭的干燥塔内进行，避免了干燥产品在工作现场的大量飞扬，同时可采取封闭循环生产流程，防止污染大气，改善生产环境。

⑥适合于连续化大规模生产。可连续排料，结合风力输送和自动计量包装等可组成生产作业线。

⑦当热风温度低于 150 ℃时，体积传热系数较低($h_a=0.023\sim0.093$ kJ/($m^3\cdot s\cdot$ ℃))，蒸发强度小。干燥塔的体积较庞大，投资大。

⑧废气中回收微粒的分离装置要求较高。当干燥粒径较小的产品时，废气中夹带较多的微小颗粒，必须选用高效的分离装置，结构较复杂，费用较高。

与其他干燥器不同，喷雾干燥器可用于难于离心分离的微细粒径产物的干燥，可直接用淤浆进行干燥。喷雾干燥法已被应用于由乳液聚合制得的聚氯乙烯糊状树脂等产品的干燥。

13.2.4　箱式干燥器

对于易黏结成团，含水量较高(质量分数为 40% ~50%)的物料，如合成橡胶等，不能用气流干燥或沸腾干燥的方法进行干燥，而采用箱式干燥器或挤压膨胀干燥机进行干燥。箱式干燥器结构如图 13.9 所示。其外层为保温绝热层，一般由膨胀珍珠岩和玻璃纤维棉制成。保温层厚度取决于干燥器工作的环境、保温材料的导热性及干燥器本身的工作温度等。干燥器内放置有用于盛装被干燥物料的托盘，这些托盘可置于器内搁架上，也可放在托盘小车上。托盘由导热性能良好的不锈钢薄板制成。当将加热了的气流与被干燥物料直接接触时，托盘内的物料传热以对流方式为主(直接加热箱式干燥器)；当将热量通过蒸汽排管传递给物料时，托盘上的物料主要以传导、辐射方式传热(间接加热箱式干燥器)。箱式干燥器的运行主要是控制箱内热空气温度。

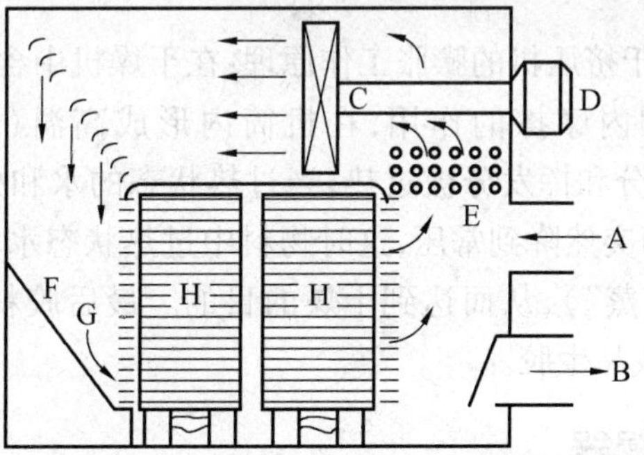

图 13.9　箱式干燥器结构示意图

A—空气入口；B—带有挡板的空气排出口；C—轴流风机；D—风机电动机(2 ~15 kV)；E—蒸汽加热器；F、G—空气分布装置；H—小车和托盘厢式干燥器的优点为：

①构造简单，设备投资少。

②适应性强，物料损失小，盘易清洗。

③尤其适用于需要经常更换产品、小批量物料的干燥。

厢式干燥器的主要缺点为：

①物料得不到分散，干燥时间长。

②若物料量大，所需的设备容积也大。

③工人劳动强度大。

④热利用率低。

⑤产品质量不均匀。

厢式干燥器中的加热方式有两种：单级加热和多级加热，如图 13.10 和图 13.11 所示。

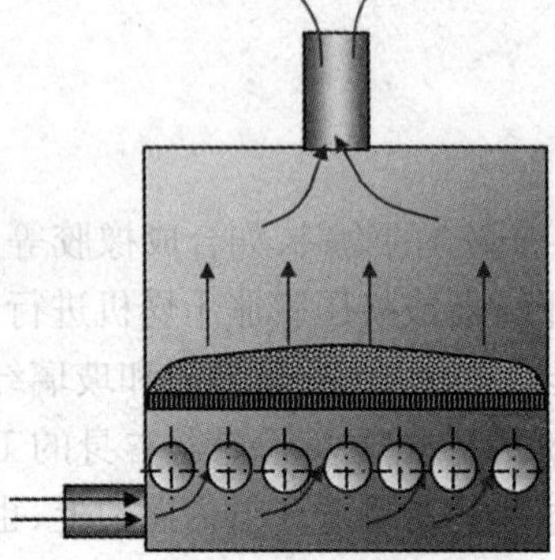

图 13.10 单级加热厢式干燥器

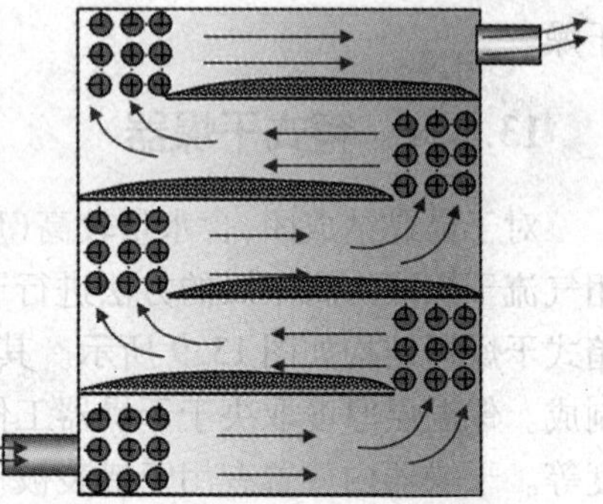

图 13.11 多级加热厢式干燥器

13.2.5 闪蒸膨胀干燥及挤压膨胀干燥机

挤压膨胀干燥是基于挤压机的膨胀工作原理：在干燥机中含水质量分数约为 10% 的胶料由于受外加热源和内摩擦的作用，在机筒内形成高温（约 200 ℃）、高压（12 ~ 18 MPa），其中的少量水分和挥发分被过热，当过热状态的水和处于高温、高压状态的物料被挤出机挤出时，压力突然降到常压，这时物料中过热状态水和挥发分立刻膨胀汽化，从物料内逸出（即为“闪蒸”），从而达到干燥的目的。最后胶料含水率可降低至 0.5%（质量分数）以下，成为成品生胶。

13.2.6 滚筒干燥器

合成橡胶生产中，也可将溶液聚合的胶液直接送入挤压型或滚筒型干燥机，使胶液在脱溶剂的同时获得干燥。图 13.12 是滚筒干燥器结构示意图。胶液附在被蒸汽加热了的滚筒表面脱除溶剂，滚筒每转一周，干燥的橡胶就被刮刀刮下，通过输送带送走。滚筒干燥器中，热量以热传导方式传递给物料，干燥器散热面积较小，其热损失也就较少。滚筒干燥器汽化水分的热耗量较低，一般为 750 ~ 900 kcal/kg，热效率较高。滚筒干燥器的转动速度一般为 2 ~ 8 r/min，物料在干燥器内的停留时间较短，一般仅有 7 ~ 30 s。滚筒干燥器操作容易、占地少、运转率高，但传热面积较小，生产能力受到限制，且干燥后的物料含湿量较高，不适于热敏性物料的干燥。若滚筒干燥器的密封问题解决好，则对于低沸点的易于蒸发的溶液体系是一个很好的干燥方法。

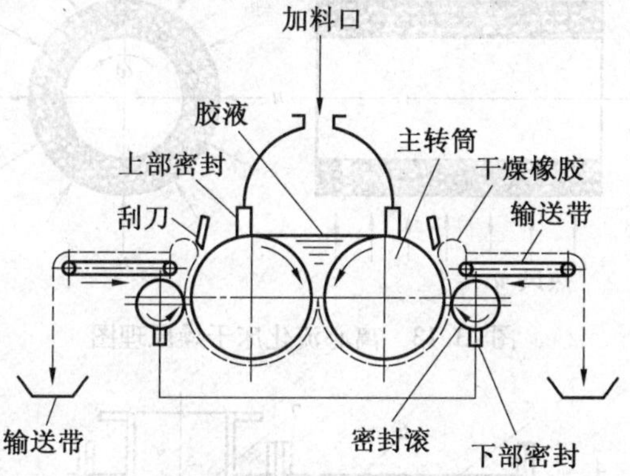

图 13.12　滚筒干燥器

13.2.7　几种新发展的干燥器

由于世界能源日趋短缺，降低干燥器能耗已成为干燥技术进步的一个重要体现，于是组合型干燥器、改进型干燥器有了较大的发展，这些干燥器一般都综合了两种以上干燥器的特性，其加热方式、传热过程和脱湿过程均有明显改进，使能耗降低，技术经济指标明显提高。

1. 空心桨叶干燥器

空心桨叶干燥器是采用蒸汽或其他热媒直接接触加热的一种干燥形式，它不用热空气作干燥介质，既可以在真空、常压及加压的条件下对物料进行干燥，也可以与其他形式的干燥器组合或单独完成对物料的干燥过程。对高黏度物料或带溶剂的易燃、易爆、剧毒的物料的干燥具有特殊优越性，是一种较有前途的干燥器，国际上已经广泛推广使用。

2. 离心流化床干燥器

离心流化床干燥器是近年来开发的一种新型的流态化干燥技术，其原理就是将湿颗粒物料置于离心力场中进行流态化干燥，如图 13.13 所示，在钻有筛孔的转鼓内壁，铺一层不锈钢丝网，当转鼓以一定速度回转时，在离心力的作用下，物料均匀分布在丝网上，形成环状固定床。当干燥气体沿垂直于转鼓轴线方向吹入转鼓内时，床层物料受到与离心力方向相反的气体作用力；当气速提高到某一值时，床层就悬浮起来，产生流态化现象。离心加速度随着转鼓转速的增加而增加（在常规流化床中，重力加速度 g 是不变的），由于离心加速度比重力加速度高出几倍到几十倍，故离心流化床的流化速度要比一般重力流化床的流化速度高出几倍到几十倍。研究表明，对于密度小、粒径大于 1 mm 的物料，如片状及块状食品，若用重力流化床时，发生腾涌的气速与临界（最小）流化气速很接近；对于密度小、颗粒也小的物料，其夹带速度则接近于最小流态化速度。若采用离心流化床干燥器，就能避免上述缺点。

离心流化床干燥器分卧式和立式两类，其作用是相同的，图 13.14 是卧式离心流化床干燥器结构示意图。

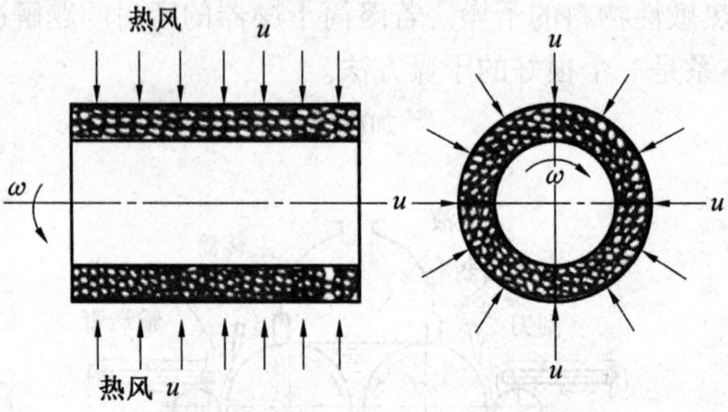

图 13.13 离心流化床干燥原理图

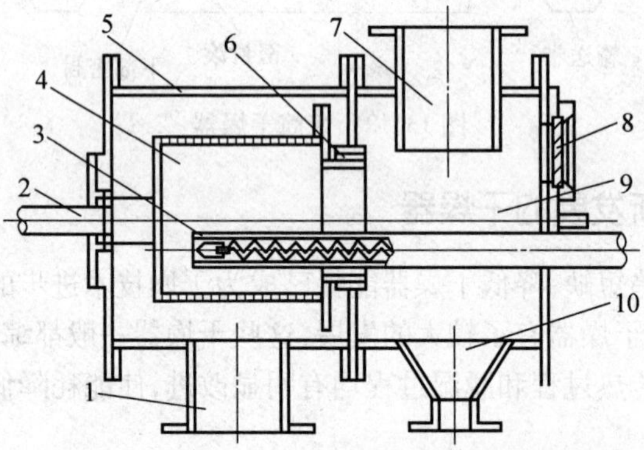

图 13.14 卧式离心流化床干燥器结构示意图

1—热风进口；2—传动轴；3—进料器；4—弹簧螺旋；5—干燥转鼓；6—外壳；7—滑动轴承套；8—排风口；9—视镜；10—排出室

参考文献

[1] NORTHOLT M G, SIKKEMA D J, ZEGERS H C, et al. PIPD, new high-modulus and high-strength polymer fibre with exceptional fire protection properties[J]. Fire and Materials, 2002, 26: 169-172.

[2] VANDER J O C, BEUKERS A. The potential of a new rigid-rod polymer fibre (PIPD) in advanced composite structures[J]. Polymer, 1999, 40: 1035-1044.

[3] 母长明. PIPD 纤维单体的制备及工艺的研究[D]. 哈尔滨:哈尔滨工业大学, 2011.

[4] 张丽. 2-氯-4,6-二硝基间苯二酚合成提纯方法研究[D]. 哈尔滨:哈尔滨工业大学, 2011.

[5] KUROKI T, TANAKA Y. Heat resistance properties of poly (p-phenylene-2, 6-benzobisoxazole) fiber[J]. Journal of Applied Polymer Science, 1997, 65: 1031-1036.

[6] BREW B, HINE P J, WARD L M. The properties of PIPD-fibre/epoxy composites[J]. Composites Science and Technology, 1999, 59: 1109-1116.

[7] 张涛, 李光, 金俊弘, 等. 新型高性能纤维 PIPD 的结构与性能[J]. 材料导报, 2007, 21(9): 36-39.

[8] GILLIE J K, NEWSHAM M D, SEN A, et al. Coagulation of poly(p-phenylene benzobisoxazole) in polyphosphoric acid using aqueous and nonaqueous solution[J]. Polymer Physics, 1995, 33: 1621-1626.

[9] TOMLIN D W, FRATINI A V, et al. The role of hydrogen bonding in rigid-rod polymers: the crystal strucure of a polybenzobismizazole model compound[J]. Polymer, 2000, 41: 9003-9005.

[10] 潘宝庆. PIPD 的制备与性能研究[D]. 哈尔滨:哈尔滨工业大学, 2012.

[11] 宋元军, 黄玉东, 等. 聚对苯撑苯并双噁唑(PBO)纤维制备及性能研究[J]. 固火箭技术, 2006, 29(5): 367-371.

[12] BOURBIGOT S, FLAMBARD X. Heat resistance and flammability of high performance fibres: a review[J]. Fire and Materials, 2002, 2: 155-158.

[13] KOTEK R. Recent advanced in polymer fibers [J]. Polymer Reviews, 2008, 48(2): 221-229.

[14] SO Y H. Rigid-rod polymers with enhanced lateral interactions [J]. Progress in Polymer Science, 2000, 25: 137-157.

[15] 李金焕. 纤维用聚对苯撑苯并双噁唑的合成及结构与性能研究[D]. 哈尔滨:哈尔滨工业大学, 2003.

[16] 村濑浩贵. PBO 纤维的结构和性能[J]. 合成纤维, 2011, 40(11):43-46.

[17] YING H S, JERRY P H, Bruce B, et al. Study of the mechanism for poly(p- phenyl-

ene) benzoxazole polymerization- a remarkable reaction pathway to make rigid- rod polymers[J]. Macromolecules, 2006, 31: 5229-5239.

[18]田晔. PBO单体合成、聚合及纺丝工艺研究[D]. 北京:中国石油大学, 2004.

[19]李大龙. PBO模型化合物的制备及聚合研究[D]. 哈尔滨:哈尔滨工业大学, 2012.

[20]金俊弘, 李光, 江建明. 聚苯撑苯并二噁唑(PBO)的合成[J]. 东华大学学报(自然科学版), 2002, 28(6):122-125.

[21]崔天放, 王俊, 舒燕. PBO的合成及其纺丝技术研究进展[J]. 合成纤维工业, 2010, 33(6):43-46.

[22] LIN H, HUANG Y D, WANG F. Synthesis and properties of poly[p-(2,5-dihydroxy)-phenylenebenzobisoxazole] fiber [J]. International Journal of Molecular Sciences, 2008, 9: 2159-2168.

[23] 王智江. 酚醛树脂合成工艺的研究[J]. 企业技术开发,2011, 30(2):16-17.

[24] SHRIVASTAVA S. Study on phenolic resin beads: effect of reaction parameters on the properties of polymeric beads [J]. Journal of Applied Polymer Science, 2012, 123(6): 3741-3747.

[25] CARDONA F. Novel phenolic resins with improved mechanical and toughness properties [J]. Journal of Applied Polymer Science, 2012, 123(4): 2131-2139.

[26] 陈智琴. CC复合材料用高成炭率酚醛树脂的制备及其耐热性能的研究[D]. 湖南: 湖南大学,2007.

[27] VILLARREAL J, LAVERDE D, FUENTES C. Carbon-steel corrosion in multiphase slug flow and CO_2[J]. Corrosion Science, 2006, 48(9): 2363-2379.

[28] ZHANG G A, CHENG Y F. Electrochemical characterization and computational fluid dynamics simulation of flow-accelerated corrosion of X65 steel in a CO_2-saturated oilfield formation water [J]. Corrosion Science, 2010, 52(8): 2716-2724.

[29] BADR G E. The role of some thiosemicarbazide derivatives as corrosion inhibitors for C-steel in acidic media [J]. Corrosion Science, 2009, 51(11): 2529-2536.

[30] KHODYREV Y P, BATYEVA E S, BADEEVA E K, et al. The inhibition action of ammonium salts of O, O′-dialkyldithiophosphoric acid on carbon dioxide corrosion of mild steel [J]. Corrosion Science, 2011, 53: 976-983.

[31] OKAFOR P C, LIU C B, LIU X, et al. Corrosion inhibition and adsorption behavior of imidazoline salt on N80 carbon steel in CO_2-saturated solutions and its synergism with thiourea [J]. Solid State Electrochem, 2010, 14: 1367-1376.

[32] MU G N, LI X H. Inhibition of cold rolled steel corrosion by Tween-20 in sulfuric acid: weight loss, electrochemical and AFM approaches [J]. Journal of Colloid and Interface Science, 2005, 289(1): 184-192.

[33] ZHANG J, QIAO G M, HU S Q, et al. Theoretical evaluation of corrosion inhibition performance of imidazoline compounds with different hydrophilic groups [J]. Corrosion Science, 2011, 53: 147-152.

[34] LIU F G, DU M, ZHANG J, et al. Electrochemical behavior of Q235 steel in saltwater saturated with carbon dioxide based on new imidazoline derivative inhibitor [J]. Corrosion Science, 2009, 51: 102-109.

[35] JIANG X, ZHENG Y G, KE W. Effect of flow velocity and entrained sand on inhibition performances of two inhibitors for CO_2 corrosion of N80 steel in 3% NaCl solution [J]. Corrosion Science, 2005, 47: 2636-2658.

[36] 郑家燊,吕战鹏. 二氧化碳腐蚀机理及影响因素[J]. 石油学报, 1995, 16(3): 24-28.

[37] 颜红侠, 张秋禹. 咪唑啉缓蚀剂的合成及其抑制 CO_2腐蚀性能的研究[J]. 石油与天然气化工, 2002, 31(6): 319-320.

[38] 何耀春, 王江, 黄步耕. 咪唑啉衍生物 MC、MP 的合成及在油田回注水中的缓蚀阻垢作用机理[J]. 油田化学, 1997, 14(4): 336-339.

[39] 张军. 咪唑啉类缓蚀剂缓蚀机理的理论研究[D]. 北京:中国石油大学, 2008.

[40] LUZ M R V, VILLAMISAR W. Computational simulations of the molecular structure and corrosion properties of amidoethyl, aminoethyl and hydroxyethyl imidazolines inhibitors [J]. Corrosion Science, 2006, 48(12): 4053-4064.

[41] DESIMONE M P, GORDILLO G, SIMISON S N. The effect of temperature and concentration on the corrosion inhibition mechanism of an amphiphilicamido-amine in CO_2-saturated solution [J]. Corrosion Science, 2011, 53(12): 4033-4043.

[42] 耿耀宗, 曹同玉. 合成聚合物乳液制造与应用技术[M]. 北京:中国轻工业出版社, 1999.

[43] 施冠成, 华载文. 微乳液的聚合及其应用[J]. 印染助剂, 1997, 14(2): 1-5.

[44] HE G, PAN Q, REMPEL G L. Synthesis of poly(methl methacrylate) nanosize particles by differential miceroemulsion polymerization [J]. Macromolecule Rapid Communication, 2003, 24: 585-588.

[45] 李建宗. 微乳液的制备及稳定性[J]. 湖北大学学报(自然科学版), 1996, 18(1): 53-56.

[46] 严心浩. SBS 改性与几种极性单体阴离子聚合研究[D]. 北京:北京化工大学, 2004.

[47] 李克友,张菊花,向福如. 高分子合成原理及工艺学[M]. 北京:科学出版社,1999.

[48] 刘富. PVDF、PVC 微孔膜亲水化改性研究[D]. 浙江:浙江大学,2007.

[49] 苗小郁,李建生,王连军,等. 聚偏氟乙烯膜的亲水化改性研究进展[J]. 材料导报, 2006,20(3): 56-59.

[50] BEQUET S, REMIGY J C, ROUEH J C. From ultrafiltration to nanofiltration hollow fiber membranes: a continuous UV-photo grafting process [J]. Desalination, 2002, 144: 9-14.

[51] PAIK H J, GAYNOR S G, MATYJASZEWSKI K. Synthesis and characterization of graft copolymer of poly(vinylchloride) with styrene and (meth)acrylates by atom transfer rad-

ical polymerization [J]. Macromolecule Rapid Communication, 1998, 19: 47-52.
[52] 许振良，翟晓东，陈桂娥. 高孔隙率聚偏氟乙烯中空纤维超滤膜的研究[J]. 膜科学与技术，2000，20(4)：10-13.
[53] SINGN P, CAMPIDELLI S, GIORDANI S, et al. Organic functionalisation and characterisation of single-walled carbon nanotubes [J]. Chemical Society Reviews, 2009, 38: 2214-2230.
[54] BREDEAU S, PEETERBROECK S, BONDUEL D, et al. From carbon nanotube coatings to high-performance polymer nanocomposites [J]. Polymer International, 2008, 57: 547-553.
[55] LIU P. Modifications of carbon nanotubes with polymer [J]. European Polymer Journal, 2005, 41: 2693-2703.
[56] BYRNE M T, GUNKO Y K. Recent advances in research on carbon nanotube-polymer composites [J]. Advanced Materials, 2010, 22: 1672-1688.
[57] BANERJEE S, HEMRAJ-BENNY T, WONG S S. Covalent surface chemistry of single-walled carbon nanotubes [J]. Advanced Materials, 2005, 17: 17-29.
[58] COLEMAN J N, KHAN U, BLAU W J, et al. Small but strong: a review of the mechanical properties of carbon nanotube - polymer composites [J]. Carbon, 2006, 44: 1624-1652.
[59] 杨应奎. 聚合物修饰多壁碳纳米管的合成、结构与性质[D]. 武汉:华中科技大学，2007.
[60] BASKARAN D, MAYS J W, BRATCHER M S. Noncovalent and nonspecific molecular interactions of polymers with multiwalled carbon nanotubes [J]. Chemistry of materials, 2005, 17: 3389-3397.
[61] HIRSCH A. Functionalization of single-walled carbon nanotubes [J]. Angewandte Chemie International Edition, 2002, 41: 1853-1859.
[62] 胡娜. PBO/SWNT复合纤维的制备及结构与性能研究[D]. 哈尔滨:哈尔滨工业大学，2008.
[63] COLEMAN J N, KHAN U, GUNKO Y K. Mechanical reinforcement of polymers using carbon nanotubes [J]. Advanced Materials, 2006, 18: 689-706.
[64] ZHOU C, WANG S, ZHANG Y, et al. In situ preparation and continuous fiber spinning of poly (p-phenylene benzobisoxazole) composites with oligo- hydroxyamide- functionalized multi-walled carbon nanotubes [J]. Polymer, 2008, 49: 2520-2530.
[65] 李霞. MWNTs/PBO复合纤维的合成及PBO聚合机制研究[D]. 哈尔滨:哈尔滨工业大学，2006.
[66] ANDREWS R, JACQUES D, QIAN D, et al. Multiwall carbon nanotubes: synthesis and application [J]. Accounts of Chemical Research, 2002, 35: 1008-1017.
[67] ANDREWS R, WEISENBERGER M C. Carbon nanotube polymer composites [J]. Current Opinion in Solid State and Materials Science, 2004, 8: 31-37.

[68] 李艳伟. 碳纳米管和石墨烯增强PBO复合纤维的制备及结构与性能研究[D]. 哈尔滨:哈尔滨工业大学, 2013.

[69] KIM H, ABDALA A A, MACOSKO C W. Graphene/polymer nanocomposites [J]. Macromolecules, 2010, 43: 6515-6530.

[70] STANKOVICH S, DIKIN D A, DOMMETT G H B, et al. Graphene-based composite materials [J]. Nature, 2006, 442: 282-286.

[71] FANG M, WANG K, LU H, et al. Covalent polymer functionalization of graphene nanosheets and mechanical properties of composites [J]. Journal of Materials Chemistry, 2009, 19: 7098-7105.

[72] WANG S, TAMBRAPARNI M, QIU J, et al. Thermal expansion of graphene composites [J]. Macromolecules, 2009, 42: 5251-5255.

[73] DU X S, XIAO M, MENG Y Z, et al. Direct synthesis of poly (arylenedisulfide)/carbon nanosheet composites via the oxidation with graphite oxide [J]. Carbon, 2005, 43: 195-213.

[74] 刘绪峰. 生物相容性C_{60}衍生物的合成及其细胞保护活性的研究[D]. 武汉:华中科技大学, 2007.

[75] 张金龙. C_{60}氨基酸衍生物的合成及生物活性研究[D]. 武汉:华中科技大学, 2008.

[76] 胡桢. 生物相容性C_{60}衍生物的合成及其抑制神经细胞凋亡作用研究[D]. 武汉:华中科技大学, 2008.

[77] KRUSIC P J, WASSERMAN E, KETZER P N, et al. Radical Reactions of C_{60} [J]. Science, 1991, 254: 1183-1185.

[78] YANG X L, FAN C H, ZHU H S, Photo-induced cytotoxicity of malonic acid [C_{60}] fullerene derivatives and its mechanism [J]. Toxicology in Vitro, 2002, 16: 41-46.

[79] SONG T, DAIB S, TAMB K C, et al. Aggregation behavior of two-arm fullerene-containing poly(ethylene oxide) [J]. Polymer, 2003, 44: 2529-2536.

[80] GONZALEZ K A, WILSON L J. Synthesis and In Vitro Characterization of Tissue-Selective Fullerene: Vectoring $C_{60}(OH)_{16}$ AMBP to Mineralized bone [J]. Bioorganic and Medicinal Chemistry, 2002, 10: 1997-1997.

[81] HU Z, HUANG Y, GUAN W, et al. The protective activities of water-soluble C_{60} derivatives against nitric oxide-induced cytotoxicity in rat pheoc homocytoma cells [J]. Biomaterials, 2010, 31: 8872-8881.

[82] HU Z, ZHANG C, HUANG Y, et al. Photodynamic anticancer activities of water-soluble C_{60} derivatives and their biological consequences in a HeLa cell line [J]. Chemico-Biological Interactions, 2012, 195: 86-94.

[83] HU Z, GUAN W, WANG W, et al. Synthesis of amphiphilic amino acid C_{60} derivatives and their protective effect on hydrogen peroxide-induced apoptosis in rat pheoc homocytoma cells [J]. Carbon, 2008, 46: 99-109.

[84] HU Z, GUAN W, WANG W, et al. Protective effect of a novel cystine C_{60} derivative on

hydrogen peroxide-induced apoptosis in rat pheochromocytoma PC12 cells [J]. Chemico-Biological Interactions, 2007, 167: 135-144.

[85] HU Z, GUAN W, WANG W, et al. Folacin C_{60} derivative exerts a protective activity against oxidative stress-induced apoptosis in rat pheochromocytoma cells [J]. Bioorganic & Medicinal Chemistry Letters, 2010, 20: 4159-4162.

[86] HU Z, LIU S, WEI Y, et al. Synthesis of glutathione C_{60} derivative and its protective effect on hydrogen peroxide-induced apoptosis in rat pheochromocytoma cells [J]. Neuroscience Letters, 2007, 429: 81-86.

[87] HU Z, GUAN W, WANG W, et al. Synthesis of β-alanine C_{60} derivative and its protective effect on hydrogen peroxide-induced apoptosis in rat pheochromocytoma cells [J]. Cell Biology International, 2007, 31: 798-804.

[88] 胡桢, 黄丽珍, 官文超. 不同加成数C_{60}精氨酸衍生物的合成及其清除活性氧自由基的性能[J]. 化学学报,2007, 65: 1527-1531.

[89] 韦军. 高分子合成工艺学[M]. 上海:华东理工大学出版社, 2011.